三峡库区消落带适生树种水淹生理生态研究

李昌晓　魏　虹　王朝英　著

科学出版社
北　京

内 容 简 介

本书主要介绍了三峡库区消落带的基本情况，以及针对目前消落带植被缺失问题而开展的一系列适生植物筛选研究。通过室内模拟消落带不同水分环境与消落带原位栽植试验相结合的研究方式，观测植物在不同水分环境条件下的生长变化、光合响应及代谢生理等一系列指标特征，探究其对库区消落带环境条件的适应性。在此基础上开展消落带植被构建，并深入观测适生树种在消落带原位环境下的适应过程与机理，最终筛选出了多种可用于三峡库区消落带植被恢复重建的植物。研究结果可用于指导三峡水库生态环境的后续修复与管理。

本书可供资源、环境、农业、林业、水利、生态、地理、管理等专业领域的高等院校师生、科研院所研究人员、政府部门管理人员和企事业单位技术人员阅读和使用。

图书在版编目(CIP)数据

三峡库区消落带适生树种水淹生理生态研究 / 李昌晓，魏虹，王朝英著. —北京：科学出版社，2021.7

ISBN 978-7-03-068894-1

Ⅰ. ①三… Ⅱ. ①李… ②魏… ③王… Ⅲ. ①三峡工程-生态恢复-研究 Ⅳ. ①X321.2

中国版本图书馆CIP 数据核字（2021）第 099197 号

责任编辑：刘 琳 / 责任校对：彭 映

责任印制：罗 科 / 封面设计：墨创文化

科 学 出 版 社 出版

北京东黄城根北街16 号

邮政编码：100717

http://www.sciencep.com

四川煤田地质制图印刷厂印刷

科学出版社发行 各地新华书店经销

*

2021 年 7 月第 一 版 开本：787×1092 1/16

2021 年 7 月第一次印刷 印张：15 1/4

字数：360 000

定价：128.00 元

（如有印装质量问题，我社负责调换）

前言

自然环境与人类的生产生活密切相关，两者相互依存，同时也相互影响。经过漫长的发展，人类与环境的关系已经从征服改造自然过渡到谋求人与自然和谐共处。近年来，我国对生态环境问题越来越重视。2017 年 10 月 18 日，习近平同志在中共十九大报告中强调："建设生态文明是中华民族永续发展的千年大计。必须树立和践行绿水青山就是金山银山的理念，坚持节约资源和保护环境的基本国策，像对待生命一样对待生态环境，统筹山水林田湖草系统治理，实行最严格的生态环境保护制度，形成绿色发展方式和生活方式，坚定走生产发展、生活富裕、生态良好的文明发展道路，建设美丽中国，为人民创造良好生产生活环境，为全球生态安全作出贡献。"

举世瞩目的长江三峡工程是建设于长江中上游段的特大水利工程，该工程的建设为我国的防洪、发电、航运和旅游等作出了较大贡献。尽管如此，该工程的运行也给库区环境带来了极大的影响。在周期性大幅度水位涨落的影响下，大量原有植物逐渐死亡，取而代之的是大面积裸露的消落带，导致该区域的生态脆弱性增加，诸多环境问题日益显现，特别是库区的环境污染、水土流失、生物多样性降低、生态系统退化等问题凸显，严重制约着三峡库区经济社会的发展，同时也对周围地区的生态安全构成严重威胁。因此，深入开展三峡库区环境保护与生态修复研究，对于确保三峡工程长期安全运营、发挥巨大经济效益，保障库区经济可持续发展以及库区群众的身体健康，促进人与自然和谐相处等具有重要的意义。

三峡库区消落带的植物、土壤与水体相互依存、相互影响，消落带地表植被的丧失导致了许多严重的生态环境问题。因此，本书对三峡库区消落带的适生树种进行了筛选与实践应用研究，以期能够为库区退化生态系统的修复提供理论依据和技术指导。此外，我们也希望此书能够引起人们对三峡库区更多的关注，使人们积极投身到三峡库区生态系统的保护和修复之中，共同维护三峡库区的持久与安全运行。

本书得到中央林业改革发展资金科技推广示范项目（渝林科推 2020-2）、重庆市科技兴林攻关项目（2021-9）、重庆市科技兴林首席专家团队项目（TD2019-2，TD2020-2，TD2021-2）、重庆市建设科技项目（城科字〔2019〕第 1-4-2 号）资助。参与本书研究工作的有谢小红、李文敏、吕茜、贾中民、张晔、白林利、王婷、马文超、贺燕燕等研究生，在此对他们的参与和贡献表示衷心感谢！

著　者

2020 年 9 月

目　　录

第1章 绪 论

1.1 三峡库区消落带水文环境特征

水体和陆地系统之间的交错带有狭义和广义两种定义，广义指靠近水边受水流直接影响的植物群落及其生长环境，狭义指从水陆交界处至河水或湖水影响消失的地带。本书中的消落带是指季节性水位消涨或水库水位调节而使周边被淹没土地周期性地出露于水面的一段特殊区域(徐梦，2015)。消落带作为水生生态系统与陆生生态系统的过渡地带，是流域生态系统中一个特殊的组成部分，并在其中发挥着重要的作用，具有显著的生态、社会和经济价值(童笑笑等，2018)。

三峡工程建设完工后，根据水库运行方案，库区在汛期6～9月其水位降至最低的145 m，汛期后10月开始蓄水，至11月上旬蓄水到最高水位175 m，并保持到12月，之后水位开始逐步回落，次年的1～4月降到156 m，至5月底降到145 m。由此形成了垂直落差达30 m、面积达309.54 km^2的三峡库区消落带；但由于湖北、重庆库区防护工程及调节坝建设减少了消落区面积，三峡库区消落带的实际面积为278.77 km^2(张志永等，2010)。三峡库区消落带是三峡库区周边陆地生态系统与库区水体生态系统物质、能量和信息转移与转化的活跃地带(洪明，2011)，具有明显的环境因子、生态过程和植物群落梯度，对水土流失、养分循环和非点源污染有较强的缓冲和过滤作用，是生态环境中十分脆弱的敏感地带(梁俭，2016)。

我国长江流域是世界上拥有拟建或在建大坝最多的流域，已被世界自然基金会(WWF)和世界资源研究所认为是当前流域生态系统受到威胁最为严重的流域之一(张志强等，2007)。与未成库之前的河流消落区相比，三峡库区消落带具有面积大、水淹时间长、水淹深度深等特点，同时淹水季节也由原来的夏季改变为冬季。这些环境变化对消落带产生了极大的影响，主要包括以下几个方面。

(1)消落带原生植被大量退化、生物多样性逐渐减少，景观质量下降(王晓荣等，2010)。周期性水淹将导致消落带植物群落发生演替，形成在生活型上主要以下部及中下部一年生、多年生草本和上部灌木为主的植物群落分布格局；物种数目与物种的多样性也相对贫乏(康义，2010)。蓄水到175 m水位将直接淹没120科358属550种植物，145 m水位以下的植物将被永久性淹没并全部死亡，保护物种巫溪叶底珠(*Securinega wuxiensis*)、荷叶铁线蕨(*Adiantum reniforme* var. *sinense* Y. X. Lin)、狭叶瓶尔小草(*Ophioglossum thermale* Kom.)和松叶蕨[*Psilotum nudum*(L.) Beauv.]等的生存将受到较大影响；资源植物柑橘(*Citrus reticulata* Blanco)、龙眼(*Dimocarpus longan* Lour.)、荔枝(*Litchi chinensis* Sonn.)、油桐[*Vernicia fordii*(Hemsl.) Airy Shaw]将被淹没较重，少数生境特殊的藻类也将从库区消失(谭淑端等，2008)。

⑵水土流失增加。周期性蓄水导致水流速度减缓，泥沙大量沉降，土体长时间受高水位水体浸泡、冲刷，加上人类频繁活动的干扰，引起消落带水土流失加重，泥沙淤积增强，崩塌滑坡活动频繁(鲍玉海和贺秀斌，2011)。

⑶水体富营养化日趋加重。库区周期性水淹加速土壤氮、磷的释放(沈雅飞等，2016)，且流速降低后，水体透光性增加，致使湖泊型蓝、绿藻类生物量急剧增加，水华频发(邱光胜等，2011)。

⑷污染严重，疫病隐患突出(谭淑端等，2008；程瑞梅等，2010)。消落带是水体和陆地的交错带，极易受到水体和陆地的交叉污染。水位下降时，大量水体漂浮物如固体垃圾、动植物残体等滞留在消落带内，污染消落带土壤；在汛期，化肥、农药、生活污水、工业废水等一起随径流进入水体，由于水流变缓，水体自净能力下降，水质污染越来越严重。受到污染的环境容易滋生各种病原体，可能导致疾病的暴发，从而威胁到人们的健康，不利于库区的长远发展。

1.2 三峡库区消落带植被重建理论

对三峡库区消落带的合理利用不仅可以充分利用库区资源，促进库区经济、社会可持续发展，而且有益于三峡工程的正常运行。植被作为河流生态系统的重要组成部分，在固土护坡、保持水土、净化水质、塑造河流景观等方面具有极其重要的功能。因此，采取植物修复措施对受损河道进行生态修复，能重建河道生态环境，恢复河流健康，实现人与自然的和谐共处。恢复与重建三峡库区退化生态系统植被，对于实现水利建设与环境保护的和谐发展、恢复和改善三峡库岸植被景观、恢复消落带及流域生态系统功能、防止水土流失、延长水库使用寿命、推进流域生态管理、促进库区经济发展等均具有十分重要的意义。

1. 植被重建的必要性

目前对于库岸带的生态环境治理，还未找出令各个利益相关方均能接受的行之有效的方法。常见的治理方法主要包括工程措施和生物修复措施。工程措施耗资巨大、破坏生态环境，往往事倍功半，如德国莱茵河工程修复，但该方法可应用于消落带内坡度较陡的区域。而生物修复措施具有良好的可行性，且能形成良性循环，如美国佛罗里达州大柏树湿地植物生态修复(肖协文等，2012)。生物修复措施具有多重生态效益和景观效益，是消落带生态修复的主要途径。因此，通过对两栖适生植物的筛选合理地构建多植物群落是实现消落带植被恢复与重建的合理方法。

合理构建植物群落对于重建三峡库区消落带植被、恢复消落带功能、维持三峡工程运行安全和修复长江流域退化生态系统均具有十分重要的意义。王莉和刘艳峰(2010)认为农民对库区土地进行陡坡开垦、顺坡耕种是导致三峡库区水土流失的重要原因。对三峡库区进行生态环境建设首先要解决的突出问题是土壤侵蚀(鲍玉海和贺秀斌，2011)，土壤侵蚀会造成大量泥沙淤积，影响水库运行安全，人工构建消落带植被是解决库区土壤侵蚀问题的正确选择。植物可以涵养水源，截留泥沙与污染物，改良土壤，增加地面覆盖，减轻江水对岸坡的冲刷，提高库区生物多样性，并能美化环境。在消落带进行植被修复，可增大消落带的植被覆盖率，从而拦截水土流失产生的大量泥沙，并吸收污染物质和水体中的营养物质，减少河道泥沙淤积，减轻水体污染，使消落带生态环境质量和景观质量逐渐改善(樊大勇等，2015)。因此，在三峡库区消落带进行人工植被构建能够有效保护消落带土壤，净化水体，美化库区环境，保证三峡水库的正常运行。

2. 植被重建的可行性

国外对植被构建的研究中比较著名的有宫胁造林法(王仁卿等，2002)。宫胁昭在对日本植被进行全面、详细的调查后提出了乡土树种造林法(Miyawaki，1987)，并与 Fujiwara 等(1993)总结之后将其命名为宫胁造林法。这种方法是将本地调查得到的优势树种用于构建本地多物种群落，以缩短群落的演替时间，尽快形成相对稳定的顶级群落。此方法已得到大量应用，并已在日本很多地区成功造林。近年来，乡土物种在河岸修复中的优势逐渐被人们所重视。

根据三峡水库消落带水位节律、生境特点及服务功能，研究者们已经筛选出部分两栖适生植物。许多学者也通过野外实地调查对三峡库区消落带内的植物进行了研究，发现消落带内的植物虽然受到周期性水淹的干扰，但仍有部分植物能够适应消落带的恶劣环境(樊大勇等，2015)，并能单独或与其伴生种形成群落。由此说明植被构建是可行的。针对消落带植被构建问题，许多学者进行了研究。由于消落带与滨岸缓冲带下部的环境条件相似，学者对滨岸缓冲带植被配置所做的大量研究的成果可以被借鉴运用到消落带上。张建春和彭补拙(2003)对安徽潜山县潜水退化河岸带滩地进行了 6 年的生态恢复重建实验，设计出两种滩地植物群落结构优化配置模式：模式 A 是元竹(*Phyllostachys* spp.)-枫杨(*Pterocarya stenoptera* C. DC.)-苔草(*Carex* spp.)类型，模式 B 是意杨(*Populus euramevicana* cv. 'I-214')-紫穗槐(*Amorpha fruticosa* L.)-河柳(*Salix chaenomeloides* Krimura)-苔草类型，结果表明恢复重建后河岸带滩地生态系统的生物多样性和稳定性增加，环境得到改善。刘云峰和刘正学(2006)将库区植被重建分成了横向上和纵向上的重建。在横向上根据不同的地貌类型选择合适的植物，在纵向上根据水位深度不同分为 4 层：145～155 m 适宜选耐受性强、根系发达、不定芽萌生快且易于进行营养繁殖的草本植物；155～165 m 宜选根系发达、生长较快的草本植物或小灌木；165～173 m 宜选多种草本植物和灌木为建群种，构建复合植被；173～177 m 宜选根系发达、匍匐生长的适生植物构建乔灌草合理配置的复合植被。马义虎(2011)根据深圳市水库的水热条件和土壤养分条件将消落带立地类型划分为土质岸坡、低洼湿地、土石崖坡和岩质崖坡，并根据它们各自的环境条件提出相应的植被恢复措施。鲍玉海等(2014)通过总结已有的实验经验，提出了低海拔(145～160 m)种植一年生或多年生草本植物、高海拔(160～175 m)种植乔灌草混交植被的思路。童笑笑等(2018)通过实地调查发现，澎溪河消落带的植物群落包括：狗牙根[*Cynodon dactylon*(L.) Pers.]＋雀稗(*Paspalum thunbergii* Kunth ex Steud.)、狗尾草[*Setaria viridis*(L) Beauv.]＋狗牙根、黄荆(*Vitex negundo* L.)、白茅[*Imperata cylindrica*(L.) Beauv.]＋鬼针草(*Bidens pilosa* L.)和苔草群落 5 类。杨好星(2016)根据华南地区新丰江水库消落带自身特性，将其划分为土质型、岛屿型及岩质型 3 种类型，并提出了不同的修复方案：土质型消落带主要选用铺地黍(*Panicum repens* L.)和水翁[*Cleistocalyx operculatus*

(Roxb.) Merr]，辅以其他适生辅助植物；岛屿型消落带选用铺地黍、水翁和狗牙根进行修复；岩质型消落带则选用葛藤[*Argyreia seguinii* (Levl.) van. ex Levl]和蟛蜞菊[*Wedelia chinensis* (Osbeck.) Merr.]进行修复。

3. 植被重建的技术性

在库区进行植被构建需要综合考虑各方面的影响因素，如库区周期性水淹对植物的干扰、泥沙沉降对植物的掩埋以及库区水土流失严重程度与土壤贫瘠状况等。其中，首先要考虑参选植物的适宜性。三峡库区以年度为周期的季节性水位调节方式，使消落带土壤含水量呈现出一系列梯度性变化特征。消落带不同海拔适宜种植的物种不同，这主要是由物种露出水面的时间差异所致。在保护利用过程中，对植物的筛选需要注意以下几个方面：①具有良好耐淹性能，露出水面后具有快速且旺盛的返青恢复生长能力；②以水陆两栖乡土物种为主，其生长节律与库区未来水分节律尽量一致；③具备一定的观赏价值；④对外来物种的引入要考虑生态安全问题；⑤耐贫瘠、耐粗放管理，抗病虫害和抗旱能力强；⑥既耐水淹，同时也具备一定的抗泥沙掩埋能力；⑦具有发达的根系，固土保土效果好，能固定河岸，防止堤坡因河水的冲刷而垮塌；⑧截污和富集污染物的能力强，能有效地拦截从岸坡流向库区的有害化学物质以及吸附水体中的氮、磷和其他物质；⑨不含或不释放任何有毒物质，能保证水产资源和陆生动物的正常生长和生产。

在对退化生态系统的研究中，我们发现种类贫乏是其特征之一。对退化生态系统进行恢复时的主要任务之一就是改善生态系统环境，使植被恢复，进而使生物多样性得以恢复。受反季节性水淹等的影响，目前三峡库区消落带内的植被覆盖率普遍较低，能适应消落带环境而存活下来的少量植物一般会形成单优群落或与其伴生种共存，但物种生物多样性很低。单一的植被很容易受到消落带恶劣环境的影响，一旦被破坏很难进行修复。生物多样性是生态系统稳定的基础，较高水平的生物多样性有利于生态系统功能的发挥及优化(Naeem et al.，1994)。同一群落内功能相似类群的物种多样性越强、对复杂环境的响应条件越具备，那么生态系统对环境变化的应变弹性也就越大，功能也会越强。因此，考虑到所建植被的稳定性，在进行消落带植被的恢复构建时，应注意多物种合理搭配，以恢复生态系统的生物多样性。

针对库区消落带生境的差异及植物对环境的适应性和生态系统的客观规律，必须坚持“适地适植”的原则对筛选出的植物进行配置。从群落稳定性的角度出发，在筛选适用植物种类的基础上，以最接近自然的方式优化植物群落的配置将有助于发挥所建植被的各项生态服务功能。

1.3 三峡库区消落带适生树种筛选

水位变化是消落带生态过程中的决定性因子，消落带内的木本植物需适应消落带周期性的水位涨落，这些木本植物主要为中生植物。表 1-1 列出了一些消落带常见适生木本植物以及其生活型和分布地区，主要包括枫杨、乌桕[*Triadica sebifera* (L.) Roxb.]、黄栌(*Cotinus coggygria* Scop.)、桑(*Morus alba* L.)、秋华柳(*Salix variegata* Franch.)和黄荆等。

表 1-1 三峡库区消落带常见木本植物

种名	科	生活型	分布
枫杨	胡桃科	中生	常见于长江流域和淮河流域，生于海拔 1500 m 以下的沿溪涧河滩、阴湿山坡地的林中
乌桕	大戟科	中生	生长在长江及其支流的河谷地带，其中以长江河谷巫山—万县段、乌江流域涪陵—酉阳段、金沙江河谷宜宾—雷波段、岷江流域宜宾—仁寿段最为集中
黄栌	漆树科	中生	原产于中国西南、华北和浙江
桑	桑科	中生	分布广泛
秋华柳	杨柳科	中生	分布在西藏东部、云南北部、贵州、四川、湖北西部、甘肃东南部、陕西南部、河南等地，生长于山谷河边、灌木林沟边、河滩灌丛、湖边、山坡溪边，水边石缝、宅边等处
黄荆	马鞭草科	中生	生于山坡路旁或灌木丛中，主要分布在中国长江以南各省，北达秦岭淮河

目前国内外对消落带植被的研究主要集中在植被的恢复和重建上。消落带植被是生长在消落带区域的植物的总和，是生态系统功能的主体(Azza et al.，2006)，其特征及生态过程是由水位涨落过程、区域气候、地质构造、沿溪河上下及两侧的生物和非生物过程等共同决定的，并同局部地形、地貌、土壤、水文、河溪级别、干扰等密切相关。植物耐水淹性的强弱与其长期所处的环境有关，低高程河岸段遭受水淹的概率更大，水淹持续的时间也更长，在其自然分布的生境中遭受水淹强度越大的物种对水淹胁迫的耐受能力越强(王海锋等，2008)。国内对三峡库区消落带植被重建物种选择的研究主要集中在能适应三峡库区水位特殊变化的当地木本植物物种的耐淹、耐旱性方面。由于三峡库区水文调度的改变，消落带植被在冬季遭受周期性水淹胁迫，夏季水位下降后，由于气温和降雨的关系也可能面临短暂的轻度干旱环境，所以在研究植物耐淹性的同时，也要研究植物对轻度干旱的耐受性(李昌晓和钟章成，2005a，2007a；李昌晓等，2008)。目前，在三峡库区消落带上部植被建设中，乔、灌、草的种类选择和配置方式一直是未能有效解决的关键难题。特别是对消落带上部(海拔 165 m 以上)库岸林营建过程中的适宜造林树种选择，已经不能满足当前生产实践的迫切需求。根据三峡水库消落带水位节律、生境特点，选择适宜的造林树种，特别是选择具有典型代表性的乡土树种，将直接关系到库岸生境的生物多样性与群落稳定性(Kozlowski and Pallardy，2002)，进而关系到库岸防护林体系营建最终成功与否。因此，开展三峡库区消落带水位变化条件下乡土树种适应性研究的意义重大，其研究成果可以为三峡库区消落带库岸防护林体系建设与水库生态流管理提供直接的理论基础。根据实验室实验和野外原位研究，已发现一些木本植物具有较强的耐淹性(表 1-2)，它们能够适应三峡库区消落带一定高程的生态环境，可以作为构建消落带植被的备选物种。

表 1-2 三峡库区消落带适生木本植物种类

类别	物种
乔木	纳塔栎(*Quercus nuttallii*)、枫杨、杂种鹅掌楸(*Liriodendron×sinoamericanum* P. C. Yieh ex C. B. Shang & Zhang R. Wang)、水翁、乌桕、白蜡树(*Fraxinus chinensis* Roxb.)、喜树(*Camptotheca acuminata* Decne.)、水杉(*Metasequoia glyptostroboides* Hu et W. C. Cheng)、水松[*Glyptostrobus pensilis*(Staunon ex D. Don) K. Koch)、池杉[*Taxodium distichum* var. *imbricatum*(Nuttalll) Brongn]、落羽杉[*Taxodium distichum*(Linn.) Rich.]、墨西哥落羽杉(*Taxodium mucronatum* Tenore)、南川柳(*Salix rosthornii* Seemen)、中山杉(*Taxodium* 'Zhongshansha')、柳树(*Salix* spp.)等
灌木	花叶杞柳(*Salix integracv* 'Hakuro Nishiki')、宜昌黄杨(*Buxus ichangensis* Hatusima)、秋华柳(*Salix variegata* Franch.)、疏花水柏枝[*Myricaria laxiflora*(Franch.) P. Y. Zhang et Y. J. Zhang]、中华蚊母树[*Distylium chinense*(Fr.) Diels]、小叶蚊母树[*Distylium buxifolium*(Hance) Merr.]、水杨梅(*Adina rubella* Hance.)等

1.4 本书所用水淹植物材料简介

落羽杉：又名落羽松，是杉科落羽杉属落叶大乔木，强阳性树种，适应性强，能耐低温、干旱、涝渍和土壤瘠薄，抗污染，抗台风，且病虫害少，生长快。其树形优美，羽毛状的叶丛极为秀丽，入秋后树叶变为古铜色，是良好的秋色观叶树种，常被栽种于平原地区及湖边、河岸、水网区域。

池杉：杉科落羽杉属落叶乔木，亦称池柏、沼落羽松，喜光，不耐阴，喜深厚疏松湿润的酸性土壤，耐湿性很强，长期在水中也能正常生长；抗风性、萌芽性很强，生长势旺；原产于美国弗吉尼亚州，是我国长江流域重要的造树和园林树种。

枫杨：胡桃科枫杨属高大落叶乔木，喜光，不耐庇荫，耐湿性强，萌芽力很强，生长迅速，是常见的庭院树种和防护树种，主要分布于长江流域和淮河流域，生于海拔 1500 m 以下的沿溪涧河滩、阴湿山坡地的林中。

水杉：杉科水杉属落叶乔木，喜光，喜温暖湿润气候，不耐贫瘠和干旱，能净化空气，根系发达，生长快，移栽容易成活，多生于山谷或山麓附近地势平缓且土层深厚、湿润或稍有积水的地方，耐寒性强，耐水湿能力强，可以在轻盐碱地生长。

湿地松(*Pinus elliottii* Engelmann)：松科松属速生常绿乔木，抗旱、耐涝、耐瘠，极不耐阴，有良好的适应性和抗逆力，是一种良好的广谱性园林绿化树种，适生于低山丘陵地带，原产美国东南部暖温带潮湿的低海拔地区，喜生于海拔 150～500 m 的潮湿土壤。

立柳(*Salix matsudana* Koidz.)：杨柳科柳属落叶乔木，喜光，耐寒，湿地、旱地皆能生长，但在湿润且排水良好的土壤中生长最好；根系发达，抗风能力强，生长快，易繁殖。分布于北美洲、欧洲、俄罗斯、中国、加拿大、哥伦比亚、日本，生长于海拔 10～3600 m 的地区，常生长在干旱地或水湿地，具有绿化、观赏价值。

南川柳：杨柳科柳属乔木或灌木，为中国特有的植物，生长于海拔 26～3600 m 的地区，常生长于丘陵、平原及低地的水旁。

水松：杉科水松属落叶或半落叶乔木，幼苗或幼树期间需要较充足的阳光和肥沃、湿润的土壤。生长于多水立地时树干基部膨大，常呈柱槽状，并有屈膝状呼吸根露出地面；在水位低、排水良好的立地，树干基部不膨大或微膨大，且无屈膝状呼吸根。水松实用价值高，可被栽于河边、堤旁，作固堤护岸和防风之用。树形优美，可作庭园树种。

中华蚊母树：金缕梅科蚊母树属常绿灌木，喜温暖、湿润和阳光充足的环境，能耐阴，稍耐寒，生长于海拔 300～1400 m 的地方，喜生于河溪旁。

第2章　水淹对三峡库区消落带适生树种落羽杉生理生态的影响

2.1　夏季水淹对落羽杉生理生态的影响

2.1.1　引言

长江三峡工程正式运行以后形成了巨型水库，水库水位调节按“冬蓄夏排”的方式进行，每年最高水位与最低水位间落差达到 30 m，由此形成了面积巨大的消落带。由于三峡库区消落带环境剧烈变化，导致其植被破坏相当严重，生境呈现出较高程度的破碎化，水土流失严重，生态功能严重退化(徐刚，2013)。因此，为了使消落带正常发挥其生态功能，我们必须加强消落带森林植被体系的建设和保护，切实做好消落带水土保持工作。

落羽杉属裸子植物杉科落羽杉属，原产于北美东南部沼泽地区，通常具有膝状呼吸根(董必慧，2010)，耐水湿性能均很强，现在我国长江流域多有引种(汪贵斌和曹福亮，2004a)。在库区水淹逆境胁迫条件下，植物的生长及重要生理过程将受到严重影响(Eclan and Pezeshki，2002)，植物重要中间代谢产物含量的变化，特别是苹果酸、莽草酸等含量的增加，基本上被公认为是植物对逆境条件的一种适应性生理生化响应(赵宽等，2016)。植物增加苹果酸、莽草酸等次生代谢物质含量，不仅可以避免受到生成的乙醇等有毒物质的伤害，还可以为其他类物质的合成提供相应的资源(Tesfaye et al.，2001；Visser et al.，2003)。

消落带水位变化会使土壤含水量呈梯度性变化，这势必会对适生造林树种落羽杉的生长发育及其生理生态学特性产生影响。目前，国内外对落羽杉的研究报道主要集中在其生物学特性、生长发育规律以及光合生理生态学特性等方面(汪贵斌和曹福亮，2004a；Middleton and McKee，2005；汪贵斌等，2010，2012；刘春风等，2011；王瑗，2011)，但是对于不同土壤水分条件特别是三峡库区消落带水位变化条件下落羽杉的光合生理生态学特性却未见报道。

本章重点研究落羽杉叶片光合参数及根系中间代谢产物苹果酸、莽草酸在不同水分逆境条件下的变化特征，通过模拟消落带土壤水分变化，从生理生化的角度来认识消落带适生造林树种落羽杉的生长生理特性、光合特性以及物质代谢适应机理，以期为三峡库区消落带植被恢复建设提供理论和技术支持。

2.1.2 材料和方法

1. 研究材料和地点

本实验的研究对象为当年生落羽杉幼苗。于6月中旬选取生长基本一致的当年适生落羽杉幼苗120株带土盆栽，花盆内径为13 cm，盆内装厚度为12 cm的紫色土，每盆栽植1株幼苗。将所有盆栽幼苗放入西南大学生态实验园地中(海拔249 m)进行相同环境条件生长适应，于当年7月25日将幼苗移入透明塑料遮雨棚后开始实验处理。

2. 实验设计

实验共设置4个水分处理组：对照组CK(control check)、轻度干旱组LD(light drought)、水分饱和组SW(soil water saturation)和水淹组BS(belowground soil submersion)，将落羽杉幼苗随机分成4组，每组30盆，接受上述实验处理。CK组作为常规生长组，采用称重法控制土壤含水量为田间持水量的60%～63%。LD组进行轻度干旱水分胁迫处理，采用称重法将土壤含水量控制为田间持水量的47%～50%，此条件下植株嫩叶在晴天下午1：00左右出现萎蔫，下午5：00左右恢复正常(胡哲森等，2000)。SW组保持花盆土壤表面一直处于潮湿的水饱和状态。BS组盆内土壤全部被淹没，水面高于土壤表面1 cm。具体做法为将苗盆放入规格为68 cm×22 cm的塑料大盆内，向盆内注入自来水至盆内水面高于土壤表面1 cm为止(Farifr and Aboglila，2015)。从开始实验之日算起，每5天作为一个处理期，对各项生理生化指标进行测定，共测定5次，每个处理组每次随机选取5株植物进行测定，最后取5次测定的平均值进行比较。同年8月25日结束实验。

3. 指标测定

1)根生物量测定

将每株落羽杉的根系小心取下，分为主根和侧根两部分，放入80℃烘箱中烘干至恒重后称重。根部生物量(DW①) ($g\cdot plant^{-1}$)=主根生物量＋侧根生物量。

2)气体交换参数测定

在预备实验的基础上，选取落羽杉顶部第3或第4片叶，将其置于饱和光强下进行充分光诱导，然后使用美国产CI-310 POS便携式光合系统对叶片的净光合速率(*Pn*)、气孔导度(*Gs*)、胞间CO_2浓度(*Ci*)、蒸腾速率(*Tr*)、气温(*Ta*)、叶温(*Tl*)、空气相对湿度(*RH*)进行直接测定。测定时间为上午9：00～11：00，环境温度为25℃(Eclan and Pezeshki，2002)，CO_2浓度为400 $\mu mol\cdot L^{-1}$，光合有效辐射(*PAR*)为1000 $\mu mol\ photons\cdot m^{-2}\cdot s^{-1}$。利用测得的参数计算水分利用效率(*WUE*)=*Pn*/*Tr*(Cui et al.，2009)、表观光能利用效率(*LUE*)=*Pn*/*PAR*(高照全等，2010)和表观CO_2利用效率(*CUE*)=*Pn*/*Ci*(Silva et al., 2013)。

---

① DW指干重条件下的测量值。

3) 光合色素含量测定

选取用于测定落羽杉光合参数的叶片，采用浸提法提取叶片的叶绿素，用日本岛津 UV-5220 型分光光度计分别测定叶绿素 a、叶绿素 b 和类胡萝卜素的吸光值 A_{663}、A_{645} 和 A_{470}，并计算其含量(郝建军等，2007；Jankju et al.，2013)。总叶绿素含量=叶绿素 a 含量＋叶绿素 b 含量。

4) 根系苹果酸、莽草酸含量测定

采用离子抑制-反相高效液相色谱(ion-suppression reversed-phase high performance liquid chromatography，ISRP-HPLC)，流动相为 $HClO_4$ 溶液(pH=2.5)，在国产 Hypersil ODS2 5 μm (4.6 mm×150 mm) 色谱柱上进行苹果酸、莽草酸测定。用 Agilent 1100 二极管阵列多波长检测器进行检测，流动相流速设置为 0.8 mL • min^{-1}；检测波长 214 nm，带宽 4 nm；参比波长 300 nm，带宽 80 nm；柱温 30℃，进样量 20 μL(黄天志等，2014)。98.5%的分析纯苹果酸标样购自上海化学试剂研究所，98.5%的分析纯莽草酸标样(Fluka 牌)购自北京舒伯伟化工仪器有限责任公司。

测定溶液制备时，加入少量去离子水至事先称取好的主、侧根样品中，分别研磨至匀浆，转入 25 mL 具塞刻度试管中定容至 10 mL。然后在 80℃恒温条件下水浴 30 min，静置、冷却。取上清液转入 5 mL 离心试管，8000 rpm，离心 10 min。最后取上清液，用孔径为 0.45 μm 的注射式过滤器过滤。滤液用 1.5 mL 离心试管盛装，用高效液相色谱仪分析主根和侧根的苹果酸、莽草酸含量(DW) (mg • g^{-1})，根部含量则为主根和侧根的平均值(DW) (mg • g^{-1})。

4. 统计分析

所有数据均采用 SPSS 软件进行分析，将水分处理作为独立因素，采用单因素方差分析(one-way ANOVA)来揭示水分变化对落羽杉幼苗生长生理特征的影响。用 Duncan 检验法进行多重比较，检验每个生理指标在各处理间的差异显著性(α=0.05)。

2.1.3　夏季水淹对落羽杉幼苗光合生理的影响

1. 光合色素的变化

落羽杉幼苗光合色素含量变化见表 2-1，其含量受到不同水分处理的极显著影响。在 4 个处理组中，BS 组光合色素含量一直较其他 3 组低，说明其受到的影响最大(图 2-1)。LD 和 SW 组以干重计量的总叶绿素(*Chls*)含量、类胡萝卜素(*Car*)含量与 CK 组差异不显著；与前两组不同，BS 组不仅与 CK 组有极显著性差异，同时还与 LD 和 SW 组差异显著，其光合色素含量最低。落羽杉幼苗以干重、鲜重计量的总叶绿素和类胡萝卜素含量在整个实验处理期具有相似的变化趋势；叶绿素 a(*Chl a*)/叶绿素 b(*Chl b*)与总叶绿素/类胡萝卜素的变化趋势也基本相同。叶绿素 a/叶绿素 b 介于 2.04～2.69，总叶绿素/类胡萝卜素则介于 3.08～4.51。

表 2-1 不同水分处理对落羽杉幼苗光合色素含量影响的方差分析结果

特征	F 值	p 值
Chls(FW①)	40.157	0.000***
Chls(DW)	50.022	0.000***
Car(FW)	30.196	0.000***
Car(DW)	42.524	0.000***
Chl a/*Chl b*	20.202	0.000***
Chls/*Car*	33.052	0.000***

注：***表示 $p<0.001$；**表示 $p<0.01$；*表示 $p<0.05$；ns 表示 $p>0.05$。

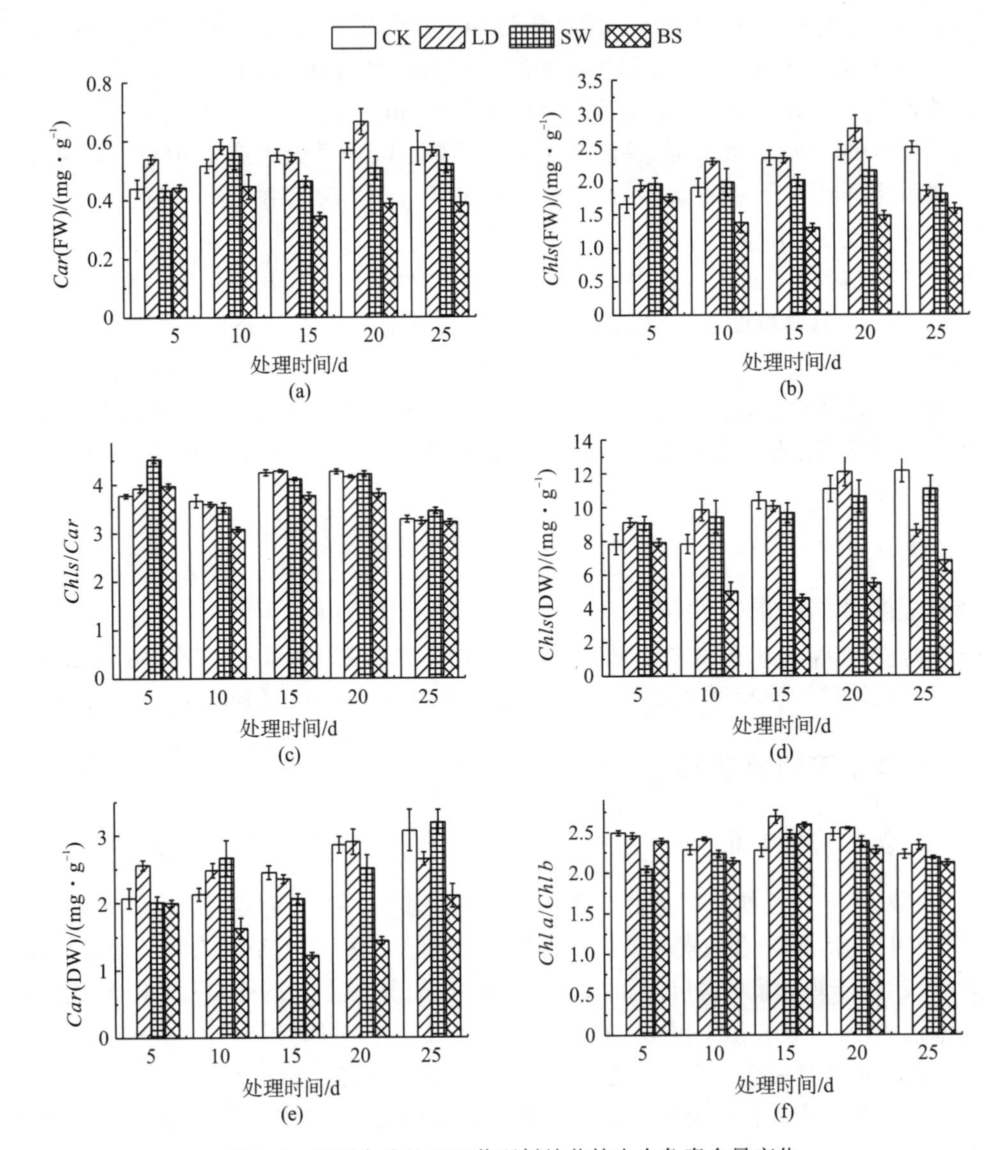

图 2-1 不同水分处理下落羽杉幼苗的光合色素含量变化

① FW 指鲜重条件下的测量值。

2. 气体交换参数的变化

如表 2-2 所示，不同水分处理对落羽杉幼苗光合气体交换参数有显著影响，对净光合速率(*Pn*)、蒸腾速率(*Tr*)以及气孔导度(*GS*)均有极显著影响。随着处理时间增加，CK 组的净光合速率呈连续上升的趋势，而 SW 和 BS 组净光合速率则呈连续下降趋势，LD 组与前 3 组的变化不同，整体上呈上升、下降交替出现的趋势(图 2-2)。就整个实验期的总均值而言，SW 和 BS 组之间以及二者与 CK 组之间差异不显著，而 LD 组与其他 3 组均有极显著性差异。落羽杉幼苗的净光合速率在干旱环境下出现下降，比正常条件下降低了 24.9%；相反，在土壤饱和水与水淹环境下，其光合能力与正常生长条件下相比无差异，这证实了落羽杉具有耐水淹的生理学特性。

表 2-2　不同水分处理对落羽杉幼苗光合气体交换参数影响的方差分析结果

特征	*F* 值	*p* 值
Pn	34.524	0.000***
Tr	52.658	0.000***
Gs	100.743	0.000***
Ci	1.055	0.373ns
WUE	18.223	0.000***
LUE	35.109	0.000***
CUE	26.627	0.000***

注：***表示 $p<0.001$；***表示 $p<0.01$；*表示 $p<0.05$；ns 表示 $p>0.05$。

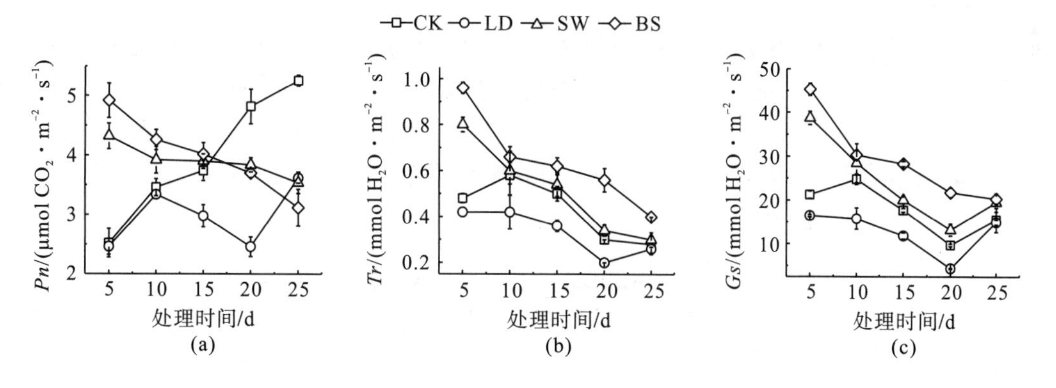

图 2-2　落羽杉幼苗在不同水分条件下其净光合速率(*Pn*)、蒸腾速率(*Tr*)和气孔导度(*Gs*)的变化

在整个实验处理期间，落羽杉幼苗各处理组的蒸腾速率和气孔导度平均值均随着土壤水分含量的增加而增加，均呈相似的变化规律。随着处理时间的延长，LD、SW 和 BS 组的蒸腾速率和气孔导度平均值均逐渐接近 CK 组平均值，表明落羽杉幼苗对逆境条件具有较强的自我调适性和可塑性。

3. 资源利用效率的变化

落羽杉幼苗的资源利用效率受到不同水分处理的极显著影响(表 2-2)。4 个处理组的水分利用效率(*WUE*)均随胁迫时间的延长而持续增加，其中 CK 组增加最快，最后一次测量的平均值比第一次增加了289%；而BS组的*WUE*值却只增加了51%，LD和SW组的*WUE*值则分别增加了146%和125%。就实验期间*WUE*总均值而言，CK组最大，另3组则随着土壤水分含量变化而显著减小。

落羽杉幼苗表观光能利用效率(*LUE*)和表观CO_2利用效率(*CUE*)的变化趋势相似，二者均受到水分处理的显著影响(图2-3和表2-2)。在整个实验期，LD组的*LUE*、*CUE*总均值与CK、SW、BS组均有显著性差异，但CK、SW、BS组之间则无显著性差异，这进一步说明落羽杉幼苗对渍水和水淹环境具有较强的适应性。

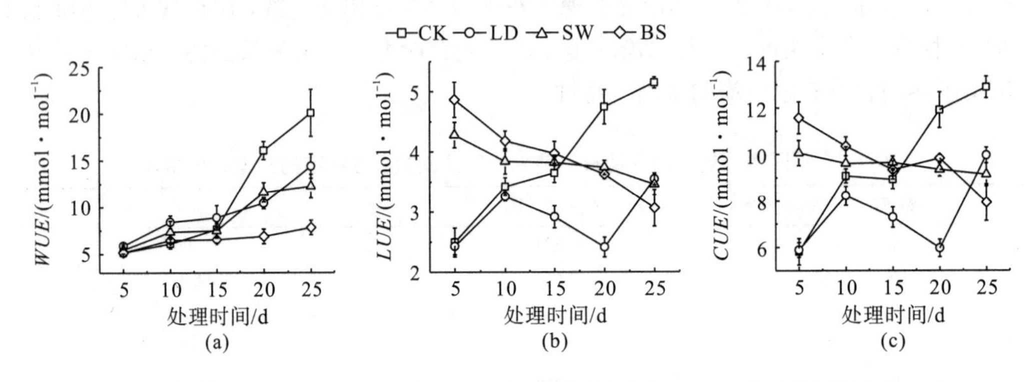

图2-3 落羽杉幼苗在不同水分条件下其水分利用效率(*WUE*)、光能利用效率(*LUE*)和表观CO_2利用效率(*CUE*)的变化

4. 相关性分析

相关性分析结果(表2-3)显示，落羽杉幼苗*Pn*值与*Tr*、*Gs*、*WUE*、*LUE*以及*CUE*值均呈极显著正相关关系，说明这些因子对落羽杉幼苗净光合速率有极显著的影响。相反，*Pn*值与*Chls*、*Car*以及*Chls/Car*值的相关性不显著，而只与*Chl a/Chl b*呈极显著负相关关系。落羽杉幼苗*Pn*值与*RH*和*Ci*值的相关性不显著；*Tr*值与*Gs*值有极显著正相关关系，与*WUE*值呈极显著的负相关关系。

表2-3 落羽杉幼苗净光合速率(*Pn*)与其他指标的相关性分析

	Pn	*Gs*	*Tr*	*WUE*	*CUE*	*LUE*	*Chls*(DW)	*Car*(DW)	*Chl a/Chl b*	*Chls/Car*
Gs	0.35**									
Tr	0.30**	0.89**								
WUE	0.36**	−0.54**	−0.68**							
CUE	0.97**	0.31**	0.25*	0.39**						
LUE	0.99**	0.32**	0.36**	0.35**	0.96**					
Chls(DW)	0.02	−0.49**	−0.42**	0.41**	−0.04	−0.03				
Car(DW)	−0.01	−0.50**	−0.47**	0.41**	−0.06	−0.09	0.82**			
Chl a/Chl b	−0.27**	−0.35**	−0.18	−0.03	−0.31**	−0.27**	0.22*	0.14		
Chls/Car	−0.03	−0.07	0.11	−0.15	−0.12	−0.02	0.43**	0.12	0.40**	
Ci	0.06	0.13	0.15	−0.14	−0.20	0.07	0.06	−0.08	0.18	0.36**
RH	0.05	0.15	−0.10	0.21*	0.14	0.05	−0.22*	−0.04	−0.55**	−0.75**

注：**表示在α=0.01水平下相关性达到极显著(两尾检验)；*表示在α=0.05水平下相关性达到显著(两尾检验)。

2.1.4　夏季水淹对落羽杉幼苗根部次生代谢物的影响

1. 根系苹果酸含量的变化

由表 2-4 可知，水分胁迫对落羽杉幼苗侧根苹果酸含量(表中数据均以干重计)、生物量的影响较主根及根部强。随着处理时间增加，CK、LD 和 SW 3 组主根苹果酸含量呈升降交替的变化趋势，而 BS 组则一直呈连续降低状态，第 25 天平均值比第 5 天降低了 53.50%。侧根及根部苹果酸含量变化与主根变化不同，其在 4 个处理组中均表现为升降交替的变化趋势，LD 和 BS 组苹果酸含量高于或接近于 CK 组水平(图 2-4)。就整体平均值而言，落羽杉幼苗 BS 组主根苹果酸含量较 CK 组和 LD 组分别显著降低 27.96%和 21.78%；BS 组也略低于 SW 组，但无显著性差异。然而，BS 组侧根苹果酸含量较 LD、SW 与 CK 3 个处理组分别极显著地高出 84.13%、78.29%和 105.72%，而后 3 个组之间则没有显著性差异。根部苹果酸含量以 BS 组为最高，其显著高出 CK 组 32.70%，而 LD 和 SW 组则并未显著高出 CK 组。

表 2-4　不同水分处理对落羽杉幼苗根系次生代谢物与生物量影响的方差分析结果

特征	F 值	p 值
主根苹果酸含量(DW)/(mg·g^{-1})	3.252	0.025*
侧根苹果酸含量(DW)/(mg·g^{-1})	7.208	0.000***
根部苹果酸含量(DW)/(mg·g^{-1})	1.905	0.134^{ns}
主根莽草酸含量(DW)/(mg·g^{-1})	2.774	0.046*
侧根莽草酸含量(DW)/(mg·g^{-1})	16.947	0.000***
根部莽草酸含量(DW)/(mg·g^{-1})	6.361	0.001**
主根生物量(DW)/(g·plant^{-1})	0.864	0.463^{ns}
侧根生物量(DW)/(g·plant^{-1})	5.947	0.001**
根部生物量(DW)/(g·plant^{-1})	3.740	0.014*

注：***表示 $p<0.001$；**表示 $p<0.01$；*表示 $p<0.05$；ns 表示 $p>0.05$。

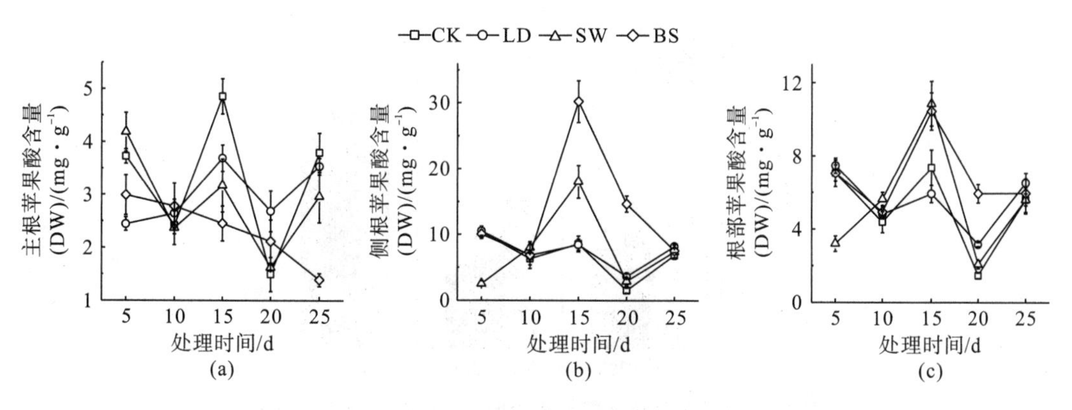

图 2-4　不同水分条件下落羽杉幼苗根系苹果酸含量的变化

2. 根系莽草酸含量的变化

水分处理对落羽杉幼苗主根、侧根及根部的莽草酸含量均产生了显著的影响(表 2-4)。随着实验时间延长，各个处理组的主根莽草酸含量均呈升降交替的变化趋势，LD 组一直与 CK 组变化相似。侧根和根部莽草酸含量的变化与主根莽草酸含量的变化不同，LD 组均呈连续降低的变化趋势；SW、BS、CK 组前 3 次均呈连续上升趋势，且在第 15 天时达到最高，随后开始下降。BS 组侧根莽草酸含量始终显著高于 CK 和 SW 组(图 2-5)。

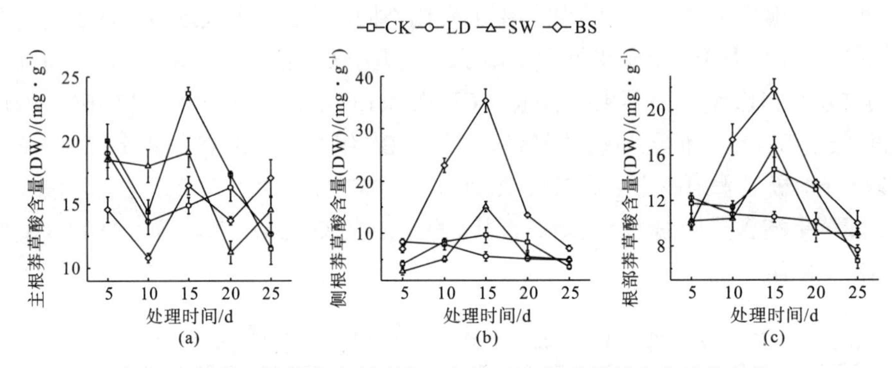

图 2-5 落羽杉幼苗在不同水分条件下其根系莽草酸含量的变化

就实验期间总体平均值而言，BS 组主根莽草酸含量较 CK 组极显著地降低了 16.4%，而 LD 和 SW 组与 BS 组无显著性差异。与主根不同，BS 组侧根、根部的莽草酸含量均分别极显著高于 CK、LD、SW 组，而 LD、SW 与 CK 3 个组之间均没有显著性差异。

3. 根系生物量的变化

落羽杉幼苗主根的生物量没有受到不同水分处理的显著影响，但其侧根、根部生物量则受到了显著影响(表 2-3)。在整个处理期间，4 个处理组的侧根平均生物量、根部平均生物量具有大致相似的变化趋势，BS 组显著低于 CK、LD 组，而与 SW 组差异不显著。LD 组主根、侧根和根部的生物量均处于与 CK 组相当的水平。SW 组根系各部分的生物量与其他 3 组各对应部分均无显著性差异(图 2-6)。

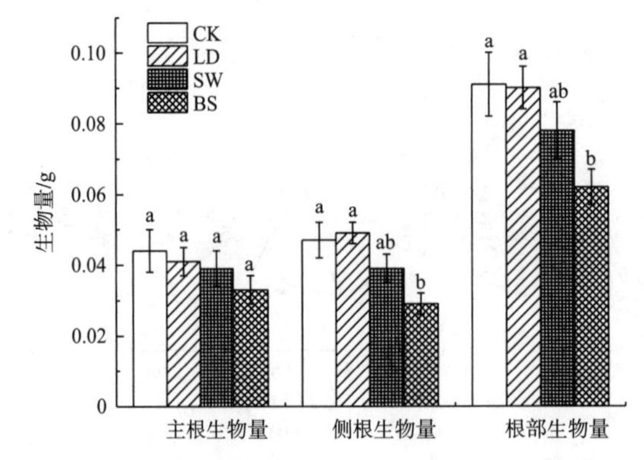

图 2-6 落羽杉幼苗在整个实验期间其根系生物量的变化

注：不同小写字母表示不同处理组之间有显著性差异($p<0.05$)。

2.1.5　讨论

1. 夏季水淹对落羽杉幼苗光合生理的影响

1) 叶绿素的变化

在本实验中，水淹条件下落羽杉幼苗的叶绿素含量显著低于正常生长植株，类胡萝卜素含量也显著低于正常生长植株。然而，其净光合速率并未随光合色素含量的显著降低而显著下降，这很可能与水淹条件下落羽杉幼苗的气孔导度显著高于对照组有关。落羽杉幼苗光合色素含量显著降低会影响其光能合成作用，但其气孔开度增大增加了 CO_2 的进入量和光合气体交换面积、时间以及交换总量，两者相互作用抵消了影响。此外，落羽杉幼苗的胞间 CO_2 含量并未受到水淹的显著影响(表 2-2)，说明水淹并未影响落羽杉幼苗叶肉细胞利用 CO_2 的能力，这也从另一方面确保了落羽杉幼苗净光合速率的相对稳定。

实验发现，落羽杉幼苗总叶绿素/类胡萝卜素大于 3，这与其叶绿素 a/叶绿素 b 小于 3 截然相反，这可能是落羽杉光合色素含量的重要特征之一。通常，正常叶子的上述两项比值均约为 3∶1(潘瑞炽等，2004)。落羽杉幼苗光合色素含量发生变化可能是因为植株受到了光照以及其他多种因素的影响，这也与落羽杉幼苗的光合能力和光合生理生化特性有关。总叶绿素/类胡萝卜素大于 3 可以起到提高叶绿素在光合色素中的相对含量进而增加植物光合能力的作用，也可以起到确保植物有足够反应中心色素的作用。叶绿素 a/叶绿素 b 小于 3 可起到保证植物有充足聚光色素参与光能合成的作用，使叶绿素 a 与叶绿素 b 的分配比例更加合理高效，使植物的光合作用朝着最优化的方向发展(Ronzhina et al.，2004)。本研究中落羽杉幼苗净光合速率只与叶绿素 a/叶绿素 b 呈极显著负相关关系，这也证实了该树种在光合色素分配上的合理性。

2) 光合生理的变化

落羽杉幼苗净光合速率的大小受到多种因素的影响，其中光合气体交换参数和资源利用效率是重要的影响因子(Eclan and Pezeshki，2002；汪贵斌等，2004)。在整个处理期，落羽杉幼苗 CK、LD、SW 和 BS 4 个处理组的净光合速率总均值分别为 3.96、2.97、3.90 和 4.00 $\mu mol \cdot m^{-2} \cdot s^{-1}$。在湿害和涝害逆境中，落羽杉幼苗仍可维持其正常的净光合速率；相反，其净光合速率会受到干旱胁迫的严重影响，这与落羽杉幼苗气孔导度和蒸腾速率会受到干旱胁迫的影响有关。在三峡库区消落带环境条件下，当土壤水分过多时(如 SW、BS 组)，落羽杉将增加叶片气孔开度，提升蒸腾速率，增强生理活性，增高水分利用效率，保持或提高光能利用效率和 CO_2 利用效率，合成更多光合产物来保证呼吸速率的提高，以便克服根部缺氧和水分过多带来的不利影响，最终维持正常水平的净光合速率。相反，当土壤水分过少时(如 LD 组)，落羽杉将减小气孔开度，降低蒸腾速率，提高水分利用效率，进而降低光能利用效率及 CO_2 利用效率，最终引起净光合速率降低。

轻度干旱环境和水饱和、水淹环境是植物正常生长环境的两个相反方向，故应当进一步考虑单个处理组内各光合气体交换参数之间的相关性。如不同处理组的净光合速率和蒸腾速率均遵循二次多项式变化规律，BS 组的 $Pn=-0.0014Tr^2+0.1467Tr+0.9905$，其相关系数 0.72 明显大于全部处理组整体相关系数 0.35（$p<0.01$）。

2. 夏季水淹对落羽杉幼苗根部次生代谢物的影响

处于长期渍水的河谷平原或河漫滩地区的植物，其根和植株基部在一年中会有长达几个月的时间浸泡在水里，其生存与植物代谢过程有显著关系（Simone et al., 2003）。有研究发现，菘蓝（*Isatis indigotica* Fortune）的根在淹水时会积累苹果酸，这是其代谢适应淹水条件的途径之一（陈暄等，2009）。但这代表的是根部整体，并不能代表根系各个组成部分的代谢适应性变化。在本书中，落羽杉幼苗 BS 组主根与侧根苹果酸含量呈截然相反的变化规律，BS 组主根苹果酸含量总均值显著低于 CK 组，这可能是因为水淹并没有影响到苹果酸酶的活性，主根产生的部分苹果酸转变成了丙酮酸；还可能与主根和侧根之间的苹果酸分配比例发生显著改变有关，主根部分苹果酸被转移分配到侧根，导致主根苹果酸含量相对降低。与主根变化相反，侧根苹果酸含量在水淹条件下显著上升，一方面很可能是因为侧根加强了苹果酸的合成代谢，另一方面可能与水淹条件下侧根苹果酸酶大量减少有关，也可能与主根部分苹果酸被转移分配到侧根有关。

本研究中，4 个处理组主根苹果酸含量均较同组侧根极显著降低（各组的 $p<0.01$），这表明侧根在苹果酸代谢过程中一直占据着主导地位，使得其苹果酸含量变化与根部基本一致。在水淹胁迫下，落羽杉幼苗通过显著增加侧根苹果酸含量达到避免乙醇毒害根部的目的（图 2-4），这与前人研究菘蓝所得到的结论基本一致（陈暄等，2009）。

落羽杉幼苗 BS 组的主根和侧根莽草酸含量具有与苹果酸含量类似的变化，即主根在水淹条件下的莽草酸含量显著低于对照组，而侧根莽草酸含量显著高于对照组（图 2-5），这很可能与水淹条件下侧根加强莽草酸合成途径而主根莽草酸合成途径受到一定程度的抑制有关；还可能与主根产生的部分莽草酸被转移分配到侧根或侧根莽草酸酶减少有关。与苹果酸代谢相同，在莽草酸代谢过程中侧根仍是根部的主要合成部位。有研究显示，鸢尾（*Iris pseudacorus*）的根在冬季水淹条件下积累了较多莽草酸，而夏季由于土壤水分较少且通气良好，鸢尾根部仅有痕量莽草酸（Tyler and Crawford，1970）。很显然，对水淹适应性强的鸢尾，其将磷酸烯醇丙酮酸转化成莽草酸（莽草酸也可以是糖通过 4-磷酸赤藓糖产生），没有乙醇积累。本书发现，落羽杉幼苗根部在水淹条件下其莽草酸含量显著增加，这与鸢尾的根在水淹条件下的表现相一致。但本书也发现，落羽杉幼苗 LD 组根的莽草酸含量与 CK 组的水平相近，与鸢尾在干旱条件下的表现有一定差异，这很可能与不同植物种类间的生理生物学特性差异有关（潘瑞炽等，2004）。

与苹果酸的代谢变化不同，落羽杉幼苗 CK、LD、SW 3 个处理组的主根莽草酸含量均较同组侧根莽草酸含量极显著地增高（各组的 $p=0$），这与 BS 组侧根与主根的莽草酸含量间差异不显著形成强烈对比（$p=0.051$）。

落羽杉幼苗 BS 组主根苹果酸、莽草酸含量总均值显著低于对照组，侧根苹果酸、莽草酸含量总均值均显著高于对照组；根部苹果酸、莽草酸含量也显著增加（图 2-4，图 2-5）。SW 组在水分处理初期其主根苹果酸、莽草酸含量均保持在对照组水平，侧根苹果酸、莽草酸含量却减少明显，并没有从最初就表现出 BS 组的生理代谢响应过程，这表明落羽杉幼苗对土壤饱和水与连续性水淹的初期代谢响应有一定差异。

落羽杉幼苗在正常生长环境中主要以主根来进行根部莽草酸积累调节，以侧根为主进行苹果酸积累调节，二者具有明显的分工合作(图 2-4，图 2-5)。与正常生长环境不同，落羽杉幼苗在水淹环境下将显著降低主根苹果酸的积累量，增加侧根苹果酸的积累量；此外，侧根的莽草酸积累量也会得到显著升高，从而使侧根减少对主根莽草酸积累的依赖。这充分说明落羽杉幼苗的侧根有助于落羽杉幼苗适应根部水淹环境，其代谢变化可能比主根要复杂很多(Gibberd et al.，2001)。侧根能更好地调整代谢，从而使落羽杉幼苗适应胁迫环境，这在 LD 和 SW 组也有所体现(图 2-4，图 2-5)。上述代谢调整过程与主根和侧根的生物学特性以及生理功能划分密切相关。侧根位于根部外围，其上生长有大量代谢旺盛的根毛，是根系与外界环境进行物质和能量交换的主要场所。苹果酸、莽草酸在侧根大量积累将有助于这些过剩代谢产物的扩散、转化与重新利用，同时也可缓解或调节过剩代谢产物对植物产生的负面影响(Visser et al.，2003)。

汪贵斌等(2012)研究发现落羽杉幼苗在连续性水淹条件下，其通气组织会逐渐形成并增多，进而使根系的孔隙度增加，导致生物量减少。本研究中，落羽杉幼苗 BS 组根系生物量的变化与该结论相同。有研究指出间歇性水淹对落羽杉幼苗的生物量积累没有显著影响(Anderson and Pezeshki，2000)，本实验中 SW 组也得出了类似的实验结果。落羽杉幼苗主、侧根和根部生物量的变化，从侧面说明侧根是通气组织形成的主要部位，对根部适应水淹环境有重要作用。

林木光合生理生态特性受土壤水分变化的强烈影响(Simone et al.，2003；史胜青等，2004)。三峡库区消落带适生树种落羽杉的多项光合生理特征势必会受到水位变化的显著影响。从本项实验的研究结果来看，落羽杉幼苗将充分利用侧根来产生大量苹果酸和莽草酸，同时形成大量通气组织以适应根部水淹环境；采取保持与对照组相当的代谢和生长水平来适应轻度干旱、饱和水环境。综合落羽杉的光合特性及生理生态适应性特征，可以考虑将其作为三峡库区消落带防护林体系建设树种之一，但在植树造林时，应当特别注意保护好落羽杉幼苗的侧根以及侧根的生长和发育。

2.2　三峡库区消落带周期性水淹对落羽杉生长及光合生理的影响

2.2.1　引言

三峡工程自建成运行以来，其水位大幅度剧烈变化，严重影响了消落带植物的存活及生长发育，致使消落带植被物种多样性急剧下降(刘维暐等，2012)，水土流失程度也因此加大(鲍玉海和贺秀斌，2011)，进而导致消落带生态系统的结构和功能受到严重损害。近年来，社会各界已开始高度重视消落带植被恢复问题，而人工植被重建作为一种恢复消落带植被的有效方法逐渐被研究者指出并采用(樊大勇等，2015)。

植物在消落带内存活和生长不仅需要较强的水淹耐受性，而且需要在退水后快速恢复其光合作用以制造、储存充分的碳水化合物，以便为再次遭受水淹提供能量(裴顺祥等，2014)。

因此，研究库区消落带适生植物在水淹后落干期的生长和光合生理生态适应机制是进行消落带植被恢复的重要基础，也是解决库区消落带生态环境问题的前提(揭胜麟等，2012)。

落羽杉属于杉科落羽杉属落叶乔木，生长快，适应性强，被广泛用于库岸植被重建(Li et al.，2016；Wang et al.，2016)。研究发现，落羽杉对水淹胁迫具有较强的耐受性，是三峡库区消落带的适生乔木树种。通过示范基地原位栽植发现，经历 4 年周期性水淹后，落羽杉表现出良好的适应性，在退水后 15～20 天，能快速返青，并形成长期的绿化效果。目前针对落羽杉开展的研究大部分集中在模拟不同水淹环境中及水淹胁迫解除后落羽杉的生长及光合生理响应(Wang et al.，2016)和根系次生代谢情况(李昌晓和钟章成，2007b)等方面，尽管已有关于落羽杉在三峡库区消落带原位落干期的光合生理研究(Wang et al.，2016)，但该研究只进行常规气体交换参数的测定，仅反映了光合生理的瞬时响应，而不能反映落羽杉对不同光照强度和 CO_2 浓度的利用情况。目前，尚无应用光响应模型和 CO_2 响应模型来研究落羽杉生长适应性的报道。因此，本书以三峡库区消落带原位种植 4 年后的落羽杉为研究对象，通过测定落羽杉在周期性水淹后落干期的生长指标，探索落羽杉在消落带原位的生长适应机制；同时，测定落羽杉在 2 个生长季的光合响应过程——光/CO_2 响应曲线，并采用直角双曲线模型、非直角双曲线模型和直角双曲线修正模型 3 个模型对落羽杉的响应曲线进行拟合，在比较各模型拟合结果后选出最优模型，通过最优模型来分析水淹后落干期落羽杉的光合生理变化，探究落羽杉在消落带特殊生长环境下的适应机制，为三峡库区消落带人工植被构建和管理提供理论指导。

2.2.2 材料和方法

1. 研究材料和地点

研究地点位于重庆市忠县共和村汝溪河消落带植被修复示范基地(107°32′～108°14′E，30°03′～30°35′N)，样地面积 0.133 km^2。汝溪河是长江一级支流，该流域属亚热带东南季风区山地气候。年积温 5787℃，年均温 18.2℃，每年无霜期达 341 天，年均日照时数 1327.5，日照率 29%，年太阳总辐射能 83.7×4.18 kJ • cm^{-2}，年均降雨量 1200 mm，相对湿度 80%。

2012 年 3 月，将生长基本一致(表 2-5)的两年生落羽杉和池杉幼树栽植于汝溪河消落带上部(海拔 165～175 m)。栽植时沿垂直于河道、宽度为 10 m 的条带交替栽植这两个树种，植株行距为 1 m×1 m。苗木栽好后立即浇透定根水 1 次，2012 年 6 月中旬除草 1 次。之后，排除人为干扰任其自然生长。截至 2016 年 7 月实验开始时，落羽杉和池杉已经历了 4 个水位波动周期，实验开始时 2 个树种均长势良好。

表 2-5 苗木栽植规格

生长指标	落羽杉	池杉
胸径/cm	0.413±0.030	0.777±0.182
株高/m	1.613±0.130	1.644±0.035
株行距	1 m×1 m	1 m×1 m

注：图中数据为平均值±标准误。

2. 研究方法

分别于2016年7月15日和2017年7月15日开始在三峡库区汝溪河消落带实验基地实地测定数据。按照消落带不同海拔处的水淹深度及水淹持续时间划分出3个样带：浅淹处理组(SS，海拔175 m，对照组)、中度水淹处理组(MS，海拔170 m)和深度水淹处理组(DS，海拔165 m)，各样带的水淹深度及水淹天数见表2-6。在3个海拔各分别选取4株长势相近且具有代表性的落羽杉苗木进行后续生长情况、光合参数及生理特征的测定，进行光合参数和光/CO_2响应曲线测定时每株选取3片完全舒展且成熟完整的叶片(位于树冠的中上部)作为测定对象，于2016年7月中旬至8月初和2017年7月中旬至8月初进行测量。

表2-6 不同水淹处理组5个水淹周期内的水淹深度和水淹持续时间

海拔	水淹深度/m	水淹天数/d				
		2012年6月至2013年7月	2013年6月至2014年7月	2014年6月至2015年7月	2015年6月至2016年7月	2016年6月至2017年7月
175 m以上	0	2	5	8	5	5
170～175 m	5	125	101	141	111	115
165～169 m	10	175	158	217	161	177

3. 测定方法

1)土壤氧化还原电位测定

标记实验样地3个海拔上被选定用于测量光合作用的树木，其周边土壤的氧化还原电位(soil redox potential，Eh)使用江苏江分电分析仪器有限公司生产的DW-1型土壤氧化还原电位计进行测定。测定时将DW-1型电位计探头插入土层10 cm深度处，持续几分钟待读数稳定后记录数值。通常，Eh介于400～700 mV的土壤为通气良好且含氧量充分的土壤，水淹后土壤Eh从400 mV降到72 mV；而当Eh低于350 mV时，表明土壤氧气匮乏。

2)生长测定

株高使用测高杆测定，胸径(1.3 m处)使用游标卡尺进行测定，冠幅使用皮尺进行测定。

3)光合参数测定

选择晴天上午9：30～12：00对消落带栽植区域的落羽杉苗木进行原位测量。使用LI-6400(或LI-COR-6400)便携式光合系统(美国LI-COR公司生产)对落羽杉叶片进行测定，测定指标主要包括净光合速率(*Pn*)、气孔导度(*Gs*)、胞间CO_2浓度(*Ci*)、蒸腾速率(*Tr*)等，利用测得的参数值计算水分利用效率(*WUE*)($WUE=Pn/Tr$)(Yang et al.，2011)、表观光能利用效率(*LUE*)($LUE=Pn/PAR$)(高照全等，2010)和表观CO_2利用效率(*CUE*)($CUE=Pn/Ci$)(Silva et al.，2013)。测定时仪器的具体参数如下：光合有效辐射(*PAR*)为1200 $\mu mol \cdot m^{-2} \cdot s^{-1}$，$CO_2$浓度为$(400\pm5)\ \mu mol \cdot mol^{-1}$。叶室温度和相对湿度均为自然背景值。测定结束后立即标定放入叶室的叶片区域，逐一标注后分别装袋保存，于当次实验结束后带回实验室，使用 WinRHIZO 根系分析仪（版本 410B，加拿大 Regent Instrument 公司生产）扫描进行光合参数测定时叶室中的叶面积，通过计算得出各处理的实际光合参数值。

4）光响应曲线测定

选择晴天上午 9：30～12：00，采用 LI-6400 便携式光合系统进行原位测量。测定时使用 LI-6400-02B 红蓝光源进行光合有效辐射梯度设定：1800、1600、1400、1200、1000、800、600、400、200、100、50、0 $\mu mol \cdot m^{-2} \cdot s^{-1}$。测定前所有植物均经过自然光的充分诱导，设定光照强度发生改变后的最少稳定时间为 120s。CO_2 浓度设置为（400±5）$\mu mol \cdot mol^{-1}$（仪器自带小钢瓶）。叶室温度和相对湿度均为自然背景值。参照郎莹等（2011）的方法计算实测值。

5）CO_2 响应曲线测定

于晴天上午 9：30～12：00 采用 LI-6400 便携式光合系统进行原位测定。设定 CO_2 浓度梯度为 400、300、200、100、50、400、600、800、1000、1200、1500、1800、2000 $\mu mol \cdot mol^{-1}$（仪器自带小钢瓶），CO_2 浓度改变后平衡约 120～200 s 后开始测定。叶室温度和相对湿度均为自然背景值。

6）光合色素含量测定

对用于光合指标测定的叶进行称重并记录，采用浸提法测定其叶绿素 a（*Chl a*）、叶绿素 b（*Chl b*）、类胡萝卜素（*Car*）含量（高俊凤，2006）。吸光值 A_{663}、A_{645} 和 A_{470} 均使用紫外可见光分光光度计（UV-2550，日本）分别测定，并按公式计算叶绿素 a、叶绿素 b 和类胡萝卜素含量。其中总叶绿素含量＝叶绿素 a 含量＋叶绿素 b 含量，每个处理重复 4 次。

4. 统计分析

用 Excel 和 SPSS 软件对所有数据进行处理。采用单因素方差分析以揭示不同水淹处理、采样时间对落羽杉生长的影响，采用重复度量方差分析（repeated measure ANOVA）对 2016、2017 年的生长数据进行分析以揭示不同水淹处理、采样时间以及二者交互作用对落羽杉生长的影响，并采用配对样本 T 检验（paired-samples T Test）来比较分析不同水淹条件下落羽杉的生长差异，采用 Duncan 多重比较（Duncan's multiple range test）进行显著性检验，并利用 Origin 软件作图。

采用 3 种光合模型——直角双曲线模型、非直角双曲线模型（Farquhar 模型）和直角双曲线修正模型对光合-光响应曲线和 CO_2 响应曲线进行拟合，得到各项光/CO_2 响应参数值，再分别对各项参数值在各模型间、各处理组间做方差分析，采用 Duncan 多重比较进行显著性检验。同时，将实测值和模型拟合值用 Origin 软件作图并比较。

1）直角双曲线模型

直角双曲线模型（Baly，1935）的数学表达式为

$$Pn = \frac{\alpha \cdot I \cdot Pn_{max}}{\alpha \cdot I + Pn_{max}} - Rd \tag{2-1}$$

在光响应曲线拟合中，Pn 为净光合速率，I 为光合有效辐射(结果、讨论部分用 PAR 表示光合有效辐射)，α 为光响应曲线在 $I = 0$ 时的斜率，即初始斜率，又称表观量子效率，Pn_{max} 为最大净光合速率，Rd 为暗呼吸速率。在 CO_2 响应曲线拟合中，I 记作胞间 CO_2 浓度 Ci，α 记作初始羧化效率 CE，Rd 记作光呼吸速率 Rp，其他参数的涵义同光响应曲线。

对弱光($PAR \leqslant 200\ \mu mol \cdot m^{-2} \cdot s^{-1}$)下的光响应曲线进行直线回归，计算表观量子效率、暗呼吸速率和光补偿点(LCP)，回归方程是

$$Pn = -Rd + \alpha \cdot I \tag{2-2}$$

当 Pn=0 时，I 即为光补偿点，光饱和点(LSP)用如下公式计算：

$$Pn_{max} = -Rd + \alpha \cdot LSF \tag{2-3}$$

对低胞间 CO_2 浓度($Ci \leqslant 200\ \mu mol \cdot mol^{-1}$)下的 CO_2 响应曲线进行直线回归，计算 Rp、CE 和 CO_2 补偿点(CCP)，回归方程为

$$Pn = -Rp + CE \cdot Ci \tag{2-4}$$

当 Pn=0 时，Ci 即为 CO_2 补偿点。因为光下暗呼吸很弱，所以可以把回归直线与 y 轴的交点，即光下叶向无 CO_2 的空气中释放 CO_2 的速率近似看作光呼吸速率(Canvin and Fock，1972)。

2) 非直角双曲线模型

非直角双曲线模型(Thornley，1976)的数学表达式为

$$Pn = \frac{\alpha \cdot I + Pn_{max} - \sqrt{(\alpha \cdot I + Pn_{max})^2 - 4 \cdot \theta \cdot \alpha \cdot I \cdot Pn_{max}}}{2 \cdot \theta} - Rd \tag{2-5}$$

式中，θ 为曲线的曲率；Pn、I、α、Pn_{max} 和 Rd 的定义与前述相同。LSP 和 CSP 的求算方法同直角双曲线模型。

3) 直角双曲线修正模型

直角双曲线修正模型(Ye and Yu，2008)的数学表达式为

$$Pn = \frac{1 - \beta \cdot I}{1 + \gamma \cdot I} \cdot I \cdot \alpha - Rd \tag{2-6}$$

式中，β 和 γ 为系数；Pn、I、α 和 Rd 的定义与前述相同。该拟合过程通过光合计算完成。

2.2.3　周期性水淹胁迫对消落带落羽杉生长的影响

表 2-7 是不同水淹处理、采样时间(生长季)条件下对落羽杉苗木各生长指标的重复度量方差分析结果，据表可知，不同水淹处理、采样时间(生长季)显著影响了落羽杉苗木胸径、冠幅和株高的增长($p<0.01$)。水淹处理与采样时间的交互作用未对落羽杉的生长产生显著影响。

图 2-7 为不同水淹处理对两个生长季落羽杉生长指标的影响。不同处理组落羽杉的胸径和株高均呈现出 DS 组＜ MS 组＜ SS 组，冠幅呈 MS 和 DS 组显著低于 SS 组($p<0.05$)。

表 2-7 落羽杉生长指标的重复度量方差分析结果

生长指标	效应	*df* 值	*F* 值
胸径/cm	水淹处理	2	46.421***
	采样时间	1	78.906***
	水淹处理×采样时间	2	1.923ns
冠幅/m^2	水淹处理	2	12.107**
	采样时间	1	103.440***
	水淹处理×采样时间	2	0.388ns
株高/m	水淹处理	2	38.293***
	采样时间	1	61.237***
	水淹处理×采样时间	2	0.409ns

注：ns 表示 $p>0.05$；*表示 $p<0.05$；**表示 $p<0.01$；***表示 $p<0.001$。

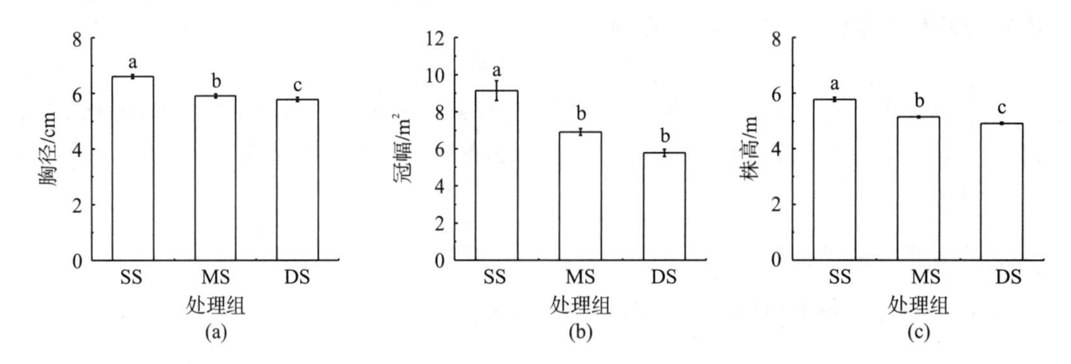

图 2-7 不同水淹处理对两个生长季落羽杉生长指标的影响

注：不同小写字母表示不同处理组之间有显著性差异($p<0.05$)。

表 2-8 是 2016 年和 2017 年 2 个年度不同水淹处理对落羽杉苗木各生长指标的影响。从表中数据可以看出，两个生长季各水淹处理组落羽杉苗木的生长指标均有显著性差异($p<0.05$)。在两个生长季，随着水淹强度的增加，各生长指标均表现出降低趋势($p<0.05$)。SS、MS 和 DS 组 2017 年的胸径较 2016 年分别显著升高了 4.12%、2.57%和 3.75%；2017 年 SS、MS 和 DS 组的冠幅较 2016 年分别显著升高了 5.98%、9.06%、8.88%；2017 年 SS、MS 和 DS 组的株高较 2016 年分别显著升高了 2.63%、2.36%、3.10%($p<0.05$)。

表 2-8 周期性水淹胁迫对落羽杉生长指标的影响

生长指标	处理组	2016 年	2017 年
胸径/cm	SS	6.48±0.08Ab	6.74±0.08Aa
	MS	5.83±0.10Bb	5.98±0.08Ba
	DS	5.07±0.15Cb	5.26±0.13Ca
冠幅/m^2	SS	8.87±0.78Ab	9.40±0.78Aa
	MS	6.62±0.23Bb	7.22±0.22Ba
	DS	5.52±0.27Bb	6.01±0.28Ba

续表

生长指标	处理组	2016 年	2017 年
株高/m	SS	5.71±0.11Ab	5.86±0.11Aa
	MS	5.09±0.05Bb	5.21±0.03Ba
	DS	4.84±0.06Cb	4.99±0.03Ba

注：表中数据为平均值±标准误(n=4)；小写字母表示在不同时间相同处理间差异显著(p<0.05)；大写字母表示在同一时间不同处理间差异显著(p<0.05)。

2.2.4　周期性水淹胁迫对消落带落羽杉光合生理的影响

1. 土壤氧化还原电位的变化

由表 2-9 可知，落羽杉的土壤的 Eh 在两个生长季之间差异不显著，但在各处理组间有显著性差异，表现为均随着水淹强度的加大而逐渐减小。SS 组的 Eh 始终大于 420 mV，表明该处理下的土壤通气状况良好。MS 组的 Eh 介于 360.2～388.6 mV，而 DS 组的 Eh 均小于 350 mV，表明该处理下的土壤氧气含量减少。

表 2-9　落羽杉不同水淹处理组的土壤氧化还原电位值

采样时间	土壤氧化还原电位值/mV		
	SS	MS	DS
2016 年 7 月	425.60±3.54Aa	360.20±2.46Ba	331.60±11.42Ca
2017 年 7 月	437.00±6.77Aa	388.60±5.38Ba	343.80±3.01Ca

2. 光合响应曲线的变化

1) 不同光合-光响应模型拟合效果比较

3 种模型对 2016 年落羽杉植株的拟合效果均较好。而这 3 种模型对 2017 年落羽杉的拟合效果表明，直角双曲线模型与非直角双曲线模型拟合的 SS 和 DS 组响应曲线并没有较好地反映出植物的光抑制现象(图 2-8)。

2) 不同光合-光响应模型拟合光合参数比较

由表 2-10 的拟合结果可知，通过直角双曲线模型和非直角双曲线模型拟合得出的 Pn_{max} 值较实测值偏大，LSP 值较实测值偏小。虽然这两种模型拟合的光响应参数中 R^2 值均大于 0.9，但拟合出的光合参数与实测值差异较大。而通过直角双曲线修正模型拟合得出的各项参数与实测值最为接近，并能较好地体现出 2017 年落羽杉在高光照强度下其光合作用中的光抑制现象，所以该模型拟合得出的光响应曲线最为理想。因此，本书以该模型为基础来分析落羽杉光响应曲线特征。

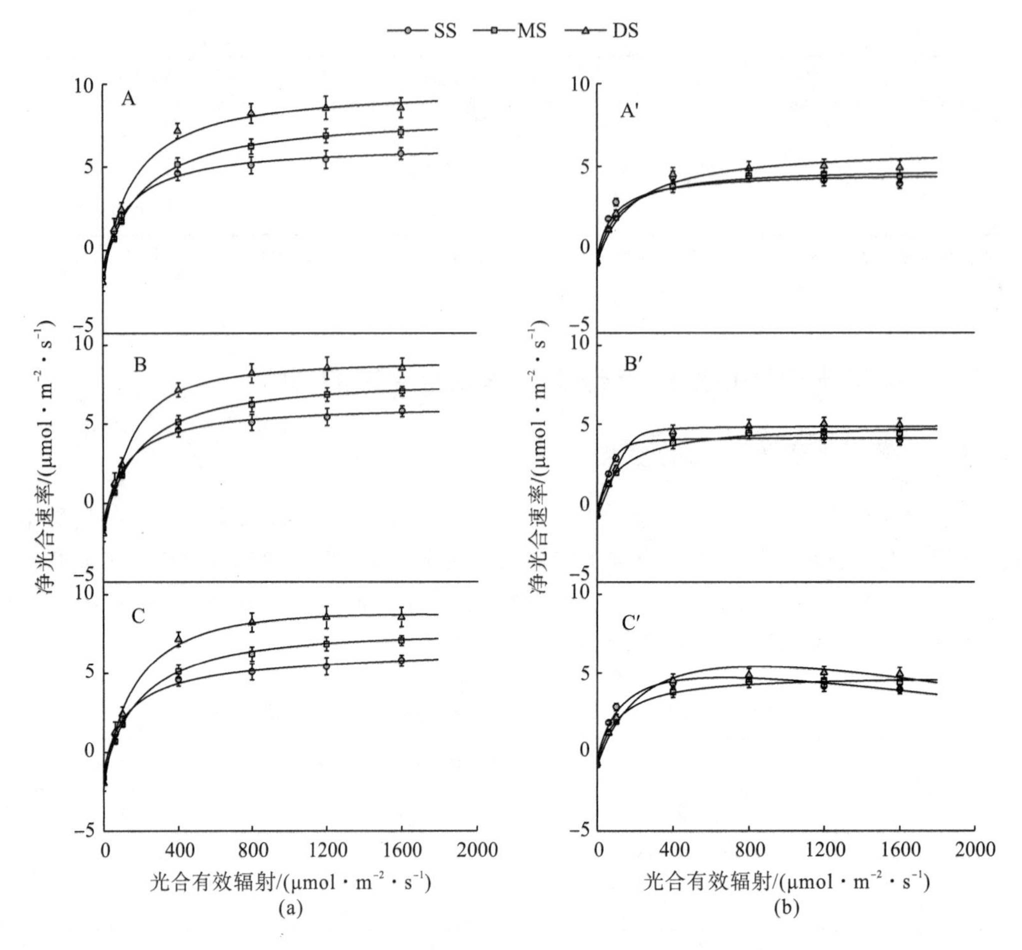

图 2-8 不同光响应模型对落羽杉光合速率光响应曲线的拟合

注：A——直角双曲线模型(2016 年)；A′——直角双曲线模型(2017 年)；B——非直角双曲线模型(2016 年)；B′——非直角双曲线模型(2017 年)；C——直角双曲线修正模型(2016 年)；C′——直角双曲线修正模型(2017 年)。下同。

3) 不同水淹处理组的光合-光响应特征

由表 2-10 可知，两个生长季的落羽杉在 3 个水淹处理组间的光响应变化有显著性差异。在平衡状态下，各水淹组叶的 *Pn* 值有一定差异，前期水淹胁迫导致落羽杉在不同光照强度下的光合作用均较对照组显著增高($p<0.05$)。其中 2016 年同一光照强度下的 *Pn* 值均表现为 DS 组最大，MS 组次之，SS 组最小。当光照强度增加到 1800 μmol • m^{-2} • s^{-1} 时，无光抑制现象产生。而 2017 年落羽杉 SS 组在光照强度为 1000 μmol • m^{-2} • s^{-1} 和 DS 组在光照强度为 1200 μmol • m^{-2} • s^{-1} 时则有光抑制现象产生。

通过直角双曲线模型拟合后发现，2016 年落羽杉植株 DS 组的 α 值比 MS 组显著增加了 57.14%($p<0.05$)，3 种模型中 3 个水淹处理组的 Pn_{max} 值差异显著($p<0.05$)，呈现出随水淹强度加大而增大的趋势。3 个水淹处理组的 *LCP* 值和 *Rd* 值均无显著性差异。与 2016 年的变化不同，通过直角双曲线模型拟合后，2017 年 MS 和 DS 组的 α、Pn_{max} 值均较对照组显著增大($p<0.05$)。

表 2-10　不同水淹处理组落羽杉的光响应曲线特征参数值

年份	模型	处理组	α/(μmol·μmol^{-1})	Pn_{max}/(μmol·m^{-2}·s^{-1})	LSP/(μmol·m^{-2}·s^{-1})	LCP/(μmol·m^{-2}·s^{-1})	Rd/(μmol·m^{-2}·s^{-1})	R^2
2016	实测值	SS	≈0.02	≈5.98	≈1240.00	≈24.83	≈0.80	—
		MS	≈0.03	≈7.24	≈1400.00	≈39.05	≈0.90	—
		DS	≈0.03	≈9.29	≈1400.00	≈41.61	≈1.30	—
	I	SS	0.10±0.033Aa	10.00±0Ba	488.48±47.12Aa	29.43±7.43Aa	2.46±0.72Aa	0.916
		MS	0.06±0.010Aa	10.41±0.25Ba	444.27±19.94Aa	36.30±3.73Aa	1.72±0.35Aa	0.981
		DS	0.09±0.008Aa	12.10±0.30Aa	491.74±36.77Aa	34.13±7.57Aa	2.30±0.50Aa	0.990
	II	SS	0.05±0.008Aa	7.06±0.45Cb	345.74±21.71Ba	26.34±2.91Aa	1.17±0.17Aa	0.977
		MS	0.04±0.004Aa	9.14±0.47Bb	392.76±13.86ABa	36.36±3.60Aa	1.41±0.16Aa	0.992
		DS	0.06±0.008Aa	11.23±0.42Aa	458.70±30.06Aa	37.78±8.44Aa	2.02±0.49Aa	0.992
	III	SS	0.06±0.006ABa	5.86±0.35Cc	—	25.09±2.17Aa	1.25±0.17Aa	0.975
		MS	0.05±0.005Ba	7.42±0.19Bc	—	34.45±2.94Aa	1.47±0.20Aa	0.991
		DS	0.08±0.012Aa	8.69±0.57Ab	—	33.93±7.56Aa	2.06±0.55Aa	0.991
2017	实测值	SS	≈0.02	≈4.39	≈880.00	≈15.85	≈0.31	—
		MS	≈0.02	≈4.84	≈1040.00	≈20.97	≈0.20	—
		DS	≈0.02	≈5.19	≈1360.00	≈22.57	≈0.77	—
	I	SS	0.04±0.004Ba	4.61±0.32Aa	247.97±22.34Ba	10.35±2.71Aa	0.33±0.03Ba	0.976
		MS	0.03±0.007Aa	5.14±0.59Aa	649.35±272.04Aa	27.95±14.17Aa	0.49±0.16Aa	0.980
		DS	0.05±0.017Aa	6.19±1.22Aa	333.82±26.98Ba	24.54±7.60Aa	0.97±0.39Aa	0.968
	II	SS	0.04±0.004Ba	4.61±0.32Aa	247.97±22.34Ba	10.35±2.71Aa	0.33±0.03Ba	0.976
		MS	0.03±0.007Aa	5.14±0.59Aa	649.35±272.04Aa	27.95±14.17Aa	0.49±0.16Aa	0.980
		DS	0.04±0.009Aa	5.77±0.85Aa	320.01±26.85Ba	25.86±7.13Aa	0.97±0.39Aa	0.972
	III	SS	0.03±0.013Ab	4.57±0.43Ab	789.82±199.45Aa	9.59±2.52Aa	0.51±0.03Aa	0.990
		MS	0.06±0.013Aa	4.75±0.68Aa	1121.56±288.99Aa	27.44±13.86Aa	0.78±0.03Aa	0.986
		DS	0.05±0.011Aa	5.15±0.96Aa	1400.42±236.90Aa	23.00±7.18Aa	0.99±0.36Aa	0.969

注：I——直角双曲线模型，II——非直角双曲线模型，III——直角双曲线修正模型，α——表观量子效率，Pn_{max}——最大净光合速率，LSP——光饱和点，LCP——光补偿点，Rd——暗呼吸速率，R^2——决定系数。数据为平均值±标准误，多重比较采用Duncan 法(n=4，p<0.05)检验；不同大写字母表示相同模型在不同处理间差异显著，不同小写字母表示相同处理在不同模型间差异显著。下同。

4) 落羽杉不同光合-CO_2响应模型拟合效果比较

2016 年和 2017 年生长季的落羽杉在不同水淹处理组间的光合变化表现一致，Pn 值均随着 CO_2浓度的增加(<1200 μmol·mol^{-1})呈线性快速增长趋势，且各模型拟合值和实测值均存在一定差异。从图 2-9 可知，直角双曲线模型和非直角双曲线模型对 2016 年 SS 组的拟合效果较差。

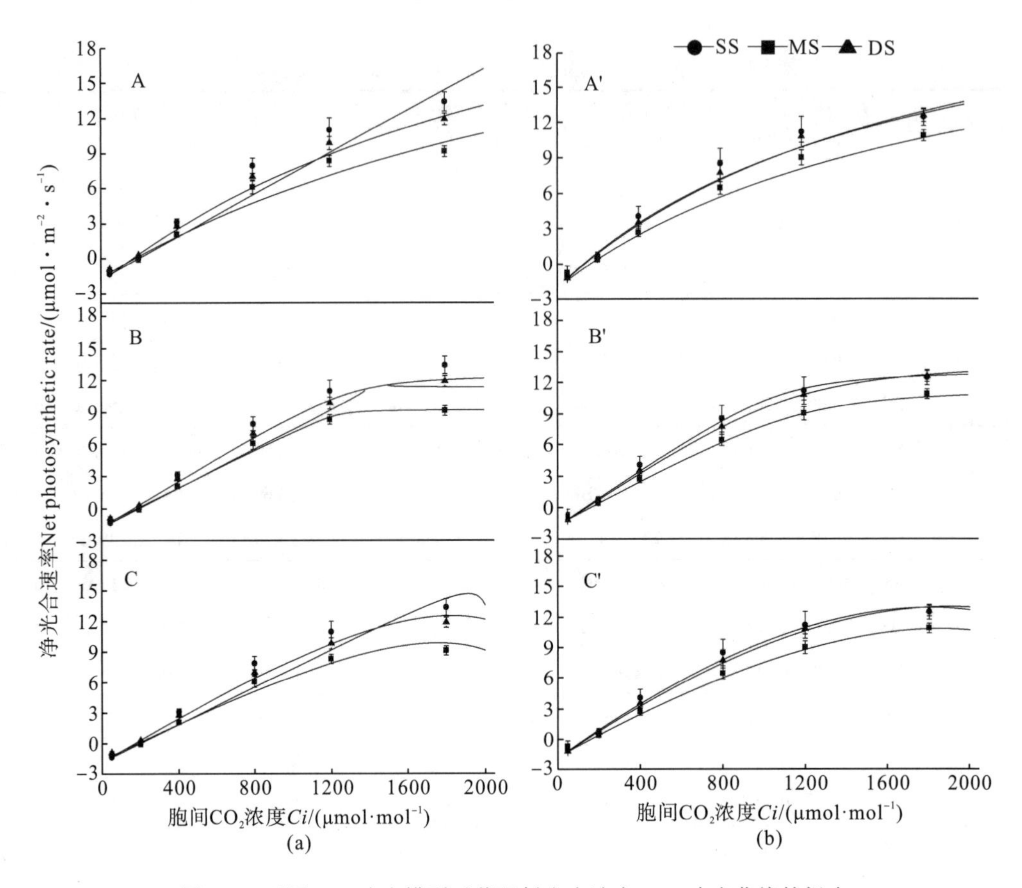

图 2-9 不同 CO_2 响应模型对落羽杉光合速率 CO_2 响应曲线的拟合

5) 落羽杉不同光合-CO_2 响应模型拟合光合参数比较

表 2-10 展示了经不同模型拟合后的各项参数值。由表可知，直角双曲线模型拟合得出的 Pn_{max} 值较其他 2 种模型显著增大($p<0.05$)，其拟合得出的 CE、Pn_{max}、Rp 等各项参数值较实测值有明显偏离($p<0.05$)。对于落羽杉，非直角双曲线模型拟合得出的 2016 年 MS 和 DS 组的 CE 值较直角双曲线模型明显降低($p<0.05$)，且与实测值较相近，但拟合得出的 CCP、Rp 值都较实测值偏高。尽管非直角双曲线模型的拟合效果较直角双曲线模型好，但两者均不能反映出 CO_2 饱和现象。而直角双曲线修正模型拟合得出的 Pn_{max} 值和 CSP 值与实测值更吻合，也能更好地反映出 Pn 值随 CO_2 浓度变化的真实情况。综合以上结果，直角双曲线修正模型更符合落羽杉的生理学意义。

6) 不同水淹处理组落羽杉的光合-CO_2 响应特征

2016 年落羽杉 3 个水淹处理组的 CE、CSP 和 CCP 值均无显著性差异，而 MS 组的 Pn_{max} 值则较 SS 组显著减小($p<0.05$)，但与 DS 组差异不显著。MS 和 DS 组的 Rp 值较 SS 组分别显著减小了 16.48%和 24.18%($p<0.05$)。2017 年落羽杉 Pn_{max} 值的变化与 2016 年相似，均表现为 MS 组显著小于 SS 组($p<0.05$)。MS 和 DS 组的 CE、CSP、CCP 和 Rp 值与 SS 组间均无显著性差异(表 2-11)。

表 2-11　不同水淹处理组落羽杉的 CO_2 响应曲线特征参数值

年份	模型	处理组	CE/(μmol·μmol^{-1})	Pn_{max}/(μmol·m^{-2}·s^{-1})	CSP/(μmol·mol^{-1})	CCP/(μmol·mol^{-1})	Rp/(μmol·m^{-2}·s^{-1})	R^2
2016	实测值	SS	≈0.02	≈13.63	≈1900.00	≈126.37	≈2.07	—
		MS	≈0.01	≈9.31	≈1900.00	≈139.33	≈1.79	—
		DS	≈0.02	≈12.33	≈1950.00	≈108.11	≈1.57	—
	I	SS	0.02±0.003Aa	31.15±0.87Aa	1610.83±142.68Aab	172.51±13.76Aa	3.08±0.20Aa	0.989
		MS	0.02±0.003Aa	19.94±0.98Ba	1377.60±208.48Ab	175.58±8.88Aa	2.59±0.23ABa	0.980
		DS	0.02±0.001Aa	28.48±1.66Aa	1762.28±112.64Aa	151.10±5.46Aa	2.29±0.21Ba	0.990
	II	SS	0.01±0.002Aa	17.33±1.35Ab	1467.70±89.46Ab	180.67±14.90ABa	2.73±0.08Aab	0.993
		MS	0.01±0.001Ab	11.48±0.74Bb	1332.36±89.54Ab	192.62±9.03Aa	2.28±0.13Bab	0.990
		DS	0.01±0.001Ab	15.28±0.07Ab	1504.45±70.99Ab	154.59±7.21Ba	2.07±0.18Ba	0.995
	III	SS	0.02±0.001Aa	18.98±4.60Ab	1927.92±47.45Aa	177.57±12.34Aa	2.41±0.15Ab	0.994
		MS	0.01±0.001Aab	9.31±0.48Bb	1892.95±64.30Aa	187.54±9.26Aa	1.96±0.17ABb	0.993
		DS	0.01±0.001Aab	12.52±0.43ABb	2000.00±0.00Aa	156.76±5.94Aa	1.78±0.17Ba	0.996
2017	实测值	SS	≈0.01	≈12.98	≈1820.00	≈154.46	≈1.76	—
		MS	≈0.01	≈10.70	≈1740.00	≈153.00	≈1.67	—
		DS	≈0.01	≈13.16	≈2000.00	≈156.48	≈1.91	—
	I	SS	0.03±0.010Aa	26.74±1.95Aa	1267.00±287.02Aa	142.65±17.02Aa	3.14±0.46Aa	0.979
		MS	0.02±0.000Aa	23.47±1.12Aa	1483.48±219.09Ab	158.19±5.11Aa	2.54±0.31Aa	0.991
		DS	0.03±0.010Aa	27.99±2.39Aa	1318.37±250.78Ab	146.67±11.07Aa	3.03±0.37Aa	0.981
	II	SS	0.02±0.000Aa	17.89±1.86Ab	1332.23±182.49Aa	145.51±17.43Aa	2.55±0.24Aa	0.989
		MS	0.01±0.000Aa	14.50±0.35Ab	1426.25±124.02Ab	163.16±4.70Aa	2.18±0.23Aa	0.996
		DS	0.02±0.000Aa	16.34±0.80Ab	1307.50±160.92Ab	152.88±9.67Aa	2.61±0.27Aa	0.985
	III	SS	0.02±0.000Aa	14.73±1.52Ab	1805.66±104.45Aa	147.19±17.16Aa	2.21±0.18Aa	0.990
		MS	0.01±0.000Aa	11.03±0.31Bc	1942.43±32.13Aa	164.29±4.72Aa	1.95±0.21Aa	0.996
		DS	0.02±0.000Aa	13.22±0.39ABb	1929.08±43.84Aa	151.79±10.87Aa	2.26±0.24Aa	0.986

2.2.5　讨论

1. 周期性淹没对落羽杉生长的影响

消落带形成后，多年生植物在退水后落干期能否进行正常生长发育、积累有机物质，这对于其在消落带长期存活及繁衍具有重要意义(樊大勇等，2015)。然而，有研究指出植物若在解除水淹胁迫后再次暴露于空气中，会导致之前由无氧呼吸所积累的代谢产物(如乙醇)氧化为毒性更强的物质(如乙醛等)，同时还会在体内产生大量的活性氧离子，进而导致脂膜上的不饱和脂肪酸发生氧化而使自身受到损害(即缺氧后伤害，post-anoxic injury)(李娅等，2008)。因此，植物在水淹胁迫解除后的恢复生长状况可用于衡量其水淹耐受性(Mommer et al.，2006)。

凌子然(2016)对落羽杉进行的模拟水淹处理研究发现，水淹12个月后出水恢复6个月的植株的株高增长量虽较对照组有所增加，但没有达到显著水平。而本实验中，重复度量方差分析结果显示，落羽杉的胸径、冠幅和株高受到不同水淹处理和采样时间(生长季)的显著影响。2016年和2017年生长季中落羽杉植株MS组(退水后恢复生长150天)和DS组(退水后恢复生长90天)的胸径和株高在落干期虽有一定程度的增加，但均显著低于SS组；MS、DS组的冠幅也较SS组显著降低，说明前期水淹对落羽杉的生长有显著抑制作用，且水淹强度越大，对落羽杉生长的抑制作用也越大。该结果与凌子然(2016)的研究结果有一定差异，这可能与植株的年龄大小、遭受水淹胁迫的时间长短、退水后的恢复时间长短等因素有一定关系。本实验表明，落羽杉经历5个水位波动周期(2017年)后各处理组的胸径、冠幅和株高均显著大于经历4个水位波动周期(2016年)后的相应生长指标，说明落羽杉虽受到前期水淹的显著影响，但能在退水后落干生长期进行较好的恢复生长。有研究指出，在自然环境下，植物在胁迫解除后短期内恢复生长的表现能够决定植物对环境胁迫的耐受能力(Fini et al.，2013)，这也是植物对环境胁迫逐渐适应的过程。研究者通过示范基地原位植物栽植发现，落羽杉遭受前期水淹后能在退水后15～20天迅速返青，以此保证植株较早开始恢复生长，并积累更多的能量(Sarkar et al.，2006)，使水淹胁迫对自身生长的影响降至最小。这种现象可能和耐淹性树种的“补偿效应”—— 快速恢复及积极进行自我调节有关。秦洪文等(2014)对疏花水柏枝[*Myricaria laxiflora* (Franch) P. Y. Zhang et Y.J.Zhang]在水淹后恢复期生长状况的研究发现，全淹抑制了其叶绿素含量和总生物量的积累，但经过20天的出水恢复，植株能迅速地进行生长和物质积累，以缓解水淹胁迫造成的伤害。研究者还观察到消落带落羽杉在水淹后形成有明显的膝状呼吸根，此为耐淹木本植物抵御水淹的形态响应之一(唐罗忠等，2008)。耐淹植物遭受水淹时通过形成呼吸根和肥大的皮孔等结构来促进地上部分与地下部分之间的空气传导，使气孔导度和蒸腾速率大大提高，进而使植物的光合速率增强(陈婷等，2007；Tatin-Froux et al.，2014)。

综上所述，三峡库区消落带周期性水淹胁迫显著影响了适生树种落羽杉的生长。落羽杉在退水后落干生长期能进行正常生长，并能为再次的水淹胁迫做能量储备。因此，落羽杉对三峡库区消落带这种水淹-落干式特殊水文环境具有一定适应能力。

2. 周期性淹没对落羽杉光合特性的影响

1)光合-光响应曲线拟合模型比较

自然环境复杂多变，植物必须通过生理调节适应环境变化以求生存繁衍，而植物对光能的利用能力将直接影响其环境适应能力和生长发育。植物叶的光合特征参数可通过数学模型对光响应曲线进行拟合快速获得，这可以帮助我们了解植物的光合生理过程。然而，不同模型拟合得出的参数值的精确度各不相同，例如，直角双曲线模型和非直角双曲线模型是无极值的函数模型，应用传统方法拟合，并没有考虑曲线的弯曲程度，必须让初始斜率足够大才能使曲线的拟合符合实测值(梁文斌等，2014)。同时，由于这两个模型无法直接求得 Pn_{max} 和 LSP 值，且是通过拟合并采用非线性最小二乘法进行估算，因此，其估算出

的 Pn_{max} 值往往较实测值大；而利用线性方程拟合植物在弱光($PAR \leqslant 200\ \mu mol \cdot m^{-2} \cdot s^{-1}$)条件下的光响应数据并得到直线斜率后求得的 *LSP* 值则较实测值严重偏小，这与植物的生理学意义明显不符(廖小锋等，2012)。本实验结果(图 2-7 和表 2-10)也证实了该结论。

从模型拟合得出的各项参数来看，直角双曲线修正模型拟合得到的 Pn_{max}、*LSP* 值均和实测值最接近，此模型一方面可以较好地拟合植物在弱光条件下的光响应曲线，另一方面还可以拟合植物在光抑制(Ye，2007)和光适应条件下的光响应曲线，更符合植物的生理学意义。通过对农作物在正常生长及光抑制情况下光响应曲线的研究发现，直角双曲线修正模型是拟合光响应曲线及计算相关参数的最优模型(Ye，2007；陈卫英等，2012)。同样，对山杏[*Armeniaca sibirica* (L.) Lam.](郎莹等，2011)、银杏(*Ginkgo biloba* L.)(王欢利等，2015)和栾树(*Koelreuteria paniculata* Laxm.)(陈志成等，2012)等植物在其他逆境胁迫下的多模型拟合研究结果表明，直角双曲线修正模型较其他模型的拟合效果好。此结论也在本实验中再次被证实。综合以上结果，直角双曲线修正模型的拟合结果更符合落羽杉的生理学意义。

2)光合-CO_2响应曲线拟合模型比较

本实验中，由于直角双曲线模型与非直角双曲线模型均是没有极值的渐近线函数模型，高 CO_2 浓度下光合作用的降低趋势无法通过这两个模型拟合，因此，只能通过其他方法估算 *CSP* 值，其值远小于实测值(叶子飘和高峻，2009；吴芹等，2013)；而拟合所得的 Pn_{max} 值则远大于实测值。大量研究表明，采用这两种模型拟合的 Pn_{max} 值也往往与实测值有较大偏差(叶子飘和高峻，2009；吴芹等，2013；刘林等，2016)。直角双曲线修正模型是针对直角双曲线模型的不足进行改进后建立起来的一种模型，可直接求算 Pn_{max}、*CSP* 值，且具有较高拟合精确度，目前已被不少学者所采用，有较好的光合特性拟合效果(叶子飘和高峻，2009；刘林等，2016；吕扬等，2016)，本研究结果与之相一致。

3)周期性水淹胁迫对落羽杉光合-光曲线的影响

植物的光响应曲线最能反映植物对不同光照强度的适应特性，同时也能反映植物对环境胁迫的适应能力(廖小锋等，2012)。Pn_{max} 可用于描述植物的最大光合潜能(熊彩云等，2012)。本实验表明，经历 4～5 个水淹周期后落羽杉 MS、DS 组的 Pn_{max} 值均显著高于对照组(表 2-10)，这可能与落羽杉水淹结束后的适应机制有关。有研究发现，中山杉经历不同程度水淹后其 Pn_{max} 值比对照组有所增大，表明水淹和水淹后的落干期并未导致其叶的光合潜力降低，相反，水淹能够在一定程度上增强其叶的光合潜力(凌子然，2016)。由此可以推断，落羽杉对水淹胁迫具有较强的适应能力，产生这种现象的原因可能是遭受中度或深度水淹的落羽杉增强了光能利用效率，从而能够生产、积累更多的光合产物来适应下一次的水淹。有研究表明，在一定的环境条件下叶的 Pn_{max} 值取决于 Rubisco 活性与电子传递速率(Watling et al.，2000)。在本研究中，水淹引起落羽杉的 Pn_{max} 与 α 值提高，这是否是前期水淹胁迫导致 PSⅡ电子传递速率和叶肉细胞 Rubisco 活性提高的结果，尚需进一步证实。

α 值的大小能够反映植物在光合作用中其光能利用效率的高低，特别是对弱光的利用能力(熊彩云等，2012)。α 值越大，说明叶的光能转化效率越高。许多研究发现，植物的

α_{max}理论值为0.08～0.13 μmol·μmol^{-1}，但在自然条件下α值均低于理论值(叶子飘，2007)。水分胁迫会对植物的α值有一定影响(陈建等，2008)，但关于不同植物的α值与土壤水分的定量关系还不清楚。经历4个水淹周期后落羽杉DS组的α值较MS组显著升高，并与一般植物在适宜生长条件下的α值基本一致，说明落羽杉在深度水淹下利用弱光的能力较中度水淹更强。在本实验中，落羽杉在光饱和时的*Pn*与α值均表现为DS组最大，MS组次之，SS组最小。有研究发现，*LSP*值较大而*LCP*值较低时，光饱和点对应的*Pn*与α值较大，这表明植物在此条件下对光能的利用最高效，表现为植物具有很强的生长势和光合生产能力(惠竹梅等，2008)。因此，水淹后落羽杉较高的*Pn*与α值将有助于其充分利用光能，进而积累更多同化产物，这是其适应三峡库区消落带水淹-落干交替变化的特殊生境的原因之一。

*LSP*与*LCP*值主要用于衡量植物的需光特性，也可用于反映植物对不同环境的适应能力(陆銮眉等，2010)。*LSP*值越大，植物对强光的利用能力越强(伍维模等，2007)；*LCP*值越小，植物对弱光的利用能力越强。*LSP*值显著降低会使植物对强光的利用减弱，进而对植物的光合作用产生影响，甚至会使植物产生光抑制现象。三峡库区消落带植物在夏季进行旺盛生长，*LSP*值的大小将直接影响植物对夏季强光的利用，进而影响其存活和生长。本实验中，落羽杉在2016年和2017年生长季3个处理组间的*LSP*值没有显著性差异，表明落羽杉对强光的利用未受到水淹的影响。这是水淹后该植物能在消落带内持续生长的另一重要原因。

*Rd*值的高低可反映植物的生长状况是否良好(韩刚和赵忠，2010)。在本研究中，落羽杉的*Rd*值在3个处理组之间均没有显著性差异，但较对照组有所增大，说明落羽杉在水淹后落干恢复期增加了物质和能量需求，以维持正常的生命活动，裴顺祥等(2014)对狗牙根水淹后光响应曲线的研究也得出了相同的结果。水淹后落羽杉的*Rd*值升高，表明其在落干生长期加快生长，这有助于其积累更多的物质和能量以抵御下一次水淹。

本实验中，经历4～5个水淹周期的落羽杉在落干恢复期的光合速率不仅没有降低，反而较对照组升高，且增幅呈现出随水淹深度增加而逐渐增大的变化趋势。该现象与“环境胁迫会限制生物体生长”的理论有差异，但却可用“中等胁迫理论”(常杰和葛滢，2001)来诠释这一正常生理现象。“中等胁迫理论”认为：生物体所受的胁迫如果没有超过其自身的耐受限度，生物体会在胁迫解除后快速启动恢复机制，从而保证各项生命活动的正常进行；此外，足够强的胁迫还会对生物体产生最大程度的耐受能力具有一定的诱导作用，这可促进其生理功能的进化，反之，未受到胁迫的生物体则不具备这样的能力。

此外，两个生长季内落羽杉DS组的光合能力均高于MS组，这可能是水淹后植物根系孔隙度增加所致。落羽杉涝渍胁迫研究表明，水淹会使植物不定根的数量和根系孔隙度增加，且二者会随着水淹深度的加深而显著增加(王瑗，2011)。植物不定根的形成及根系孔隙度的增加与植物的耐淹性关系密切。在消落带样地中，研究者也发现落羽杉形成有明显的膝状呼吸根，这也可能是水淹后落羽杉光合能力增强的一个原因，表明落羽杉可通过改变形态来适应消落带恶劣环境。

4)周期性水淹胁迫对落羽杉光合-CO_2曲线的影响

光合作用对 CO_2 的响应特征是植物生理生态和生化研究的重要内容之一(吴芹等，2013)。2016年和2017年生长季落羽杉MS组 Pn_{max} 值较对照组显著降低，而DS组与之则没有显著性差异，表明前期水淹对落羽杉植株后期光合作用有一定影响，深度水淹条件下的落羽杉恢复到对照组水平较中度水淹条件下的落羽杉更快。

CE 值能够反映植物Rubisco在低 CO_2 浓度下的羧化能力以及植物对 CO_2 的利用效率(叶子飘和高峻，2009)，*CE* 值的大小在一定程度上可表征叶中有活性的Rubisco蛋白酶的数量及活性(薛占军，2009)。植物羧化效率越高，光合作用对 CO_2 的利用就越充分。Rubisco的活性、含量与光合效率呈正相关关系(Stitt and Schulze，1994)。在本研究中，两个生长季的落羽杉的 *CE* 值在3个处理组间均没有显著性差异，表明经历不同水淹处理后的落羽杉在退水后落干期恢复得较好，植株的光合速率得以增强。

植物利用 CO_2 的能力还可通过 *CSP* 和 *CCP* 值来表示。2016年和2017年生长季落羽杉的 *CSP* 值均介于1805.66～1942.43 μmol·μmol^{-1}，表明落羽杉在出露后能够利用大气中较高浓度的 CO_2，进而维持较高的光合速率，保持较高的光合活性。2016年和2017年生长季落羽杉的 *CCP* 值在各处理组间均无显著性差异，但呈现出前期水淹组的 *CCP* 值低于对照组，表明经历前期水淹的落羽杉在退水后能在较低的 CO_2 浓度下进行光合作用与有机物质积累。落羽杉的 *CCP* 值总体上较大，这主要是因为植物为了防止水分散失，减小了气孔开度，CO_2 进入叶肉较困难，因此植物需要更高浓度的 CO_2 来维持光合作用。以上结果表明，落羽杉在经历中度和深度水淹后对大气中 CO_2 的利用增强。

2.3　冬季水淹对落羽杉根系代谢物的影响

2.3.1　引言

三峡工程运行后，库区水位每年在海拔145～175 m波动，形成了面积巨大的消落带(樊大勇等，2015)。大多数原有植物因不能适应消落带周期性高强度水淹而逐渐消亡，库区生态服务功能降低(周谐等，2012)。为解决以上问题，研究者建议在消落带进行植被构建(樊大勇等，2015)。通过室内模拟实验筛选耐水淹植物并进行消落带实地栽植后发现，落羽杉、立柳等木本植物在消落带经历年际重复性水淹后生长良好(Wang et al.，2016，2017)，但桑、枫杨等部分植物的生长情况与模拟实验结果有一定差异，这为消落带植被恢复带来了新的挑战(樊大勇等，2015；马文超等，2017)。因此，近年来消落带原位适生植物的水淹耐受机制受到较多关注(Wang et al.，2016，2017)。

在消落带冬季完全水淹条件下，植物根系是最早也是最直接遭受水淹胁迫的部位，根系生理特征的变化将对植物在水淹条件下的存活与生长产生直接影响(汪攀等，2015)。非结构性碳水化合物(non-structual carbohy dratem，NSC)含量不仅可以反映植物的碳供应状况，还可表征植物的水淹耐受性(Das et al.，2005；Panda et al.，2008；Qin et al.，2013；李娜妮等，2016)。适生植物根系NSC含量直接影响适生植物在消落带冬季完全水淹条件下的存活以及水淹结束后新叶的萌发。

作为植物对逆境的适应性产物之一，次生代谢产物有机酸是由初生代谢产物 NSC 衍生而来，是植物体内重要的自由基清洁剂，可缓解逆境胁迫对植物的毒害作用(刘高峰和杨洪强，2006；黄文斌等，2013)。研究发现，适生植物可调节水淹条件下根系次生代谢途径，能够通过加强草酸、酒石酸和苹果酸代谢缓解毒害影响(王婷等，2018)。

速生落叶乔木落羽杉在水淹条件下具屈膝状的呼吸根(董必慧，2010)，这可缓解缺氧引起的次生伤害。落羽杉是三峡库区消落带适生植物。有研究发现，适生木本植物的树龄与其水淹响应能力之间无明显关系(Powell，2014)。通过重庆市忠县三峡库区消落带的原位栽植发现，两年生落羽杉幼树经历 3～4 年周期性水淹后不仅能够存活，而且可以快速进行恢复生长，能够维持正常的营养元素吸收(马文超等，2017)和较强的光合作用潜力(Wang et al.，2017；贺燕燕等，2018)。然而，对于对消落带恶劣生境有较好适应能力的落羽杉，其根系 NSC、有机酸含量如何响应长时间深度水淹及植株遭受水淹后的恢复机制尚不明确。因此，本节以三峡库区消落带原位环境为基础，以适生木本植物落羽杉为对象，探究库区冬季水淹对落羽杉根系 NSC、有机酸含量的影响以及落羽杉根系草酸、酒石酸和苹果酸含量在水淹胁迫下和水淹胁迫解除后恢复阶段的动态变化特征，明确适生木本植物根系 NSC、有机酸对消落带冬季长时间深度水淹的响应策略，旨在为消落带的生态恢复提供理论依据。

2.3.2 材料和方法

1. 实验地点

研究样地位于重庆市忠县汝溪河消落带(30°25′55.47″N，108°9′59.18″E)，该区域属亚热带东南季风气候区。年积温 5787℃，全年最高气温与最低气温分别约为 40℃与 0℃，年平均气温 18.2℃，7 月中旬至 9 月中旬为集中持续高温天气；无霜期 341 天，日照时数 1327.5，日照率 29%，太阳总辐射能 83.7×4.18 kJ • cm^{-2}；年降雨量为 1200 mm，主要集中在 5～6 月，相对湿度 80%(黄川，2006)。

2. 实验设计

1)树木原位水淹实验

2015 年 9 月初选取 20 株长势基本相同的两年生落羽杉幼树(株高约 69 cm，基径约 8.4 mm)，每盆栽植 1 株(盆内径 27 cm，高 21 cm，内装 12.5 kg 消落带紫色土)。于 2015 年 9 月 15 日随机选取 4 株进行初始值测定，并采集样品。之后根据消落带上部植被水淹特点及实验苗采集需求，将剩余 16 株实验用苗随机分为 3 组，各组苗木的数量比为 2∶1∶1，分别放置于重庆市忠县石宝镇汝溪河消落带实验样地的 3 个不同海拔上：175 m(对照组，SS)、170 m(中度水淹处理组，MS)和 165 m(深度水淹处理组，DS)，各海拔的水淹情况见表 2-12。

表 2-12 实验样地不同海拔处理组水淹情况

海拔	最大水淹深度/m	持续时间/d	
		冬季水淹时间(T_0～T_1)	恢复生长时间(T_1～T_3)
175 m(SS 组)	0	0	365
170 m(MS 组)	5	135	230
165 m(DS 组)	10	205	160

根据三峡库区消落带水文节律，于海拔 170 m 退水时(2016 年 2 月 17 日)采集海拔 175 m 和 170 m 的植物根系样品，海拔 165 m 退水时(2016 年 4 月 16 日)采集海拔 175 m 和 165 m 的植物根系样品，并将采集的根系按主根和侧根分开进行取样，之后立即装入冰盒带回实验室，以备后续测定。同时，用测高杆测量植株的株高，用游标卡尺测量植株的基径。每个处理共测定 4 株苗木，实验期为 2015 年 9 月 15 日至 2016 年 4 月 16 日。实验期间，苗木的存活率为 100%。

2)树木原位恢复实验

选取 40 株生长基本一致的两年生落羽杉盆栽苗(株高约 69 cm，基径约 8.4 mm，每盆 1 株，盆内装 12.5 kg 消落带紫色土壤)用于实验研究。实验采用完全随机设计，2015 年 9 月 15 日(T_0)随机选取 4 株植株采集初始样本，将剩余 36 株盆栽苗随机分为 3 组，依据消落带上部水淹特点，将其放置在汝溪河消落带上部不同海拔处，分别对应 3 个处理组：对照组 SS(海拔 175 m)、中度水淹组 MS(海拔 170 m)和深度水淹组 DS(海拔 165 m)，3 个处理组的水位变化见表 2-12，每个处理重复 4 次。依据消落带土壤水分变化的特征，于 2016 年 4 月 16 日(恢复生长初期，T_1)、2016 年 7 月 15 日(恢复生长旺盛期，T_2)、2016 年 9 月 15 日(恢复生长末期，T_3)分别采集落羽杉的主根和侧根样品，并立即装入冰盒带回实验室，以备后续测定。实验期间(2015 年 9 月 15 日至 2016 年 9 月 15 日)，实验苗的存活率为 100%。

3. 测定方法

1)根系 NSC 含量测定

将主根和侧根分别依次用自来水和去离子水冲洗干净，然后置于烘箱内以 110℃杀青 15 min，在 80℃下烘干至恒重；之后用 MM400 球磨仪将烘干的样品研磨成小于 2 mm 的粉末，封装待测。

本书中有关植物的 NSC 含量均指可溶性糖与淀粉的含量之和。准确称取 0.01 g 落羽杉根系粉末，并置于 10 mL 离心管中，加入质量分数为 80%的乙醇 5 mL，80℃水浴加热 40 min，冷却至室温后将离心管以转速 7000 $r \cdot min^{-1}$ 离心 12 min，留取上清液。重复以上步骤提取 2 次上清液后合并所有上清液至 50 mL 容量瓶并定容至刻度线，所得液体即为可溶性糖待测液。采用紫外可见光分光光度计(UV-2550，Japan)在 625 nm 波长下测定待测液中的可溶性糖含量(高俊凤，2006)。

向上述操作形成的残渣中加入 5 mL 物质的量浓度为 2 $mol \cdot L^{-1}$ 的 HCL 溶液，60℃恒温水解 1 h，之后将水解液转移至 50 mL 锥形瓶中，加 1～3 滴甲基红指示液；以物质的量浓度为 5 mol • L^{-1} 的 NaOH 溶液调成黄色，再以物质的量浓度为 0.2 mol • L^{-1} 的 HCL 溶液校正至水解液刚好变为橙黄色；加 5 mL 乙酸铅溶液(200 g •L^{-1})，摇匀，放置 10 min，再加 5 mL Na_2SO_4 溶液(100 g • L^{-1})，摇匀，放置 10 min 后过滤；将滤液转入 100 mL 容量瓶中，用超纯水定容至刻度线并摇匀。用蒽酮比色法对所得液体进行测定。主根与侧根 NSC 含量分别以每克主根与侧根干物质含有的 NSC 毫克数计(DW) (mg • g^{-1})。

2) 根系有机酸含量测定

准确称取上述用于落羽杉根系 NSC 含量测定的粉末 0.1 g，装入 10 mL 离心管中，向离心管中加入 5 mL 超纯水后将离心管放入超声波仪中提取 1 h，之后冷却至室温，并在 8000 r • min^{-1} 转速下离心 10 min，保留上清液，用孔径为 0.45 μm 的注射式过滤器(美国 Millpore 公司生产)过滤后将滤液用于根系草酸、酒石酸以及苹果酸含量的测定(高智席等，2005；叶思诚等，2013；黄天志等，2014)。

根系有机酸含量采用日本岛津 LC 高效液相色谱仪进行测定，所采用的色谱柱为 Sepax Sapphire C18 色谱柱(4.6 mm×250 mm，5 μm)，流动相的水相与有机相分别为质量分数为 95%、物质的量浓度为 20 mmol •L^{-1} 的 KH_2PO_4 缓冲液(用磷酸调至 pH=2.5)与质量分数为 5%的甲醇；检测器为 Agilent 1100 二极管阵列多波长检测器。设定参数为：0.9 mL • min^{-1} 的流动相流速，210 nm 的检测波长，30℃的柱温，20 μL 的进样量(高智席等，2005；叶思诚等，2013；黄天志等，2014)。主根及侧根有机酸含量分别以每克主根及侧根干物质含有的有机酸毫克数计(DW) (mg • g^{-1})。

上述检测中所用的 98%的草酸、酒石酸和苹果酸标准品均购自成都普菲德生物技术有限公司；85%的色谱纯甲醇和分析用纯磷酸及 99.5%的色谱纯磷酸二氢钾均购自成都市科龙化工试剂厂。

4. 数据分析

本实验采用 SPSS 和 Origin 软件对所有数据进行统计分析与绘图。用独立样本 T 检验(independent-samples T test)揭示不同水淹强度对落羽杉株高、基径以及根系 NSC、草酸、酒石酸和苹果酸含量的影响，并进行落羽杉根系 NSC 含量、根系有机酸响应特征的比较；采用配对样本 T 检验揭示水淹前初始值与水淹后处理值之间的显著性差异；用 Pearson 相关系数法评价落羽杉根系不同 NSC 种类间的相关性以及根系有机酸含量与 NSC 含量间的相关性。采用重复度量方差分析揭示水淹强度、恢复生长时间和二者的交互作用对落羽杉根系有机酸含量的影响，并运用 Tukey's 检验法检验不同水淹处理组之间的差异显著性，采用配对样本 T 检验揭示不同恢复生长时间之间的差异显著性(α=0.05)，采用独立样本 T 检验分析落羽杉根系有机酸动态变化。采用 Pearson 相关系数法揭示落羽杉根系不同有机酸种类之间的关系。

2.3.3　落羽杉根系 NSC 含量对消落带水淹的响应

1. 生长的变化

由图 2-10 可知，消落带水淹环境对落羽杉的株高、基径均无显著性影响（$p>0.05$）（海拔 165 m 退水时 SS 组株高显著高于初始值除外）；DS 组株高显著低于 SS 组（$p<0.05$），表明 165 m 海拔处落羽杉的株高生长受到消落带原位长时间水淹的显著抑制。与初始值相比，落羽杉基径在消落带原位水淹下虽有所增大，但没有出现显著性差异（$p>0.05$）；不同水淹处理组间基径大小的差异也没有达到显著性水平（$p>0.05$）。

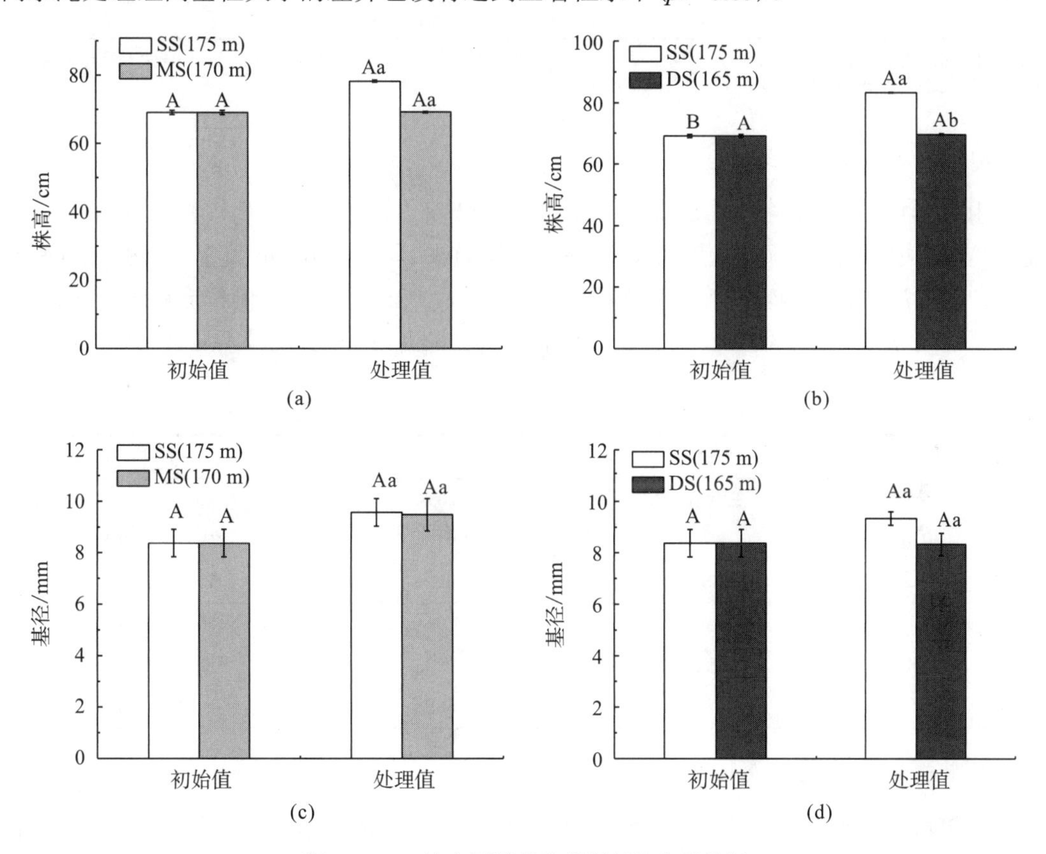

图 2-10　三峡库区消落带落羽杉的生长特征

注：图中数值为平均值±标准误（n=4）；不同大写字母表示水淹前初始值与水淹后处理值之间有显著性差异（$p<0.05$）；不同小写字母表示不同处理组之间有显著性差异（$p<0.05$）。

2. 根系 NSC 含量的变化

1）根系可溶性糖含量的变化

由表 2-13 可知，海拔 170 m 退水时，主根各处理组可溶性糖含量与初始值间无显著性差异，而侧根 SS 和 MS 组可溶性糖含量均显著低于初始值（$p<0.05$），SS 与 MS 组间无显著性差异；海拔 165 m 退水时，主根和侧根 DS 组可溶性糖含量也显著低于初始值和

SS 组($p<0.05$)，而初始值和 SS 组间无显著性差异。

表 2-13 不同水淹条件下落羽杉根系可溶性糖含量

时间	处理	主根	侧根
170 m 退水	初始值	71.50±6.45A	63.97±5.50A
	SS	52.08±3.24Aa	35.32±1.92Ba
	MS	64.77±0.42Aa	38.25±2.85Ba
165 m 退水	初始值	71.50±6.45A	63.97±5.50A
	SS	55.26±1.45Aa	43.96±0.73Aa
	DS	36.23±2.59Bb	24.30±1.73Bb

注：表中数值为平均值±标准误(n=4)；不同小写字母表示水淹处理组之间有显著性差异($p<0.05$)；不同大写字母表示水淹前初始值与水淹后处理值之间有显著性差异($p<0.05$)。下同。

2)根系淀粉含量的变化

由表 2-14 可知，海拔 170 m 退水时，SS 与 MS 组主根淀粉含量均较初始值显著降低，而 MS 组侧根淀粉含量则较初始值显著增高($p<0.05$)；海拔 165 m 退水时，SS 与 DS 组主根、侧根淀粉含量均较初始值显著降低($p<0.05$)。MS 组主根、侧根淀粉含量均较 SS 组显著增高($p<0.05$)，而 DS 组主根、侧根淀粉含量则与 SS 组差异不显著($p>0.05$)。

表 2-14 不同水淹条件下落羽杉根系淀粉含量

时间	处理	主根	侧根
170 m 退水	初始值	120.60±8.05A	80.30±3.66B
	SS	70.25±1.93Bb	75.42±5.30Bb
	MS	83.93±1.01Ba	113.07±1.06Aa
165 m 退水	初始值	120.60±8.05A	80.30±3.66A
	SS	54.66±1.09Ba	49.08±2.41Ba
	DS	52.41±1.86Ba	55.84±2.10Ba

3)根系 NSC 含量的变化

与初始值相比，海拔 170 m 退水时，SS 组主根 NSC 含量显著降低($p<0.05$)；而海拔 165 m 退水时，SS 与 DS 组主根、侧根 NSC 含量均显著降低($p<0.05$)。与 SS 组相比，MS 组主根、侧根 NSC 含量显著增高($p<0.05$)，然而，DS 组主根、侧根 NSC 含量显著降低($p<0.05$)(表 2-15)。

表 2-15 不同水淹条件下落羽杉根系 NSC 含量

时间	处理	主根	侧根
170 m 退水	初始值	192.10±15.73A	144.27±13.53A
	SS	122.33±1.69Bb	110.74±4.48Ab
	MS	148.70±1.17Aa	151.32±2.47Aa

续表

时间	处理	主根	侧根
165 m 退水	初始值	192.10±15.73A	144.27±13.53A
	SS	109.92±2.53Ba	93.04±2.38Ba
	DS	88.64±2.75Bb	80.15±1.71Bb

4) 根系 NSC 含量的相关性分析

表 2-16 是落羽杉根系可溶性糖、淀粉及 NSC 含量间的相关性分析结果。由表发现，落羽杉主根可溶性糖含量分别与侧根可溶性糖含量、主根淀粉含量、侧根淀粉含量、主根 NSC 含量、侧根 NSC 含量有显著正相关性($p<0.05$)；主根淀粉含量、侧根淀粉含量分别与主根 NSC 含量、侧根 NSC 含量之间有极显著正相关性($p<0.01$)，且相关系数均达到 0.90 左右。

表 2-16　落羽杉根系 NSC 含量间的相关性分析

变量	可溶性糖含量		淀粉含量		NSC 含量	
	主根	侧根	主根	侧根	主根	侧根
侧根可溶性糖含量	0.69**					
主根淀粉含量	0.68**	0.27				
侧根淀粉含量	0.61*	0.09	0.94**			
主根 NSC 含量	0.90**	0.51*	0.93**	0.86**		
侧根 NSC 含量	0.76**	0.37	0.95**	0.96**	0.94**	1.00**

注：**表示在 α=0.01 水平下达到极显著相关性；*表示在 α=0.05 水平下达到显著相关性。下同。

2.3.4　落羽杉根系 3 种有机酸的含量对消落带水淹的响应

1. 根系有机酸含量的变化

1) 根系草酸含量的变化

由表 2-17 可知，SS 组主根、侧根草酸含量均与初始值没有明显差异($p>0.05$)，MS 组主根、侧根和 DS 组侧根草酸含量虽低于初始值，但无显著性差异($p>0.05$)，而 DS 组主根草酸含量则较初始值显著增高($p<0.05$)。落羽杉 MS、DS 组主根和侧根草酸含量均与 SS 组之间差异不显著($p>0.05$)。

表 2-17　不同水淹条件下落羽杉根系草酸含量

时间	处理	主根	侧根
170 m 退水	初始值	1.42±0.23A	1.99±0.34A
	SS	0.93±0.11Aa	2.24±0.57Aa
	MS	1.01±0.47Aa	0.74±0.16Aa
165 m 退水	初始值	1.42±0.23B	1.99±0.34A
	SS	3.57±0.51Ba	2.55±0.22Aa
	DS	4.37±0.32Aa	1.17±0.41Aa

2)根系酒石酸含量的变化

由表 2-18 可知，SS、MS 组主根及侧根和 DS 组侧根酒石酸含量均较初始值显著升高($p<0.05$)。MS 组主根、侧根酒石酸含量均与 SS 组无显著性差异($p>0.05$)，而 DS 组主根、侧根酒石酸含量则均较 SS 组有所下降，且侧根的降幅较显著($p<0.05$)。

表 2-18 不同水淹条件下落羽杉根系酒石酸含量

时间	处理	主根	侧根
170 m 退水	初始值	2.67±0.19B	3.05±0.26B
	SS	4.53±0.70Aa	7.27±0.63Aa
	MS	6.31±0.62Aa	8.07±0.73Aa
165 m 退水	初始值	2.67±0.19B	3.05±0.26B
	SS	4.23±0.34Aa	6.84±0.70Aa
	DS	3.72±0.45Ba	4.79±0.27Ab

3)根系苹果酸含量的变化

由表 2-19 可知，SS 组主根、侧根苹果酸含量均较初始值有一定程度的增大，但差异不显著($p>0.05$)；MS 组主根、侧根苹果酸含量均较初始值有所增高，且主根增幅显著($p<0.05$)；DS 组主根、侧根苹果酸含量则与初始值间差异不显著($p>0.05$)。MS 组主根、侧根苹果酸含量均较 SS 组有所升高，且主根增幅显著($p<0.05$)；DS 组主根、侧根苹果酸含量与 SS 组间没有显著性差异($p>0.05$)。

表 2-19 不同水淹条件下落羽杉根系苹果酸含量

时间	处理	主根	侧根
170 m 退水	初始值	0.87±0.20B	3.65±0.31A
	SS	1.72±0.29Bb	5.63±0.87Aa
	MS	4.83±0.60Aa	5.73±0.45Aa
165 m 退水	初始值	0.87±0.20A	3.65±0.31A
	SS	1.65±0.18Aa	4.55±0.53Aa
	DS	1.31±0.38Aa	2.48±0.47Aa

2. 根系有机酸含量与 NSC 含量间的相关性分析

由表 2-20 可知，落羽杉主根草酸、苹果酸含量与根系 NSC 含量有极显著的相关性。主根草酸含量分别与主根、侧根淀粉及 NSC 含量间呈极显著的负相关关系($p<0.01$)，主根苹果酸含量分别与主根、侧根淀粉及 NSC 含量间呈极显著的正相关关系($p<0.01$)；主根草酸、苹果酸含量分别与主根可溶性糖含量也有显著相关性($p<0.05$)；侧根苹果酸含量分别与主根可溶性糖、淀粉和 NSC 含量呈显著正相关性($p<0.05$)。

表 2-20 落羽杉根系有机酸含量与 NSC 含量间的相关性分析

变量	可溶性糖含量		淀粉含量		NSC 含量	
	主根	侧根	主根	侧根	主根	侧根
主根草酸含量	-0.57^{*}	−0.23	-0.81^{**}	-0.68^{**}	-0.76^{**}	-0.70^{**}

续表

变量	可溶性糖含量		淀粉含量		NSC 含量	
	主根	侧根	主根	侧根	主根	侧根
侧根草酸含量	−0.09	0.25	−0.17	−0.28	−0.15	−0.19
主根酒石酸含量	0.34	0.12	0.41	0.40	0.41	0.40
侧根酒石酸含量	0.38	0.41	0.48	0.35	0.47	0.44
主根苹果酸含量	0.61*	0.22	0.76**	0.78**	0.75**	0.79**
侧根苹果酸含量	0.62*	0.33	0.52*	0.42	0.62*	0.49

注：***表示 $p<0.001$；**表示 $p<0.01$；*表示 $p<0.05$。

2.3.5 落羽杉根系 3 种有机酸在出露期的动态储备特征

1. 根系有机酸含量动态特征

由表 2-21 可知，恢复生长时间对根系有机酸含量有显著影响。落羽杉主根草酸、酒石酸、苹果酸以及侧根酒石酸和苹果酸含量均受到恢复生长时间的显著影响($p<0.05$)；主根酒石酸和苹果酸以及侧根酒石酸含量受到水淹处理的显著影响($p<0.05$)；水淹处理与恢复生长时间的交互作用仅对主根酒石酸和苹果酸含量产生了显著影响($p<0.05$)。

由图 2-11 可知，水淹处理未对落羽杉主根、侧根草酸含量产生显著影响($p>0.05$)；落羽杉主根与侧根酒石酸含量均呈 SS 组最高，MS 组次之，DS 组最低，且 DS 组显著低

表 2-21　落羽杉根系有机酸含量的重复测量方差分析

变量	F 值		
	水淹处理	恢复生长时间	水淹处理×恢复生长时间
主根草酸含量/(mg · g⁻¹)	0.103ns	56.075***	1.238ns
侧根草酸含量/(mg · g⁻¹)	0.034ns	1.242ns	1.157ns
主根酒石酸含量/(mg · g⁻¹)	4.856*	17.263***	5.347**
侧根酒石酸含量/(mg · g⁻¹)	13.672*	14.659**	1.179ns
主根苹果酸含量/(mg · g⁻¹)	17.779**	14.847***	6.564***
侧根苹果酸含量/(mg · g⁻¹)	0.232ns	4.588*	0.232ns

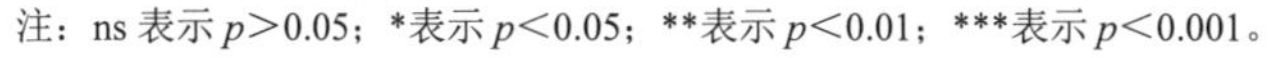
注：ns 表示 $p>0.05$；*表示 $p<0.05$；**表示 $p<0.01$；***表示 $p<0.001$。

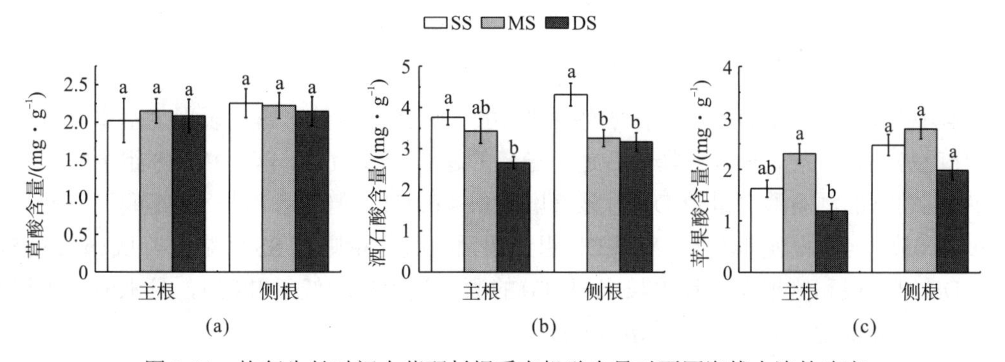

图 2-11　恢复生长时间内落羽杉根系有机酸含量对不同海拔水淹的响应

注：图中数值为平均值±标准误($n=4$)；不同小写字母表示不同水淹处理组之间有显著性差异($p<0.05$)。

于 SS 组($p<0.05$)；MS 组主根与侧根苹果酸含量较 SS 组有所增高，但差异不显著($p>0.05$)，DS 组主根、侧根苹果酸含量较 SS 组有所降低，但未达到显著性水平($p>0.05$)。

1)根系草酸含量的变化

由图 2-12 可知，落羽杉 SS、MS 及 DS 组主根草酸含量随着恢复生长时间的延长均呈先升高后降低且之后保持稳定的趋势。主根草酸含量最大值出现在恢复生长初期(T_1)，进入恢复生长期后主根草酸含量逐渐降低，在 T_2～T_3 时期没有显著变化。与主根变化不同，SS 组侧根草酸含量呈先升高后降低的趋势，且 T_3 时期显著低于 T_2 时期($p<0.05$)；MS 组侧根草酸含量在不同恢复生长时间均没有显著变化($p>0.05$)；而 DS 组侧根草酸含量则呈先降低后升高的趋势，且 T_2 时期显著高于 T_1 时期($p<0.05$)。落羽杉主根、侧根草酸含量在相同时期不同水淹处理组间均没有显著性差异($p>0.05$)。

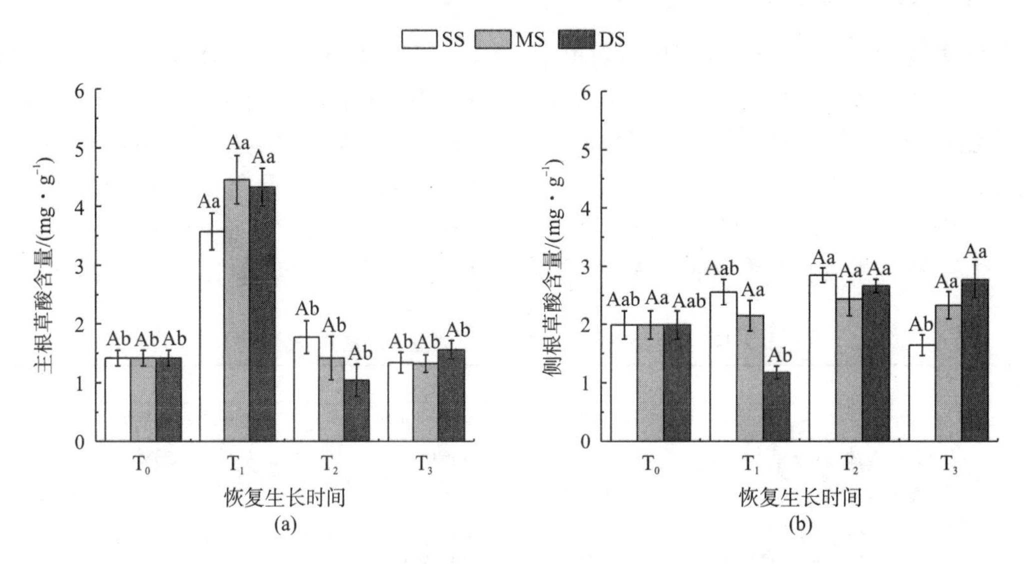

图 2-12 落羽杉根系草酸含量的动态变化

注：图中数值为平均值±标准误(n=4)；不同小写字母表示相同处理组在不同恢复生长时间有显著性差异($p<0.05$)；不同大写字母表示相同恢复生长时间的不同处理组间有显著性差异($p<0.05$)。T_0 为 2015 年 9 月 15 日，T_1 为 2016 年 4 月 16 日，T_2 为 2016 年 7 月 15 日，T_3 为 2016 年 9 月 15 日。下同。

2)根系酒石酸含量的变化

落羽杉 SS、MS 及 DS 组主根与侧根酒石酸含量在消落带出露期表现为基本一致的动态变化趋势，均呈先上升后下降最后趋于稳定的趋势(图 2-13)。落羽杉 MS 组主根在恢复生长初期(T_1)的酒石酸含量较 DS 组显著增高($p<0.05$)，但二者均与 SS 组间没有明显差异($p>0.05$)。与主根变化不同，MS、DS 组侧根酒石酸含量则较 SS 组显著降低($p<0.05$)；MS、DS 组主根和侧根在恢复生长末期(T_3)的酒石酸含量均低于 SS 组，且水淹组主根酒石酸含量的降幅达到显著性水平($p<0.05$)。

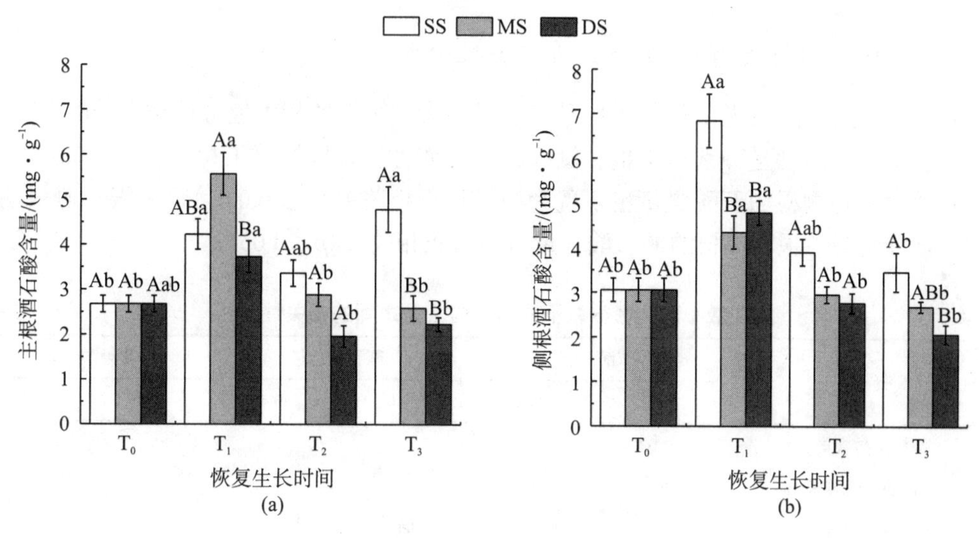

图 2-13 落羽杉根系酒石酸含量的动态变化

3)根系苹果酸含量的变化

由图 2-14 可知，SS、MS 与 DS 组(侧根除外)主根、侧根苹果酸含量在水淹胁迫(T_1)时均升高；SS、MS 组主根苹果酸含量在 3 个恢复生长期之间均没有显著变化，而 DS 组主根苹果酸含量先在 T_2 时期降低，再在 T_3 时期显著增高；SS、MS 和 DS 组侧根苹果酸含量在 T_2 时期显著降低，在 T_3 时期略呈增加趋势($p>0.05$)。落羽杉 MS 组主根在恢复生长初期(T_1)和恢复生长旺盛期(T_2)的苹果酸含量均较 SS、DS 组显著升高($p<0.05$)，而 DS 组主根在 T_1 和 T_2 时期的苹果酸含量均低于 SS 组。落羽杉侧根苹果酸含量在相同时期不同水淹处理组之间均没有明显差异($p>0.05$)。

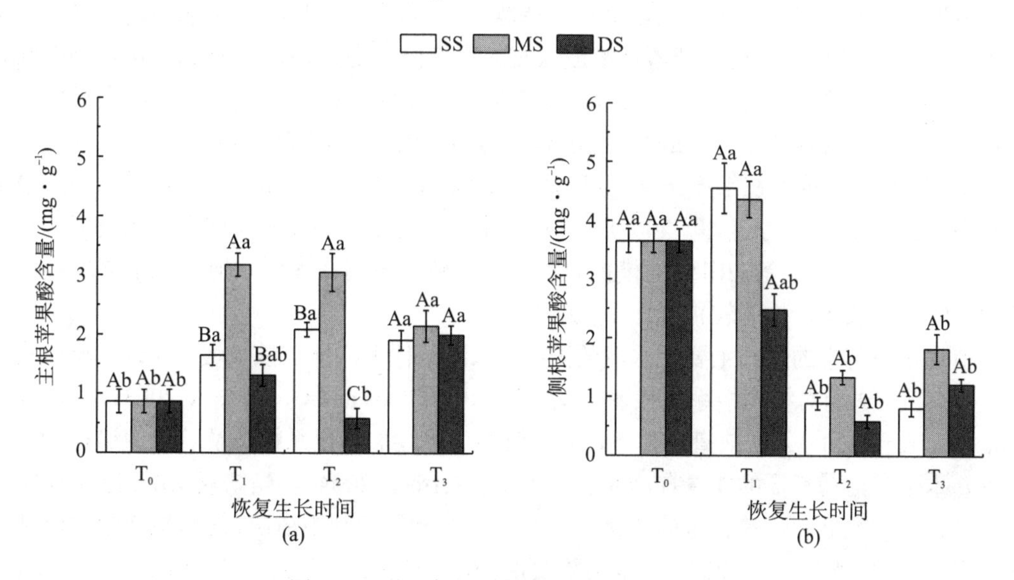

图 2-14 落羽杉根系苹果酸含量的动态变化

2. 根系不同种类有机酸含量的相关性分析

表 2-22 是落羽杉主根、侧根不同种类有机酸含量之间的相关性分析结果，由表可知，落羽杉主根的草酸含量分别与主根和侧根的酒石酸含量有极显著正相关性($p<0.01$)，主根酒石酸含量与侧根酒石酸含量也表现为极显著正相关关系($p<0.01$)，主根和侧根的苹果酸含量分别与主根和侧根的酒石酸含量有显著正相关性($p<0.05$)。

表 2-22 落羽杉根系不同有机酸含量之间的相关性分析

变量	草酸含量		酒石酸含量		苹果酸含量	
	主根	侧根	主根	侧根	主根	侧根
侧根草酸含量	−0.03					
主根酒石酸含量	0.58**	−0.03				
侧根酒石酸含量	0.59**	0.12	0.47**			
主根苹果酸含量	0.24	0.14	0.48**	0.08		
侧根苹果酸含量	0.26	0.12	0.12	0.32*	0.07	

注：**表示在 α=0.01 水平下达到极显著相关性；*表示在 α=0.05 水平下达到显著相关性。

2.3.6 讨论

1. 落羽杉根系 NSC 含量对消落带水淹的响应

三峡水库运行后，周期性涨落的水位(海拔 145～175 m)导致库岸原有植物大量死亡，进而导致植被退化，生物多样性降低，三峡库区所面临的生态问题日益突出。因此，消落带植被恢复研究是目前备受关注与重视的课题(樊大勇等，2015；任庆水等，2016；马文超等，2017)。落羽杉是用于消落带植被恢复的优良候选物种(Yang et al.，2014；Wang et al.，2016)。本实验结果表明，落羽杉在消落带上部(海拔 165～175 m)经过一个周期的非生长季水淹后，其存活率为 100%，且仅有经历 205 天水淹的落羽杉的株高生长受到了显著抑制(图 2-10)。植物在水淹条件下可形成大量通气组织，以帮助自身增强对水淹逆境下氧气缺乏的耐受性(张小萍等，2008)。本实验中，落羽杉的基径在长期完全淹没下无显著改变，这与 Iwanaga 等(2015)的模拟研究结果一致，表明在库区水淹条件下落羽杉的株高和基径等生长指标均能较积极地予以响应。

植物在消落带的生长主要受水淹的限制。水淹条件下气体扩散较慢，导致水淹植物根系缺乏氧气，进而对植物根系的代谢产生严重影响(Gibbs and Greenway，2003；Fukao and Bailey-Serres，2004)。在缺氧条件下，适生植物可通过加强根系糖酵解等代谢途径为植物提供基本生理活动所需的能量(Fukao and Bailey-Serres，2004)。当缺氧状况得到缓解后，植物根系可溶性糖和淀粉含量的变化可反映根系对能量的利用情况，这与植物耐水淹性的强弱密切相关(谭淑端等，2009)。本实验发现，落羽杉 MS 组经过 135 天水淹后，其主根、侧根淀粉与 NSC 含量均较对照组显著升高，已有的研究结果也发现了这一现象，表明落羽杉根系可通过维持较高的淀粉及 NSC 含量来适应中度水淹胁迫。然而落羽杉 DS 组经

205 天水淹后，其主根、侧根可溶性糖与 NSC 含量均较 SS 组和初始值显著降低，这可能是因为落羽杉为保证正常的生理功能，在环境更恶劣的深度水淹胁迫下增加了能耗，进而导致根系的 NSC 逐渐被消耗。这表明落羽杉对长时间(205 天)深度水淹胁迫的耐受能力有所下降，导致其生长受到显著抑制。虽然水淹后落羽杉 DS 组的淀粉含量较水淹前的初始值显著下降，但与 CK 组间差异不显著，表明落羽杉根系在长时间深度水淹胁迫下仍可维持一定的淀粉含量，这有助于增强其适应能力。

在本实验中，落羽杉根系在长时间深度水淹下的糖代谢机制对其耐受水淹的能力具有积极作用，这从根系 NSC 代谢角度进一步证明落羽杉是消落带人工植被构建的优良候选植物。前人研究结果表明，适生植物可通过降低 NSC 的消耗来响应淹涝逆境(Qin et al.，2013)。水淹逆境下根系较高的 NSC 含量不仅可维持适生植物的能量供应，保证其存活(Pena-Fronteras et al.，2009)，还与退水后植物新叶的萌发和恢复生长密切相关(Panda et al.，2008；Chen et al.，2013)。本实验中，植株在海拔 170 m 处经历 135 天的中度水淹后生长良好(李娅等，2008；钟彦等，2013)，这可能与根系具有较高的 NSC 含量有关。虽然落羽杉的株高生长在海拔 165 m 处经历 205 天深度水淹胁迫后被显著抑制，根系 NSC 含量也有所降低，但落羽杉可采取“忍耐”策略，即减缓生长、维持一定的根系 NSC 含量，保证植株在水淹条件下的存活和退水后的恢复生长，从而实现在消落带的可持续生长。

本实验中，落羽杉对照组主根与侧根可溶性糖、淀粉及 NSC 含量均较初始值有所降低，这可能是冬季落叶后落羽杉光合作用受阻，根系 NSC 来源减少，且水淹条件下 NSC 消耗增加所致。水淹 135 天后落羽杉 MS 组主根与侧根 NSC 含量与水淹前初始值间均没有明显差异，而水淹 205 天后落羽杉 DS 组主根与侧根可溶性糖、淀粉及 NSC 含量均较水淹前的初始值显著降低，表明落羽杉在中度水淹胁迫下能维持较高的 NSC 代谢水平，而随着水淹深度的加深和水淹时间的增加，其根系 NSC 含量因能耗的增加而显著下降。植物根系不但能够固着植株、吸收水分和养分等，而且能合成植物激素，与植物地上部分进行信号交换(刘大同等，2013；张方亮等，2015)。侧根不仅可以增大根系与环境进行物质交换的接触面积(Vilches-Barro and Maizel，2015)，还可感知外界环境的变化(de Smet et al.，2012)，对植物适应不断变化的环境具有重要作用。

根系中的淀粉、可溶性糖分别是植物储存、利用能量的不同形式。相关性分析发现，落羽杉主根可溶性糖含量与主根、侧根淀粉及 NSC 含量有显著相关性，该结果表明，在消落带水淹胁迫下，适生木本植物根系中的淀粉可转化为可溶性糖，以满足植株存活所需的能量。此外，根系还通过尽可能多地储备淀粉来应对长时间深度水淹胁迫。落羽杉主根、侧根的可溶性糖、淀粉和 NSC 含量也具有显著相关性，表明适生木本植物的主根、侧根可进行可溶性糖、淀粉及 NSC 等初生代谢物质的含量调节，以适应消落带水淹胁迫，并通过两者间的相互联系增强自身水淹耐受能力。

总体而言，在三峡库区消落带原位水淹胁迫下，落羽杉根系 NSC 代谢对于长时间水淹胁迫下其生理功能的维持具有重要作用，可影响落羽杉在水淹胁迫下的存活和退水后的恢复生长。落羽杉 NSC 对消落带不同情况下的水淹表现出相似的响应特征，即在冬季水淹下采取了“忍耐”策略，以维持其在消落带的持续生长；在长达 135 天的中度水淹胁迫下，落羽杉根系可通过维持较高的 NSC 含量响应水淹；在长达 205 天的深度水淹胁迫下，落羽杉的株高生长虽然受到显著抑制，其根系 NSC 含量也较对照组有不同程度的降低，但其能通过维持一定的 NSC 含量，尤其是淀粉储备量，保证长期深度水淹胁迫下正常生理功能所需的能量供应。

2. 落羽杉根系 3 种有机酸含量对消落带水淹的响应

作为植物在逆境中产生的次生代谢产物，草酸、酒石酸及苹果酸等有机酸对植物逆境耐受能力具有重要作用(李昌晓和钟章成，2007b；李昌晓等，2010a)。有研究发现，不耐水淹植物如东北山樱桃(*Prunus serrulata* G.Don)在受到水淹胁迫时其根系会积累大量乙醇(陈强等，2008)，而耐水淹植物在受到水淹胁迫时能增加有机酸的积累，进而诱导部分抗氧化酶活性增加(刘高峰和杨洪强，2006；陈暄等，2009)，这在逆境胁迫的防御中具有重要作用(Henry et al.，2007)。本研究结果与之一致，说明落羽杉根系会通过有机酸次生代谢来积极响应消落带冬季水淹。草酸可增强植物对逆境胁迫的耐受性(陈暄等，2009)。模拟实验发现，适生植物在水淹条件下根系草酸、酒石酸含量会显著增加(李昌晓等，2010a，2010b)。然而，本实验中落羽杉 MS 组经历 135 天水淹后其主根、侧根草酸含量均与水淹前初始值及对照组差异不显著，且 DS 组经历 205 天水淹后其主根、侧根草酸含量也均与对照组差异不显著，仅有 DS 组主根草酸含量较水淹前初始值显著升高，表明落羽杉在冬季长时间中度及深度水淹胁迫下是通过保持对照组水平的草酸含量来适应环境。

已有研究表明，耐水淹植物可通过加强酒石酸的合成、增加根部酒石酸含量来适应水淹胁迫(李昌晓等，2010a)。本研究结果与之不同，落羽杉 MS 组经历 135 天水淹后其主根、侧根酒石酸含量与 SS 组差异不显著，DS 组经历 205 天水淹后其主根酒石酸含量与 SS 组差异不显著，仅 DS 组侧根酒石酸含量较 SS 组显著降低，表明落羽杉能维持与对照组相同水平的酒石酸代谢。本研究中，酒石酸含量在水淹条件下未显著增加，这可能与消落带长时间高强度深度水淹胁迫有关。

有研究指出，一些耐淹耐涝植物可通过将磷酸烯醇式丙酮酸(PEP)羧化形成草酰乙酸，再将其还原为苹果酸，由于水淹可抑制苹果酸脱氢酶活性，使苹果酸不能进一步转化为丙酮酸及乙醇(刘友良，1992)，从而避免水淹对植物造成毒害作用。落羽杉在水淹胁迫下可通过侧根分泌大量苹果酸应对水淹逆境(李昌晓和钟章成，2007b)。本实验中，落羽杉 MS 组主根苹果酸含量较对照组显著升高，而侧根苹果酸含量则与对照组差异不显著，且 DS 组主根、侧根苹果酸含量均与对照组差异不显著，表明在消落带冬季中度水淹胁迫下落羽杉主根、侧根的苹果酸代谢水平高于深度水淹胁迫，落羽杉在深度水淹胁迫下其根系苹果酸代谢减弱可能与水淹深度及水淹时间的增加有关。研究发现，落羽杉是静默策略植物(Iwanaga et al.，2015)，在面临冬季长时间水淹胁迫时，其可能通过维持对照组水平的草酸、酒石酸及苹果酸含量来保证植株存活所需的能量供给。

本实验的相关性分析发现，落羽杉主根草酸、苹果酸含量分别和主根可溶性糖含量、主根与侧根淀粉及 NSC 含量之间有显著相关性，说明落羽杉根系草酸、酒石酸及苹果酸含量可能与 NSC 代谢有一定联系，落羽杉可能是通过可溶性糖、淀粉等初生代谢产物和草酸、酒石酸及苹果酸等次生代谢产物之间的相互调节与转化来增强自身的耐水淹能力。

综上所述，在消落带水淹胁迫下落羽杉主根、侧根均能维持较高的草酸、酒石酸及苹果酸代谢水平，且在中度水淹胁迫下其根系酒石酸、苹果酸代谢较在深度水淹胁迫下强。落羽杉通过维持根系一定的草酸、酒石酸与苹果酸含量，以及可溶性糖、淀粉含量间的调节来较好地适应消落带生境。

3. 落羽杉根系 3 种有机酸在出露期的动态储备特征

消落带土壤水分呈年际周期性变化，因此，在探究适生木本植物的水淹适应机制时，开展逆境适应性产物——有机酸在退水后的动态变化特征研究极为重要。本实验结果表明，三峡库区消落带不同水淹处理、恢复生长时间及二者的交互作用均对落羽杉根系有机酸含量有不同程度的影响，而且不同恢复生长时间显著影响落羽杉根系的有机酸含量。本实验中，落羽杉经历 135 天冬季水淹和 70 天干旱后其 MS 组主根与侧根草酸、苹果酸含量和主根酒石酸含量均与对照组差异不显著，且经历 205 天冬季水淹和 70 天干旱后其 DS 组主根与侧根草酸、苹果酸含量均与对照组差异不显著，而 DS 组主根与侧根酒石酸含量则较对照组显著降低，表明落羽杉在水淹条件下能维持对照组水平的草酸、苹果酸代谢。适生植物的根系在水淹缺氧条件下可通过增强有机酸代谢途径来减少乙醇的积累，减轻水淹带来的毒害作用。水淹胁迫下植物的抗氧化系统将难以维系根系内活性氧产生与清除的平衡，从而导致发生氧化胁迫(Paradiso et al.，2016)。黄文斌等(2013)指出有机酸能提高过氧化氢酶(catalase，CAT)、超氧化物歧化酶(superoxide dismutase，SOD)及过氧化物酶(peroxidase，POD)等的活性，是植物体内重要的活性氧自由基清除剂(Zhang et al.，2016)。本实验中落羽杉通过维持对照组水平的草酸与苹果酸代谢，增强了自身耐水淹特性。

有研究指出，逆境胁迫下草酸能诱导过氧化物酶的活性(刘高峰和杨洪强，2006)，提高植物的抗氧化能力。本实验中，落羽杉根系草酸含量受恢复生长时间的影响较大，但消落带不同水淹处理对其无显著影响。水淹胁迫下落羽杉主根草酸含量增加，主根在出露初期保持较高的草酸含量，而进入生长旺盛期后主根草酸含量逐渐下降，至恢复生长末期主根草酸含量与水淹前相比无显著变化，这与李昌晓等(2010b)的模拟研究结果相同，即水淹、出露初期植物体内活性氧代谢失衡(尹永强等，2007；Paradiso et al.，2016)，导致出现严重的氧化胁迫，该时期落羽杉主根草酸含量的增加可能与其抗氧化能力增强有关。在恢复生长阶段，植物体内活性氧代谢逐渐趋于平稳，根系草酸可通过分解代谢途径产生能量供给植物生长，这可能是植物正常生长期间根系草酸含量下降的原因。在整个实验期间，落羽杉主根草酸对土壤水分含量变化较侧根更为敏感。相关研究发现，侧根是植物根系响应非生物胁迫的重要部位之一(Tylova et al.，2017)，适生植物可充分利用侧根的代谢调节作用来增强水淹耐受性(李昌晓和钟章成，2007b)，不同根系类型间的响应差异可能与物种差异有关。

三峡库区消落带不同水淹处理与恢复生长时间均显著影响落羽杉主根、侧根的酒石酸含量。在整个实验期间，落羽杉 MS 与 DS 组主根、侧根酒石酸含量均较对照组有所降低，DS 组降幅显著。通过相关性分析发现，落羽杉主根、侧根酒石酸含量均与主根草酸含量有极显著正相关性(表 2-22)。在消落带不同海拔的水淹胁迫下，落羽杉根系酒石酸含量的降低可能与草酸含量变化有关。落羽杉主根、侧根酒石酸含量随恢复生长时间变化的趋势与主根草酸含量类似。葡萄成熟期间，其酒石酸含量在干旱季节降低，在阴雨季节增高(张军等，2004)，而本实验发现落羽杉主根、侧根酒石酸含量在干旱胁迫下未发生显著下降，该结果与葡萄成熟期间其酒石酸含量变化不一致的原因极有可能是采用了不同的实验植物种类。

在整个处理期间，落羽杉侧根苹果酸含量在退水初期升高，在恢复生长期降低，至恢复生长末期与水淹前无显著性差异；MS组主根苹果酸含量在退水初期、生长旺盛期和恢复生长末期均较水淹前初始值显著升高，表明中度水淹处理下的落羽杉经过恢复生长后能以较高的苹果酸含量应对下一次水淹。落羽杉根系苹果酸含量没有受到水淹处理的显著影响(主根苹果酸含量除外)，苹果酸含量对库区水位变化的响应差异主要体现在不同恢复生长时期之间。根系酒石酸含量对库区不同海拔水淹胁迫的响应较苹果酸含量更为敏感，落羽杉主根、侧根酒石酸含量均受到水淹及恢复生长时间的显著影响，然而，目前关于酒石酸含量如何响应逆境胁迫的机理尚未完全明确，有待进一步加强该领域的研究。

综合以上结果，三峡库区一个水文周期内的不同水分胁迫对落羽杉根系草酸、酒石酸及苹果酸含量均产生了一定程度的影响。落羽杉根系草酸、酒石酸及苹果酸含量对恢复生长时间的响应较水淹处理敏感。在整个实验期间，水淹组落羽杉主根草酸与酒石酸、侧根酒石酸与苹果酸含量在恢复生长初期升高，进入生长旺盛期逐渐降低，至恢复生长末期则与水淹前差异不显著。落羽杉根系酒石酸含量对消落带不同海拔水淹胁迫的响应较苹果酸与草酸含量敏感，在消落带中度水淹胁迫下，其根系草酸、酒石酸及苹果酸代谢较强，而在深度水淹胁迫时根系酒石酸代谢有所减弱。在经历消落带一个水淹周期的不同水分胁迫后，落羽杉能维持水淹前的草酸、酒石酸及苹果酸代谢水平，以较高的储量应对下一次的水淹胁迫。

2.4 落羽杉营养吸收与物质储备特征研究

2.4.1 引言

三峡水库建成运行后，库区因水位调度产生了大面积消落带，库区生态环境也受到了水位波动的极大影响(Liu et al.，2014；樊大勇等，2015)。植被的丧失导致了诸多生态环境问题，如水土流失、环境污染等(Wu et al.，2004；揭胜麟等，2012)，三峡库区的环境安全受到了严重威胁。研究者对消落带植被恢复问题给予了高度关注与重视(吕明权等，2015)，人工重建消落带植被是解决上述问题的有效方法之一(鲍玉海等，2014)，这就需要用于植被重建的植物对消落带环境具有较好的长期适应性。

落叶乔木落羽杉具有生长迅速、成活率高、耐水淹、保持水土等特点，是消落带适生树种，可用于消落带植被重建(李昌晓和钟章成，2007b；任庆水等，2016)。目前，国内外研究主要集中在落羽杉在水淹、干旱、盐渍等胁迫条件下的光合作用(Eclan and Pezeshki，2002；李昌晓等，2005)、生物量与物质分配(汪贵斌和曹福亮，2004a)、次生代谢(李昌晓和钟章成，2007b)等方面。然而，有关三峡库区消落带高强度、反季节性深度水淹胁迫对植物营养特征的影响尚不清楚，已有的室内模拟实验(汪贵斌和曹福亮，2004b)尚不能反映植物对消落带实际环境的响应机制。但有研究表明，植物会主动调节自身的机制来适应环境的变化(吴建国等，2009)。植物营养元素的积累量能够反映植物在特定环境条件下的营养元素吸收能力，其不仅可以揭示植物物种的特性，还可反映植物和环境之间的相互关系(金茜等，2013)。研究消落带不同水淹胁迫对落羽杉营养吸收与物质储备特征的影响，将有助于了解落羽杉对消落带特殊生境的生理生态适应机制。

本节以三峡库区消落带海拔 165～175 m 范围内原位栽植的落羽杉为研究对象，对经历不同水淹处理的落羽杉的根和叶进行营养元素含量测定，并分析不同水淹胁迫对落羽杉产生的影响，初步探明其在消落带反季节性水淹生境下经历 3 年周期性水淹后的营养吸收与物质储备特征，同时探究其响应水淹胁迫的机理，以期通过以上研究结果为三峡库区消落带人工植被构建和管理提供一定的理论依据。

2.4.2　材料和方法

1. 研究材料和地点

研究地点位于重庆市忠县三峡库区消落带植被修复示范基地(107°32′～108°14′E，30°3′～30°35′N)，面积 13.3 ha[①](公顷)。该示范基地在建植前为废弃梯田，依据三峡库区水位调度特征和植物的耐水淹特性，于 2012 年 3 月在海拔 145～175 m 处构建乔灌草植被、灌草植被、草本植被等，种植了落羽杉、池杉、立柳、中华蚊母树、芦竹(*Arundo donax* L.)、牛鞭草[*Hemarthria sibirica*(Gandoger) Ohwi]等具有较强水淹耐受性的植物。其中，分别将两年生落羽杉和立柳树苗按照 1 m×1 m 的行间距种植于 165～175 m 海拔处。示范基地土壤的元素含量见表 2-23。

表 2-23　实验样地土壤元素含量

类别	元素	175 m	170 m	165 m
大量元素/($g \cdot kg^{-1}$)	N	0.86±0.07b	0.93±0.05b	1.11±0.06a
	P	0.06±0.01b	0.06±0.01ab	0.08±0.01a
	K	17.50±0.22a	16.38±0.37b	16.61±0.26b
中量元素/($g \cdot kg^{-1}$)	Ca	6.64±0.29a	5.84±0.61a	5.60±0.41a
	Mg	3.10±0.22a	1.85±0.29b	2.82±0.23a
微量元素/($mg \cdot kg^{-1}$)	Fe	23.13±0. 26a	21.21±0. 57b	21.68±0. 28b
	Mn	518.57±14.19a	453.81±14.40b	407.49±13.06c
	Cu	15.70±1.77a	13.41±0.25a	14.71±0.30a
	Zn	83.94±11.23a	85.63±12.89a	89.09±7.92a

注：表中数值为平均值±标准误(n=10)；不同小写字母表示不同海拔处理之间有显著性差异($p<0.05$)。

2. 实验设计

1)营养元素含量变化

2015 年 5 月进行原位样品采集，依据每个周期内不同海拔处水淹深度及水淹时间的差异对样地进行划分，共划分出 3 个样带，代表 3 个不同水淹处理组：浅淹组(SS，海拔

① 1 ha=$10^4 m^2$。

175 m，相当于对照组）、中度水淹组（MS，海拔 170 m）、深度水淹组（DS，海拔 165 m）。水淹深度和水淹时间如下：海拔 175 m 以上植物遭受轻度水淹，每年水淹时间为 5.00±0.95 天；海拔 170 m 植物水淹深度达 5 m，每年水淹时间为 118.60±6.79 天；海拔 165 m 植物水淹深度达 10 m，每年水淹时间为 177.60±10.53 天。为尽可能地减小林分中不同方位所受阳光照射的差异对树木生长的影响，在 3 个样带内分别随机选取 5 株长势均一致的落羽杉进行标记，对每株树木的根和叶分开进行取样。同时，在 3 个样带内随机选取 10 株落羽杉，测量树木的生长状况。其中，株高用测高杆进行测量，冠幅用卷尺进行测量，基径用游标卡尺进行测量。此外，在 3 个样带内各随机采集 10 份土壤样品（0～20 cm），装入事先准备好的自封袋后带回实验室，自然风干后过 200 目筛，以备土壤元素分析。

在选定的样木树冠中上层东、南、西、北 4 个方位用高枝剪随机采集枝条，取其叶并将叶混合均匀后作为待测样品装入自封袋封装，每条样带共采集 5 个样品；以样木基部为圆心、以 0.5 m 为半径，用根钻等距离钻取树木根样（直径 2～5 mm），混合后装入自封袋，每个海拔共采集 5 个样品。将叶片和根样品在冷藏条件下带回实验室，先用自来水洗去泥土，然后用去离子水清洗干净。每个样品均装入信封后置于烘箱，先在 105℃下杀青 5 min，然后在 80℃下烘干至恒重，最后将样品粉碎并过 100 目筛，封装待测。

2）元素含量动态特征

原位样品采集于 2015 年 5 月开始进行，样地划分及水淹深度、水淹时间同上。按照三峡库区水位调度情况及落羽杉的生长节律，在 2015 年 5～9 月、2016 年 5～9 月两个生长季内，每隔 2 月对不同海拔落羽杉的根、茎、叶进行取样。取样方法同上。

3. 数据测定

1）植物样品元素含量测定

采用 Vario EL cube CHNOS 元素分析仪（Elementar，德国）进行叶片和根样品全氮含量测定，测定前准确称取 0.005 g 样品干样，用锡箔纸封装后上机测定（按照仪器操作说明）。

准确称取样品干样 0.05 g，加入消解罐中，再加入硝酸 8 mL、H_2O_2 2 mL，采用 SpeedWave MWS-4 微波消解仪（Berghof，德国）进行消解；之后将罐中液体转入 50 mL 容量瓶中并用去离子水定容至刻度线；最后用 ICAP 6000 电感耦合等离子体发射光谱仪（Thermo，美国）测定（按照仪器操作说明）样品中 P、K、Ca、Mg、Fe、Mn、Zn、Cu 含量。

2）土壤样品元素含量测定

采用 Vario EL cube CHNOS 元素分析仪进行土壤样品全氮含量测定，测定前准确称取 0.005 g 土壤样品干样，用锡箔纸封装后上机测定。

土壤 P、K、Ca、Mg、Fe、Mn、Zn、Cu 含量采用电感耦合等离子体发射光谱仪测定。准确称取土壤样品干样 0.05 g，加入消解罐中，再分别加入硝酸 8 mL、H_2O_2 2 mL、氢氟酸 1 mL，用 Speed Wave MWS-4 微波消解仪（Berghof，德国）进行消解，液体定容后上机测定。

4. 数据分析

本实验所测得的数据采用 SPSS 软件进行分析处理，用单因素方差分析揭示水位变化对落羽杉元素含量的影响；采用 Duncan 多重比较检验各处理组之间的差异；用 Pearson 相关系数法评价落羽杉植株各营养元素与生长指标间的相关性；采用 Origin 软件制图。

2.4.3　水淹对消落带落羽杉营养元素含量的影响

1. 生长的变化

消落带种植 3 年后，落羽杉的株高、基径及冠幅较种植初期显著增加。但 3 个处理组植株的生长状况各不相同，与 SS 组相比，MS 和 DS 组的株高、冠幅均显著降低，而其基径则差异不显著(图 2-15)。

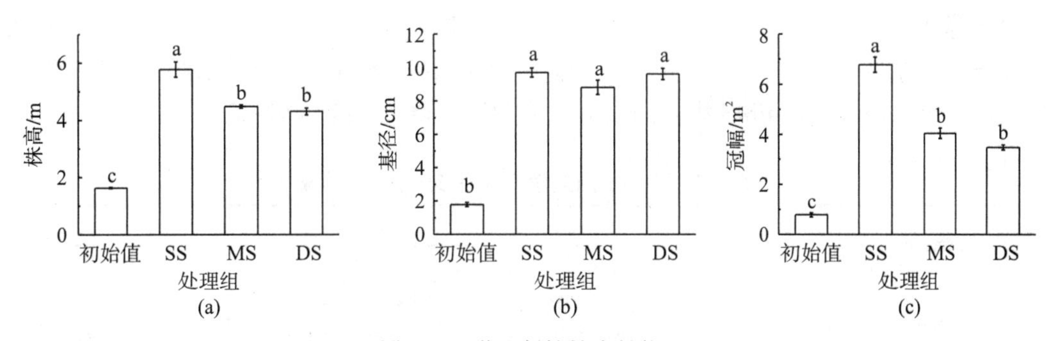

图 2-15　落羽杉植株生长状况

注：图中数值为平均值±标准误(n=10)；不同小写字母表示处理组之间有显著性差异(p<0.05)。

2. 营养元素含量的变化

由表 2-24 可知，水淹处理对落羽杉根和叶的部分营养元素含量造成了显著影响。其中，在落羽杉根部和叶片中，大量元素 N 和 P 的含量受到水淹的显著影响，而 K 含量没有受到水淹的显著影响。在中量元素中，仅根部 Ca 含量受到水淹的显著影响，水淹对叶 Ca 含量则无显著影响。在微量元素中，根和叶的 Mn 含量受到水淹的极显著影响，与根和叶的 Cu 含量均未受到水淹的显著影响形成鲜明对比；Fe 和 Zn 的含量与前两种元素不同，水淹极显著地影响了根部 Fe 含量，而叶中 Zn 含量受到水淹的显著影响。

表 2-24　水淹对落羽杉营养元素含量的影响

元素		根		叶	
		F值	p值	F值	p值
大量元素	N	5.809^{*}	0.017^{*}	4.486^{*}	0.035^{*}
	P	6.421^{*}	0.013^{*}	6.697^{*}	0.011^{*}
	K	2.878^{ns}	0.095^{ns}	0.690^{ns}	0.521^{ns}
中量元素	Ca	3.953^{*}	0.048^{*}	3.529^{ns}	0.062^{ns}
	Mg	1.899^{ns}	0.192^{ns}	0.913^{ns}	0.428^{ns}

续表

元素		根		叶	
		*F*值	*p*值	*F*值	*p*值
微量元素	Fe	9.040**	0.004**	3.301ns	0.072ns
	Mn	14.268**	0.001**	7.826**	0.007**
	Zn	2.809ns	0.100ns	4.746*	0.030*
	Cu	0.818ns	0.464ns	0.592ns	0.570ns

注：**表示在 α=0.01 水平下相关性达到极显著；*表示在 α=0.05 水平下相关性达到显著；ns 表示相关性不显著。

1）不同水淹处理下落羽杉大量元素含量变化

落羽杉根系中大量元素 N、P 和 K 的含量均小于叶中含量。总体来看，根和叶中 3 种元素含量的高低顺序为N＞P＞K。水淹导致落羽杉 MS 和 DS 组根中 N 含量较 SS 组分别显著降低了 42.7%和 36.2%；MS 组叶中 N 含量显著低于 SS 和 DS 组，其中 SS 与 DS 组间差异不显著。P 含量具有与 N 含量相似的变化趋势。水淹条件下落羽杉根和叶中的 K 含量均减小，但仅 SS 与 MS 组之间根中 K 含量有显著性差异（表 2-25）。

表 2-25　不同水淹处理下落羽杉大量元素含量

元素含量	部位	处理组		
		SS	MS	DS
$N/(g\cdot kg^{-1})$	根	8.67±1.38a	4.97±0.24b	5.54±0.31b
	叶	22.31±1.25a	18.83±0.82b	22.08±0.54a
$P/(g\cdot kg^{-1})$	根	3.73±0.31a	2.54±0.20b	2.83±0.21b
	叶	7.06±0.33a	4.59±0.54b	5.92±0.54a
$K/(g\cdot kg^{-1})$	根	3.18±0.24a	2.30±0.24b	2.50±0.33ab
	叶	5.86±0.27a	5.24±0.56a	5.53±0.15a

注：表中数值为平均值±标准误（n=5）；不同小写字母分别表示各处理之间有显著性差异（p＜0.05）。下同。

2）不同水淹处理下落羽杉中量元素含量变化

落羽杉中量元素中，水淹对根和叶的 Ca 吸收均产生了明显的抑制作用，导致 MS 和 DS 组根和叶（MS 组除外）中 Ca 含量较 SS 组显著降低。与 Ca 含量变化不同，水淹对落羽杉根和叶中 Mg 含量没有显著影响。此外，两种元素在落羽杉叶中的含量均高于在根部的含量；在相同部位，Ca 含量高于 Mg 含量（表 2-26）。

表 2-26　不同水淹处理下落羽杉中量元素含量

元素含量	部位	处理组		
		SS	MS	DS
$Ca/(g\cdot kg^{-1})$	根	11.55±1.42a	7.56±0.93b	7.21±1.24b
	叶	14.66±0.46a	13.05±0.81ab	12.02±0.79b
$Mg/(g\cdot kg^{-1})$	根	0.85±0.07a	1.00±0.01a	0.92±0.06a
	叶	1.41±0.09a	1.43±0.13a	1.58±0.05a

3) 不同水淹处理下落羽杉微量元素含量变化

落羽杉在水淹处理下其根中 Fe 含量呈增加趋势，MS 和 DS 组 Fe 含量较 SS 组分别显著升高了 76.90%、69.90%，而叶中 Fe 含量在各处理组间则无显著性差异。根中 Mn 含量具有与 Fe 含量相似的变化趋势，但 MS 组叶中 Mn 含量显著高于 SS 和 DS 组。落羽杉根和叶中 Cu 含量均未受到水淹的显著影响。水淹导致落羽杉根和叶中 Zn 含量减少，其 MS 组根和叶的 Zn 含量较 SS 组显著降低了 46.40%和 33.37%。

不同水淹处理下，落羽杉根和叶中的 Fe 与 Cu 含量均表现为根高于叶。Mn、Zn 的分配则有一定调整改变，表现为 SS 组根中 Mn 含量低于叶，而 MS、DS 组根中 Mn 含量则高于叶，说明水淹处理下落羽杉增大了对 Mn 的吸收量，并将大部分 Mn 储藏于根中；Zn 的分配与 Mn 不同，表现为 SS 组根中 Zn 含量高于叶，而 MS 和 DS 组根中 Zn 含量则低于叶，说明水淹处理下落羽杉增加了叶中 Zn 的分配。此外，4 种微量元素在不同处理组中的含量大小也发生了改变，表现为 SS 组根部和叶中含量均为 Fe 最高，Zn 次之，随后是 Mn，Cu 最低；而叶中 MS 与 DS 组含量高低则发生了改变，MS 组为 Fe 最高，Mn 次之，随后是 Zn，Cu 最低，DS 组为 Fe 最高，Zn 次之，随后是 Cu，Mn 最低，说明水淹影响了落羽杉对微量元素的吸收及分配(表 2-27)。

表 2-27　不同水淹处理下落羽杉微量元素含量

元素含量	部位	处理组		
		SS	MS	DS
$Fe/(mg \cdot kg^{-1})$	根	330.29±37.04b	1602.10±299.60a	1249.70±186.84a
	叶	161.94±7.05b	257.04±15.52a	258.33±37.01a
$Mn/(mg \cdot kg^{-1})$	根	19.42±3.16b	131.29±8.62a	85.86±17.57a
	叶	30.35±2.34b	46.43±3.77a	35.62±2.45b
$Cu/(mg \cdot kg^{-1})$	根	15.50±1.55a	13.23±0.59a	14.82±1.50a
	叶	6.53±0.31a	6.03±0.47a	6.37±0.14a
$Zn/(mg \cdot kg^{-1})$	根	73.93±15.31a	39.62±3.03b	52.74±8.74a
	叶	67.78±6.52a	45.16±4.92b	64.66±5.32ab

4) 落羽杉营养元素与生长指标间的相关性分析

由表 2-28 可以看出，落羽杉的株高与其 N、K 及 Mg 含量有极显著正相关性，与 P 含量有显著正相关性，而与 Fe 和 Cu 含量有极显著负相关性，与 Mn 含量有显著负相关性；落羽杉的冠幅与其 N、P、K 及 Mg 含量有极显著正相关性，而与 Fe 和 Cu 含量有极显著负相关性。

表 2-28　落羽杉营养元素及生长指标间的相关性分析

	N	P	K	Ca	Mg	Fe	Mn	Zn	Cu	株高	基径
P	0.87**										
K	0.93**	0.84**									
Ca	0.69**	0.61**	0.60**								
Mg	0.79**	0.68**	0.78**	0.57**							

续表

	N	P	K	Ca	Mg	Fe	Mn	Zn	Cu	株高	基径
Fe	−0.72**	−0.65**	−0.73**	−0.55**	−0.46*						
Mn	−0.56**	−0.55**	−0.59**	−0.42*	−0.27	0.94**					
Zn	0.23	0.28	0.18	0.39*	0.02	−0.27	−0.33				
Cu	−0.80**	−0.69**	−0.75**	−0.47**	−0.75**	0.53**	0.32	0.02			
株高	0.62**	0.44*	0.57**	0.34	0.61**	−0.53**	−0.43*	0.08	−0.59**		
基径	0.05	0.08	0.17	−0.02	0.02	−0.13	−0.14	−0.05	−0.17	0.30	
冠幅	0.67**	0.50**	0.60**	0.24	0.66**	−0.47**	0.34	−0.10	−0.64*	0.89**	0.23

注：**表示在 α=0.01 水平下相关性达到极显著；*表示在 α=0.05 水平下相关性达到显著。

5)落羽杉营养元素与土壤营养元素相关性分析

由表 2-29 可以看出，落羽杉植株营养元素含量与土壤中同种元素含量间无显著相关性关系(P 和 Mn 除外)，仅植株 P 含量与土壤 P 含量有极显著负相关性，植株 Mn 含量与土壤 Mn 含量有显著正相关性。

表 2-29 落羽杉营养元素与土壤营养元素间的相关性分析

土壤营养元素	落羽杉营养元素								
	N	P	K	Ca	Mg	Fe	Mn	Zn	Cu
N	−0.12	0.09	−0.09	−0.01	−0.17	−0.01	−0.10	0.36	0.09
P	−0.75**	−0.55**	−0.67**	−0.34	−0.81**	0.31	0.12	0.11	0.81**
K	0.36*	0.18	0.19	0.06	0.23	−0.22	−0.19	0.07	−0.25
Ca	0.39*	0.24	0.20	0.01	0.18	−0.19	−0.15	−0.09	−0.47**
Mg	0.07	0.24	0	−0.14	−0.05	0.07	0.03	0.11	0.97
Fe	0.13	0.11	0.07	−0.08	0.18	0.03	0.06	0.10	−0.03
Mn	−0.27	−0.30	−0.26	−0.41*	−0.01	0.43*	0.44*	−0.25	0.20
Zn	−0.63**	−0.46*	−0.54**	−0.37*	−0.43*	0.49**	0.30	−0.16	0.76**
Cu	−0.04	−0.09	−0.23	0.19	−0.05	0.21	0.24	0.34	0.11

注：**表示在 α=0.01 水平下相关性达到极显著；*表示在 α=0.05 水平下相关性达到显著。

2.4.4 消落带落羽杉营养元素含量动态特征

1. 大量营养元素含量变化

由图 2-16 可知，受水淹影响，落羽杉 MS 和 DS 组根部 N 含量在两个生长季均较 SS 组降低；随着树木的生长，MS 和 DS 组根部 N 含量在 2015 年始终未恢复到 SS 组水平。与根中 N 含量不同，落羽杉的枝条 N 含量在两个生长季均表现为 DS 组最高。落羽杉叶 N 含量变化与根类似，受水淹影响，MS 和 DS 组叶 N 含量均较 SS 组降低(MS 组 2016 年 5 月，DS 组 2015 年、2016 年 5 月和 9 月均除外)。MS 和 DS 组的 N 含量在两个生长季均呈无规律性变化。在两个生长季内，随着树木的生长，落羽杉根与叶中 N 含量均逐渐降低，但枝条中 N 含量的变化与之不同。N 含量整体上表现为叶最高，根次之，枝条最低。

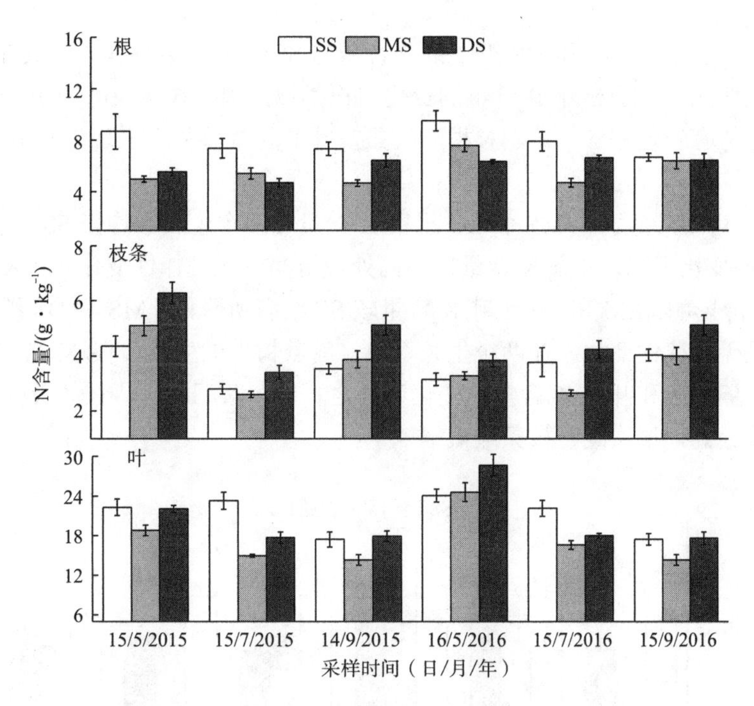

图 2-16　落羽杉根、枝条和叶 N 含量动态变化

如图 2-17 所示，受水淹影响，落羽杉 MS 和 DS 组根部 P 含量在两个生长季(2016 年 9 月除外)均较 SS 组低，随着树木的生长，MS 和 DS 组根部 P 含量始终未恢复到 SS 组水

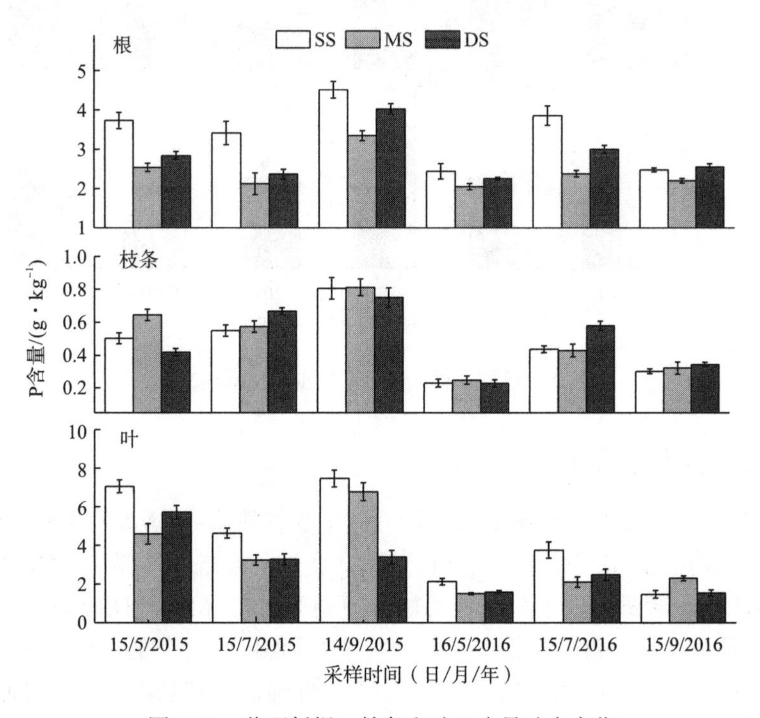

图 2-17　落羽杉根、枝条和叶 P 含量动态变化

平(2016 年 9 月除外)。MS 和 DS 组枝条 P 含量与 SS 组无显著性差异，其在两个生长季均呈无规律性变化。落羽杉叶 P 含量的变化与根类似，根、枝条及叶中 P 含量在两个生长季的变化趋势有一定差异。落羽杉根、枝条及叶 P 含量整体上表现为叶最高，根次之，枝条最低。

由图 2-18 可知，落羽杉 MS 和 DS 组根 K 含量在两个生长季均较 SS 组低(2015 年 7 月除外)。与根变化不同，枝条 K 含量在不同处理组间呈无规律性变化。叶 K 含量变化与根类似，受水淹影响，MS 和 DS 组叶 K 含量较 SS 组有所降低。MS 和 DS 组 K 含量在两个生长季均呈无规律性变化。在两个生长季内，随着树木的生长，根 K 含量呈先上升后下降的趋势，但枝条和叶中 K 含量的变化则与之不同。落羽杉根、枝条及叶中 K 含量整体上表现为叶最高，根次之，枝条最低。

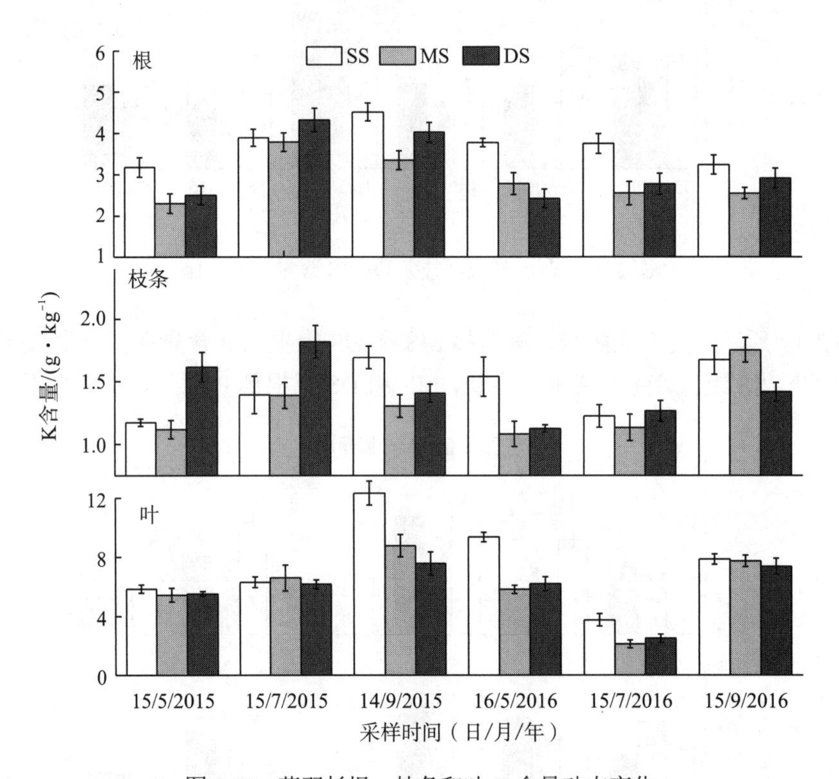

图 2-18 落羽杉根、枝条和叶 K 含量动态变化

2. 中量营养元素含量变化

落羽杉 Ca 元素含量变化情况如图 2-19 所示。受水淹影响，MS 和 DS 组根部 Ca 含量在整个实验期间均低于 SS 组。各处理组枝条 Ca 含量呈无规律性变化。MS 和 DS 组在两个生长季内的叶 Ca 含量均低于 SS 组(2016 年 9 月除外)。MS 和 DS 组 Ca 含量在整个生长季均呈无规律性变化。落羽杉根、枝条和叶中 Ca 含量在两个生长季的变化趋势有一定差异。落羽杉根、枝条及叶 Ca 含量整体上表现为叶最高，枝条次之，根最低。

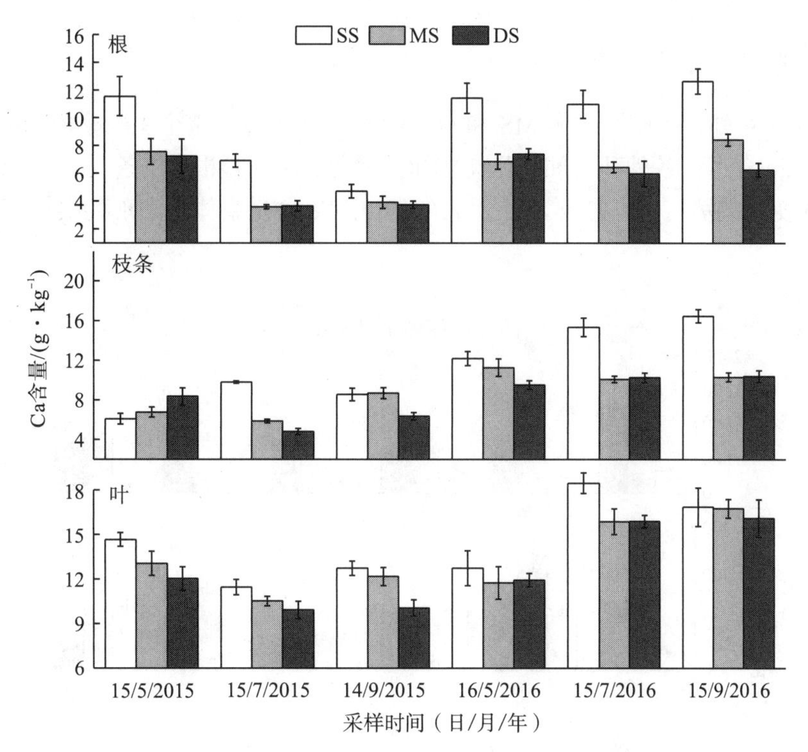

图 2-19　落羽杉根、枝条和叶 Ca 含量动态变化

由图 2-20 可知，不同处理组间落羽杉根部 Mg 含量呈无规律性变化。不同处理下枝条 Mg 含量无明显差异，但在整个实验期间，MS、DS 组枝条 Mg 含量均高于 SS 组(2016 年 9 月除外)。落羽杉叶中 Mg 含量的变化与根类似，各处理组间呈无规律性变化，在两个生长季内均无明显波动，不同生长阶段植株 Mg 含量基本保持稳定。

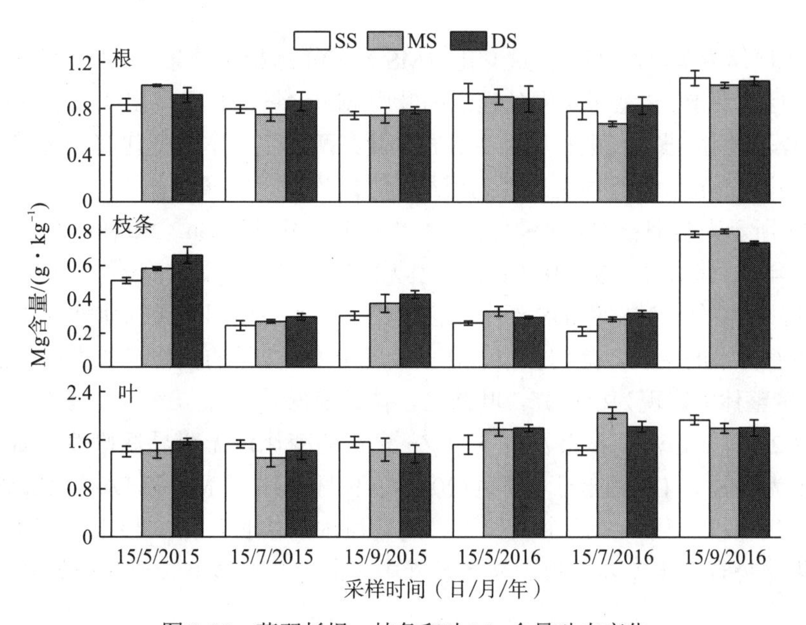

图 2-20　落羽杉根、枝条和叶 Mg 含量动态变化

3. 微量营养元素含量变化

由图 2-21 可知，受水淹影响，MS 和 DS 组根中 Fe 含量在整个生长季内均高于 SS 组。枝条、叶中 Fe 含量在各处理组间均呈无规律性变化。落羽杉根、枝条及叶中 Fe 含量在两个生长季的变化趋势有一定差异，根、枝条及叶中 Fe 含量整体上表现为根最高，叶次之，枝条最低。

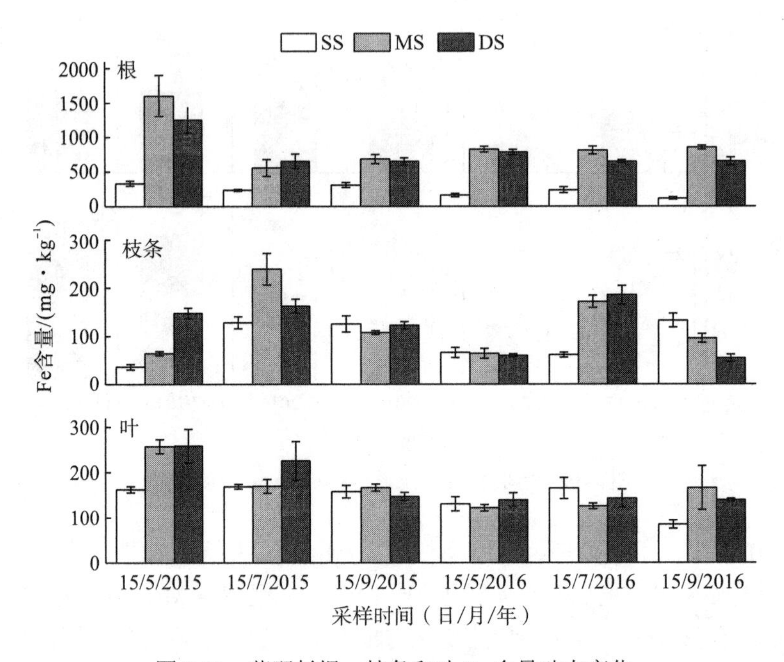

图 2-21 落羽杉根、枝条和叶 Fe 含量动态变化

图 2-22 所示为落羽杉 Mn 含量变化。MS 和 DS 组根及枝条中 Mn 含量的变化与 Fe 含量相似，且均高于 SS 组。不同处理组间叶中 Mn 含量没有呈现出明显的规律，在两个生长季内也没有明显波动，根和枝条中 Mn 含量在两个生长季的变化有一定差异。落羽杉根、枝条及叶中 Mn 含量整体上表现为根最高，叶次之，枝条最低。

图 2-23 所示为落羽杉 Cu 含量变化。MS 和 DS 组根部 Cu 含量在两个生长季均低于 SS 组(2015 年 5 月除外)。枝条中 Cu 含量呈无规律性变化。受水淹影响，叶中 Cu 含量在整个实验期间均降低。MS 和 DS 组 Cu 含量在整个实验期间呈无规律性变化。在两个生长季内，随着树木的生长，落羽杉根、枝条及叶中 Cu 含量的变化趋势类似，根、枝条及叶中 Cu 含量整体上表现为根最高，叶次之，枝条最低。

由图 2-24 可知，落羽杉根及枝条中 Zn 含量的变化均无明显规律性，而叶中 Zn 含量则均表现为 MS 和 DS 组低于 SS 组(2016 年 9 月除外)。MS 和 DS 组 Zn 含量在整个处理期呈无规律性变化。在两个生长季，随着树木的生长，落羽杉根、枝条及叶中 Zn 含量的变化趋势有一定差异，根、枝条及叶中 Zn 含量整体上表现为根最高，叶次之，枝条最低。

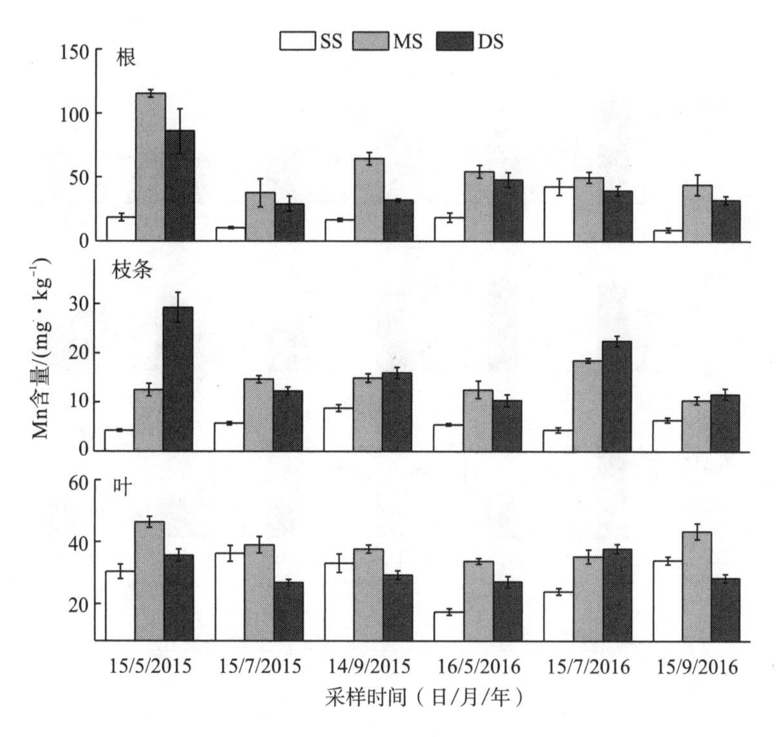

图2-22　落羽杉根、枝条和叶Mn含量动态变化

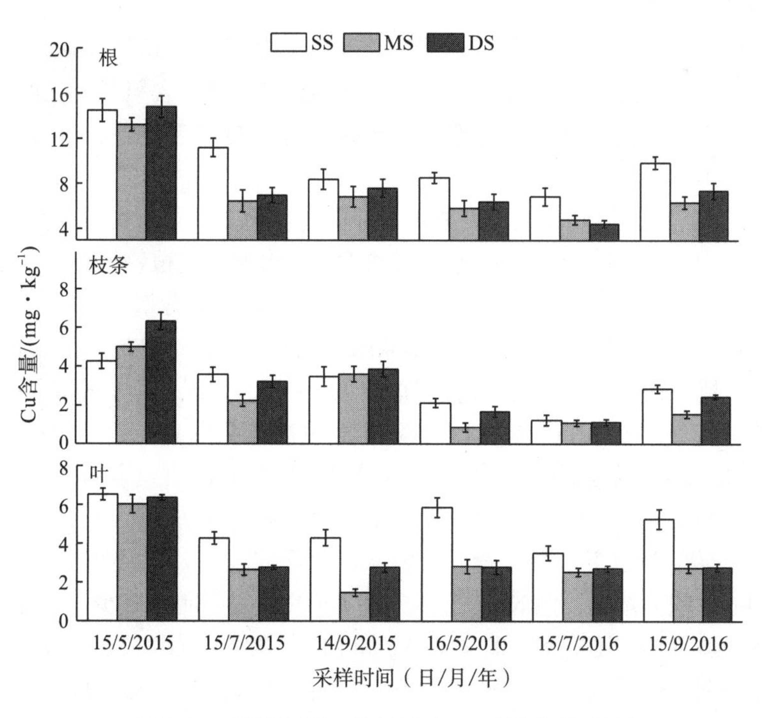

图2-23　落羽杉根、枝条和叶Cu含量动态变化

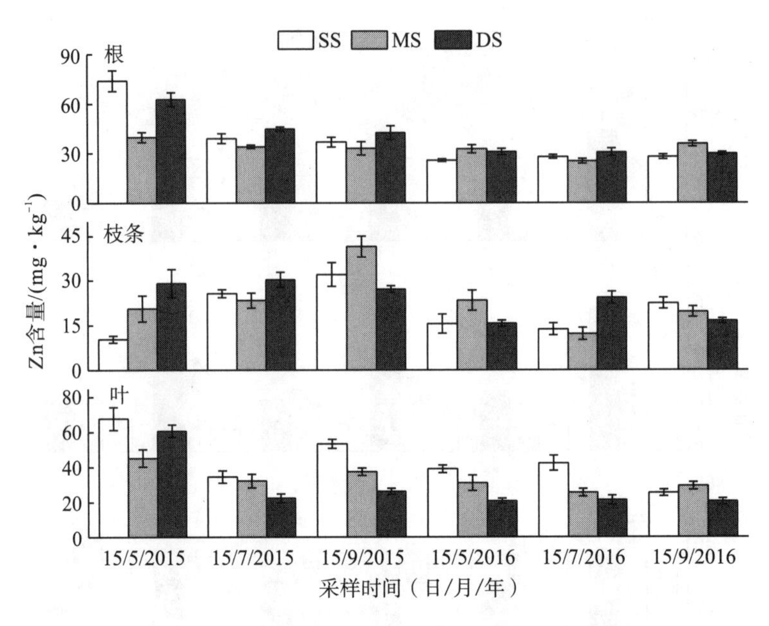

图 2-24 落羽杉根、枝条和叶 Zn 含量动态变化

2.4.5 讨论

1. 落羽杉营养元素含量对水淹的响应

三峡水库水位每年均呈周期性波动，导致不同海拔的消落带植被周期性遭受的水淹的程度也发生梯度性改变。水淹会引起土壤氧化还原电位、温度、含氧量和光照强度等降低，进而影响植物对营养元素的吸收、分配，甚至影响自身的存活(Pezeshki and DeLaune，2012；李强等，2015)。

本实验中，水淹显著影响落羽杉植株根、叶的营养元素含量，其影响程度又因营养元素种类、树种和植株部位不同而各异。已有研究显示，水淹可使植物根系的功能发生紊乱，甚至造成其死亡；此外，水淹还可引起土壤中各种营养元素的含量和有效性发生改变，从而对植物的营养吸收及运输产生影响(Pezeshki and DeLaune，2012；韩文娇等，2016)。耐水淹性较强的植物在面临水淹胁迫时能够产生大量的通气组织而向根部不断供氧，从而保证植物对营养元素的吸收；而不耐水淹植物的营养吸收则会受到缺氧的显著限制(Kogawara et al.，2006)。此外，耐水淹性有差异的植物对矿质元素的吸收与积累也有显著性差异(Pezeshki et al.，1999；赵可夫，2003)。对桐花树(*Parmentiera cerifera* Seem.)幼苗在不同水淹梯度胁迫下水分及营养吸收状况的研究表明，水淹胁迫下桐花树根系中P、K、Na 和 Fe 的积累增加，但 N、Ca、Mg 和 Cu 的积累则明显减少(罗美娟等，2012)。紫穗槐在水淹胁迫下加强了对 N、P、Ca、Fe 和 Mn 的吸收，而对 Cu 的吸收则减弱(金茜等，2013)。Liu 等(2014)对中华蚊母树的研究发现，水淹胁迫下其叶能够维持 N 和 P 含量的稳定以保证自身的正常生长，在水淹初期，其叶片 Mn 和 Fe 含量显著增加，随着时间的延长，含量下降并逐渐趋于稳定。

植物的营养元素含量，特别是叶的 N、P 含量，对叶片的光合作用有一定的影响。在一定范围内，净光合速率随叶 N 和 P 含量的增加而提高(Domingues et al.，2010)。在水淹条件下，植物根系缺氧是限制植物生存的主要因素，因为缺氧环境下植物合成的 ATP 较少，根系对营养元素的主动吸收、运输因缺乏能量而受阻(Pezeshki and DeLaune，2012)。水淹还会使植物叶中 N 和 P 等元素的含量因根系 N 和 P 等元素向地上部分的运输被抑制而减少(Chen et al.，2005；Liu et al.，2014)。在本实验中，落羽杉 MS、DS 组根中 N、P 及 K 含量显著低于对照组，MS 组叶中的 N 和 P 含量也显著低于对照组，说明落羽杉对 N、P 和 K 元素的吸收受到了水淹的显著抑制。值得注意的是，落羽杉根和叶中大量元素的含量并没有随水淹深度及水淹时间的增加持续降低，海拔 165 m 植株的大量元素含量甚至还超过海拔 170 m 的植株，这或许与其水淹耐受极限较高有关。室内模拟实验表明，落羽杉具有很强的耐水淹能力，水淹处理未显著影响其营养元素吸收(Pezeshki et al.，1999)。本实验的结果与之有较大差异，这可能与实验采用的落羽杉植株所处的生长发育阶段不同有关，也可能与植株所受的水淹胁迫不同有关。本实验还发现，落羽杉叶 N 含量为 1.90%～2.20%，属于植物 N 含量正常水平(0.30%～5.00%)(陆景陵，2003)；叶 P 含量为 0.46%～0.59%，属于植物 P 含量正常水平(0.20%～1.10%)(陆景陵，2003)；叶 K 含量也未超出植物含 K 量的正常范围(0.30%～5.00%)(陆景陵，2003)。以上结果表明，三峡库区水淹胁迫虽然影响了落羽杉对大量元素 N、P 和 K 的吸收，但落羽杉仍能保持其重要的光合器官——叶的 N、P、K 含量处于正常范围，这对其正常生理功能的维持极其重要。同时，落羽杉在 3 个海拔上其根中 N、P 和 K 含量均呈 N 最高，P 次之，K 最低，与其他物种的表现不一致(柏方敏等，2010；李小峰等，2013)，这可能与植物对营养元素需求的差异及不同土壤环境的理化性质有关。

植物细胞壁、细胞膜和蛋白需要 Ca 的参与来维持其稳定性，此外，细胞间的信号传导也需要 Ca 的参与，其可调节植物细胞对逆境的反应及适应性(Xiong et al.，2002)。一般而言，植物体内 Ca 含量通常介于 0.1%～5.0%，其在不同植物种类、不同部位及不同器官条件下有较大幅度的变化，植物根部含量较地上部分少(陆景陵，2003)。本实验结果显示，落羽杉不同部位、不同水淹处理下的 Ca 吸收响应策略有差异。根和叶中 Ca 含量随水淹深度和水淹时间增加而显著降低。结合 3 个海拔土壤的 Ca 含量变化较小来看，落羽杉在各海拔的 Ca 吸收与分配差异主要受不同水淹处理的影响。汪贵斌和曹福亮(2004a)、金茜等(2013)研究发现，水淹胁迫下植物对 Ca 的吸收增加，然而，Pezeshki 等(1999)对落羽杉幼苗的研究则表明水淹胁迫并没有显著影响落羽杉幼苗对 Ca 的吸收。产生这种差异可能与植物种类、植物所处的生长发育阶段和所受的环境胁迫不同有关，研究者仍需做进一步研究以确定其具体机理。Mg 作为叶绿素的重要组分，主要参与植物的光合作用，并主要积累在叶中。本实验中，落羽杉根和叶中的 Mg 吸收与分配未受到水淹处理的显著影响，这保证了其叶绿素的正常合成。

本研究中落羽杉根部 Fe 和 Mn 的含量显著高于对照组，说明水淹胁迫对落羽杉根系 Fe 和 Mn 的吸收有一定促进作用，但对叶中的 Fe 含量则无显著影响。研究显示，水淹胁迫下土壤 Eh 会降低，土壤中的 Mn^{4+}将被还原为 Mn^{2+}，而 Fe^{3+}也将被还原为 Fe^{2+}，从而会导致土壤生物有效性增加(Chen et al.，2005)。植物过量吸收的 Fe 和 Mn 对植物本身具有一定的毒害作用，植物叶中 Fe 含量过高会引起叶片失绿(Brown et al.，2006)，植物的酶结构也会因 Fe 和 Mn 过量而发生改变(张丽娜，2013)。落羽杉在水淹胁迫下显著增加了根部的 Fe 吸收，而分配到叶中的 Fe 却无显著增加，这可能与落羽杉的自我保护机制有关。该结果与 Pezeshki 等(1999)对落羽杉进行的模拟水淹实验的结果不同，这也在一定程度上说明，在原位环境条件下植物对胁迫的响应与在模拟条件下有一定差异。此外，植物的营养元素吸收还受到土壤的理化性质及营养元素含量、植物的生长发育阶段及水淹耐受能力的影响(Pezeshki and DeLaune，2012)。Cu 主要参与细胞内的氧化还原反应及 N 代谢(陆景陵，2003)。水淹胁迫下植物将增加根系对 Cu 的吸收量并降低叶中 Cu 的分配比例，以保证根系具有强氧化还原能力，从而将低价阳离子氧化，且将阴离子还原，提高水淹胁迫下的 N 利用效率，进而缓解长期水淹引起的低价阳离子毒害。本实验中，水淹胁迫下落羽杉 Cu 含量没有受到显著影响，这可能是引起落羽杉对 Fe 和 Mn 的吸收增加的原因之一。

外界环境因素对植物的营养元素吸收也有影响，这些因素包括温度、通气状况和土壤 pH 等。水淹会引起植物的生境发生改变，进而对植物的营养元素吸收产生影响(Pezeshki and DeLaune，2012)。本实验中，消落带水淹胁迫显著影响了落羽杉对营养元素的吸收；相关性分析表明，落羽杉的株高、冠幅与其 N、P、K 和 Mg 含量表现为正相关关系，与其 Fe、Mn 和 Cu 含量表现为负相关关系。此外，N、P、K、Ca 和 Mg 含量相互之间表现为极显著正相关关系，而 Fe 和 Mn 含量则分别与 N、P、K、Ca 和 Mg 含量表现为显著负相关关系，这说明水淹胁迫可能促进了落羽杉对 Fe 和 Mn 的吸收，从而引起其对其他元素的吸收受到抑制。土壤元素含量对植物营养元素含量有一定影响，通常土壤基质元素含量差异可导致同种营养元素在同一物种不同个体间的含量不同。本实验中，虽然部分土壤元素含量在 3 个海拔上各不相同，但相关性分析结果显示，土壤元素含量与植物营养元素含量间不存在显著相关性，表明土壤异质性不是导致不同海拔上落羽杉营养元素含量不同的主要原因。综上所述，营养元素吸收是水淹胁迫对消落带落羽杉生长产生显著抑制作用的原因之一。

结合以上结果，三峡库区消落带冬季水淹影响了适生树种落羽杉的营养元素吸收，但由于营养元素种类及植株部位的不同，影响各有差异。水淹胁迫下落羽杉对 N、P、K、Ca、Cu 和 Zn 的吸收量减少，而对 Mg、Fe 和 Mn 的吸收量增加；N 和 P 等元素含量降低可能会影响植物的二氧化碳同化(简称碳同化)，Fe 和 Mn 过量会破坏植物光合系统中酶的结构，进而导致植物的生长和水淹耐受能力因光合效率降低而发生改变。水淹胁迫是导致消落带落羽杉营养吸收特征发生改变的主要原因。本实验结果表明，水淹胁迫干扰了落羽杉的营养元素吸收，使水淹组和对照组间差异明显。

2. 消落带落羽杉元素含量动态变化特征

落羽杉是一种具有非常强的水淹耐受性的木本植物，在排水不良的河岸、洼地等环境中比较常见，甚至会出现在淹水的环境中(Wang et al.，2016)。落羽杉在长期的进化中形成了对水分胁迫的适应机制，如独特的呼吸根等能确保其在水淹环境中持续向根部供氧。本实验结果表明，水淹胁迫影响了落羽杉的营养元素吸收，与对照组相比，MS 和 DS 组植株 N 和 P 等元素含量降低，Fe 和 Mn 等元素含量升高。鉴于落羽杉已在消落带度过了 3 个水淹周期，且生长良好，我们推测其对消落带周期性的水文环境已经产生了适应性，其在整个生长期不同海拔上的营养元素含量应该有明显差异。

依据营养元素的含量大小可将其划分为三类：大量元素、中量元素和微量元素。N、P、K 属于大量元素，也是植物生长中最重要的元素。这三种元素的含量在植物叶片生长初期较高，随着叶龄增加，含量会逐渐降低。并且这三种元素在植物体内具有可移动性，植物在贫瘠环境中甚至会转移衰老叶中的营养以供新叶生长。在本实验中，落羽杉在两个生长季内的 N、P 和 K 元素含量并未随叶龄的增长而降低，相反，在生长季末期含量最高，这可能与水淹胁迫干扰了其生理过程有关。但值得注意的是，落羽杉水淹组根和叶中 N、P 和 K 含量均较对照组降低。在整个处理期内，落羽杉根中 N、P、K 含量及叶 P、K 含量均低于对照组，并未随植物的生长而恢复至对照组水平。这说明水淹胁迫抑制了落羽杉对 N、P 和 K 元素的吸收，但落羽杉对非生长季水淹胁迫能做出积极的响应，且这种差异贯穿整个生长期，表明落羽杉在水淹胁迫下形成了稳定的营养吸收特征。

作为植物细胞的组分，Ca 属于不可移动元素，其在植物组织中的含量会随植物生长而逐渐升高(李善家等，2007)。在本实验中，仅 2016 年落羽杉叶中 Ca 含量增加，这与已有的研究结果不一致，但与大量元素的研究结果基本相同。受水淹胁迫影响，落羽杉 MS、DS 组根与叶中 Ca 含量均较对照组降低。已有研究发现，植物在水淹胁迫下会增加对 Ca 的吸收(汪贵斌和曹福亮，2004a；金茜等，2013)；但对落羽杉幼苗 Ca 吸收的研究则发现，水淹胁迫未对其产生显著影响(Pezeshki et al.，1999)。这可能与植物种类、植物所处的生长发育阶段和所面临的环境胁迫不同有关。植物营养的“源”——根系所吸收的营养主要被运输到营养元素的“汇”——叶以用作同化产物合成。在本实验中，落羽杉根系 Ca 吸收量受水淹胁迫的影响而减少。水淹胁迫会使土壤条件变差，这不仅会导致植物运输组织、通气组织堵塞，进而对营养元素的吸收与运输产生限制(Pezeshki et al.，1999；金茜等，2013)，还可引起根系功能紊乱甚至死亡。本实验结果表明，2015 年和 2016 年不同处理组间的差异均保持稳定，植株根、叶的 Ca 含量变化一致。作为叶绿素的主要组分，Mg 与光合作用关系密切，叶中或幼嫩组织中 Mg 积累量通常最高。在本实验结果中，水淹胁迫并未显著影响落羽杉的 Mg 含量，从两个生长季的变化来看，落羽杉各处理组间根、叶中 Mg 含量在不同生长阶段变动较大，但不同处理组间无明显规律性变化。

微量元素虽然在植物体内含量极低，但却在植物的生长、生理及代谢方面发挥着十分重要的作用(潘瑞炽等，2004)。少量的微量元素即可满足植物生长的需求，过量则会对植物体产生明显伤害。研究发现，植物过量吸收 Fe 会使叶片失绿(Brown et al.，2006)，过多的 Fe、Mn 则会破坏植物酶的结构(吴旭红等，2016)。本实验中，在两个生长季内落羽杉 MS 和 DS 组根部 Fe 和 Mn 含量增加，但叶中没有增加，表明落羽杉对 Fe 和 Mn 的吸收量虽然受到消落带水淹胁迫的影响而有所增加，但落羽杉在整个生长季能维持叶中 Fe 和 Mn 含量的稳定，从而避免其对光合系统造成损害，保证植株正常生长，这可能是落羽杉在消落带水淹环境下的一种自我保护机制。一般而言，水淹胁迫下植物将增加根系对 Cu 的吸收，因为 Cu 能够参与植物体内的氧化还原反应及 N 的代谢(陆景陵，2003)。然而本研究结果却与之不同，落羽杉 MS、DS 组根中 Cu 含量较低，且在 2015、2016 年两个生长季均表现为相同的变化趋势，具体原因有待进一步研究。

综合以上结果，在不同生长季、不同水淹处理下，落羽杉部分元素的含量有一定差异：

MS、DS 组根中 N、P、K、Ca、Cu 含量，枝条中 Ca 含量，叶中 P、K、Ca、Cu、Zn 含量均低于对照组；根中 Fe、Mn 含量，枝条中 Mg、Mn 等的含量则高于对照组。上述变化在整个处理期始终保持一致。落羽杉 MS 和 DS 组间营养元素含量无明显差异，这可能与其水淹耐受极限较高有关。落羽杉在不同生长阶段的营养元素含量变化趋势与已有的研究结果有一定差异，这可能与水淹胁迫下其生理过程受到干扰有关。基于以上研究结果我们可得出，落羽杉在消落带水淹胁迫下能够从营养吸收方面进行积极响应，其对消落带生境已经形成了一定的适应性，且在不同水文条件下均形成了稳定的营养吸收特征。

第3章　水淹对三峡库区消落带适生树种池杉生理生态的影响

3.1　夏季水淹对池杉生理的影响

3.1.1　引言

三峡工程正式运行后出现了很多严峻的生态环境问题，如植被破坏、水土流失、环境污染等，进而影响了消落带生态功能的发挥(刘维暐等，2012)。前人研究指出，在消落带进行人工植被恢复是解决消落带生态环境问题的关键(樊大勇等，2015)。池杉属裸子植物杉科落羽杉属，原产于北美东南部沼泽地区，通常具有膝状呼吸根(董必慧，2010；吴麟等，2012)，耐水湿性很强，现在我国长江流域多有引种(汪贵斌和曹福亮，2004a)。消落带周期性水位变化将导致土壤含水量呈现出梯度性变化，即水淹—潮湿—干旱—水淹交替式变化，这将影响适生植物池杉的生长生理状况。前人研究表明，植物可以通过增加其重要代谢中间产物含量，如苹果酸、莽草酸等(赵宽等，2016)，或者维持光合作用的稳定(Pezeshki et al.，2007)来适应逆境。然而，在三峡库区消落带土壤水分变化条件下，关于池杉对不同土壤水分的光合生理及次生代谢响应尚无相关报道。

本章对不同土壤水分条件下适生树种池杉的光合特征及根系代谢中间产物苹果酸、莽草酸的变化特征进行研究，从生理生化的角度来认识消落带适生造林树种池杉的光合特性以及物质代谢适应机理，以期为三峡库区消落带的植被恢复建设提供理论和技术支持。

3.1.2　材料和方法

1. 研究材料和地点

6 月中旬选择生长基本一致的当年实生池杉幼苗 120 株，进行带土盆栽(花盆直径为 13 cm，盆内装紫色土，厚度为 12 cm)，每盆栽植 1 株。将所有栽植的幼苗放入西南大学生态实验园地中(海拔 249 m)，幼苗在相同土壤、光照及水分管理条件下进行环境适应，于当年 7 月 25 日将这些幼苗移入搭建好的透明塑料遮雨棚下，开展实验。

2. 实验设计

实验设置 4 个水分处理组：对照组 CK、轻度干旱组 LD、水分饱和组 SW 和水淹组 BS。将栽植的池杉幼苗随机分为 4 组，每组 30 盆，接受 4 种水分处理。CK 组进行常规生长管理，采用称重法控制其土壤含水量保持为田间持水量的 60%～63%，该处理下池杉幼苗在晴天未出现萎蔫。LD 组进行轻度干旱水分胁迫处理，采用称重法控制其土壤含水量保持为田间持水量的47%～50%，幼苗嫩叶在晴天13：00左右呈轻度萎蔫状态，17：00左右恢复正常(胡哲森等，2000)。SW 组保持土壤表面始终处于潮湿的水饱和状态。BS组进行苗木根部土壤全部淹没处理，水没过土壤表面 1 cm。进行水淹处理时，将苗盆放入直径×高度为68 cm×22 cm的大型塑料盆内，向盆内注水至盆内水面超过土壤表面1 cm为止(Farifr and Aboglila，2015)。

从7月25日算起，每隔5天为一个处理期，对各项生理生化指标连续进行5次测定，每个处理每次测定5株植物，最后取5次测定的平均值进行比较。8月25日结束实验。

3. 指标测定

1)气体交换参数测定

经预备实验后，选取池杉顶部往下第3～4片叶，将其放在饱和光强下进行诱导，然后使用美国CID公司生产的CI-310 POS便携式光合系统对叶片气体交换系数进行直接测定。测定时间为上午9：00～11：00，室内温度为25℃(Eclan and Pezeshki，2002)。每次测定设置CO_2浓度为400 μmol·L^{-1}，光合有效辐射(*PAR*)为1 000 μmol photons·m^{-2}·s^{-1}。测定的参数包括净光合速率(*Pn*)、气孔导度(*Gs*)、胞间 CO_2 浓度(*Ci*)、蒸腾速率(*Tr*)、气温(*Ta*)、叶温(*Tl*)、空气相对湿度(*RH*)。利用测得的参数值计算以下指标：水分利用效率(*WUE*)(*WUE=Pn/Tr*)(Cui et al.，2009)、表观光能利用效率(*LUE*)(*LUE=Pn/PAR*)(高照全等，2010)、表观CO_2利用效率(*CUE*)(*CUE=Pn/Ci*)(Silva et al.，2013)。

2)光合色素含量测定

选取用于测定池杉光合参数的叶片，采用浸提法提取叶片的叶绿素，用日本岛津UV-5220型分光光度计测定叶绿素a、叶绿素b和类胡萝卜素的吸光值A_{663}、A_{645}和A_{470}，并计算其含量。总叶绿素含量=叶绿素a含量＋叶绿素b含量(郝建军等，2007；Jankju et al.，2013)。

3)根系苹果酸、莽草酸含量测定

参考高智席等(2005)的方法，采用离子抑制-反相高效液相色谱进行苹果酸、莽草酸含量的测定。具体方法同第2章。

4)根系生物量测定

将每株池杉的根系小心挖出，先用自来水缓慢冲净泥土，然后将根系分为主、侧根两部分后分别装入信封，并放入80℃烘箱中烘干至恒重后称重。根部生物量(DW)(g·$plant^{-1}$)=主根生物量＋侧根生物量。

4. 统计分析

本研究数据分析均用SPSS软件进行，根据测定的生长生理指标，将水分处理作为独立因素，采用单因素方差分析揭示水分变化对苗木生长生理特征的影响(GLM 程序)。用Duncan 检验法进行多重比较，并检验每个生理指标在各处理间的差异显著性(杜荣骞，2003)，显著性水平设为α=0.05。

3.1.3　夏季水淹对池杉幼苗光合生理的影响

1. 气体交换参数的变化

经方差分析发现，不同水分处理对池杉幼苗净光合速率(*Pn*)、蒸腾速率(*Tr*)和气孔导度(*Gs*)产生了极其显著的影响(表 3-1)。池杉幼苗 CK 组的 *Pn* 值随处理时间的延长逐渐增加，而 SW 和 BS 组则随处理时间的延长逐渐缓慢下降，LD 组与前 3 组的变化不同，整体上呈先下降后逐渐回升的变化趋势。在整个处理期，SW 组的 *Pn* 值显著高于 CK 组。BS 组的 *Pn* 平均值与 CK 和 SW 组均无显著性差异。与前 3 组相反，LD 组的 *Pn* 平均值极显著小于其他 3 组的平均值，这表明池杉幼苗能够积极应对渍水和水淹环境。池杉幼苗各处理组的 *Tr*、*Gs* 值变化规律相似。SW 与 BS 组的 *Tr*、*Gs* 平均值均极显著大于 CK 组，而 LD 组的 *Tr*、*Gs* 平均值与 CK 组差异不显著。4 组中以 SW 组的 *Tr*、*Gs* 平均值为最大。在整个处理期，SW 和 BS 组的 *Tr* 和 *Gs* 值均随处理时间的延长而逐渐降低，但 LD 组先下降后略有回升，与前 3 组不同，CK 组表现为先上升后下降的趋势(图 3-1)。

表 3-1　不同水分处理对池杉幼苗光合特征影响的方差分析

特征	*F* 值
Pn	39.115***
Tr	61.621***
Gs	71.170***
WUE	18.425***
LUE	38.309***
CUE	38.565***

注：***表示 $p<0.001$。

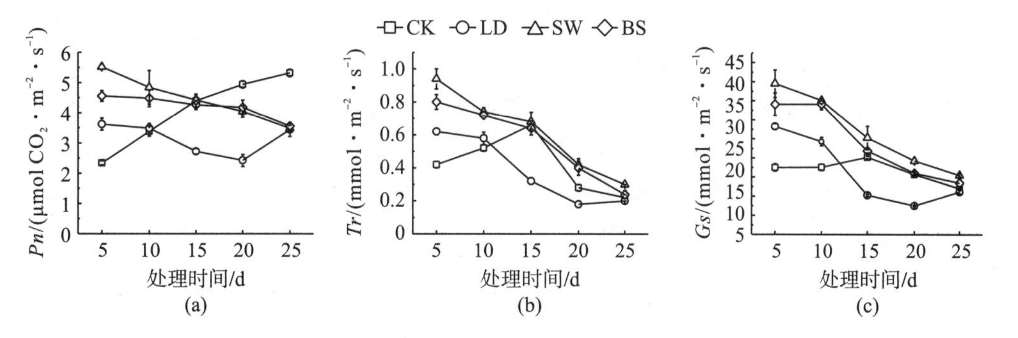

图 3-1　池杉幼苗在不同水分条件下其净光合速率(*Pn*)、蒸腾速率(*Tr*)和气孔导度(*Gs*)的变化

2. 资源利用效率的变化

池杉幼苗资源利用效率受到土壤水分梯度的极显著影响(表 3-2)。池杉幼苗 CK、LD、SW 和 BS 组的水分利用效率(*WUE*)均随处理时间的延长而持续增加，其中，CK 组增量最大，SW 组增量最小，而 LD 和 BS 组的 *WUE* 增量介于前两组之间。经方差分析发现，SW 和 BS 组在整个处理期的 *WUE* 平均值差异不显著，但却显著低于 LD、CK 组(图 3-2)。

池杉幼苗 SW 和 BS 组的表观光能利用效率(*LUE*)、表观 CO_2 利用效率(*CUE*)在整个

表 3-2 不同水分处理对池杉幼苗光合色素含量影响的方差分析

特征	*F* 值
Chls (FW)	12.40***
Chls (DW)	32.08***
Car (FW)	11.79***
Car (DW)	44.49***
Chl a/Chl b	4.06*
Chls/Car	8.38***

注：***表示 $p<0.001$；*表示 $p<0.05$。

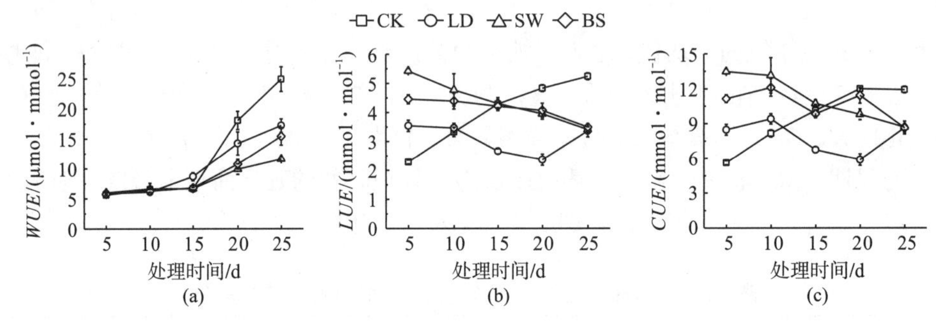

图 3-2 池杉幼苗在不同水分条件下其水分利用效率(*WUE*)、表观光能利用效率(*LUE*)和表观 CO_2 利用效率(*CUE*)的变化

处理期的平均值差异不显著，且均高于 CK 与 LD 组，这说明池杉幼苗在渍水及水淹环境中具有较高的光、CO_2 利用效率，而在干旱环境中池杉幼苗对二者的利用效率则会降低。

3. 光合色素的变化

不同水分处理对池杉幼苗的光合色素含量产生了显著影响(表 3-2)。在整个处理期，BS 组总叶绿素(*Chls*)含量(DW)持续下降，与 CK、SW 组持续上升形成鲜明对比，与前 3 组的变化不同，LD 组则呈先上升后下降的趋势。叶绿素 a(*Chl a*)/叶绿素 b(*Chl b*)、总叶绿素/类胡萝卜素(*Car*)在 4 个处理组的变化趋势大致相同(图 3-3)。BS 组的 *Chls*、*Car* 平均值均最低，与 CK、LD 和 SW 组的差异均达到了极显著性水平。相反，SW 组的 *Chls*、*Car* 平均值最高，而 LD 组 *Chls*(DW)、*Car*(DW)平均值则大于 BS 组而小于 CK 组。

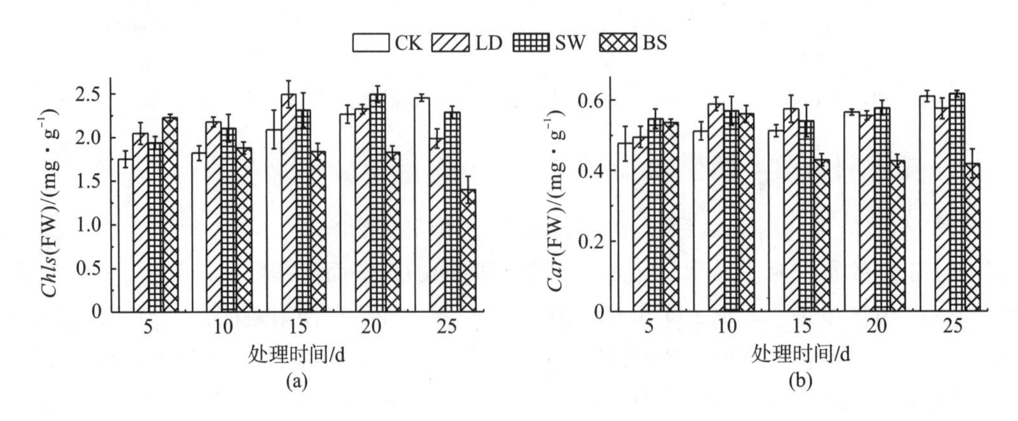

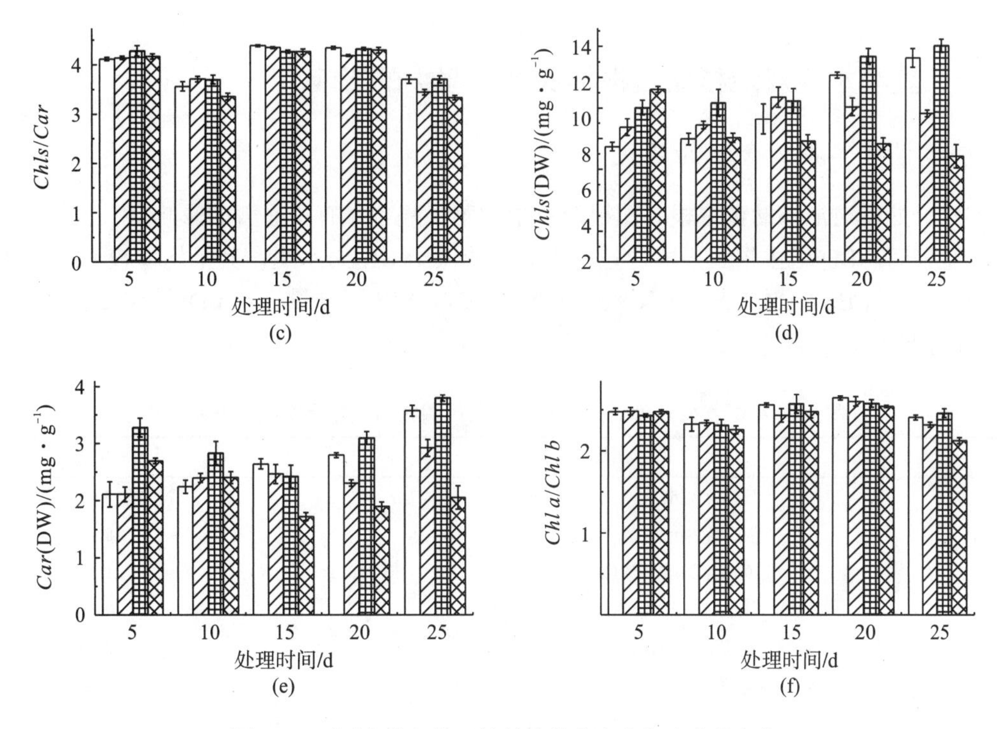

图 3-3　不同水分条件下池杉幼苗的光合色素含量变化

4. 相关性分析

相关性分析发现，池杉幼苗 *Pn* 值与 *Tr*、*Gs*、*LUE*、*CUE*、*Chls*(DW)和 *Car*(DW)值均有显著或极显著正相关关系，说明这几个因子对池杉幼苗净光合速率有显著影响。池杉幼苗 *Tr* 值与 *Gs* 值呈极显著正相关关系，而与 *WUE* 值则呈极显著负相关关系(表 3-3)。

表 3-3　池杉幼苗净光合速率与其他指标相关性分析

	Pn	*Tr*	*Gs*	*WUE*	*LUE*	*CUE*	*Chls*(DW)	*Car*(DW)	*Chl a*/*Chl b*	*Chls*/*Car*
Tr	0.43**									
Gs	0.52**	0.91**								
WUE	0.16	−0.75**	−0.59**							
LUE	1.00**	0.43**	0.52**	0.16						
CUE	0.96**	0.46**	0.56**	0.08	0.96**					
Chls(DW)	0.23*	−0.20*	−0.12	0.33**	0.23*	0.18				
Car(DW)	0.28**	−0.08	0.05	0.31**	0.28**	0.23*	0.75**			
Chl a/*Chl b*	−0.01	−0.06	−0.15	0.02	−0.02	−0.05	0.28**	0.07		
Chls/*Car*	0.03	0.19	0.01	−0.22*	0.02	−0.04	0.18	−0.10	0.71**	
RHi	0.06	−0.22*	−0.03	0.39**	0.07	0.06	0.08	0.37**	−0.51**	−0.78**
Ci	0.05	−0.13	−0.20	0.24*	0.05	−0.21*	0.13	0.09	0.15	0.23*

注：**表示在 α=0.01 水平下相关性达到极显著(两尾检验)；*表示在 α=0.05 水平下相关性达到显著(两尾检验)。

3.1.4 夏季水淹对池杉幼苗根部次生代谢物的影响

1. 根系苹果酸含量的变化

水分处理对池杉幼苗主根、侧根及总根的苹果酸含量有极显著的影响(表 3-4)。在整个实验期间，LD 组主根苹果酸含量一直处于或低于 CK 组水平，其平均值较 CK 组降低了 39.5%；而 BS 组平均值较 CK 组增大了 34.2%，SW 组含量介于 LD 和 BS 组之间，与 CK 组差异不显著。

表 3-4 不同水分处理对池杉幼苗根系代谢物与生物量影响的方差分析

特征	F 值
主根苹果酸含量(DW)/(mg・g^{-1})	3.07*
侧根苹果酸含量(DW)/(mg・g^{-1})	18.17***
总根苹果酸含量(DW)/(mg・g^{-1})	21.56***
主根莽草酸含量(DW)/(mg・g^{-1})	0.41^{ns}
侧根莽草酸含量(DW)/(mg・g^{-1})	28.89***
总根莽草酸含量(DW)/(mg・g^{-1})	6.02**
主根生物量(DW)/(g・plant^{-1})	2.12^{ns}
侧根生物量(DW)/(g・plant^{-1})	7.06***
总根生物量(DW)/(g・plant^{-1})	8.18***

注：***表示 $p<0.001$；**表示 $p<0.01$；*表示 $p<0.05$；ns 表示 $p>0.05$。

与主根变化不同，在整个处理期内，LD 组侧根苹果酸含量一直处于或高于 CK 组水平，但其平均值与 CK 组差异不显著；然而，BS 组侧根苹果酸含量则始终显著高于 CK 组。SW、BS 组苹果酸平均含量均显著高于 CK、LD 组。

在整个处理期内，总根苹果酸平均含量为 BS 组最高，其次为 SW 组，这两组均极显著地高于 CK、LD 组，而 LD 与 CK 组之间差异不显著(表 3-5)。

表 3-5 不同水分条件下池杉幼苗根系苹果酸含量的变化

处理组	主根苹果酸含量(DW)/(mg・g^{-1})	侧根苹果酸含量(DW)/(mg・g^{-1})	总根苹果酸含量(DW)/(mg・g^{-1})
CK	3.00±0.23ab	4.35±0.34b	3.50±0.25c
LD	1.81±0.19b	6.15±0.56b	4.11±0.34c
SW	2.91±0.32ab	11.59±1.53a	6.22±0.58b
BS	4.02±0.93a	14.10±1.35a	8.85±0.76a

注：表中每个数据为每个处理测定的 25 个样本的平均值±标准误。经 Duncan 检验多重比较，不同字母表示不同处理组之间的差异显著(p=0.05)。下同。

2. 根系莽草酸含量的变化

水分处理对池杉幼苗侧根、总根莽草酸含量有极显著的影响(表 3-4)。随着实验时间的延长，池杉幼苗 LD、SW 和 BS 组主根莽草酸含量均呈先上升后下降的趋势，而 CK 组则呈先下降后上升的趋势，但各处理组的主根莽草酸含量平均值间均没有显著性差异(表 3-6)。

与主根不同，BS 组侧根莽草酸在处理期的平均含量始终处于或高于 CK 组水平，与 LD 组始终处于或低于 CK 组水平形成鲜明对比。BS 组侧根莽草酸平均含量较 CK 组显著增高了 110%，与 LD 组较 CK 组显著降低了 50%形成鲜明对比。SW 组则处于 LD 与 BS 组之间，其平均值也较 CK 组显著增高 40%。

总根莽草酸含量在 SW 和 BS 组的平均值较 CK 组略有增高，但无显著性差异；然而，LD 组则较 CK 组显著降低(表 3-6)。

表 3-6 池杉幼苗在不同水分条件下其根系莽草酸含量的变化

处理组	主根莽草酸含量(DW)/ ($mg \cdot g^{-1}$)	侧根莽草酸含量(DW)/ ($mg \cdot g^{-1}$)	总根莽草酸含量(DW)/ ($mg \cdot g^{-1}$)
CK	10.45±0.83a	3.59±0.31c	7.26±0.74a
LD	10.41±0.93a	1.93±0.23d	5.09±0.31b
SW	11.37±1.24a	4.90±0.53b	8.40±0.99a
BS	11.62±0.80a	7.60±0.61a	9.14±0.68a

3. 根系生物量的变化

池杉幼苗主根、侧根及总根的生物量受不同水分处理影响的程度各不相同(表 3-4，表 3-7)。各处理组主根生物量间无显著性差异，而侧根生物量间差异显著，呈 BS 组>SW 组>CK 组>LD 组。SW 组主根和总根的生物量与 CK 组无显著性差异，但却分别显著低于 LD 和 BS 组各对应部分。LD 组总根生物量与其余 3 个处理组差异显著。

表 3-7 不同水分处理下的根系生物量

处理组	主根生物量/$g \cdot plant^{-1}$	侧根生物量/$g \cdot plant^{-1}$	总根生物量/$g \cdot plant^{-1}$
CK	0.024±0.001ab	0.024±0.001bc	0.048±0.002bc
LD	0.028±0.001a	0.042±0.001a	0.070±0.002a
SW	0.017±0.001b	0.018±0.001c	0.035±0.002c
BS	0.026±0.001a	0.031±0.001ab	0.057±0.002ab

3.1.5 讨论

1. 夏季水淹对池杉幼苗光合生理的影响

1) 叶绿素的变化

叶绿素含量与植物叶片光合作用有密切关系，也与水淹胁迫下植物组织的受损程度和衰老状况有关(Cutraro and Goldstein，2005)。类胡萝卜素具有吸收和传递电子的能力，同时能够清除过多的自由基，保护叶绿素免受破坏(Tracewell et al.，2001)。在本研究中，池杉幼苗 BS 组在整个处理期的叶绿素含量平均值(DW)较 CK 组降低 16.20%，而 SW 组较 CK 组增高 16.12%；同样地，BS 组的类胡萝卜素含量平均值(DW)较 CK 组降低了 19.14%，而 SW 组较 CK 组增高了 15.14%。以上结果充分说明水淹环境抑制了池杉幼苗光合色素的合成，而饱和水环境则对光合色素的合成有促进作用。虽然水淹处理抑制了光合色素的合成，但净光合速率并未因此而随之下降。据此推断，在水淹与饱和水环境下池杉幼苗有足够的光合色素参与光能合成作用，这与池杉幼苗的光合色素分配比例密切相关。池杉幼苗在整个处理期其叶绿素 a/叶绿素 b 一直小于 3∶1，这与其叶绿素/类胡萝卜素大于 3∶1 截然相反，这可能是其光合色素含量的重要特征之一。一般来说，以上两个比值在正常叶子中均约为 3∶1(潘瑞炽等，2004)。总叶绿素/类胡萝卜素大于 3∶1 可以使叶绿素在光合色素中的占比增大，使植物光合能力增强，同时也可以确保植物有足够的反应中心色素。叶绿素 a/叶绿素 b 小于 3∶1 可保证植物有充足的聚光色素参与光能合成，使叶绿素 a 与叶绿素 b 的分配更加合理高效，这有利于植物向最优化的光合作用方向发展(Ronzhina et al.，2004)。

2)光合生理的变化

净光合速率是用于表征植物在不同水分条件下其光合生理生态响应能力的一个极为重要的核心因子。BS 组的净光合速率平均值与 CK 组没有显著性差异，表明池杉幼苗在水淹胁迫下仍具有很强的光合正向响应能力，这与其在轻度干旱下的光合负向响应能力形成强烈对比。SW 组净光合速率平均值最大且极显著高于 CK 组，说明池杉幼苗在饱和水环境下的光合正向响应能力最强。当然，光合正向响应能力不能仅仅通过净光合速率大小来判断，逆境下的消耗也会对光能合成能力产生影响。

池杉幼苗的光合气体交换参数和资源利用效率与净光合速率有密切关系。在 SW 与 BS 组，池杉幼苗的气孔导度、蒸腾速率显著高于 CK 组，这将有助于其增大气体交换的时间、面积以及交换总量，保持净光合速率的稳定。池杉幼苗的净光合速率在轻度干旱下显著降低，但其蒸腾速率、气孔导度未受影响，表明池杉幼苗在轻度干旱环境下仍然能维持正常水平的蒸腾速率及气孔导度，这将有助于其潜在的光合能力的发挥。以上结果表明池杉幼苗耐水淹、耐渍水的能力很强，还对轻度干旱有一定的耐受性。

在三峡库区消落带环境条件下，当环境中的水分过多时(如 SW、BS 组)，池杉幼苗将增大叶片的气孔开度，加大蒸腾速率，提升生理活性，从而提高水分利用效率，维持或提升表观光能利用效率及表观 CO_2 利用效率，使光合产物的合成增加，以此满足提高呼吸速率的需要，进而缓解根部缺氧及过多水分产生的不利影响，最终维持正常水平的净光合速率。当土壤环境中水分较少时(如 LD 组)，池杉幼苗将保持正常水平的蒸腾速率与气孔导度，努力维持其正常的生理活性，通过增大水分利用效率来克服水分供应不足，并同时适度减小表观光能利用效率及表观 CO_2 利用效率，消耗大量的光合产物来抵消缺水产生的不利影响，最终使其净光合速率降低。

本研究中，池杉幼苗整体的净光合速率与水分利用效率间无显著相关性，但二者在 CK 组则呈极显著正相关关系。因此，要从每个处理组的具体情况来分析相关性。三峡库区消落带水位波动变化对适生树种池杉的光合生理特征产生了显著影响。本研究证实，池杉幼苗对土壤水分变化具有很强的光合响应能力，在适应水分逆境条件方面具有较高可塑性。在三峡库区消落带防护林体系构建中，池杉适宜被栽植于土壤水分饱和或渍水的环境中；土壤缺水时应注意浇水抗旱，使池杉维持正常水平的净光合速率。

2. 夏季水淹对池杉幼苗根部次生代谢物的影响

池杉是耐湿性很强的杉科落羽杉属植物，能长期在水中进行正常生长。已有研究表明，菘蓝的根在水淹胁迫下通过积累苹果酸来适应水淹环境(陈暄等，2009)。本研究发现，池杉幼苗 SW 和 BS 组总根苹果酸含量均较 CK 组显著增高，这可能与其显著增加的侧根苹果酸含量有关。这表明池杉幼苗可通过显著增加侧根苹果酸含量，从而提升总根苹果酸含量来适应根部水淹环境。有些耐水淹植物，如桦木属(*Betula* L.)植物、蚊母草(*Veronica peregrina* L.)等，体内的磷酸烯醇式丙酮酸(PEP)能羧化形成草酰乙酸后还原成苹果酸，由于植物体内的苹果酸脱氢酶缺乏或其活性受水涝的影响而被抑制，导致苹果酸不能转化为丙酮酸与乙醇，从而在根细胞的液泡中积累或通过维管束被运至地上部分进行正常有氧代谢；当土壤中过多的水分被排出后，积累于根细胞液泡中的苹果酸又可被再次利用，以保证植物对能量及碳源的利用(刘友良，1992)。池杉幼苗 LD 组主根、侧根和总根苹果酸含量总均值均与 CK 组无显著性差异，说明池杉幼苗能通过调控苹果酸代谢来积极响应轻度干旱胁迫。这表明池杉幼苗能够耐受一定程度的干旱胁迫，该结果与前人研究发现的池杉幼苗会从光合生理方面表现出耐旱特征的结论完全一致(李昌晓等，2005)。

SW 和 BS 组主根的莽草酸含量变化与苹果酸含量变化类似，也与 CK 组无显著性差异。由于这两组的侧根莽草酸含量显著高于 CK 组，致使它们总根的莽草酸含量也略高于 CK 组。这表明池杉幼苗在根部淹水环境中能够显著增加侧根的莽草酸含量，以此来适应胁迫环境。许多根茎湿生植物通过糖酵解产生的 PEP 能与 4-P-赤藓糖缩合为莽草酸，这些莽草酸被储存在液泡中，用于氨基酸与木质素的合成(刘友良，1992)。在 LD 组，侧根的莽草酸含量较 CK 组显著降低，说明侧根莽草酸的合成在轻度干旱胁迫下受到了显著抑制，并致使总根的莽草酸含量也相应减少。研究者对鸢尾的根在夏季土壤干旱条件下其莽草酸含量变化的研究也发现了类似的结果(钟章成，1988)。已有研究发现，欧洲赤松(*Pinus densiflora* Sieb.et Zucc.)幼苗(苗期 12 天)其抗性植株在感染镰刀菌 72 h 后的莽草酸含量较敏感植株升高了 510%(Shein et al.，2003)。苋属(*Amaranthus* L.)植物及益母草(*Leonurus japonicus* Houttuyn)也可通过莽草酸、酚类化合物含量的增加来应对矿质元素缺乏引起的胁迫(Rakhmankulova et al.，2003)。

由于 SW 和 BS 组池杉幼苗根部缺氧导致其有氧呼吸受到限制，三羧酸循环受阻，但糖酵解和戊糖磷酸途径却得到加强，否则池杉幼苗将因呼吸困难而降低生物量积累。但本研究却发现，SW 和 BS 组池杉根系生物量与 CK 组水平相当。据此可以推测，池杉幼苗 SW 和 BS 组根部糖酵解加强，产生了大量丙酮酸，经戊糖磷酸途径形成的 NADPH 羧化还原为苹果酸，从而抑制了乙醇的产生；根部糖酵解还会形成 PEP，其与戊糖磷酸途径形成的赤藓糖-4-磷酸生成了莽草酸，防止了乙醇的积累。本研究发现，苹果酸、莽草酸次生代谢途径均在池杉幼苗适应耐淹耐涝代谢中发挥了重要作用，这也可能是该树种耐水淹能力较强的重要原因之一。一般而言，池杉幼苗在根部缺氧时其糖酵解与三羧酸循环中产生的 NADH 及电子不能通过呼吸链传递给 O_2，糖酵解的末端产物——乙醛发生积累，其能诱导乙醇脱氢酶(ADH)的合成，使 ADH 与乳酸脱氢酶的活性增加，进而将丙酮酸还原为乳酸、将乙醛还原为乙醇，最终产生许多乙醇、乳酸及乙醛，对植物产生毒害(潘瑞炽等，2004）。池杉幼苗会在根部将糖酵解的中间产物转变为苹果酸、莽草酸等无毒的物质，从而有效避免或缓解淹涝胁迫伤害（Visser et al.，2003）。与此同时，其产生的莽草酸可作为前体供植物进一步合成木质素、苯甲酸等酚类化合物；而苹果酸则可以进一步参与植物的营养吸收、氮同化及脂肪酸氧化等多种生理过程（Tesfaye et al.，2001）。

在整个处理期间，CK 组主根、侧根苹果酸含量总均值相互间均无显著性差异，但 LD、SW 与 BS 组的侧根苹果酸含量总均值却较同组主根显著增高，这表明池杉幼苗的侧根在根部苹果酸适应性代谢中起着决定性作用。同样，池杉幼苗 LD、SW 与 BS 组主根的莽草酸含量总均值均保持在与 CK 组相同的水平，且各处理组间差异不显著；然而，侧根莽草酸含量间则有显著改变，这种变化使各处理组总根的莽草酸含量有显著性差异，这表明在与莽草酸有关的水分逆境适应性代谢中池杉幼苗的侧根仍然发挥着主导地位。已有的研究也发现，三叶草（*Trifolium*）侧根的形成能够增强其耐水湿能力（Gibberd et al.，2001）。有研究表明，玉米根部在水淹胁迫下会重新调整其主根和不定根的生理功能，表现为其将主根的主要生理功能转由不定根来完成，例如，不定根通过增强纤维素酶与木聚糖酶的活性来形成通气组织，以及通过不定根对植物进行氧气供应等（Bragina et al.，2004）。因此，在进行造林实践时，应当特别注意对池杉幼苗侧根的保护。

池杉在潮湿和水淹环境下其侧根苹果酸和莽草酸含量短时间内就成倍显著地增加，这预示着某种应急反应机制可能存在于池杉幼苗的根部，一旦根部处于潮湿或者水淹环境，池杉将会加强苹果酸与莽草酸的合成，同时抑制分解转化苹果酸与莽草酸的酶的活性。这与前人对东北山樱桃（*P. serrulata* G. Don）的研究结论一致（陈强等，2008）。由此可知，池杉幼苗根部可通过复杂的代谢机制和积极的应对措施来适应土壤水淹环境。

大量已有的研究发现，耐水淹树种在根部淹水环境中其根系的孔隙度将因通气组织的形成与发展而增大，这可能会导致生物量积累受到影响（Eclan and Pezeshki，2002；汪贵斌等，2012），然而有些耐水湿树木的通气组织并不明显，因此对于这些树木，依靠根部代谢调整适应淹涝胁迫就显得十分重要（Simone et al.，2003）。与 CK 组相比，池杉幼苗 SW 和 BS 组水淹处理并没有显著影响主根、侧根和总根的生物量积累，说明池杉幼苗根部通过代谢调整适应逆境胁迫是其主要的耐涝机制之一。与 CK 组相比，LD 组的干旱对侧根、总根生物量的积累反而有显著的促进作用。这表明池杉幼苗是通过显著促进侧根的生长来为轻度干旱胁迫下水分亏缺的植株提供更多的水分，这也更加表明池杉幼苗不仅对水湿环境具有较强的耐受性，而且还对干旱环境具有较强的耐受性。池杉幼苗 LD 与 BS 组的根系生物量均较 SW 组显著增高，说明池杉幼苗的根系更适宜在土壤水淹或轻度干旱条件下生长。池杉幼苗总根生物量与莽草酸含量呈极显著负相关关系，这表明根部合成的莽草酸并没有促进根部生物量的积累；而总根的生物量与苹果酸含量无显著相关性，其具体原因尚需继续深入研究。

综上所述，三峡库区消落带水位变化将显著影响适生树种池杉的多项光合生理特征。池杉幼苗主要通过维持主根正常水平的苹果酸和莽草酸含量、显著提升侧根苹果酸和莽草酸含量、保持根系正常生长等措施来应对其所处的水淹或饱和水环境；同时，它还通过保持根系苹果酸含量、显著降低侧根莽草酸含量使总根莽草酸含量也降低、显著增强侧根生长使总根生物量增加来应对轻度干旱环境。结合池杉幼苗对土壤水分变化具有很强的光合响应能力，且在适应水淹逆境条件方面具有较高的可塑性，可发现其不仅具有耐水湿的特点，还具有一定程度的耐旱性。由此可见，池杉幼苗可应用于三峡库区消落带人工植被构建中，其可被栽植于土壤饱和水或渍水环境中，但土壤干旱时应注意浇水，以维持其正常的光合水平。

3.2　周期性水淹对池杉生长及光合生理的影响

3.2.1　引言

消落带植物若要在长时间周期性深度水淹环境中持续生存，不仅需要极强的耐水淹性，还要求其叶片的光合作用在退水后能够快速恢复，以便制造与储存充分的碳水化合物，这样植物才能够抵御下一次水淹胁迫的影响，在消落带长期生存(裴顺祥等，2014)。因此，研究库区消落带适生植物在水淹后落干期的生长及光合生理生态适应机制是进行消落带植被恢复的重要基础，也是解决库区消落带生态环境问题的前提(揭胜麟等，2012)。

池杉是一种耐涝渍和耐土壤瘠薄且生长快、适应性强的杉科落羽杉属落叶乔木。我国于20 世纪初进行了引种。研究表明，池杉对水淹胁迫具有较强的耐受性，是三峡库区消落带的适生乔木树种(李昌晓和钟章成，2005b；任庆水等，2016)。将池杉在消落带原位栽植后发现，池杉经历 4 年周期性水淹后，在退水后 15～20 天，均能快速返青，具有长期的绿化效果，也表现出对消落带环境具有良好的适应性。目前针对池杉的研究大部分集中在其形态、光合生理(李川等，2011)及代谢过程(李昌晓等，2008)等对水淹胁迫的响应与适应方面，尽管已有针对池杉在消落带原位退水后的光合生理研究(Wang et al.，2016)，但该研究仅反映了其光合生理在落干期的瞬时响应，却未对其利用的不同光照强度及 CO_2 浓度的情况进行测定，目前应用光响应模型与 CO_2 响应模型来拟合其生长适应性特征的研究也尚未见报道。因此，本节以三峡库区消落带原位种植 4 年后的池杉为研究对象，通过测定池杉在周期性水淹后落干期的生长指标值，探索池杉在消落带原位的生长适应机制；同时，测定池杉在两个生长季的光合响应过程——光/CO_2 响应曲线，分别采用直角双曲线模型、非直角双曲线模型及直角双曲线修正模型 3 个模型将池杉的响应曲线拟合后比较各模型拟合结果，并选出最优模型，通过最优模型来分析水淹后落干期池杉的光合生理变化，探究池杉在消落带特殊生长环境下的适应机制，以期为三峡库区消落带人工植被构建和管理提供理论指导。

3.2.2　材料和方法

1. 研究材料和地点

本实验的研究材料为 2012 年 3 月种植于重庆市忠县石宝镇共和村汝溪河消落带上部海拔 165～175 m 的两年生池杉幼树及落羽杉幼苗，栽植时的苗木规格和方式见第 18 页，实验开始时 2 个树种均长势良好。

2. 研究方法

分别于 2016 年 7 月中旬至 8 月初及 2017 年 7 月中旬至 8 月初在三峡库区汝溪河消落带实验基地进行数据实地测定，样带划分及树木取样方法同第 2 章。

3. 测定方法

1）土壤氧化还原电位测定

采用江苏江分电分析仪器有限公司生产的 DW-1 型土壤氧化还原电位计对已测光合参数苗木周边的土壤进行土壤氧化还原电位（Eh）测定。探头深入土层下 10 cm 处几分钟，读数稳定后记录数值。通常通气良好、含氧量高的土壤的 Eh 为 400～700 mV；水淹后 Eh 从 400mV 下降到 72 mV；土壤氧气匮乏时 Eh 小于 350 mV。

2）生长测定

株高、胸径（1.3 m 处）及冠幅的测定方法参考第 2 章。

3）光合参数测定

分别于 2016 年 7 月中旬至 8 月初及 2017 年 7 月中旬至 8 月初，选择晴天上午 9∶30～12∶00 对消落带栽植区域的池杉苗木进行原位测量。使用 LI-6400 便携式光合系统进行测定，测定的指标主要包括净光合速率（*Pn*）、气孔导度（*Gs*）、胞间 CO_2 浓度（*Ci*）、蒸腾速率（*Tr*）等，利用测得的参数值计算池杉的水分利用效率（*WUE*）（*WUE*=*Pn*/*Tr*）（Yang et al.，2011）、表观光能利用效率（*LUE*）（*LUE*=*Pn* /*PAR*）（高照全等，2010）和表观 CO_2 利用效率（*CUE*）（*CUE*=*Pn*/*Ci*）（Silva et al.，2013）。测定时，仪器的具体参数设定如下：光合有效辐射（*PAR*）为 1200 $\mu mol \cdot m^{-2} \cdot s^{-1}$，$CO_2$ 浓度为（400±5）$\mu mol \cdot mol^{-1}$。叶室温度与相对湿度均是自然环境值。测定结束后立即标定放入叶室的叶片的区域，逐一标注后分别装袋保存，于当次实验结束后带回实验室，并使用 WinRHIZO 根系分析仪扫描进行光合参数测定时叶室中的叶面积，通过换算得出各处理的实际光合参数。

4）光响应曲线测定

于晴天上午 9∶30～12∶00 采用 LI-6400 便携式光合系统进行原位测量，测定时使用 LI-6400-02B 红蓝光源设定光合有效辐射梯度：1800、1600、1400、1200、1000、800、600、400、200、100、50、0 $\mu mol \cdot m^{-2} \cdot s^{-1}$。测定前所有植物的叶均经过自然光的充分诱导，改变光照强度后，将最少稳定时间设定为 120 s。CO_2 浓度设置为（400±5）$\mu mol \cdot mol^{-1}$（仪器自带小钢瓶）。叶室温度与相对湿度均是自然环境值。参考郎莹等（2011）的方法进行实测值的计算。

5）CO_2 响应曲线测定

于晴天上午 9∶30～12∶00 采用 LI-6400 便携式光合系统进行原位测量。CO_2 响应曲线的 CO_2 浓度梯度设置为 400、300、200、100、50、400、600、800、1000、1200、1500、1800、2000 $\mu mol \cdot mol^{-1}$（仪器自带小钢瓶），每个 CO_2 浓度下平衡约 120～200 s 后开始测定。叶室温度与相对湿度均是自然环境值。

6）光合色素含量测定

对用于光合指标测定的叶进行称重并记录，采用浸提法测定其叶绿素 a（*Chl a*）、叶绿素 b（*Chl b*）、类胡萝卜素（*Car*）含量（高俊凤，2006）。吸光值 A_{663}、A_{645} 及 A_{470} 均使用紫外可见光分光光度计(UV-2550，Japan)进行测定，并按公式计算光合色素含量。其中总叶绿素含量=叶绿素 a 含量＋叶绿素 b 含量，每个处理重复 4 次。

4. 统计分析

用 Excel 和 SPSS 软件对光合测定仪 LI-6400 测得的数据进行处理。采用单因素方差分析揭示不同水淹处理和采样时间对池杉生长的影响，采用重复度量方差分析对 2016 年和 2017 年的生长数据进行分析以揭示不同水淹处理和采样时间以及二者交互作用对池杉生长的影响，采用 Duncan 多重比较进行显著性检验，并利用 Origin 软件作图。

采用 3 种光合模型——直角双曲线模型(Baly，1935)、非直角双曲线模型(Farquhar 模型)(Thornley，1976)和直角双曲线修正模型(Ye and Yu，2008)对光合-光响应曲线和 CO_2 响应曲线进行拟合(公式见第 2 章 2.2.2)，得到各项光/CO_2 响应参数，再分别对各项参数在各模型间和各处理组间做方差分析，采用 Duncan 多重比较进行显著性检验。同时，将实测值和模型拟合值用 Origin 软件作图并比较。

3.2.3　周期性水淹胁迫对消落带池杉生长的影响

表 3-8 中的数据显示，不同水淹处理及采样时间显著影响了池杉胸径、冠幅和株高的生长。水淹处理与采样时间的交互作用仅对池杉的冠幅产生了显著影响。

表 3-8　池杉生长的重复度量方差分析结果

变量	F 值		
	水淹处理	采样时间	水淹处理×采样时间
胸径/cm	126.784^{***}	104.817^{***}	3.519^{ns}
冠幅/m^2	47.855^{***}	138.805^{***}	8.134^{**}
株高/m	76.932^{***}	32.373^{*}	1.045^{ns}

注：ns 表示 $p>0.05$；*表示 $p<0.05$；**表示 $p<0.01$；***表示 $p<0.001$。

不同处理组池杉的胸径、株高均表现为 DS 组＜MS 组＜SS 组(图 3-4)，MS、DS 组冠幅显著小于 SS 组。

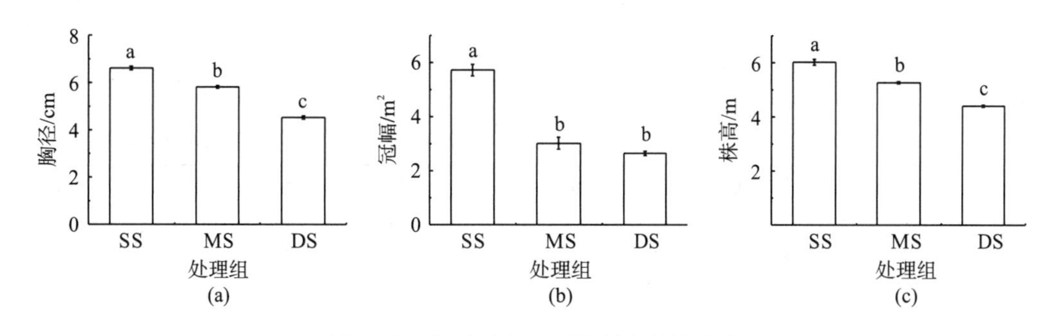

图 3-4　不同水淹处理对池杉生长的影响

注：图中数据为平均值±标准误(n=5)；不同小写字母表示不同处理间差异显著($p<0.05$)。下同。

由表 3-9 可以看出，2016 年池杉胸径、株高均表现为 SS 组最大，MS 组次之，DS 组最小，且各处理组间差异显著，池杉在 MS、DS 组的冠幅较 SS 组显著降低。池杉各处理组 2017 年的胸径、冠幅及株高具有与 2016 年相似的变化趋势。与池杉各处理组 2016 年的生长指标值相比，2017 年各生长指标值均显著升高。

表 3-9 周期性水淹胁迫对池杉生长指标的影响

变量	处理组	2016 年	2017 年
胸径/cm	SS	6.50±0.12Ab	6.72±0.09Aa
	MS	5.75±0.09Bb	5.88±0.07Ba
	DS	4.46±0.10Cb	4.60±0.09Ba
冠幅/m^2	SS	5.38±0.24Ab	6.06±0.30Aa
	MS	2.86±0.32Bb	3.18±0.32Ba
	DS	2.45±0.09Bb	2.83±0.06Ba
株高/m	SS	5.92±0.17Ab	6.12±0.12Aa
	MS	5.21±0.03Bb	5.33±0.06Ba
	DS	4.34±0.05Cb	4.47±0.05Ca

注：表中数据为平均值±标准误(n=5)，大写字母表示同一时间不同处理组间差异显著($p<0.05$)，小写字母表示相同处理组不同时间间差异显著($p<0.05$)。

3.2.4 周期性水淹胁迫对消落带池杉光合生理的影响

1. 土壤氧化还原电位的变化

由表 3-10 可知，池杉在各处理组的土壤氧化还原电位(Eh)在两个生长季之间均没有显著性差异，且均表现为随水淹强度的加大而逐渐减小的趋势。池杉在两个生长季经不同水淹处理后其 Eh 差异达到显著性水平，SS 组的 Eh 始终大于 420.00 mV，说明该处理下的土壤通气状况良好。MS 组的 Eh 介于 360.20～388.60 mV，而 DS 组的 Eh 均小于 350.00 mV，说明该处理下的土壤氧气含量减少。

表 3-10 不同水淹处理组池杉的土壤氧化还原电位值

采样时间	土壤氧化还原电位值/mV		
	SS	MS	DS
2016 年 7 月	420.60±5.51Aa	386.40±5.09Ab	346.40±3.80Ac
2017 年 7 月	444.00±7.40Aa	387.00±2.72Ab	337.60±5.94Ac

注：大写字母表示相同处理组不同时间间差异显著($p<0.05$)，小写字母表示同一时间不同处理组间差异显著($p<0.05$)。

2. 光合响应曲线的变化

1)光合-光响应模型拟合效果比较

池杉不同水淹处理组用不同模型拟合的光响应曲线在两个生长季具有相似的变化趋势(图 3-5)。在弱光[PAR(光合有效辐射)≤200 μmol·m^{-2}·s^{-1}]条件下，3 种模型拟合出的光响应曲线均表现出呈线性增长的变化规律，且各处理组的拟合值和实测值大小相近；随着光照强度的增大，3 个模型间的差异逐渐增大，表现为净光合速率(*Pn*)均随光照强度的增加而增大，之后逐渐趋于稳定。不同模型间的变化幅度有显著性差异。

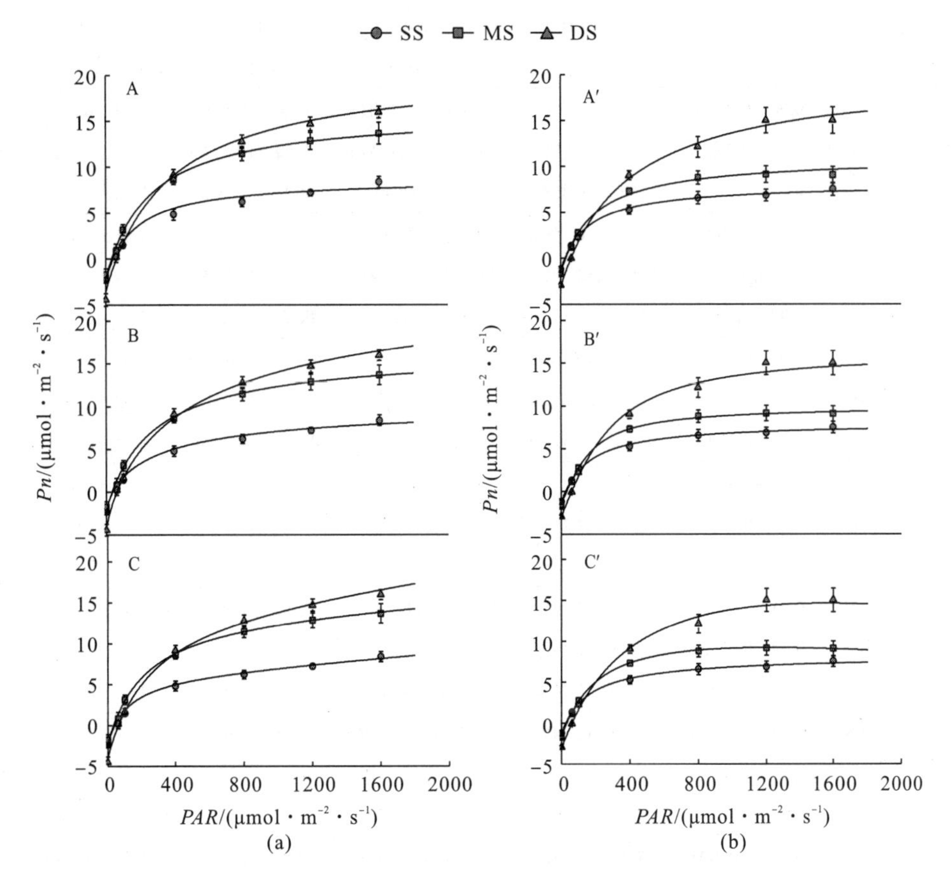

图 3-5　不同光响应模型对池杉光合速率光响应曲线的拟合

注：A——直角双曲线模型(2016 年)；A′——直角双曲线模型(2017 年)；B——非直角双曲线模型(2016 年)；B′——非直角双曲线模型(2017 年)；C——直角双曲线修正模型(2016 年)；C′——直角双曲线修正模型(2017 年)。下同。

2) 光合-光响应模型拟合光合参数比较

对不同模型深入分析(表 3-11)后发现，采用直角双曲线模型及非直角双曲线模型对两个生长季不同水淹处理下池杉的光响应曲线拟合后得出的 α、Pn_{max} 和 *Rd* 值较实测值显著增大，而 *LSP*、*LCP* 值则较实测值显著减小。虽然直角双曲线修正模型在 3 种模型中的拟合精度最高($R^2>0.97$)，可以较准确地预测 Pn_{max} 值，但其修正参数 $\beta<0$ 且 $(\beta+\gamma)/\beta<0$(张达等，2002)，据此计算出的 2016 年的 *LSP* 值极大(表 3-11 中未列出)。而直角双曲线修正模型拟合出的 2017 年的 *LSP* 值和其余 2 种模型的差异显著且与实测值最相近，α、*Rd* 值均较实测值偏大，*LCP* 值较实测值偏小。以上结果表明，直角双曲线修正模型是进行池杉光响应曲线拟合的最优模型，故以此模型为基础来分析池杉的光响应曲线特征。

表 3-11 不同水淹处理组池杉的光响应曲线特征参数值

年份	模型	处理组	α/(μmol·μmol^{-1})	Pn_{max}/(μmol·m^{-2}·s^{-1})	LSP/(μmol·m^{-2}·s^{-1})	LCP/(μmol·m^{-2}·s^{-1})	Rd/(μmol·m^{-2}·s^{-1})	R^2
2016	实测值	SS	≈0.03	≈8.55	≈1600.00	≈59.94	≈0.50	—
		MS	≈0.04	≈15.10	≈1640.00	≈42.30	≈0.60	—
		DS	≈0.04	≈18.14	≈1640.00	≈71.05	≈0.80	—
	Ⅰ	SS	0.06±0.012Aa	11.79±0.49Ca	484.46±74.15Ba	53.87±8.95Aa	2.33±0.41Aa	0.968
		MS	0.07±0.006Aa	18.73±1.99Ba	548.54±66.31ABa	38.50±12.59Aa	2.19±0.53Aa	0.985
		DS	0.07±0.013Aa	25.03±0.85Aa	710.37±48.46Aa	66.58±5.63Aa	3.74±0.58Aa	0.992
	Ⅱ	SS	0.06±0.009Aa	11.70±0.55Ca	482.11±75.63Ba	54.33±9.12Aa	2.31±0.41Aa	0.968
		MS	0.07±0.004Aa	18.63±2.08Ba	545.42±68.50ABa	38.36±12.73Aa	2.14±0.55Aa	0.986
		DS	0.07±0.013Aa	25.03±0.85Aa	710.56±48.48Aa	66.55±5.65Aa	3.74±0.58Aa	0.992
	Ⅲ	SS	0.06±0.013Aa	9.51±0.85BCb	—	53.70±9.16ABa	2.31±0.46ABa	0.968
		MS	0.06±0.007Aa	16.02±2.08Ba	—	37.77±12.75Ba	1.92±0.55Ba	0.983
		DS	0.06±0.010Aa	21.63±0.59Ab	—	83.73±14.90Aa	3.54±0.45Aa	0.992
2017	实测值	SS	≈0.03	≈7.42	≈1480.00	≈23.52	≈-0.60	—
		MS	≈0.03	≈9.63	≈1280.00	≈29.98	≈-1.00	—
		DS	≈0.04	≈15.82	≈1320.00	≈61.21	≈-2.52	—
	Ⅰ	SS	0.05±0.014Aa	10.45±0.44Ba	458.72±59.65ABb	26.46±3.25Ba	1.47±0.18Ba	0.976
		MS	0.09±0.007Aa	12.66±1.39Ba	414.87±27.01Bb	29.07±5.28Ba	2.01±0.31Ba	0.979
		DS	0.07±0.005Aa	22.21±2.84Aa	599.19±54.08Ab	53.12±7.16Aa	3.10±0.47Aa	0.985
	Ⅱ	SS	0.06±0.006Aa	9.90±0.45Ba	438.19±64.23ABb	23.46±2.58Ba	1.31±0.18Ba	0.992
		MS	0.05±0.004Ab	11.34±1.44Ba	373.05±29.14Bb	30.36±5.66Ba	1.49±0.32Ba	0.986
		DS	0.05±0.003Aa	20.83±3.10Aa	564.25±57.82Ab	57.33±8.80Aa	2.80±0.38Aa	0.987
	Ⅲ	SS	0.06±0.010Aa	7.75±0.55Bb	1279.31±53.16Aa	23.86±2.63Ba	1.17±0.24Ba	0.990
		MS	0.06±0.004Ab	9.34±0.94Ba	1294.32±58.93Aa	28.36±5.58Ba	1.60±0.32Ba	0.990
		DS	0.06±0.006Aa	16.53±3.32Aa	1410.04±60.48Aa	57.28±9.42Aa	2.70±0.37Aa	0.989

注：Ⅰ——直角双曲线模型；Ⅱ——非直角双曲线模型；Ⅲ——直角双曲线修正模型；α——表观量子效率；Pn_{max}——最大净光合速率；LSP——光饱和点；LCP——光补偿点；Rd——暗呼吸速率；R^2——决定系数。数据为平均值±标准误，多重比较采用Duncan法(n=4，p<0.05)检验；不同大写字母表示相同模型在不同处理组间有显著性差异，小写字母表示相同处理组在不同模型间有显著性差异。

3) 光合-光响应特征分析

2016年和2017年池杉的光响应曲线在不同处理组间的变化规律均具有一致性(图3-5)，即在相同光照强度下净光合速率均为DS组最高，MS组次之，SS组最低，但池杉光响应曲线在不同生长季、不同处理组的变化差异明显。弱光条件下，净光合速率迅速增高，随着光照强度的增大，MS和DS组叶的净光合速率持续升高，而SS组则较MS、DS组先达到了光饱和状态，之后趋于稳定。在设定的光照强度内，2016年和2017年的池杉均无光抑制现象出现，即在光照强度为1800 μmol·m^{-2}·s^{-1}时净光合速率有小幅度升高趋势，但池杉仍然没有达到光饱和状态(图3-5)，且具有相对较大的Pn_{max}与LSP值(表3-11)。

通过光响应曲线的拟合结果发现(表 3-11)，2016 年和 2017 年的池杉在不同处理组间的差异相似，MS、DS 组的各项光合参数值均较 SS 组有一定程度的增大。2016 年池杉 MS 组的 Pn_{max} 值较 SS 组显著增大了 68.45%，DS 组的 Pn_{max} 值较 MS 组显著增大了 35.02%。池杉 MS 组的 *LCP* 和 *Rd* 值与 DS 组差异显著，而与 SS 组间则没有显著性差异。2017 年池杉 DS 组的 Pn_{max} 值较 SS、MS 组分别显著增大了 113.29%、76.98%。DS 组的 *LCP* 和 *Rd* 值与 SS、MS 组有显著性差异。

4) 光合-CO_2 响应模型拟合效果比较

如图 3-6 所示，用 3 种模型拟合两个生长季不同水淹处理下的池杉 CO_2 响应过程后得出的变化趋势相似。当 *Ci*(胞间 CO_2 浓度)≤200 μmol·mol^{-1} 时，净光合速率(*Pn*)随 CO_2 浓度的增高而增大，CO_2 浓度较低时各拟合值和实测值差异较小，其后，3 种模型间的差异随 CO_2 浓度的增高而逐渐变大。从图 3-6 的 C 和 C′ 中可看出，用直角双曲线修正模型拟合两个生长季池杉 CO_2 响应过程的效果最好。

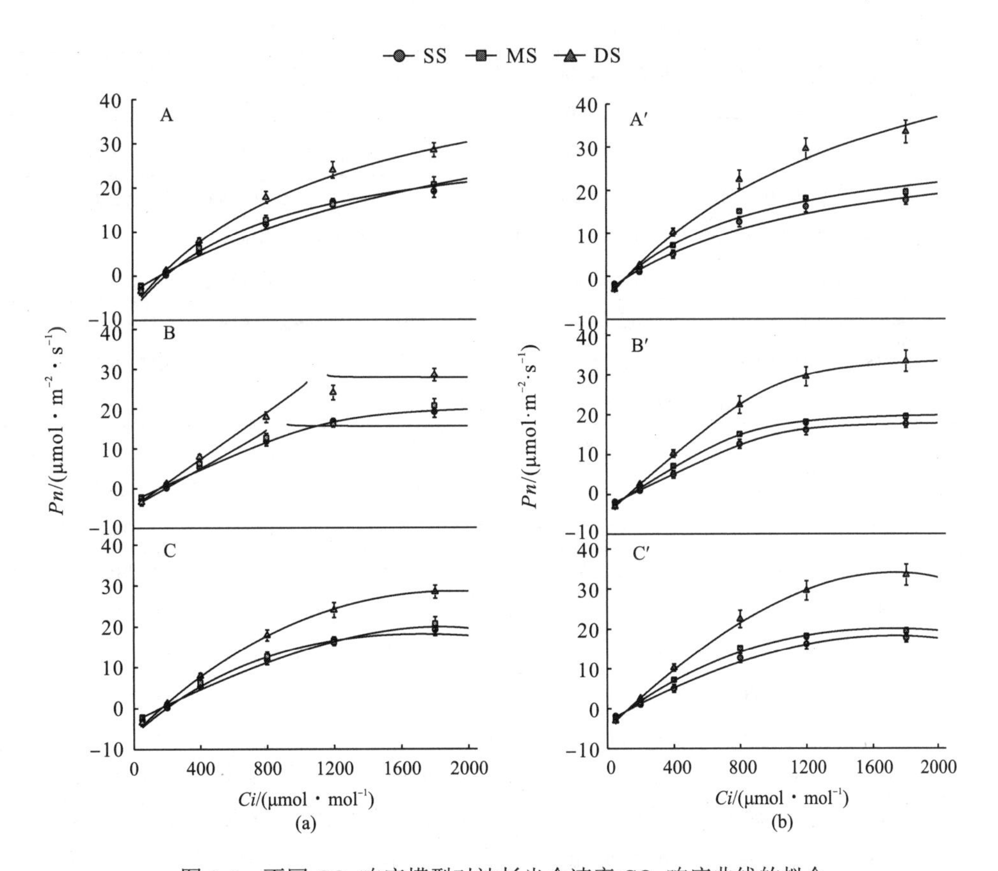

图 3-6　不同 CO_2 响应模型对池杉光合速率 CO_2 响应曲线的拟合

注：A——直角双曲线模型(2016 年)；A′——直角双曲线模型(2017 年)；B——非直角双曲线模型(2016 年)；B′——非直角双曲线模型(2017 年)；C——直角双曲线修正模型(2016 年)；C′——直角双曲线修正模型(2017 年)。

5）光合-CO_2响应模型拟合光合参数比较

由表3-12可知，两个生长季采用直角双曲线模型及非直角双曲线模型拟合的池杉在各处理组的 *CE*（非直角双曲线模型拟合的2016年的值除外）和 Pn_{max} 值较实测值显著偏大，而 *CSP* 值则较实测值显著偏小。各模型拟合得出的 *Rp* 值均较实测值显著偏大。相较其他2种模型，直角双曲线修正模型拟合得出的 R^2 值最大，拟合得出的 Pn_{max} 值最接近实测值，能较好地拟合 *CSP* 值。因此，直角双曲线修正模型为进行两个生长季池杉 CO_2 响应曲线拟合的最优模型，故以此模型为基础来分析池杉的 CO_2 响应曲线特征。

表3-12 不同水淹处理组池杉的 CO_2 响应曲线特征参数值

年份	模型	处理组	*CE*/ (μmol・μmol^{-1})	Pn_{max}/ (μmol・m^{-2}・s^{-1})	*CSP*/ (μmol・mol^{-1})	*CCP*/ (μmol・mol^{-1})	*Rp*/ (μmol・m^{-2}・s^{-1})	R^2
2016	实测值	SS	≈0.02	≈17.83	≈1800.00	≈157.30	≈5.60	—
		MS	≈0.03	≈19.60	≈1775.00	≈141.68	≈3.99	—
		DS	≈0.04	≈28.80	≈1950.00	≈143.79	≈6.00	—
	Ⅰ	SS	0.05±0.006Aa	36.90±4.11Ba	879.17±21.49Ac	177.57±27.75Aa	7.39±1.81Aa	0.966
		MS	0.04±0.005Aa	41.41±2.25Ba	1355.58±221.24Ab	153.42±5.31Aa	4.77±0.53Aa	0.978
		DS	0.06±0.011Aa	58.31±4.09Aa	1243.23±258.11Ab	143.35±11.21Aa	7.04±1.51Aa	0.994
	Ⅱ	SS	0.03±0.006Ab	25.93±4.46Bab	1143.71±29.91Ab	177.10±30.30Aa	5.51±2.05Aa	0.968
		MS	0.02±0.006Aa	27.11±4.26Bb	1313.11±94.57Ab	154.62±6.66Aa	3.69±0.69Aa	0.979
		DS	0.04±0.005Aa	39.31±2.20Aa	1319.45±169.05Ab	146.63±14.46Aa	5.26±1.12Aa	0.999
	Ⅲ	SS	0.03±0.007Cb	18.70±1.23Cb	1757.46±85.02Aa	188.49±29.47Aa	6.18±1.91Aa	0.977
		MS	0.03±0.005Bb	21.02±2.06Bc	1927.31±62.67Aa	158.87±5.74Aa	4.17±0.58Aa	0.984
		DS	0.04±0.007Ab	29.07±1.19Ab	1921.54±48.89Aa	147.43±13.32Aa	5.79±1.25Aa	0.999
2017	实测值	SS	≈0.02	≈15.08	≈2000.00	≈158.43	≈2.04	—
		MS	≈0.03	≈20.14	≈1900.00	≈150.08	≈3.65	—
		DS	≈0.04	≈33.50	≈1880.00	≈131.61	≈4.89	—
	Ⅰ	SS	0.03±0Ba	29.43±2.98Ba	1175.47±224.80Ab	140.19±8.22Aa	3.67±0.31Ba	0.980
		MS	0.05±0Aa	36.71±1.50Ba	800.64±55.36Ac	135.51±7.29Aa	6.06±0.21Aa	0.980
		DS	0.07±0.01Aa	63.44±4.95Aa	1059.15±59.04Ac	127.78±5.35Aa	7.67±0.92Aa	0.989
	Ⅱ	SS	0.02±0Cb	18.39±1.34Cb	1187.46±117.40Ab	148.58±8.04Aa	2.69±0.23Bb	0.987
		MS	0.03±0Bc	24.79±0.69Bb	1044.23±44.27Ab	147.70±9.36Aa	4.08±0.22ABc	0.995
		DS	0.04±0Ab	38.76±1.37Ab	1235.94±50.60Ab	128.41±6.61Aa	5.78±1.21Aa	0.986
	Ⅲ	SS	0.02±0Cab	14.81±1.07Cb	1913.97±40.18Aa	146.87±9.05Aa	3.17±0.25Bab	0.987
		MS	0.04±0Bb	20.09±0.52Bb	1714.00±38.41Ba	144.11±8.64Aa	4.80±0.21Ab	0.992
		DS	0.05±0Ab	33.68±2.57Ab	1819.91±40.79ABa	130.65±6.74Aa	5.90±0.74Aa	0.997

注：Ⅰ——直角双曲线模型；Ⅱ——非直角双曲线模型；Ⅲ——直角双曲线修正模型；*CE*——初始羧化效率；Pn_{max}——最大光合速率；*CSP*——CO_2饱和点；*CCP*——CO_2补偿点；*Rp*——光呼吸速率；R^2——决定系数。数据为平均值±标准误，多重比较采用Duncan法（n=4，p<0.05）检验；不同大写字母表示相同模型在不同处理组间有显著性差异，小写字母表示相同处理组在不同模型间有显著性差异。

6）光合-CO_2 响应特征分析

前期不同水淹处理对池杉净光合速率（*Pn*）的 CO_2 响应过程有较大影响（图 3-6）。池杉 2016 年 CO_2 拟合曲线的变化趋势与 2017 年相似。当 CO_2 浓度较低时，*Pn* 值随 CO_2 浓度的升高而迅速增大，随着 CO_2 浓度的进一步升高，*Pn* 值呈线性快速上升，达到各处理组的 CO_2 饱和点后，*Pn* 值不再增加，保持在一相对稳定水平。

对拟合结果分析后发现（表 3-12），2016 年池杉在不同水淹处理下的 *CE* 值有显著性差异。其变化趋势与 Pn_{max} 值相似，均表现为 SS 组＜MS 组＜DS 组。2017 年池杉 DS 组的 *CE* 值较 SS、MS 组分别显著增大了 95.83%、30.56%。MS 组的 Pn_{max} 值较 SS 组显著上升了 35.65%，DS 组的 Pn_{max} 值较 MS 组显著上升了 67.65%。SS 组的 *CSP* 值与 MS 组有显著性差异。MS、DS 组的 *Rp* 值分别较 SS 组显著增大了 51.42%、86.12%。

3.2.5　讨论

1. 周期性淹没对植物生长的影响

前人研究指出，植物在水淹胁迫解除后的恢复生长状况可被用来判断其水淹耐受性的强弱（Mommer et al.，2006），且能够影响其在消落带的长期存活和扩散（樊大勇等，2015）。本实验中重复度量方差分析结果显示，池杉的胸径、冠幅及株高受到不同水淹处理和采样时间的显著影响。2016 年和 2017 年池杉 MS、DS 组的胸径、株高生长在落干期虽有一定的恢复，但均显著小于 SS 组；MS、DS 组的冠幅也较 SS 组显著降低，说明前期水淹对池杉的生长有显著抑制作用，且随着水淹强度增大，抑制作用也越强。李波等（2015）通过三峡库区消落带原位栽植发现，种植 2 年后池杉的株高、冠幅变化较小，而胸径变化较大，其生长指标随水淹强度的增加而降低。本研究结果与之一致。池杉 3 个处理组的胸径、冠幅及株高在经历 5 个水淹周期（2017 年）后均较经历 4 个水淹周期（2016 年）显著增高，表明前期水淹虽对池杉的生长有影响，但池杉能在落干期进行较快的生长。这可能与植物的“补偿效应”有关（秦洪文等，2014）。此外，膝状呼吸根能够增加地下部分的氧气供给（陈婷等，2007；Tatin-Froux et al.，2014），样地中的池杉也具有十分明显的膝状呼吸根，这可能是其能够耐受多次水淹的原因之一（唐罗忠等，2008）。

以上结果表明，三峡库区消落带周期性水淹胁迫显著影响了适生树种池杉的生长和光合生理，但池杉在落干期能快速恢复生长，并能为下一次的水淹胁迫储备能量。因此，池杉能适应三峡库区消落带这种水淹-落干式特殊水文变化。

2. 周期性水淹对植物光合特性的影响

1）光合-光响应曲线拟合模型比较

植物能够从生理上发生改变来适应复杂多变的环境，其对光能的利用能力关系着自身的环境适应能力，同时也影响着自身的生长发育。植物叶的光合特征参数可通过光响应曲线的拟合而求得，但不同模型拟合所得参数的精确度各不相同，本研究也得出了相同的结果（图 3-5、图 3-6 和表 3-11、表 3-12）。

从拟合所得的参数值来看，Pn_{max}、*LSP* 值均和实测值最接近的模型为直角双曲线修正模型，其不仅可以较好地拟合弱光下的光响应曲线，对光抑制(Ye，2007)及光适应下的光响应曲线也可很好地拟合，这与落羽杉的研究结果一致，也更符合植物的生理学意义。许多研究均发现，直角双曲线修正模型的拟合效果最好(陈志成等，2012；王欢利等，2015)。本研究也得出了相同的结论。

2)光合-CO_2响应曲线拟合模型比较

本实验中，直角双曲线模型及非直角双曲线模型无法对高 CO_2 浓度下的光合作用降低趋势进行拟合，其他方法估算出的 *CSP* 和 Pn_{max} 值与实测值差距较大(叶子飘和高峻，2009；吴芹等，2013；刘林等，2016)。直角双曲线修正模型则可直接求算 Pn_{max} 和 *CSP* 值，且具有较高拟合精确度。目前，已有很多研究采用了该模型且拟合效果较好(叶子飘和高峻，2009；刘林等，2016；吕扬等，2016)，本实验的结果与之相一致。

3)周期性水淹胁迫对池杉光合-光曲线的影响

已有研究表明，Pn_{max} 值可用于描述植物的最大光合潜能(熊彩云等，2012)。本实验表明，池杉 MS、DS 组经历 4～5 个水淹周期后其 Pn_{max} 值均显著大于 SS 组(表 3-12)，这可能是水淹结束后池杉的一种适应机制。在一定的环境条件下，叶的 Rubisco 活性和电子传递速率能够决定 Pn_{max} 值的高低(Watling et al.，2000)。在本研究中，水淹后的池杉 Pn_{max} 与 α 值均增大，这与前期水淹胁迫导致 PSⅡ电子传递速率和叶肉细胞 Rubisco 活性提高是否有关还有待于进一步研究。

α 值能反映植物利用弱光的能力(熊彩云等，2012)。该值越高，叶的光能转化效率也越高。大量研究发现，0.080～0.125 $\mu mol \cdot \mu mol^{-1}$ 是植物 α_{max} 的理论值，但其高于自然条件下的 α 值(叶子飘，2007)。虽然植物的 α 值受到水分胁迫的影响(陈建等，2008)，但其与土壤水分之间的定量关系尚不明确。本研究中，池杉两个生长季不同处理组间的 α 值虽无显著性差异，但均高于 SS 组，这表明水淹后的池杉仍具有较高的光能转化效率。在光饱和时池杉的 *Pn* 与 α 值均呈现出 DS 组最高，MS 组次之，SS 组最低。研究发现，*LSP* 值较高而 *LCP* 值较低，达到光饱和点时植物的 *Pn* 及 α 值较大，表明植物对光能的利用在此条件下最高效，表现为在此条件下植物的生长势和光合生产能力最高(惠竹梅等，2008)。因此，水淹后池杉增大其 *Pn* 和 α 值能够使其对光能的利用更加充分，以此可积累更多的碳水化合物，这是其适应三峡库区消落带周期性水淹-落干环境的原因之一。

衡量植物的需光特性主要用 *LSP* 与 *LCP* 两个指标。*LSP* 值显著下降会减弱植物利用强光的能力，降低植物的光合能力，甚至会使植物产生光抑制。消落带内植物在夏季将进行旺盛的生长，*LSP* 值的高低对植物在消落带内的长期存活和生长将产生直接影响。本实验中，池杉两个生长季各处理组间的 *LSP* 值差异不显著，说明水淹没有影响其利用强光的能力。这是池杉能在消落带极端环境中持续生长的重要原因之一。池杉两个生长季的 *LCP* 值均呈现出 DS 组显著高于 MS 组，说明中度水淹后池杉加强了对弱光的利用，其能在低光照强度下进行正常生长。

已有研究发现，水淹后狗牙根 *Rd* 值升高(裴顺祥等，2014)。在本研究中，池杉两个

生长季的 *Rd* 值均呈现出 DS 组高于 MS 组，说明池杉在落干期对物质及能量的需求增大，以此来维持其正常的生命活动，其在落干期的恢复生长加快，这对其积累更多的碳水化合物以抵御再次水淹是十分有利的。

本研究中，池杉水淹组在经历 4～5 个水淹周期后其落干期的光合速率均高于对照组，且增幅随水淹深度加深而增大。这一现象可以用“中等胁迫理论”进行诠释(常杰和葛滢，2001)，即足够强的胁迫(未超过其耐受限度)可诱导生物体的耐受能力最大化，这可在一定程度上促进其生理功能的进化。

另外，池杉两个生长季 DS 组的光合能力均强于 MS 组，这可能是水淹后植物增加根系的孔隙度所致。植物不定根的形成及根系孔隙度的增加和植物的耐淹性关系密切(王瑗，2011)。在本实验中，退水后样地中的池杉也形成有明显的膝状呼吸根。这也可能是其光合能力在水淹后得以增强的原因之一，表明池杉也可通过改变形态来适应消落带的恶劣环境。

4)周期性水淹胁迫对池杉光合-CO_2 曲线的影响

光合-CO_2 响应是植物重要的生理生化过程之一(吴芹等，2013)。2016 年和 2017 年池杉 Pn_{max} 值均表现为随水淹强度的增大而上升，说明水淹对池杉叶的光合潜力具有刺激和促进作用。

CE 值能够反映在低 CO_2 浓度下植物 Rubisco 酶的羧化能力和利用 CO_2 的效率(叶子飘和高峻，2009)，其大小在一定程度上与叶中 Rubisco 酶活性高低和有活性的酶的数量有关(薛占军，2009)。光合作用中植物利用 CO_2 的能力随羧化效率的提高而增强。研究发现，光合效率与 Rubisco 的活性、含量呈正相关关系(Stitt and Schulze，1994)。2016 年和 2017 年池杉的 *CE* 值表现为 DS 组最大，MS 组次之，SS 组最小，说明池杉对 CO_2 的利用并没有因水淹胁迫而被抑制，反而碳同化能力得到了促进。

CSP 与 *CCP* 值也可反映植物利用 CO_2 的能力。2016 年和 2017 年池杉 MS、DS 组的 *CCP* 值均小于 SS 组，说明水淹促进了池杉对较低浓度的 CO_2 的利用，这有利于其进行光合作用及积累有机物质。池杉的 *CCP* 值总体上较大，这与植物在气孔开度减小的情况下为获取更多的 CO_2 以维持其光合作用有关。

Rp 值可用于表征植物光呼吸速率的高低(许晨璐等，2012)。两个生长季的池杉在各水淹处理组的 *Rp* 值无显著性差异，说明水淹条件下池杉能够通过有效耗散过剩的光能来减轻夏季强光、高温对其的伤害，这有利于其保护光合结构并维持较高的光合速率，并增加有机物生产与积累。

综上所述，池杉 MS、DS 组的 *Pn*、*LUE* 及 *CUE* 值均显著高于 SS 组，表明三峡库区消落带水陆交替变化的生境不仅没有影响池杉的适应能力，反而激发了其光合生理潜能。

第4章　水淹对三峡库区消落带适生树种枫杨生理生态的影响

4.1　夏季水淹对枫杨幼苗生理生态的影响

4.1.1　引言

三峡水库采用冬季蓄水、夏季排水的周期性水位调度方式，由此形成了大面积水位落差达30 m的消落带(徐刚，2013)。由于消落带内植物的生境发生剧烈改变，大量植物因不能适应这种变化而逐渐死亡，进而导致消落带植被被严重破坏，生境呈现出高度破碎化，水土流失加重，消落带生态功能严重减弱。为保障三峡工程的持久安全运行，必须加强消落带植被体系的建设和保护，切实做好水土保持工作。消落带土壤含水量会随着水位的改变而呈现出干旱—饱和水—水淹等一系列状态(肖文发等，2000)。用于构建消落带植被体系的适生植物必须在生理代谢节律上适应这种变化才能在消落带内存活，因此，这对消落带未来造林树种适应水淹环境提出了更高的要求。

枫杨是我国亚热带和温带地区河岸带常见的乡土树种，主要分布在海拔1500 m以下的地区。目前，针对枫杨树种的研究主要集中在其生物学特性、生长发育规律以及木材解剖学方面(梁淑英等，2008；刘光正等，2008；袁传武等，2011)，对枫杨在不同土壤水分条件下的生长、光合生理以及叶绿素荧光特性却少有研究。本章对不同土壤水分条件下枫杨的生长、光合作用参数、光合色素含量以及叶绿素荧光参数等进行研究，通过模拟消落带土壤水分变化，从生理生化的角度来认识消落带适生造林树种枫杨的光合特性以及生长生理适应机制，以期为三峡库区消落带植被恢复建设提供理论和技术支持。

4.1.2　材料和方法

1. 研究材料和地点

本实验选择当年生枫杨幼苗为研究对象。于6月中旬将120株生长基本一致的枫杨幼苗移栽入花盆(盆深18 cm，盆口直径23 cm，内装3.5 kg紫色土)，每盆1株。土壤的基本理化性质为：pH为7.12，有机质为20.25 $g \cdot kg^{-1}$，全氮为1.21 $g \cdot kg^{-1}$，全磷为1.09 $g \cdot kg^{-1}$，全钾为15.25 $g \cdot kg^{-1}$，碱解氮为102.36 $mg \cdot kg^{-1}$，速效磷为32.92 $mg \cdot kg^{-1}$，速效钾为149.24 $mg \cdot kg^{-1}$，盆内土壤的田间持水量为28.3%。将所有栽植的幼苗放入西南大学生态实验基地内进行相同环境培养，于当年7月20日将所有植株移入透明遮雨棚内开始实验处理。

2. 实验设计

设置 4 个处理组：对照组 CK(常规水分处理)、轻度干旱组 LD、水饱和组 SW 和水淹组 BS。将枫杨幼苗随机分成 4 组，每组 30 盆，分别接受相应处理。采用称重法控制 CK 与 LD 组的土壤含水量分别为田间持水量的 70%～80%与 50%～55%(李昌晓等，2005)，SW 组保持土壤一直为潮湿状态，BS 组淹水至水面高于土壤表面 5 cm 处。操作时将花盆置于直径 80 cm、深度 25 cm 的塑料大盆内，向盆内注入自来水至水面高于花盆内土壤表面 5 cm 处(陈芳清等，2008)。实验期间每天傍晚对花盆进行称重，并补充失去的水分，使各处理组的土壤含水量基本保持稳定。实验处理期为 7 月 20 日至 10 月 27 日，每 25 天作为 1 个周期，对所测指标连续进行 5 次测定，每次每个处理测定 6 株植物。

枫杨幼苗根系次生代谢物取样测试分别在 8 月 10 日、9 月 4 日、9 月 24 日、10 月 20 日进行，对各项指标连续进行 4 次测定，每次测定重复 3 次，最后取各次测定的平均值作为结果。

3. 指标测定

1) 生物量测定

枫杨的株高和基径分别采用刻度尺与游标卡尺进行测定。取样时，将植株洗净，然后将叶、茎、根(分主根和侧根)分开装入干净信封，并放入 80℃烘箱中烘干至恒重后用分析天平称量植株各部分的生物量。地上部分生物量=叶生物量＋茎生物量。

2) 气体交换参数测定

经预备实验后，于上午 9：00～11：00 选取枫杨植株顶部以下第 3～4 片健康叶，先用饱和光对叶片进行 30 min 光诱导，之后使用 LI-6400 便携式光合分析仪进行光合参数测定。叶室为 2×3 红蓝光源叶室，测定的指标包括净光合速率(*Pn*)、蒸腾速率(*Tr*)、气孔导度(*Gs*)、胞间 CO_2 浓度(*Ci*)等，并计算其水分利用效率(*WUE*)(*WUE*=*Pn*/*Tr*)。测定时设置叶室温度为 25℃，光合有效辐射(*PAR*)为 1000 $\mu mol \cdot m^{-2} \cdot s^{-1}$，$CO_2$ 浓度为 400 $\mu mol \cdot mol^{-1}$，相对湿度为 60%～70%。用测得的参数计算气孔限制值(*Ls*)：$Ls=1-Ci/Ca$(*Ci* 为胞间 CO_2 浓度，*Ca* 为大气 CO_2 浓度)(Berry and Downton，1982)。

3) 光合色素含量测定

将用于测定枫杨光合参数的叶片取回实验室，采用浸提法提取叶片的叶绿素，用日本岛津 UV-2550 型分光光度计分别测定叶绿素 a、叶绿素 b 和类胡萝卜素的吸光值 A_{663}、A_{645} 和 A_{470}，并计算上述光合色素的含量(郝建军等，2007；Jankju et al.，2013)。总叶绿素含量=叶绿素 a 含量+叶绿素 b 含量。

4) 根系酒石酸、草酸含量测定

枫杨幼苗主根、侧根草酸及酒石酸含量均参照高智席等(2005)的方法，采用日本岛津 LC-20A 高效液相色谱仪，用 $HClO_4$(pH=2.5)溶液作流动相，在美国产 Phenomenex

C_{18}(150 mm×4.6 mm)色谱柱上进行测定。具体的测定及计算方法同第 2 章。

4. 统计分析

根据测定的生长生理指标，将水分处理作为独立因素，采用 SPSS 软件对数据进行单因素方差分析，以揭示水分变化对枫杨幼苗生长生理特征的影响，并运用 LSD 检验法进行多重比较，将显著性水平设为 0.05。

4.1.3 夏季水淹对枫杨幼苗生长发育的影响

1. 株高和基径的变化

枫杨 LD、SW 和 BS 组的株高均随处理时间的延长而逐渐上升，但增幅均低于对照组。LD 和 BS 组的株高在整个实验期均显著小于对照组，实验结束时分别较对照组降低了 26.9%和 37.0%。SW 组的株高从实验中期(第 50 天)开始显著小于对照组，实验结束时较对照组降低了 25.8%。LD、SW 和 BS 组的基径随处理时间的延长也表现为逐渐上升趋势，LD 组基径变化幅度最小，实验结束时较对照组降低了 47.8%。SW 组基径与对照组差异不显著。BS 组基径在实验结束时较对照组降低了 32.1%(图 4-1)。

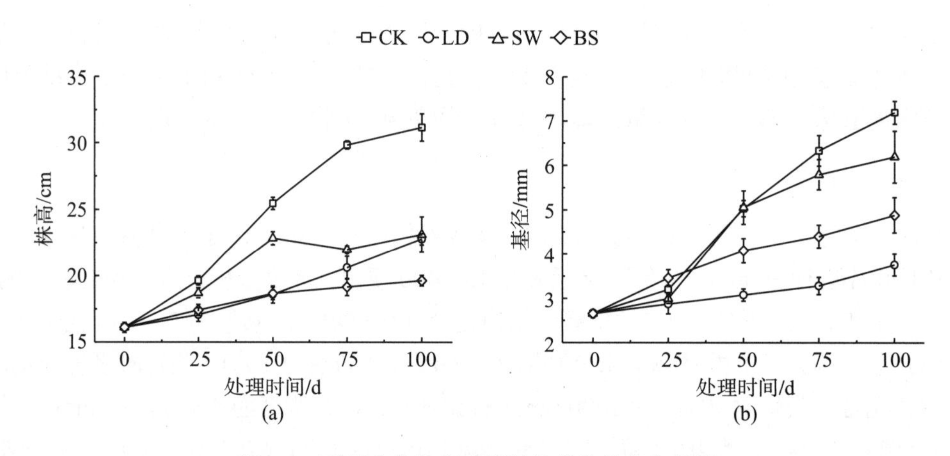

图 4-1 不同水分处理下枫杨幼苗的株高和基径

由以上结果可知，不同土壤水分含量显著影响了枫杨幼苗的生长。轻度干旱与水淹条件对枫杨幼苗株高的抑制强于水饱和条件，表明枫杨幼苗能够较好地适应高湿度土壤环境。枫杨幼苗在 SW 和 BS 组的基径大于对照组，这可能是其产生了肥大皮孔及不定根所致。

2. 生物量的变化

在整个实验期，LD 组地上部分的生物量最小，实验结束时比对照组降低了 86.6%。SW 组从实验第 75 天开始显著小于对照组，实验结束时比对照组降低了 68.1%。BS 组从实验第 50 天开始显著小于对照组，实验结束时比对照组降低了 83.1%。LD、SW 和 BS 组的根系生物量从实验第 50 天开始显著小于对照组，其中 BS 组降幅最大，SW 组降幅最小。实验结束时，LD、SW 和 BS 组分别较对照组降低了 83.0%、60.1%和 92.4%(图 4-2)。

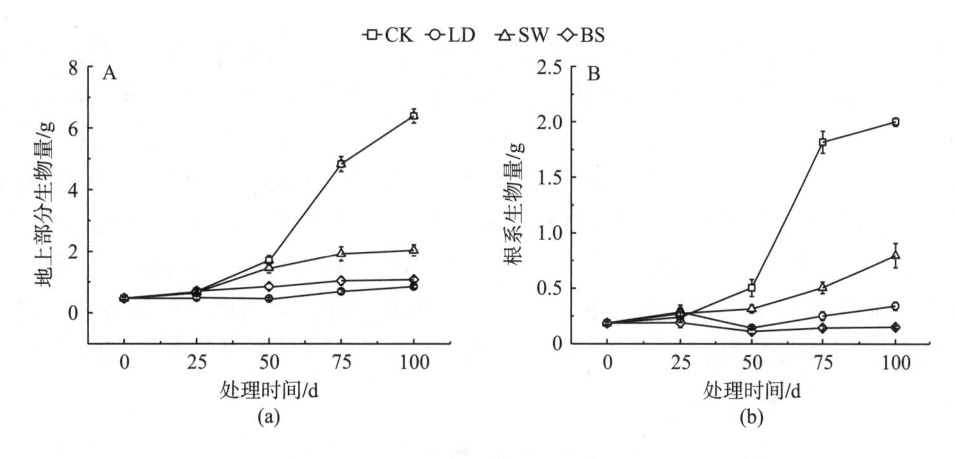

图 4-2　不同水分处理下枫杨幼苗的地上部分生物量和根系生物量

随着处理时间的延长，LD 组根系生物量与地上部分生物量的比值一直高于对照组，而 SW 组在实验前、中期与对照组差异不显著，在实验后期有所变化，实验结束时显著大于对照组；BS 组则一直持续下降，实验结束时显著低于对照组(图 4-3)。在 SW 和 BS 组条件下，枫杨幼苗均产生了不定根，以此来缓解土壤水分过多时的缺氧状况。从图 4-4 可知，BS 组枫杨幼苗在实验前期就开始产生不定根，随着处理时间的延长其生物量也不断增大。在 SW 组，枫杨幼苗在实验后期开始产生不定根。

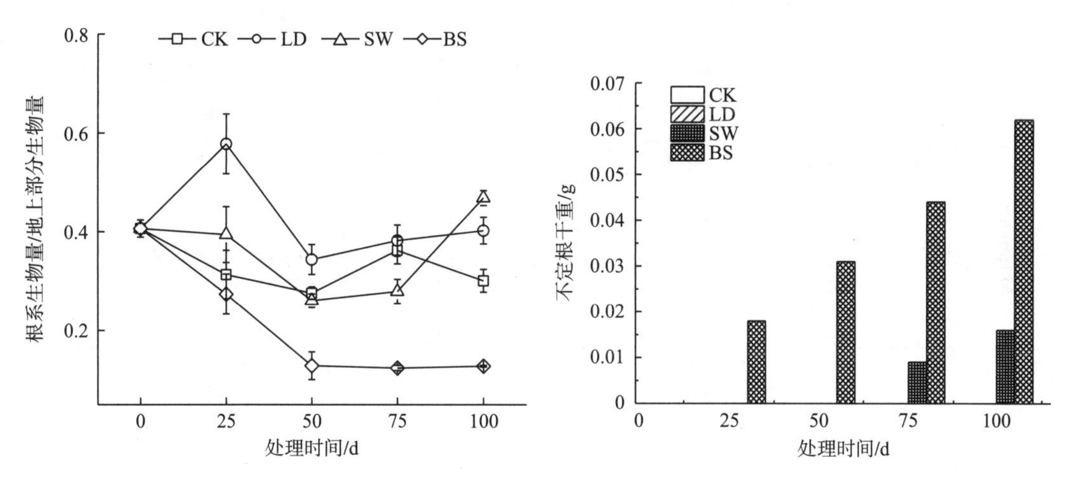

图 4-3　不同水分处理下枫杨幼苗根系生物量和地上部分生物量的比值

图 4-4　不同水分处理条件下枫杨幼苗的不定根干重

4.1.4　夏季水淹对枫杨幼苗光合生理的影响

1. 气体交换参数的变化

在整个处理期间，枫杨幼苗 LD、SW、BS 组的净光合速率(*Pn*)均随处理时间的延长而连续下降；BS 组始终显著小于对照组，LD 和 SW 组从实验第 50 天开始与对照组有显著性差异，实验结束时 LD、SW、BS 组分别比对照组降低了 74.3%、48.4%及 63.7%。对照组的净光合速率也随处理时间的延长而有小幅度下降，其可能是受到了环境因素如温度、季节等的影响。SW 和 BS 组的气孔导度(*Gs*)一直与对照组差异不显著，而 LD 组从实验第 50 天开始显著小于对照组，实验结束时仅为对照组的 26.3%。蒸腾速率(*Tr*)具有与气孔导度基本一致的变化趋势，但所有处理组在实验第 25 天的 *Tr* 值均较初始值明显下降。SW、BS 组与对照组相近，而 LD 组从实验第 50 天开始显著下降。LD 组的胞间 CO_2 浓度(*Ci*)从实验第 50 天开始显著低于对照组，第 100 天有所回升，与对照组差异不显著。BS 组的 *Ci* 值从实验第 75 天开始显著大于对照组，实验结束时比对照组显著增大了 29.6%。Ls 值变化与 Ci 刚好相反，LD 组先降低后显著升高再逐渐降低至对照水平，BS 组则在 75 天显著低于对照组(图 4-5)。

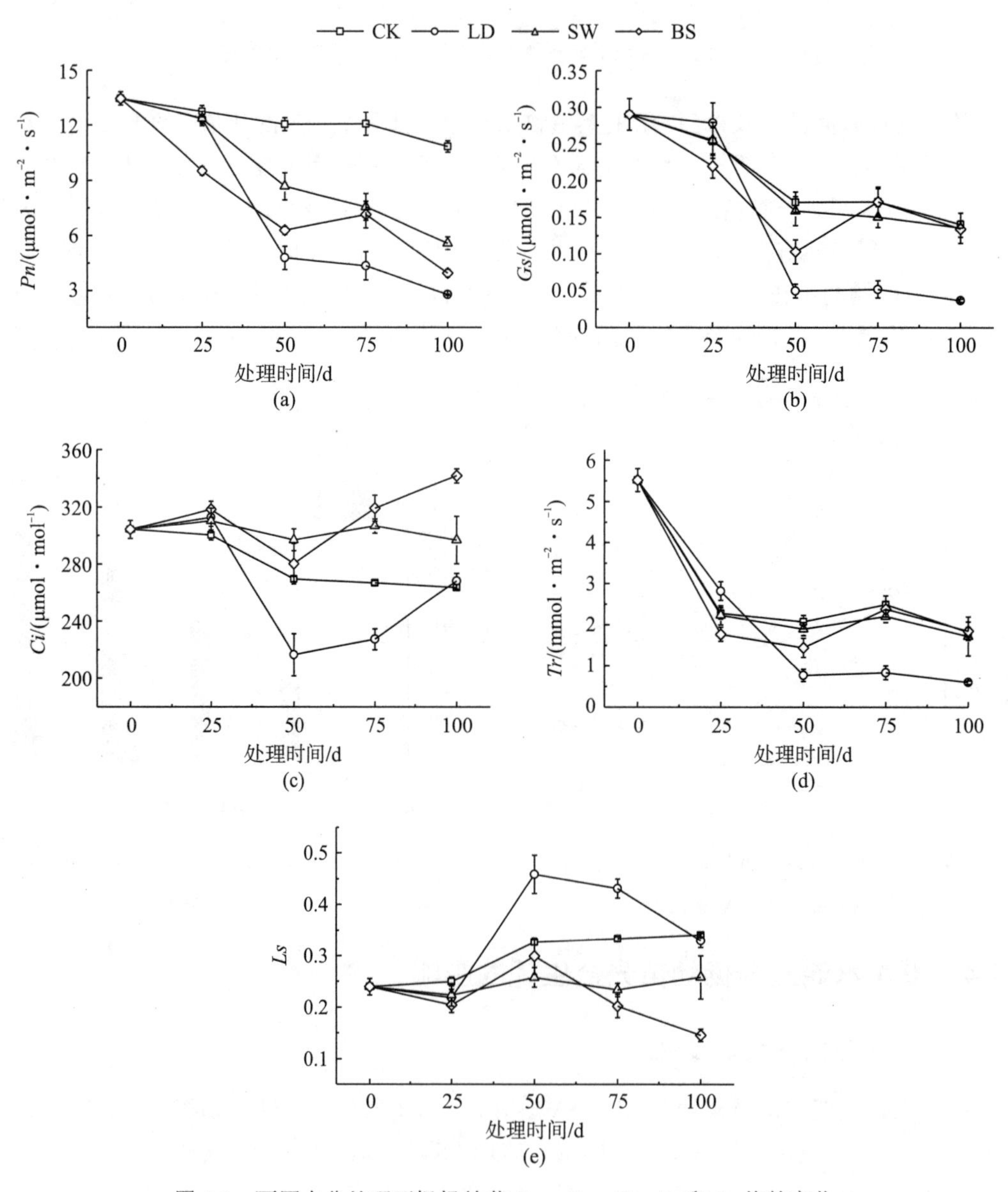

图 4-5 不同水分处理下枫杨幼苗 *Pn*、*Gs*、*Ci*、*Tr* 和 *Ls* 值的变化

2. 光合色素含量的变化

枫杨幼苗总叶绿素(*Chls*)含量及类胡萝卜素(*Car*)含量表现出基本一致的变化趋势。LD 组的 *Chls* 值先上升后下降，在实验第 50 天时达到最大值 3.970 mg • g^{-1}，而 SW 和 BS 组则表现为持续下降趋势，实验结束时比对照组分别降低了 65.3%和 66.8%，但 SW 和 BS 组的 *Chls* 平均值间无显著性差异。LD 组类胡萝卜素含量也先升后降，且在第 50 天时达到最大值 0.685 mg • g^{-1}，水淹处理末期与对照组无显著性差异。SW 和 BS 的 *Car* 值持续下降，实验结束时分别比对照组显著降低了 51.3%和 63.5%。由以上结果可知，枫杨幼苗光合色素含量受渍水及水淹条件的影响要大于轻度干旱条件。光合色素含量较低可能是引起 SW 和 BS 组植株净光合速率(*Pn*)下降的原因之一。实验中，*Chls*/*Car* 介于 4.48～6.92，而 *Chl a*/*Chl b* 介于 2.52～3.24。实验结束时，LD、SW 和 BS 组的 *Chls*/*Car* 分别为 5.97、5.35 和 5.81；*Chl a*/*Chl b* 分别为 2.72、3.14 和 3.24(图 4-6)。

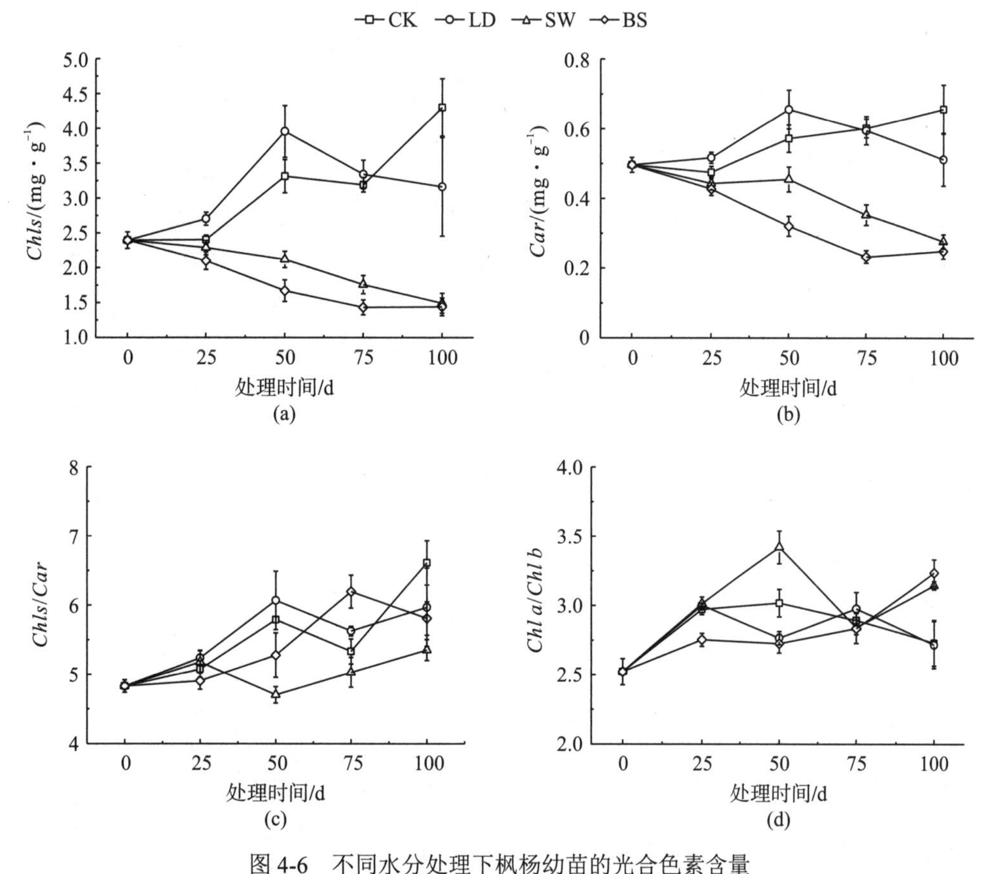

图 4-6　不同水分处理下枫杨幼苗的光合色素含量

4.1.5　夏季水淹对枫杨幼苗根部次生代谢物的影响

1. 根系酒石酸含量的变化

不同水分处理、处理时间以及二者的交互作用显著影响了枫杨幼苗主根、侧根及总根的酒石酸含量(表 4-1)。在主根和总根中，BS 组的酒石酸含量显著高于对照组，且分别增加了 51.19%和 64.82%，其余两个处理组的酒石酸含量与对照组无显著性差异；在侧根中，SW 和 BS 组的酒石酸含量显著高于对照组，且分别增加了 14.83%和 112.22%，而 LD 组的酒石酸含量较对照组显著降低了 34.07%(图 4-7)。随着处理时间的延长，枫杨幼苗主根、总根的酒石酸含量显著降低，但侧根的酒石酸含量在实验第 65 天后并没有继续显著降低(图 4-8)。

表 4-1 不同水分处理与处理时间条件下枫杨幼苗根系代谢物的方差分析

变量	条件	*df* 值	*F* 值
主根酒石酸含量	水分处理	3	28.23***
	处理时间	3	195.00***
	水分处理×处理时间	9	8.34***
侧根酒石酸含量	水分处理	3	363.57***
	处理时间	3	281.91***
	水分处理×处理时间	9	13.46***
总根酒石酸含量	水分处理	3	29.05***
	处理时间	3	97.31***
	水分处理×处理时间	9	3.57**
主根草酸含量	水分处理	3	40.01***
	处理时间	3	150.56***
	水分处理×处理时间	9	9.60***
侧根草酸含量	水分处理	3	1091.82***
	处理时间	3	70.73***
	水分处理×处理时间	9	39.83***
总根草酸含量	水分处理	3	30.25***
	处理时间	3	25.36***
	水分处理×处理时间	9	4.38**

注：ns 表示 $p>0.05$；*表示 $p<0.05$；**表示 $p<0.01$；***表示 $p<0.001$。

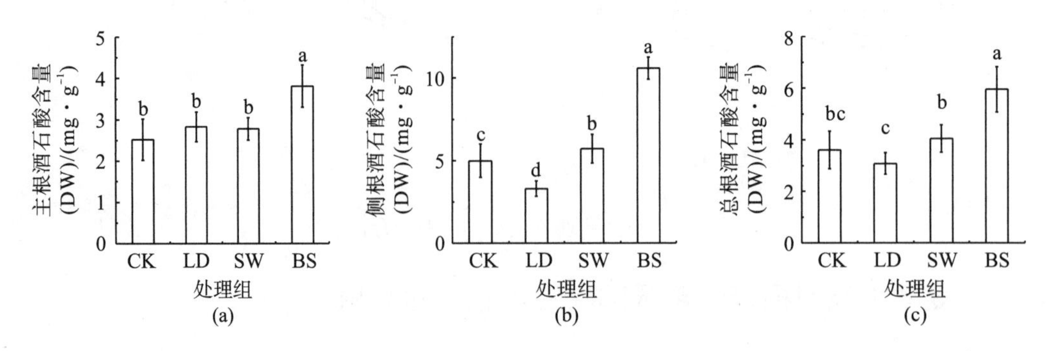

图 4-7 枫杨幼苗在不同水分条件下其根系酒石酸含量的变化

注：图中每个数据均为平均值±标准误(n=12)，不同小写字母表示各处理组之间有显著性差异(p=0.05)，下同。

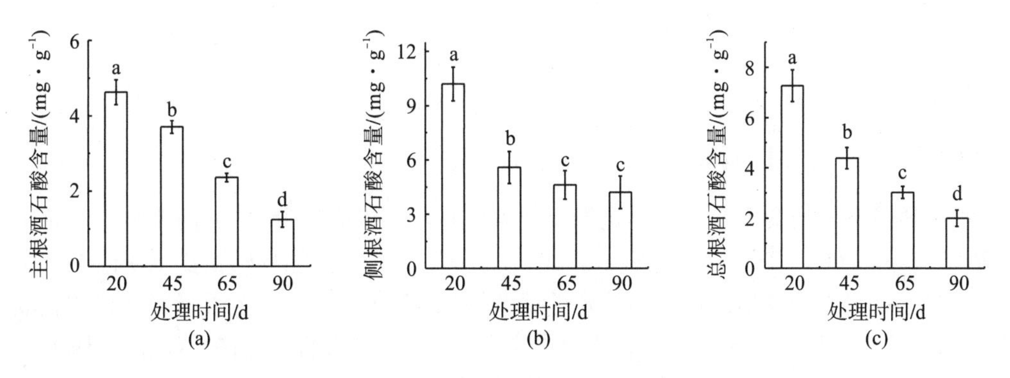

图 4-8　不同处理时间条件下枫杨幼苗根部的酒石酸含量

2. 根系草酸含量的变化

枫杨幼苗主根、侧根、总根的草酸含量受到不同水分处理、处理时间和二者交互作用的极显著影响(表 4-1)。与对照组相比，主根、侧根、总根的草酸含量在 3 种水分处理下均显著增加(图 4-9)。其中，BS 组依次增高了 107%、370%和 194%，SW 组依次增高了 86%、38%和 55%，LD 组依次增高了 81%、90%和 101%。与此同时，BS 组侧根、总根的草酸含量还显著高于 LD 与 SW 组。随着处理时间的增加，枫杨幼苗主根的草酸含量显著下降，但侧根的草酸含量则先上升后下降，这导致总根的草酸含量在 45 天后才开始显著降低(图 4-10)。

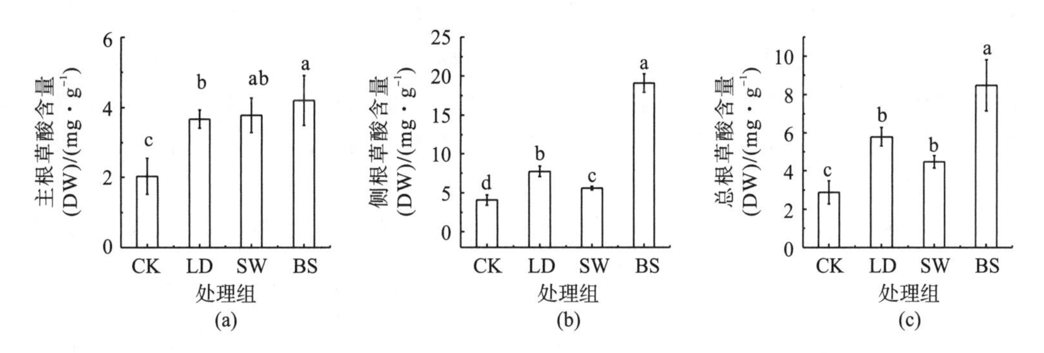

图 4-9　枫杨幼苗在不同水分处理条件下其根系草酸含量的变化

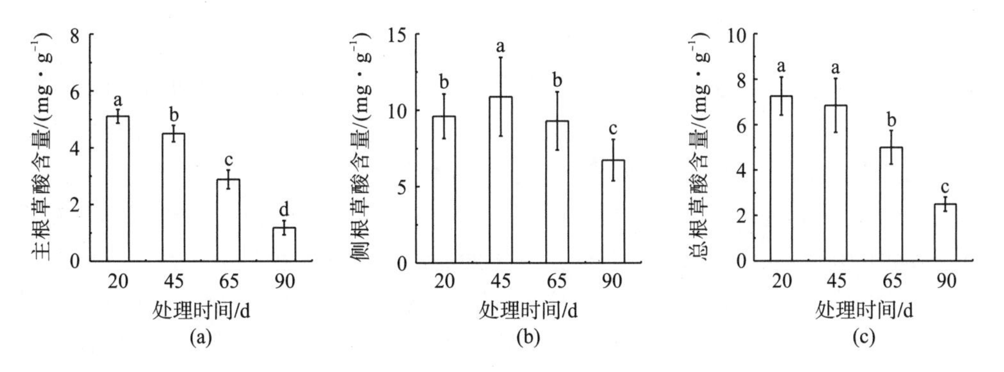

图 4-10　不同处理时间条件下枫杨幼苗根部的草酸含量

4.1.6 讨论

1. 夏季水淹对枫杨幼苗生长的影响

水淹环境下植物会形成大量不定根及肥大皮孔，以提高自身对 O_2 的吸收，缓解组织缺氧(陈婷等，2007；Tatin-Froux et al.，2014)。本研究表明，枫杨幼苗在土壤潮湿及水淹条件下的不定根生物量随处理时间的延长逐渐增加。研究发现，不定根能帮助植物获取更多 O_2，缓解水淹环境下初生根死亡带来的不利影响(阿依巧丽，2016)。水淹会影响植株的生长，水淹时间过长甚至会引起叶片脱落(薛艳红等，2007)。随着处理时间的延长，土壤水分胁迫对 LD、SW 和 BS 组枫杨幼苗的生长与生物量均产生了显著抑制。其中 SW 组的生长受影响的程度最小，说明枫杨幼苗具有较强的耐受土壤高强度水分胁迫的能力。LD 组的生长受到干旱的抑制，但其根冠比则有所上升，这可能是枫杨幼苗应对干旱胁迫的一种策略(Furlan et al.，2012)。

2. 夏季水淹对枫杨幼苗光合生理的影响

1)光合生理的变化

净光合速率(*Pn*)可用于衡量植物对逆境胁迫的光合生理适应性(李昌晓和钟章成，2005b)。在本研究中，枫杨幼苗 LD、SW 和 BS 组的净光合速率均在实验前期有所降低，但在中后期下降幅度有所减小。LD、SW 和 BS 组的气孔导度(*Gs*)、蒸腾速率(*Tr*)在实验前期均下降，但在中后期其下降趋势逐渐减缓。有研究发现，耐淹植物处于水淹胁迫环境时，其 *Pn*、*Tr* 及 *Gs* 值等在胁迫初期短时间内会发生较大改变，但随着胁迫时间的延长这些值会恢复正常或保持在相对稳定的状态(陈芳清等，2008)。也有研究发现，耐水淹植物——宽叶独行菜(*Lepidium latifolium* Linnaeus)经历 42 天水淹处理后，其净光合速率下降为对照组的 56.0%～72.0%(Chen et al.，2005)。在本研究中，枫杨幼苗在水淹 75 天后的净光合速率下降为对照组的 59.1%。以上结果表明，枫杨幼苗对水淹胁迫具有一定的耐受能力。而 LD 组的 *Tr* 与 *Ci*(胞间 CO_2 浓度)值均随处理时间的延长而减小，水分散失也降低，同时 CO_2 同化得到加强(张立新和李生秀，2009)，这是枫杨幼苗积极响应干旱胁迫的表现。

Ci 和 *Ls*(气孔限制值)值可用来判断是气孔限制因素还是非气孔限制因素导致光合速率降低(Farquhar and Sharkey，1982)。据此，在本研究中，SW 和 BS 组的 *Pn* 值下降，而 *Ci* 值升高，*Ls* 值降低，说明非气孔限制因素是这两种环境下光合速率降低的主要原因。而 LD 组在实验中后期，其 *Ci*、*Pn* 值均减小，*Ls* 值增大，说明气孔开度变小是引起干旱环境下枫杨幼苗光合速率下降的主要原因；在实验末期，*Pn* 值减小，*Ci* 值增大，*Ls* 值减小，说明此时影响因素已由气孔限制因素转化为非气孔限制因素。

SW 和 BS 组的 *WUE*(水分利用效率)值从实验第 50 天开始显著小于对照组，LD 组的 *WUE* 值则始终保持在相对较高的水平，并在实验中后期显著大于对照组。植物在长期水淹条件下其生理代谢活动会因体内氧气减少而降低，故水分利用效率也会随之显著下降，然而水分利用效率将随水淹时间延长而逐渐趋于稳定(陈芳清等，2008)。在干旱环境中，枫杨幼苗的水分利用效率增高，表明其对干旱环境具有一定适应性，*WUE* 值的提高也说明枫杨幼苗在降低水分消耗的同时仍能保持较强的光合生产潜力。在干旱胁迫下，枫杨幼苗通过提高自身对水分的利用效率缓解土壤水分供应不足的状况，进而在一定程度上克服与适应逆境胁迫，将净光合速率保持在相对稳定的水平。由此说明，枫杨幼苗同时也具有一定的抗旱能力。

2)叶绿素的变化

枫杨幼苗 LD 组总叶绿素(*Chls*)含量和类胡萝卜素(*Car*)含量均有所增加，说明枫杨幼苗通过提高叶绿素含量来适应干旱环境，提高光能转化率以确保碳同化处于正常水平(孔艳菊等，2006)。*Car* 含量的增加有利于植物清除胁迫下组织内产生的过多活性氧，是植物对干旱胁迫的响应(陈晓丽，2015)。枫杨幼苗 *Chls* 和 *Car* 值在土壤潮湿和水淹环境中均显著降低，但其比值却均大于 3∶1，这不仅可以增加叶绿素的相对占比，从而增强光合能力，还可以保证反应中心拥有充足的色素(陈芳清等，2008)。

在整个处理期间，就 *Chl a*/*Chl b* 而言，枫杨幼苗 LD 组与对照组无显著性差异，且该比值均小于 3∶1，这可能与枫杨幼苗具有较强的抗旱性有关(孔艳菊等，2006)。已有研究认为，*Chl a*/*Chl b* 小于 3∶1 可确保植物有充足的聚光色素用于光能合成(Ronzhina et al.，2004)。而 SW 与 BS 组的 *Chl a*/*Chl b* 呈增大趋势。*Chl a*/*Chl b* 可反映 PSⅡ中聚光色素复合体 LHCⅡ在所有含叶绿素的结构中的占比，其值增大表明 LHCⅡ含量减少(Liu et al.，2008)。SW 与 BS 组的 *Chl a*/*Chl b* 上升，表明枫杨幼苗在水淹胁迫下其叶片内捕光蛋白色素复合物的降解比光合反应中心的降解程度要高(Larcher，2003)。由此可见，枫杨幼苗在水淹环境下是通过调节叶片的 *Chl a*/*Chl b* 来维持其光合能力的稳定(Ronzhina et al.，2004)。

3.夏季水淹对枫杨幼苗根部次生代谢物的影响

枫杨在我国分布广泛，且在长江、淮河流域比较常见，适应能力较强。本实验发现，在干旱、潮湿和水淹等胁迫下，枫杨幼苗的株高、地径生长减缓，根、茎、叶的生物量积累也显著减少(图 4-1，图 4-2)，枫杨幼苗并没有表现出良好的耐湿、耐涝特性。这与前人研究所得结论完全相同(Li et al.，2010a)。然而，也有研究发现，枫杨在水淹胁迫下能较快恢复正常水平的光合作用，其较栓皮栎(*Quercus variabilis* Blume)更耐淹，更适合于库塘消落区生境(衣英华等，2006)。导致出现这个差异与实验材料不同有关，前者是平均高度为 15～16 cm 的 4 个月实生幼苗，而后者是平均高度为 90 cm 的两年生幼树。通常，苗龄大、长势良好的幼树对逆境胁迫的耐受能力相对较强(Islam and Macdonald，2004)。

通常，树木的气孔在干旱、渍水与水淹等水分胁迫下将会发生关闭现象(Eclan and Pezeshki，2002)，其净光合速率也会相应降低(Jackson and Colmer，2005)，从而致使树木积累的光合产物减少，影响其生长发育。研究发现，适应性较强的库岸带适生树种的光合生理功能能够在移除水分胁迫后快速恢复至正常水平(Kozlowski and Pallardy，2002)；或者树木会在水分胁迫下产生不定根与肥大的皮孔(Mulia and Dupraz，2006)。本研究发现，枫杨幼苗在水淹胁迫下长有不定根，这将增加其根部对氧的获取，有利于缓解缺氧危害。关于移除水分胁迫后枫杨幼苗光合生理的恢复情况将在下文中介绍。

水位变化导致的水分逆境胁迫不仅对库岸乡土树种的生长发育有影响(Middleton and McKee，2005)，对其物质代谢也有影响(李昌晓和钟章成，2007b)。然而，适应性较强的库岸带适生树种能够调整自身生理代谢以应对连续水淹胁迫(Jackson and Colmer，2005)或干旱胁迫(Kozlowski and Pallardy，2002)。本研究中，枫杨幼苗LD、SW和BS组主根、侧根、总根的草酸含量均较CK组显著增加，这表明枫杨幼苗是通过调整草酸代谢适应水分胁迫。大量研究证实，草酸能够帮助植物对抗生物与非生物胁迫(张英鹏等，2007)。植物可通过光呼吸乙醇酸途径及抗坏血酸途径合成草酸。因此，枫杨幼苗根中草酸含量增加可能与根中光呼吸乙醇酸途径加强有关；也可能与叶中合成的草酸通过茎被运送至根有关(刘小琥和彭新湘，2002)。根会将积累的草酸分泌出体外或代谢分解掉，这样既可以增强植物自身的抗逆性，又可以减少过多的草酸带来的伤害(刘小琥等，2001)。植物体内可能会同时发生这几个方面的代谢，且这几个方面的代谢会共同作用于植物的生理调节。

枫杨幼苗根部酒石酸含量的变化与草酸含量相类似，也在水淹胁迫下显著增加，但在轻度干旱及土壤潮湿胁迫下与草酸含量有差异。与之相比，在轻度干旱与土壤潮湿胁迫下枫杨幼苗主根、总根酒石酸含量与对照组无显著性差异；其侧根酒石酸含量在土壤潮湿条件下显著提高，这与轻度干旱条件下含量显著降低形成强烈对比。抗坏血酸可用于合成酒石酸，然而，与草酸相比，有关植物在逆境下其酒石酸含量变化机理的研究还较少，而关于酒石酸合成酶基因发育调节、环境调节和组织特异性调节的机理尚不清楚(问亚琴等，2009)。因此，应加强对植物应对逆境胁迫时酒石酸的合成与代谢变化规律等相关方面的研究。

本研究中，与对照组相比，枫杨幼苗根系在轻度干旱胁迫下的草酸含量变化与其酒石酸含量变化完全相反；但二者在侧根处于水淹胁迫、土壤潮湿胁迫时的变化一致，均表现为显著增加。前人研究发现，落羽杉和池杉幼苗在水淹及渍水胁迫下其侧根苹果酸和莽草酸含量均显著增加(李昌晓和钟章成，2007b；李昌晓等，2008)，本研究结果与之一致。从主根与侧根的生物量积累、草酸及酒石酸含量变化特征可以看出，枫杨幼苗主要通过侧根来应对水分胁迫，说明其侧根十分重要，这与已有的研究结论相同(李昌晓和钟章成，2007b；李昌晓等，2008)。随着处理时间的延长，枫杨幼苗主根、侧根及总根的草酸、酒石酸含量呈降低趋势(图4-8和图4-10)，这可能与植物在生长时对二者的分解、转化利用增强有关。

综上所述，植物体内草酸、酒石酸的含量受其合成、分解、转运和分泌等过程的综合影响，含量的变化均有特定的生理学含义。目前，三峡库区消落带适宜造林树种的选择、配置和管护一直是难题，因此深入了解适生乡土树种在三峡库区水位涨落引起的多种水分逆境胁迫条件下的生理生化响应特征，可以为库区消落带植被构建提供相应的科技支撑，为林业生产与管理实践活动提供相应的科学指导。从本研究结果来看，虽然水淹、潮湿或干旱的环境条件影响了当年生枫杨幼苗的生长生理，但所有苗木均在实验过程中存活下来，并表现出良好的适应性特征；同时，研究者已观察到枫杨不能较好地适应三峡库区消落带反季节水位的变动。

4.2　水淹-干旱交替胁迫对枫杨幼苗生理生态的影响

4.2.1　引言

枫杨是三峡库区典型的乡土树种(Jiang et al.，2005)。因其生长快速、根系发达、耐水湿性强，可将其应用于堤岸防护中。已有的研究主要集中在枫杨遭受水淹后的解剖特征、木材理化力学性质等方面(汪佑宏等，2003a，2004)。还有学者采用模拟淹水实验研究了枫杨幼苗生长、光合生理及次生代谢等的变化(衣英华等，2006；贾中民等，2009；Li et al.，2010a)。

三峡库区的水位波动及夏季高温多雨特性使库岸带土壤呈“水淹—干旱”交替式状态变化。这种变化极可能对乡土树种枫杨的生理节律造成不良影响。因此，本节对不同土壤水分交替变化条件下枫杨的生长与光合生理响应等进行研究，从生理生态学的角度来分析枫杨幼苗对间歇性及连续性水淹的适应性机理。

4.2.2　材料和方法

1. 研究材料和地点

本实验的研究对象为当年实生枫杨幼苗。于 5 月初选取 90 株大小与长势基本一致的幼苗，将幼苗栽种于装有紫色土的中央直径为 23 cm、盆深度为 24 cm 的塑料花盆中，每盆 1 株。将所有栽植的幼苗放入西南大学生态园内四周开敞的透明雨棚下(海拔 249 m)进行相同环境与管理适应，于当年 7 月 23 日开始实验，此时植株平均株高为 21.5 cm(±1.96 cm)。

2. 实验设计

实验共设置 3 个处理组：对照组 CK、连续性水淹组 CF 和水淹-干旱交替胁迫组 PF。将实验用苗随机等分成 3 组，每组 30 株，分别接受对应处理。对照组 CK 即进行正常生长，通过称重法将土壤含水量控制为田间持水量的 60%～63%。连续性水淹组 CF 即控制水面淹没至土壤表面 5 cm 处。具体操作方法为：将苗盆置入内径为 72 cm、高度为 30 cm 的塑料大盆内，之后向盆内注入自来水，控制水量至盆内水面高过土壤表面 5 cm 为止。参照前人的研究(Li et al.，2004，2005a，2005b；Brown and Pezeshki，2007)，在预备实验的基础上确定水淹-干旱交替胁迫组 PF 的水淹-干旱周期为 12 天，即实验 6 天时进行淹水至土壤表面 5 cm 处处理，随后将盆钵取出，将水放干，并持续实验 6 天。由于受到实验期间高温(35～40℃)的影响，植物在放水后 2 天就可以达到实验设定的轻度干旱胁迫状态，此时，植物叶片的清晨叶水势(predawn leaf water potential)小于−0.5MPa。

从实验开始之日算起，分别在处理后的第 12 天、第 24 天、第 36 天、第 48 天和第 60 天对光合参数和生长指标开展 5 次测定，每个处理每次测定 5 株幼苗。同时，对土壤氧化还原电位(Eh)及清晨叶水势进行补充测定，以保证实验设计的正确性及实验处理的可靠性。

3. 指标测定

1)土壤氧化还原电位和清晨叶水势测定

采用江苏江分电分析仪器有限公司生产的 DW-1 型氧化还原电位计对枫杨幼苗各处理组的土壤 Eh 进行测定。测定时将 DW-1 型氧化还原电位计探头插入土壤表面以下 10 cm 处，待数字平稳后进行记录，测定结果如图 4-11(a)所示。CK 组土壤的 Eh 在整个处理期始终大于 300 mV，表明土壤在该处理下通气良好，氧气充足(Sajedi et al.，2010)。与 CK 组 Eh 变化不同，CF 组土壤的 Eh 呈持续下降趋势，在水淹后不久就小于 300 mV，表明土壤中的氧气在该处理下逐渐匮乏(Sajedi et al.，2010)。PF 组的 Eh 则波动于水淹阶段的 300 mV 与放水干旱阶段的 500 mV 之间。

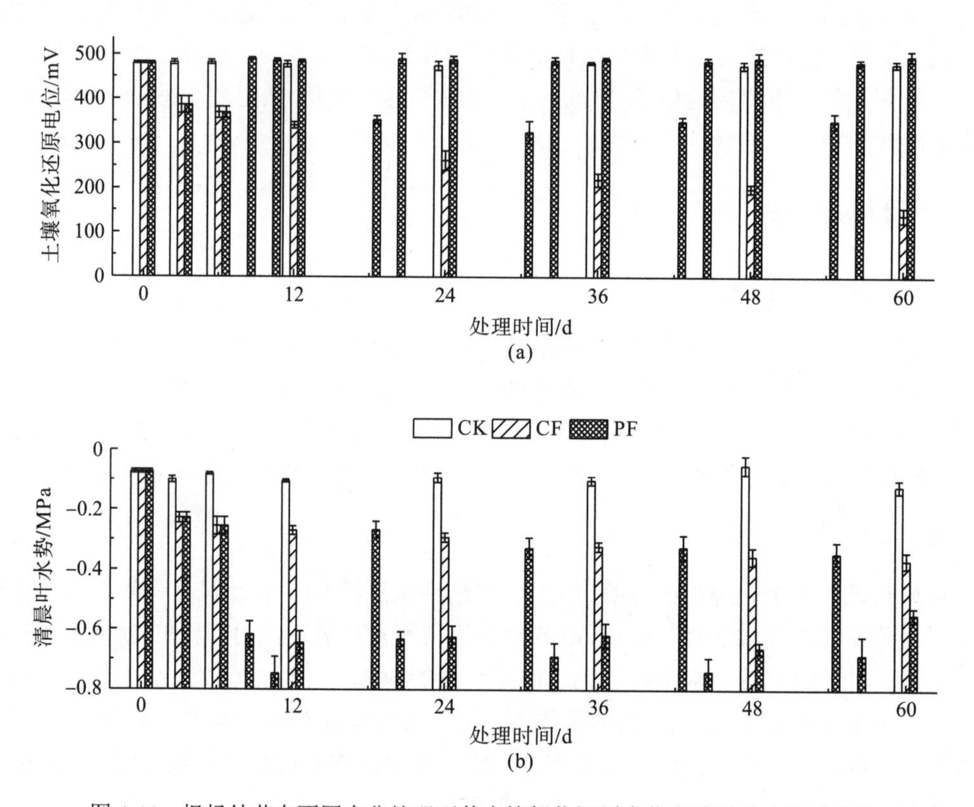

图 4-11 枫杨幼苗在不同水分处理下其土壤氧化还原电位和清晨叶水势的变化

采用美国 Wescor 公司生产的 Psypro 露点水势仪于清晨 5：00～7：00 对枫杨幼苗的清晨叶水势进行测定，测定时选择枫杨幼苗上部健康成熟的完整叶片，每个处理测定 3 次，测定结果如图 4-11(b)所示。在 CK 组，清晨叶水势一直维持在−0.1 MPa 上下。在 CF 组，清晨叶水势逐步从−0.1 MPa 降低至−0.3 ～−0.2 MPa。在 PF 组，清晨叶水势在水淹阶段为−0.3～−0.2 MPa，在放水干旱阶段为−0.8～−0.5 MPa。

2) 光合作用测定

于晴天上午 9：00～12：00，选取枫杨幼苗植株顶端往下第 2 或第 3 片完全展开的复叶的顶端第 2～4 片单叶(功能叶)，对其进行 30 min 饱和光诱导后，使用 LI-COR6400 便携式光合分析系统红蓝光源标准叶室对枫杨幼苗叶片进行光合参数测定。测定时控制 CO_2 浓度为 400 μmol • mol^{-1}，光照强度为 1000 μmol • m^{-2} • s^{-1}，叶室温度为 25℃。测定光合参数叶片净光合速率(*Pn*)、气孔导度(*Gs*)、胞间 CO_2 浓度(*Ci*)等，并参照公式计算枫杨幼苗叶片的内在水分利用效率(*WUEi*) (*WUEi*=*Pn*/*Gs*) (Li et al.，2010a)。

3) 生长与生物量测定

株高采用卷尺进行测量，基径用游标卡尺进行测定。将枫杨幼苗各处理组的根、茎及叶分开取样，并放入 80℃烘箱内烘干至恒重后分别称量。

4. 统计分析

采用 SPSS 软件对数据进行分析，根据测定的各项指标，将水分处理和处理时间作为影响所测指标的 2 个因素，采用双因素方差分析揭示水分处理、处理时间以及两者的交互作用对枫杨幼苗光合作用和生长的影响(GLM 程序)，并用 Tukey's 检验法检验每个指标在各处理间不同时间条件下的差异显著性。

4.2.3　水淹-干旱交替胁迫对枫杨幼苗生长的影响

1. 生物量的变化

枫杨幼苗根、茎、叶生物量及总生物量都受到了水分处理、处理时间以及二者交互作用的显著影响(表 4-2)。3 个处理组的总生物量均随实验时间的延长而不断增加(图 4-12)。然而，在整个处理期，CF 与 PF 组的根生物量总均值分别较 CK 组显著降低了 11.65%与 36.88%，叶生物量总均值分别较 CK 组显著降低了 31.95%与 39.10%，总生物量总均值分别较 CK 组显著降低了 15.01%与 32.40%(表 4-3)。与总均值不同，CF 组的茎生物量在实验前 36 天均低于 CK 组，但在实验 48 天后则开始高于 CK 组，从而使得 CF 组茎生物量的总均值和 CK 组之间差异不显著；而 PF 组茎生物量始终低于 CK 组(图 4-12)，其总均值较 CK 组显著降低了 18.08%，同时也较 CF 组显著降低了 18.02%(表 4-3)。

表 4-2　不同水分处理与处理时间对枫杨幼苗生长影响的双因素方差分析

变量	*F* 值		
	水分处理	处理时间	水分处理×处理时间
根生物量/(g • $plant^{-1}$)	257.627***	361.433***	44.682***
茎生物量/(g • $plant^{-1}$)	33.338***	174.064***	15.398***
叶生物量/(g • $plant^{-1}$)	60.709***	20.130***	5.048***
总生物量/(g • $plant^{-1}$)	180.746***	249.138***	20.488***
株高/cm	126.472***	74.090***	4.456***
基径/mm	415.606***	182.507***	6.016***

注：***表示 $p<0.001$。

表 4-3 不同水分处理下枫杨幼苗的生长特征

特征	处理组		
	CK	CF	PF
根生物量/(g·plant^{-1})	1.63±0.13a	1.44±0.09b	1.03±0.04c
茎生物量/(g·plant^{-1})	1.14±0.06a	1.14±0.10a	0.94±0.04b
叶生物量/(g·plant^{-1})	1.34±0.08a	0.91±0.03b	0.81±0.04b
总生物量/(g·plant^{-1})	4.11±0.26a	3.50±0.22b	2.78±0.10c
株高/cm	30.00±0.57a	25.25±0.42c	27.43±0.48b
基径/mm	5.85±0.09b	7.10±0.16a	5.68±0.13b

注：CK、CF 和 PF 组的值为该处理组整个实验期 25 个样本的总均值±标准误。经 Tukey's 检验，不同字母表示不同处理组之间的差异显著($p<0.05$)。

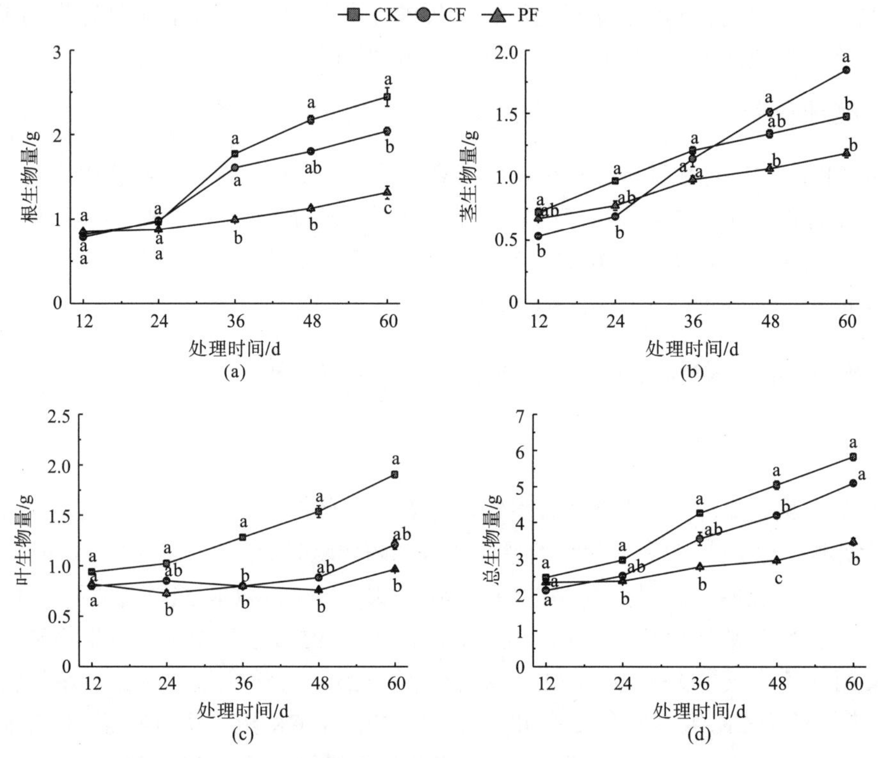

图 4-12 枫杨幼苗在不同水分处理下的生物量及其组成的变化

2. 株高和基径的变化

与生物量变化相类似，枫杨幼苗的株高、基径也受到不同水分处理、处理时间及二者交互作用的显著影响(表 4-2)。在整个实验期，枫杨幼苗 CK、CF 及 PF 组的株高与基径均随着实验时间的延长而持续增长(图 4-13)。然而，CF、PF 组的株高总均值分别较 CK 组显著降低了 15.84%、8.57%。与株高变化不同，CF 组的基径总均值却较 CK 与 PF 组分别显著增高了 21.42%与 24.99%(表 4-3)，但 PF、CK 组之间的基径总均值差异并不显著(表 4-3)。特别有趣的是，PF 组基径在实验 24 天时仍显著小于 CK 组，而当实验 36 天时才开始与 CK 组差异不显著(图 4-13)。

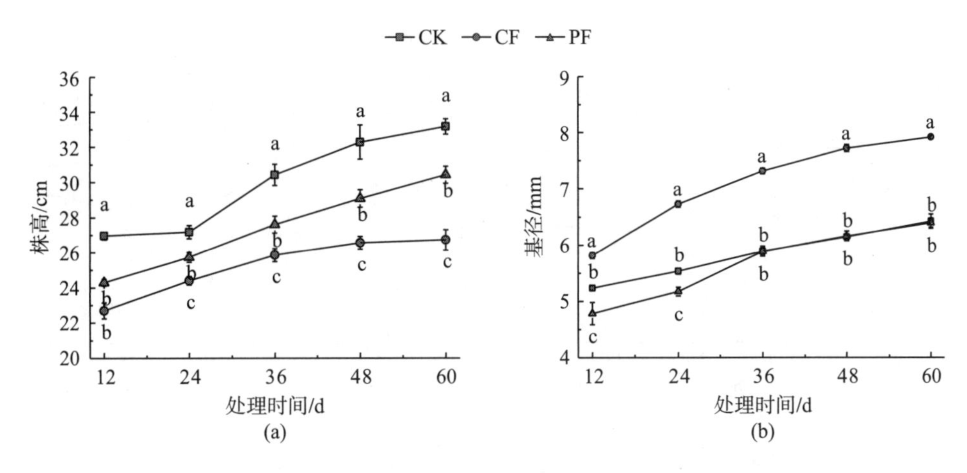

图 4-13　枫杨幼苗在不同水分处理条件下其株高和基径的变化

4.2.4　水淹-干旱交替胁迫对枫杨幼苗光合生理的影响

1. 净光合速率的变化

枫杨幼苗的净光合速率(*Pn*)受到不同水分处理、处理时间及二者交互作用的极显著影响(表 4-4)。在整个处理期，枫杨幼苗 CF 与 PF 组 *Pn* 总均值较 CK 组分别显著降低了 40.37%与 47.07%；与此同时，PF 组的 *Pn* 总均值也较 CF 组显著降低了 11.20%(表 4-5)。在处理的第 24 天时，CF 与 PF 组 *Pn* 值明显下降，分别较 CK 组降低了 45.47%与 57.10%。实验第 36 天时，CF 组 *Pn* 值开始趋于稳定，而 PF 组 *Pn* 值则开始有所回升，这与 CK 组 *Pn* 值在整个处理期均处于相对平稳的水平形成鲜明对比[图 4-14(a)]。

表 4-4　不同水分处理与处理时间对枫杨幼苗生理特征影响的双因素方差分析

特征	*F* 值		
	水分处理	处理时间	水分处理×处理时间
Pn/(μmol CO_2 • m^{-2} • s^{-1})	342.111***	10.960***	7.450***
Gs/(mol • m^{-2} • s^{-1})	737.801***	84.056***	21.821***
Ci/(μmol • mol^{-1})	23.645***	4.626**	3.205**
WUEi/(μmol • mol^{-1})	41.961***	15.368***	3.488**

注：***表示 $p<0.001$；**表示 $p<0.01$。

表 4-5　不同水分处理下枫杨幼苗的生理特征

特征	处理组		
	CK	CF	PF
Pn/(μmol CO_2 • m^{-2} • s^{-1})	10.41±0.200a	6.21±0.190b	5.51±0.250c
Gs/(mol • m^{-2} • s^{-1})	0.20±0.004a	0.12±0.005c	0.13±0.006b
Ci/(μmol • mol^{-1})	301.54±4.030b	335.06±4.650a	330.25±4.730a
WUEi/(μmol • mol^{-1})	51.01±0.900a	50.77±1.130a	42.94±1.040b

注：CK、CF 和 PF 组的值为该处理组整个实验期 25 个样本的总均值±标准误。经 Tukey's 检验，不同字母表示不同处理组之间的差异显著($p<0.05$)。

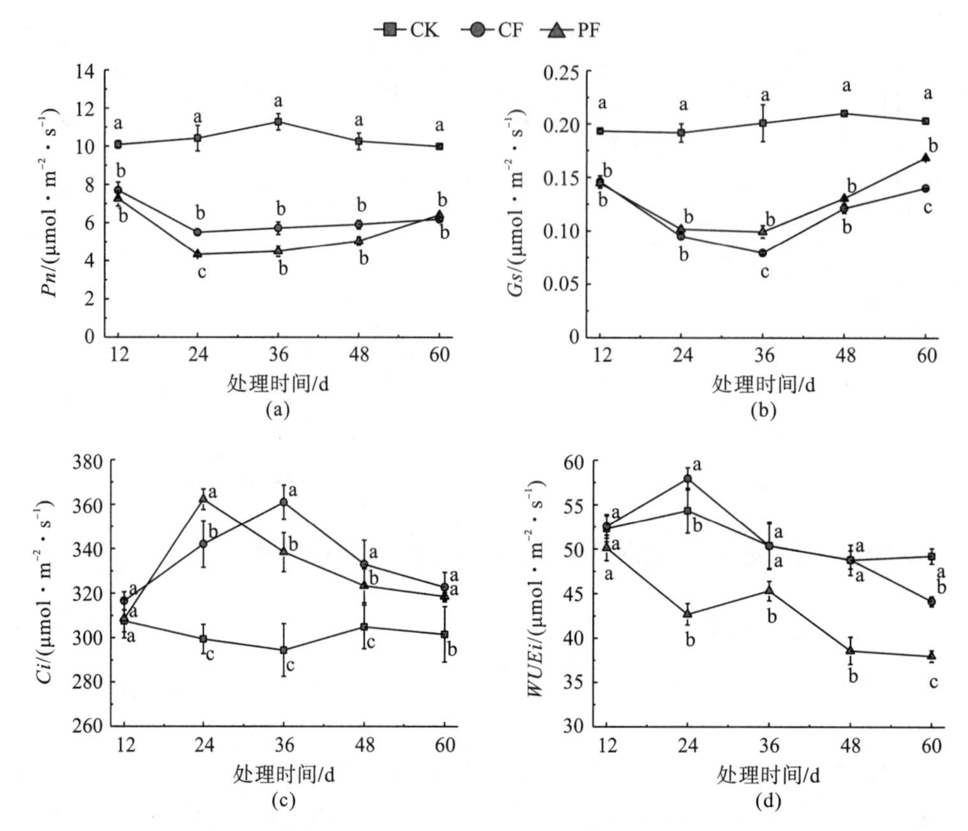

图 4-14 枫杨幼苗在不同水分处理下其净光合速率(*Pn*)、气孔导度(*Gs*)、胞间 CO_2 浓度(*Ci*)和内在水分利用效率(*WUEi*)的变化

注：不同小写字母表示同一时间内各处理组间的差异显著($p<0.05$)。

2. 气孔导度的变化

枫杨幼苗的气孔导度(*Gs*)也受到不同水分处理、处理时间及二者交互作用的极显著影响(表 4-4)。在整个处理期，枫杨幼苗 CF 与 PF 组的 *Gs* 总均值分别比 CK 组显著降低了 41.79%与 35.51%，而且 CF 组的 *Gs* 总均值比 PF 组显著降低了 10.08%(表 4-5)。随着处理时间的延长，枫杨幼苗 CF 与 PF 组的 *Gs* 值表现为先降低后增高的变化趋势，而 CK 组的 *Gs* 值则一直处于平稳变化。处理 36 天时，CF 与 PF 组 *Gs* 值比 CK 组分别减小了 60.48%与 50.58%。处理 60 天时，CF 与 PF 组 *Gs* 值较 CK 组分别减小了 30.88%与 16.92%[图 4-14(b)]。

3. 胞间 CO_2 浓度的变化

枫杨幼苗的胞间 CO_2 浓度(*Ci*)同样也受到了不同水分处理、处理时间及二者交互作用的极显著影响(表 4-4)。在整个处理期，枫杨幼苗 CF 与 PF 组的 *Ci* 总均值一直高于 CK 组，二者较 CK 组分别显著增大了 11.12%与 9.52%，然而 CF 与 PF 组之间却无显著性差异(表 4-5)。CF 组 *Ci* 值在实验第 36 天时达到最大值，较 CK 组增高了 22.63%；而 PF 组在实验第 24 天时便达到最大值，且较 CK 组增高了 21.00%。随后，CF 与 PF 组 *Ci* 值逐步降低，而 CK 组 *Ci* 值在整个处理期间基本维持稳定[图 4-14(c)]。

4. 内在水分利用效率的变化

枫杨幼苗的内在水分利用效率(*WUEi*)同其他参数一样也受到了不同水分处理、处理时间及二者交互作用的显著影响(表 4-4)。在整个处理期，CF 组的 *WUEi* 总均值和 CK 组之间无显著性差异，但 PF 组的 *WUEi* 总均值则较 CK 与 CF 组分别显著降低了 15.81%与 15.41%(表 4-5)。枫杨幼苗 CF 组的 *WUEi* 值表现为先增高后降低的变化趋势，而 PF 组的 *WUEi* 值却表现为下降上升交替波动的趋势，这与 CK 组保持稳定变化的趋势有一定差异[图 4-14(d)]。

5. 相关性分析

通过分析发现，枫杨幼苗的净光合速率(*Pn*)、气引导度(*Gs*)均与清晨叶水势和土壤氧化还原电位呈极显著的正相关关系，而胞间 CO_2 浓度(*Ci*)与清晨叶水势和土壤氧化还原电位呈极显著的负相关关系。同时还发现，内在水分利用效率(*WUEi*)与清晨叶水势呈极显著的正相关关系，但与土壤氧化还原电位的相关性不显著(表 4-6)。

表 4-6　枫杨幼苗光合特征参数和清晨叶水势及土壤氧化还原电位的相关性分析

指标	*Pn*	*Gs*	*Ci*	*WUEi*
清晨叶水势	0.79**	0.62**	−0.46**	0.57**
土壤氧化还原电位	0.33**	0.47**	−0.28**	−0.17

注：**表示在 α=0.01 水平下相关性达到极显著。

4.2.5　讨论

1. 枫杨幼苗光合生理对水淹-干旱交替胁迫的响应

有研究指出，净光合速率(*Pn*)的高低能够反映应试树种响应水分逆境胁迫的能力(李昌晓和钟章成，2005a，2007b)。在本研究中，枫杨幼苗在两种水淹胁迫初期的 *Pn* 值出现显著减小的现象，实验 24 天时 CF 与 PF 组 *Pn* 值减至最低，此后 CF 组 *Pn* 值维持在相对稳定的状态，PF 组 *Pn* 值则开始回升，说明持续与交替水淹胁迫对枫杨幼苗实验初期净光合速率的影响程度大体相似，但随着处理时间的推进二者的影响程度出现了明显差异。PF 组 *Pn* 值在整个处理期的总均值依然显著小于 CF 组，这可能与 PF 组在排水 2 天后受到干旱缺水胁迫有关。黑柳(*Salix nigra*)在水淹处理初期其 *Pn* 值会出现下降，而后则逐渐保持稳定(Pezeshki et al.，2007)，本研究也发现了类似的现象。枫杨幼苗响应持续水淹胁迫、交替水淹胁迫时其 *Pn* 值的变化还揭示出该树种的光合生理能够及时适应水淹胁迫环境。衣英华等(2006)发现，平均株高为 90 cm 的两年生枫杨幼苗的净光合速率与气孔导度在水淹第 33 天后便开始基本恢复至对照组水平。然而，本研究中经历 60 天持续性水淹与间歇性水淹的当年实生枫杨幼苗，其净光合速率与气孔导度在整个处理期内都未能恢复至对照组水平，这可能与苗龄和幼苗的生长情况有关。一般而言，苗龄大、生长健壮的树苗具有相对较强的水淹逆境耐受能力(Islam and Macdonald，2004)。

通常而言，叶片的气孔在树木受到干旱、渍水和水淹等多种胁迫时会发生关闭(Eclan

and Pezeshki，2002)，最终会降低树木净光合速率(Jackson and Colmer，2005)。这是因为气孔开度减小，降低了 CO_2 的供应，使净光合速率受到了气孔限制因素的影响。此外，非气孔限制因素也会导致净光合速率降低：因为叶肉细胞的光合能力降低，从而致使叶肉细胞对 CO_2 的利用能力减弱，引起胞间 CO_2 浓度增高(Farquhar and Sharkey，1982)。本研究发现，枫杨幼苗 CF、PF 组在整个处理期的气孔导度减小但胞间 CO_2 浓度增高，说明两种水淹胁迫下枫杨幼苗净光合速率的降低极有可能是因气孔导度减小限制了 CO_2 的供应而引起。枫杨幼苗 CF 组的气孔导度及净光合速率呈先下降后逐渐回升或保持在相对稳定水平，表明该树种能够耐受一定程度的水淹(Nickuma et al.，2010)。

前人研究发现，植物与土壤间的水力导度发生降低会引起与根系缺氧一样的后果，即会导致植物的净光合速率及气孔导度出现降低(陈静等，2009；李灵玉等，2009)。本研究中，枫杨幼苗的耐水淹性还能通过内在水分利用效率有所体现。枫杨幼苗 CF 组的内在水分利用效率水平与 CK 组相同，这主要与枫杨幼苗在水淹胁迫下同时下调了净光合速率及气孔导度有关。虽然枫杨幼苗在间歇性水淹胁迫下也同样下调了净光合速率及气孔导度，但由于其受到水淹胁迫之后紧接着又受到干旱胁迫的影响，导致 PF 组的净光合速率较 CF 组降低得多，而气孔导度则比 CF 组降低得少，内在水分利用效率较 CK、CF 组显著降低。这也从侧面表明，枫杨幼苗能够耐受水湿，但却会对干旱胁迫表现出敏感特性。

通过相关性分析发现，清晨叶水势及土壤氧化还原电位与净光合速率及气孔导度呈显著正相关关系。清晨叶水势低表明植物处于缺水状态，植物为了减少体内水分的消耗不得不降低其气孔导度，这将引起其净光合速率也发生降低，长此以往，叶肉细胞对 CO_2 的利用能力将减弱，胞间 CO_2 浓度将因此而升高。土壤氧化还原电位低表明土壤的透气性差，植物根系氧气供应不足，植物不能进行正常的光合生理活动，光合碳同化速率会因此而降低。本研究还发现，枫杨幼苗的内在水分利用效率可反映清晨叶水势的大小，但却无法直接表征土壤氧化还原电位的高低。

2. 枫杨幼苗的生长对水淹-干旱交替胁迫的响应

植物的生长、生物量积累与其生长环境密切相关(杨静等，2008)。本研究发现，枫杨幼苗 CF、PF 组的总生物量显著降低，这与已有的研究结果基本相同(Li et al.，2010a)。然而，枫杨幼苗在持续性水淹与间歇性水淹下的生物量积累有一定差异。PF 组的根、叶生物量及总生物量均较 CF 组显著降低，这充分表明枫杨幼苗生物量受水淹-干旱交替胁迫的影响明显强于连续性水淹胁迫(表 4-2，表 4-3)。这很可能与 PF 组在水淹后受到轻度干旱胁迫有关，这也再次证明枫杨幼苗耐水湿而不耐干旱的事实。已有研究发现，落羽杉幼苗在水淹胁迫下会将光合产物更多地分配给茎以促进其生长，从而使植株耐水淹能力增强(Pezeshki，2001)。本研究中，枫杨幼苗 CF、PF 组的茎生物量与 CK 组无显著性差异，表明枫杨幼苗并不是通过促进茎生长的方式来抵御水淹逆境胁迫，已有的研究结果也发现了这一现象(Li et al.，2010a)。此外，枫杨幼苗在水淹胁迫下生有不定根和肥大的皮孔，这也是其能适应水淹胁迫的另一个重要原因，同时也是导致 CF 组基径显著增粗的原因。这表明，一些具有较强适应性的库岸带适生树种往往会形成不定根与肥大的皮孔来适应水淹胁迫环境(Mulia and Dupraz，2006)。

综上所述，连续性水淹及水淹-干旱交替胁迫对枫杨幼苗产生了不一致的影响。在连续性水淹胁迫下，枫杨幼苗主要应对的是根部因遭受水淹而缺氧的不利环境。而在水淹-干旱交替胁迫下，枫杨幼苗先要应对根部缺氧问题，紧接着还要应对放水后的干旱缺水胁迫。在本研究中，枫杨幼苗表现出对水湿环境具有一定耐受性而对干旱比较敏感的特性。尽管枫杨所有实验幼苗均存活下来，也在 PF 组显示出了一定的耐轻度干旱能力，但这并不能遮盖枫杨幼苗对干旱胁迫较为敏感的事实。因此，在实地种植中应加强干旱时对枫杨幼苗的供水管理。

4.3　长期水淹对当年生枫杨幼苗生长及光合生理的影响

4.3.1　引言

三峡水库建成并正式运行后，周期性大幅度水位涨落使大多数原生植物因耐淹性较差而死亡，导致了大量生态环境问题（刘维暐等，2012），严重威胁水库的安全运行。恢复重建消落带内的植被是解决消落带生态环境问题的重要方法之一，而实施的关键在于筛选出对长时间水淹具有较强耐受能力的乡土树种。

枫杨是三峡库区具有典型代表性的乡土植物（Jiang et al.，2005）。目前，针对枫杨的研究主要集中在良种培育、淹水后的木材解剖学特征和木材的开发利用等方面（汪佑宏等，2003b，2003c，2004）。然而，有关枫杨对水淹的生理生态响应过程还不清楚。有研究发现，枫杨叶片的净光合速率在根部遭受水淹 7 天后比对照值降低了 58%，随着处理的继续，净光合速率开始上升，至 13 天时开始恢复到与对照值基本无差异，70 天时差异仍然不显著（衣英华等，2006）。该研究表明两年生枫杨对长时间根部 8 cm 水淹处理具有耐受能力，但当年实生幼苗是否对更长时间的水淹具有耐受能力尚需进一步研究。

本节通过模拟消落带不同土壤水分含量，测定枫杨幼苗的净光合速率与叶绿素荧光特性对不同土壤水分状况的响应变化，研究长期水淹对枫杨幼苗光合色素含量、光合生理和叶绿素荧光特性及生长发育的影响，以明确其能否在河岸带和三峡库区的植被恢复重建中进行应用。

4.3.2　材料和方法

1. 研究材料和地点

于 3 月进行播种，同年 7 月初选取 100 株长势一致的枫杨幼苗，将其移栽入装有 12 cm 厚土壤的花盆（中央直径 20 cm，高 15 cm）中，每盆栽植 1 株。将所有栽植的幼苗放入西南大学生态园实验基地遮雨棚（透明顶棚，四周开敞）中进行相同环境培养适应，适应期间只进行常规的田间管理，同年 8 月 15 日随机选取 30 盆长势一致的枫杨幼苗开始水淹处理。

2. 实验设计

实验设置3个处理组，分别为对照组(CK)、水饱和处理组(SW)、水淹处理组(BS)。CK组进行常规水分管理，采用称重法控制土壤含水量为田间持水量的60%～70%；SW组保持土壤始终处于水饱和状态；BS组为水面超过土壤表面5 cm，处理时将BS组苗盆放入直径×高为68 cm×20 cm的塑料大盆中，向盆内注入自来水并保持水面超过土壤表面5 cm。处理前将实验用苗随机分为3组，每组10盆，分别接受上述3种处理。

实验处理期为当年8月15日至次年8月15日，历时一年。实验结束后从每个处理组中随机选取5株植株进行气体交换参数、叶绿素荧光参数、光合色素含量及生长发育指标。

3. 指标测定

1)气体交换参数测定

于晴天上午9：00～11：00，选取枫杨幼苗植株顶部以下第2～3片完全展开的复叶的顶部第2～4片单叶(功能叶)，进行30 min饱和光诱导后，使用LI-6400便携式光合分析仪红蓝光源标准叶室测定叶片的气体交换参数。测定时 CO_2浓度为400 μmol • mol^{-1}，光合有效辐射(*PAR*)为1000 μmol • m^{-2} • s^{-1}，叶室温度为25℃。测定的参数包括净光合速率(*Pn*)、蒸腾速率(*Tr*)、气孔导度(*Gs*)和胞间 CO_2 浓度(*Ci*)，并利用测得的参数值按公式计算表观水分利用效率(*WUE*)(*WUE=Pn/Tr*)(Cui et al.，2009)、表观光能利用效率(*LUE*)(*LUE=Pn/PAR*)(高照全等，2010)、表观CO_2利用效率(*CUE*)(*CUE=Pn/Ci*)(Silva et al.，2013)。

2)叶绿素荧光参数测定

植株上相同叶位叶片的叶绿素荧光参数使用LI-6400便携式光合分析仪荧光叶室进行测定。测定时CO_2浓度控制为400 μmol • mol^{-1}，叶室温度设置为25 ℃。测定前先将植株放于黑暗环境中适应1 h，用弱测量光进行初始荧光(*Fo*)测定后给叶片短时间饱和脉冲光(光照强度6000 μmol • m^{-2} • s^{-1}，时间0.8 s)并进行最大荧光(*Fm*)测定，之后进行光化学光照射(光照强度1000 μmol • m^{-2} • s^{-1}，持续30 min)，获得稳态荧光 *Fs*，然后进行1次饱和脉冲光照射(光照强度6000 μmol • m^{-2} • s^{-1}，时间0.8 s)，测量*Fm'*，最后将光化学光关闭，同时将远红光打开照射3 s，测量获得*Fo'*。将以上数据根据公式计算出可变荧光*Fv*(*Fv=Fm−Fo*)、PS II最大光化学效率(*Fv/Fm*)、PS II实际光化学效率 *Φ*PS II[*Φ*PS II =(*Fm'−Fs*)/*Fm'*]、光化学淬灭系数 *qP*[*qP*=(*Fm'−Fs*)/*Fv'*]和非光化学淬灭系数 *NPQ*(*NPQ=Fm/Fm'*−1)(Demmig-Adams and Adams，1996)。

3)光合色素含量测定

将用于光合指标测定的叶片用于光合色素提取。采用浸提法进行色素提取(高俊凤，2006)，并用日本岛津 UV-2550 型分光光度计进行总叶绿素(*Chls*)与类胡萝卜素(*Car*)含量测定。

4) 生长发育指标测定

枫杨幼苗的株高采用卷尺进行测量，基径用游标卡尺进行测定。将各处理组植株的根、茎及叶分开取样，并放入 80℃烘箱内进行烘干处理，至重量不再改变后分别称量。

4. 统计分析

所有实验数据的处理和分析采用 SPSS 和 Excel 软件进行。采用单因素方差分析揭示水分变化对枫杨幼苗光合特性及叶绿素荧光特性的影响。用 Duncan 多重比较检验各处理组之间枫杨幼苗叶片光合色素含量、光合特性、叶绿素荧光特性和生长指标间的差异。

4.3.3 长期水淹对枫杨幼苗光合生理的影响

1. 光合色素含量的变化

枫杨幼苗叶片的光合色素含量受到不同水淹处理的显著影响，其中 CK 组含量最高，SW 组含量次之，BS 组含量最低。SW、BS 组枫杨幼苗叶片的叶绿素 a(*Chl a*)、叶绿素 b(*Chl b*)、总叶绿素(*Chls*)、类胡萝卜素(*Car*)含量和叶绿素 a/叶绿素 b(*Chl a*/*Chl b*)均显著低于 CK 组，但 SW 与 BS 组之间则无显著性差异；SW 与 BS 组的 *Chls*、*Car* 值分别较 CK 组降低了 43.90%、37.80%和 53.99%、43.90%(图 4-15)。

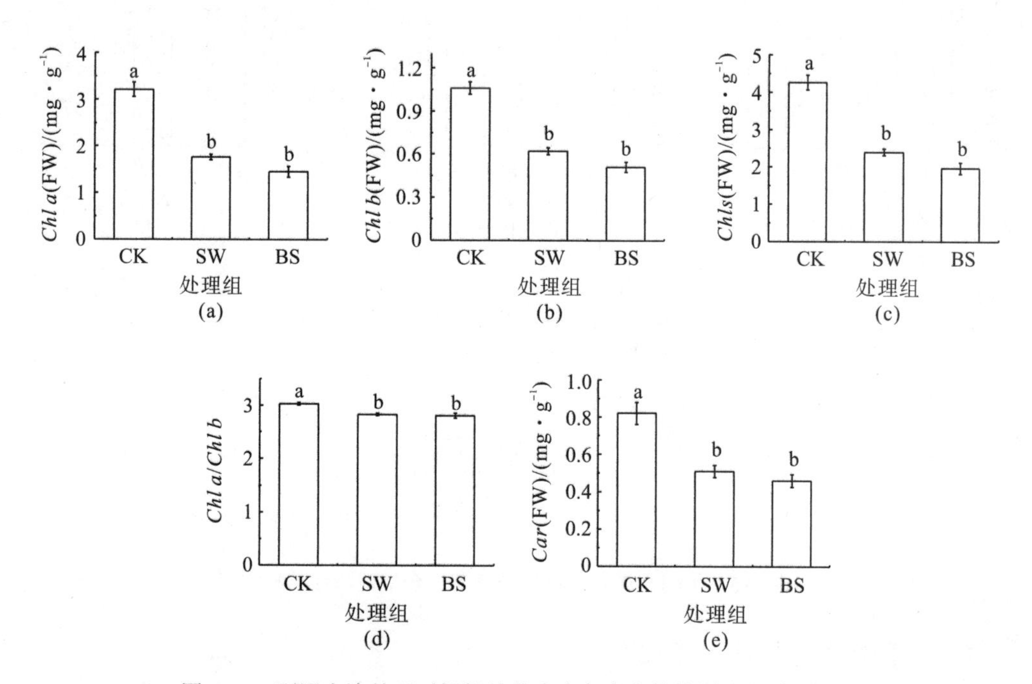

图 4-15　不同水淹处理对枫杨幼苗光合色素含量的影响(±标准误)

注：图中 a、b、c 表示在 p=0.05 水平上差异显著。

2. 气体交换参数和资源利用效率的变化

枫杨幼苗叶片的净光合速率(*Pn*)受到不同水淹处理的显著影响，SW 和 BS 组叶片的 *Pn* 值较 CK 组分别显著下降了 15.42%和 45.84%。枫杨幼苗叶片的气孔导度(*Gs*)、胞间 CO_2浓度(*Ci*)、蒸腾速率(*Tr*)没有受到不同水淹处理的显著影响，但 SW 与 BS 组之间的 *Ci* 值则差异显著。枫杨幼苗的水分利用效率(*WUE*)没有受到不同水淹处理的显著影响，而 CO_2利用效率(*CUE*)、光能利用效率(*LUE*)则受到了显著影响。枫杨幼苗持续被水淹一年之后的 *LUE*、*CUE* 值均表现为 CK 组＞SW 组＞BS 组，且各处理组之间差异显著，SW 和 BS 组叶片的 *LUE*、*CUE* 值较 CK 组分别降低了 16.67%、25.00%和 41.67%、47.92%(图 4-16)。

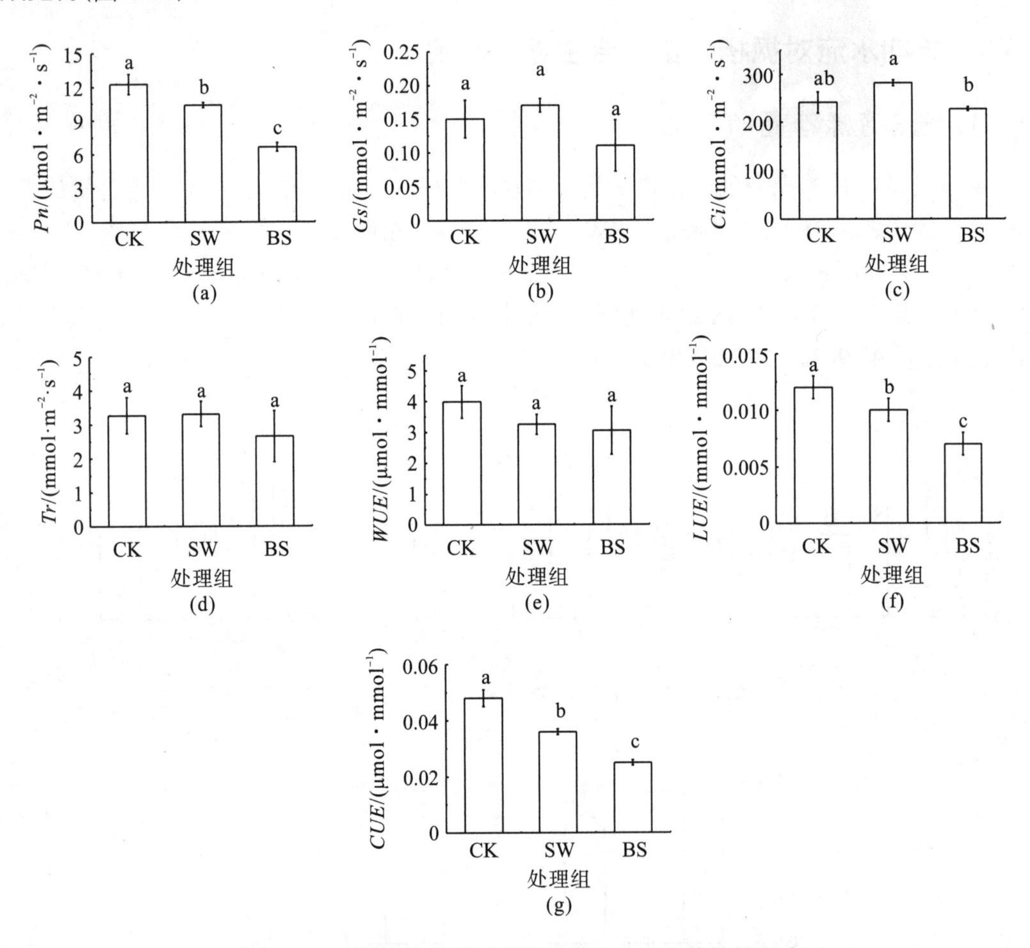

图 4-16 不同水淹处理对枫杨幼苗光合生理特性的影响

3. 叶绿素荧光特性的变化

见表 4-7，枫杨幼苗的 PSⅡ最大光化学效率(*Fv/Fm*)、PSⅡ实际光化学效率(*Φ*PSⅡ)、光化学淬灭系数(*qP*)、非光化学淬灭系数(*NPQ*)等均受到了不同土壤含水量的显著影响。*Fv/Fm*、*Φ*PSⅡ及 *qP* 值均随土壤含水量的升高而逐渐降低，而 *NPQ* 值则呈逐渐升高趋势。

与对照组(CK)植株相比，SW 和 BS 组的 *Fv/Fm*、*Φ*PSⅡ、*qP* 值均出现显著降低，分别较对照组植株显著降低了 2.58%、37.60%、31.80%和 3.93%、59.20%、41.76%，但 SW 与 BS 组间则无显著性差异；*NPQ* 值为 CK 组＜SW 组＜BS 组，其中 CK 与 BS 组之间差异显著，但 SW 与 CK、BS 组之间则均差异不显著。

表 4-7　不同水淹处理对枫杨幼苗叶绿素荧光参数的影响

指标	处理组		
	CK	SW	BS
Fv/Fm	0.814±0.005a	0.793±0.004b	0.782±0.008b
*Φ*PSⅡ	0.250±0.025a	0.156±0.008b	0.102±0.021b
qP	0.522±0.032a	0.356±0.017b	0.304±0.025b
NPQ	0.847±0.125a	1.082±0.084ab	1.584±0.221b

注：表中不同小写字母表示不同处理组之间有显著性差异(p＜0.05)。

4.3.4　长期水淹对枫杨幼苗生长的影响

如图 4-17 所示，水淹处理一年后，枫杨幼苗 SW 和 BS 组的株高和基径均较 CK 组极显著降低，SW 和 BS 组的总生物量较 CK 组极显著降低。CK、SW 和 BS 组根生物量在总生物量中的占比分别为 21.30%、36.04%和 43.03%。与根生物量相反，CK、SW 和 BS 组的茎生物量分别占总生物量的 49.20%、45.50 和 37.20%。比较后发现，各水分处理下枫杨幼苗根生物量/茎生物量(*RSR*)均有显著性差异，CK、SW 和 BS 组的 *RSR* 值分别为 0.43、0.79 和 1.16。实验还发现，枫杨幼苗 SW 和 BS 组的叶面积与活叶片数均较 CK 组显著减少。CK 组的活叶片数分别为 SW 和 BS 组的 4.60 倍和 9.95 倍，而 CK 组的叶面积分别是 SW 和 BS 组的 18.00 和 75.00 倍。

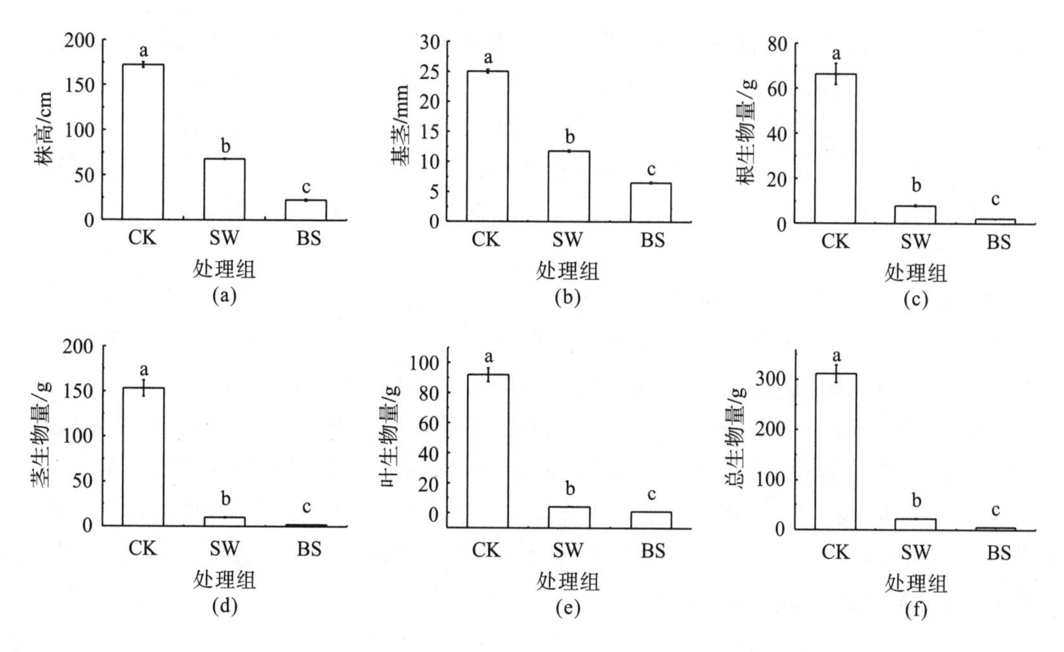

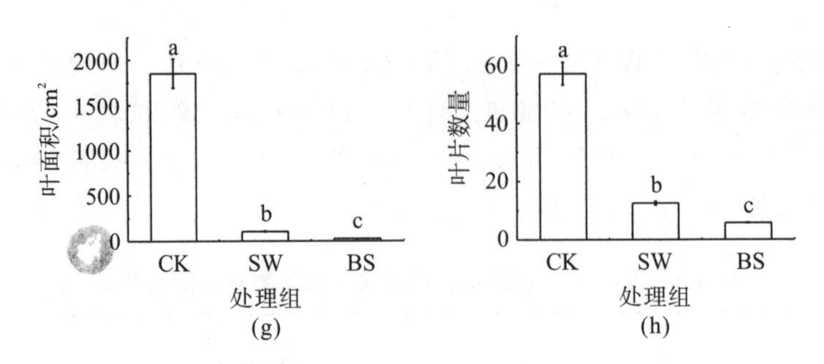

图 4-17 不同处理下枫杨幼苗生物量和生长指标的变化

4.3.5 讨论

1. 长期水淹对枫杨幼苗光合色素的影响

在光合作用过程中，光合色素主要起吸收、传递与转换光能的作用，并且在植物的生长环境发生改变时能够动态调整各组成成分之间的比例，以便对光能进行更合理的分配与耗散(Ronzhina et al.，2004)。一般而言，植物在正常生长情况下其叶片叶绿素 a/叶绿素 b 约为 3∶1(潘瑞炽等，2004)。本研究中，不同土壤含水量对枫杨幼苗的叶绿素、类胡萝卜素含量及其比值均产生了显著影响，枫杨幼苗各处理组的叶绿素与类胡萝卜素含量均表现为 CK 组＞SW 组＞BS 组，这与其净光合速率的表现是一致的。枫杨幼苗 SW、BS 组的叶绿素 a/叶绿素 b 小于 3∶1(图 4-15)，这可以保证参与光合作用的聚光色素是充足的，使植物可以更加合理高效地分配叶绿素 *a* 与叶绿素 *b* 的比例，帮助植物朝着光合作用最优方向发展(Ronzhina et al.，2004)。光合色素含量的变化表明植物净光合速率的高低不但受光合色素绝对含量的影响，还受光合色素含量之间比值的影响(潘瑞炽等，2004)。

2. 长期水淹对枫杨幼苗光合生理的影响

植物在水淹条件下能否保持较高的光合速率及正常的光合特性是决定植物水淹耐受性的重要因素(Chen et al.，2005)。前人研究发现，对水淹胁迫具有较强耐受能力的宽叶独行菜在接受水面高于土壤 1 cm 的水淹胁迫的 42 天后，其净光合速率较对照组降低了 28.00%～44.00%(Chen et al.，2005)。本实验表明，枫杨幼苗在遭受持续表土 5 cm 水淹一年后仍然能够进行光合作用和生长，其净光合速率还保持有对照组植株的 54.16%，说明长时间水淹对当年生枫杨幼苗光合速率的影响较小，枫杨幼苗水淹耐受性较强。

已有研究表明，许多因素可以影响枫杨幼苗的净光合速率，其中气体交换参数及资源利用效率是两个重要的影响因素(Eclan and Pezeshki，2002；汪贵斌和曹福亮，2004b)。在经历一年的水淹胁迫后，与对照组相比，枫杨幼苗 SW、BS 组的 *Gs*、*Ci*、*Tr* 及 *WUE* 值均无显著性差异；而 SW、BS 组的 *LUE* 和 *CUE* 值却显著下降，并且 BS 组植株 *LUE*、*CUE* 值为对照组植株的 58.33%和 52.08%，这表明水淹胁迫主要是影响枫杨幼苗的碳同化作用，而对其水分利用情况影响不大。本实验中，水淹胁迫可能破坏了枫杨幼苗叶片的部分光合结构，也可能枫杨幼苗叶片中参与光合作用的 Rubisco 的活性及植物利用光能的能力有所降低(Yordanova et al.，2003)。

叶绿素荧光检测是快速且灵敏地了解植物光合作用与环境的关系的方法，通过检测不同荧光参数的改变情况，可以揭示植物在应对外界环境变化特别是逆境胁迫时的内在光能利用机制(吴飞燕，2011)。*Fv/Fm* 代表植物叶片的 PSⅡ最大光化学效率，是衡量PSⅡ原初光能转换效率高低的有效依据。在无胁迫环境中该参数值很稳定，物种及生长条件对其没有影响，但在胁迫环境中该参数值明显降低，表明部分反应中心功能丧失(刘建福，2007)。遭受水淹胁迫一年后，枫杨幼苗 SW、BS 组的 *Fv/Fm* 值虽显著低于对照组，但仍处于相对较大的水平，表明土壤水饱和与根部 5 cm 水淹处理均对枫杨幼苗叶片 PSⅡ的活性有一定影响。枫杨幼苗 BS 组的 *Φ*PSⅡ和 *qP* 值较对照组分别显著降低了59.30%和 41.87%，表明枫杨幼苗在水淹处理一年后其 PSⅡ反应中心的开放程度降低且PSⅡ向 PSⅠ进行的电子传递受到了抑制。这说明，净光合速率的降低可能是因为植物受到了非气孔限制因素的影响。

NPQ 表征的是 PSⅡ天线色素过量吸收的光能中以热量耗散掉的部分，它是植物进行自我保护的一种机制，可使光合机构免于受到损害(陈贻竹等，1995)。本研究中，随着土壤水分含量的增加，*NPQ* 值逐渐升高，BS 组的热耗散最高，最能对 PSⅡ起到有效保护。这表明枫杨幼苗在水淹胁迫下能增强对光合结构的保护，从而有效地增大光合作用效率，这可能是其耐水淹能力较强的原因之一。

通过以上结果发现，就光合特性而言，枫杨幼苗能够较好地适应长期水淹环境。在接受一年根部淹水后，其净光合速率较对照组有一定程度的下降，但仍能够将其光合能力维持在较高水平，这是其耐水淹能力较强的又一重要原因。同时观察到，BS 组枫杨幼苗在经历长达一年的水淹后其存活率仍为 100%，并形成了大量通气结构，如肥大的皮孔及水生不定根。所以，可以考虑将枫杨作为构建三峡库区消落带植被的物种之一，但枫杨能否耐受更深的水淹深度、能否耐受水位下降后的干旱胁迫还需进一步深入研究。

4.4 长期水淹对枫杨幼树生理生态的影响

4.4.1 引言

三峡水库消落带全年水位跨度大，冬季水淹时间长，夏季出露后高温多雨，这将使消落带原有植物面临长时间不同深度水淹与短时间轻度干旱及复水恢复的周期性交替胁迫。这极有可能会打乱消落带库岸植物的正常生理节律，对其生理过程和生长发育产生不利影响。枫杨是三峡库区消落带具有典型代表性的乡土树种(Jiang et al.，2005)，毫无疑问其将有可能受到消落带水淹—轻度干旱—复水恢复周期性胁迫的影响。然而，有关该树种如何应对三峡库区消落带水淹—轻度干旱—复水恢复周期性胁迫的生理生态适应机制研究还未见报道。因此，本节旨在通过模拟三峡库区水淹—轻度干旱—复水恢复周期性胁迫条件，探索枫杨的生理与生长适应性机理。

4.4.2 材料和方法

1. 研究材料和地点

由于实地造林中多采用两年生苗木，因此本研究选择两年生枫杨幼树作为研究对象。于 10 月初挑选 160 株生长基本一致的枫杨幼树(由重庆园林科研院提供)，将其栽种于中央直径为 28 cm、盆深为 24 cm 的装有紫色土的花钵中，每盆 1 株。将所有栽植的树苗放入西南大学三峡库区生态环境教育部重点实验室实验基地大棚(海拔 249 m，透明顶棚且四周开敞)下进行相同环境与管理适应，于次年 1 月 25 日开始实验处理，此时枫杨树苗的平均株高达 89.2 cm。

2. 实验设计

三峡水库每年 10 月开始蓄水，至 11 月达到最高水位，来年 2 月开始排水，至 6 月降至最低水位。本研究依据三峡水库水位波动变化状况来设置模拟实验中水淹—轻度干旱—复水恢复周期性胁迫的水分处理梯度及时间跨度。由于受到消落带蓄水的影响，不同海拔上生长的植物最先面临深度不同的水淹胁迫，汛期到来前的清库使水位开始下降，水淹胁迫的程度也随之减轻，之后植物出露并逐步恢复至正常生长状态。进入夏季高温天气后，植物又将处于短时间轻度干旱状态，雨水的来临使植物再次得到恢复。基于此，本研究共设置了 4 个处理组：CK、T_1、T_2和 T_3组，具体处理见表 4-8。将盆栽的枫杨幼树随机分为 4 组，每组各 40 盆，对应接受 4 种处理。从实验开始之日算起，分别在实验开始后的第 45 天、第 65 天、第 155 天、第 176 天和第 197 天测定枫杨幼树的生理指标和生物量。生理指标，每个处理每个测定重复 3 次；生长指标，每个处理每个测定重复 5 次。

表 4-8 实验设置

处理组	第 1～45 天 (2011 年 1 月 25 日至 3 月 10 日)	第 46～65 天 (2011 年 3 月 11 日至 3 月 30 日)	第 66～155 天 (2011 年 3 月 31 日至 6 月 28 日)	第 156～176 天 (2011 年 6 月 29 日至 7 月 19 日)	第 177～197 天 (2011 年 7 月 20 日至 8 月 9 日)
CK	常规供水	常规供水	常规供水	常规供水	常规供水
T_1	根淹	常规供水	常规供水	轻度干旱	常规供水
T_2	半淹	根淹	常规供水	轻度干旱	常规供水
T_3	全淹	半淹	常规供水	轻度干旱	常规供水

注：常规供水——采用称重法控制土壤含水量为田间持水量的 60%～63%；全淹——将苗盆放入长、宽、高各 2.3 m 的专用实验水池中，向水池中注入自来水并保持水深为 2 m，没顶约 1.1 m；半淹——将苗盆放入上述水池中，向水池中注水并保持水深为 50 cm；根淹——水面超过花盆土壤表面 5 cm；轻度干旱——采用称重法控制土壤含水量为田间持水量的 40%～43%。

3. 数据测定

1) 生物量测定

将苗木小心从盆钵中挖出，用自来水冲净根系，然后将根、茎和叶分开单独取样，并放入 80℃烘箱内进行烘干处理，至重量不再改变后用分析天平分别称量。

2)生理指标的测定方法

采用实验苗木的根部进行超氧化物歧化酶(SOD)、过氧化物酶(POD)和过氧化氢酶活性(CAT)，以及丙二醛(malondialdehyde，MDA)、可溶性蛋白和游离脯氨酸含量的测定。SOD 活性采用氮蓝四唑(nitro-blue tetrazolium，NBT)法进行测定，以单位时间内抑制光化还原 50%的氮蓝四唑为一个酶活性单位 U；POD 活性采用愈创木酚法进行测定，以每分钟内 OD_{470} 变化 0.01 的酶量为 1 个酶活性单位 U；CAT 活性采用过氧化氢氧化法进行测定，以每分钟内 OD_{240} 变化 0.01 的酶量为 1 个酶活性单位 U；MDA 含量采用硫代巴比妥酸(thiobarbituric acid，TBA)氧化法进行测定；可溶性蛋白含量采用考马斯亮蓝 G250 显色法进行测定，以牛血清蛋白为标准蛋白；游离脯氨酸含量采用磺基水杨酸法进行测定(李合生等，2000；张志良和瞿伟菁，2003)。

4. 统计分析

采用 Excel、SPSS 软件进行数据分析，根据测定的各项指标，将水分处理与处理时间作为影响所测指标的 2 个因素，采用双因素方差分析揭示水分处理、处理时间以及两者的交互作用对枫杨幼树生理与生长的影响(GLM 程序)，并用 Tukey's 检验法检验每个指标在各处理间不同时间条件下的差异显著性。

4.4.3　长期水淹对枫杨幼树生长的影响

在整个处理期间，所有用于实验的枫杨幼树其成活率均为 100%，但 T_3 组开始萌发叶片的时间较 CK、T_1 与 T_2 组有明显延迟。不同水分处理、处理时间和二者交互作用对枫杨幼树根、茎、叶生物量及总生物量均造成了显著影响(表 4-9)。4 个处理组的总生物量均随实验时间的延长不断增加(图 4-18)。在整个处理期，T_1 组根生物量的总均值和 CK 组之间差异不显著，T_2 与 T_3 组根生物量的总均值较 CK 组分别显著降低了 24.76%与 48.90%。T_2 组茎生物量的总均值也和 CK 组之间差异不显著，但 T_1 与 T_3 组茎生物量的总均值则较 CK 组分别显著降低了 5.02%与 30.42%。T_1、T_2 与 T_3 组叶生物量的总均值较 CK 组分别显著降低了 23.82%、30.85%与 65.22%，同时，T_1、T_2 与 T_3 组总生物量的总均值也较 CK 组分别显著降低了 5.31%、14.53%与 42.94%(表 4-10)。

表 4-9　不同水分处理与处理时间对枫杨幼树生长的影响

变量	F 值		
	水分处理	处理时间	水分处理×处理时间
根生物量/(g · plant^{-1})	396.311***	722.835***	8.378***
茎生物量/(g · plant^{-1})	222.749***	733.414***	8.708***
叶生物量/(g · plant^{-1})	458.801***	1467.593***	59.780***
总生物量/(g · plant^{-1})	736.406***	2007.620***	29.742***

注：***表示 $p<0.001$。

表 4-10 不同水分处理下枫杨幼树的生长变化

处理组	特征			
	根生物量/(g·plant^{-1})	茎生物量/(g·plant^{-1})	叶生物量/(g·plant^{-1})	总生物量/(g·plant^{-1})
CK	24.23±1.99a	24.68±1.73a	7.39±1.06a	56.31±4.75a
T_1	24.25±1.67a	23.44±1.27b	5.63±0.79b	53.32±3.67b
T_2	18.23±1.41b	24.80±1.37a	5.11±0.73c	48.13±3.47c
T_3	12.38±1.31c	17.17±1.08c	2.57±0.36d	32.13±2.74d

注：CK、T_1、T_2和T_3组的值为该处理组整个实验期样本的总均值±标准误。经 Tukey's 检验，不同字母表示不同处理组之间的差异显著($p<0.05$)。

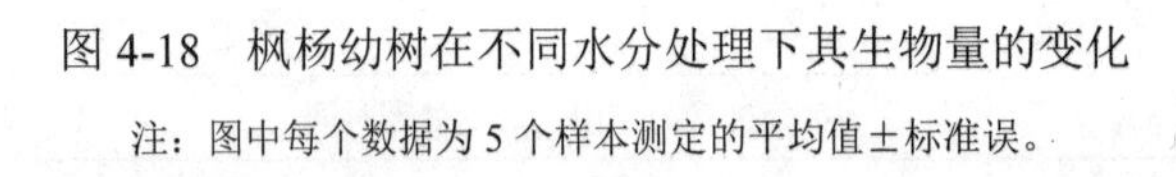

图 4-18 枫杨幼树在不同水分处理下其生物量的变化

注：图中每个数据为 5 个样本测定的平均值±标准误。

4.4.4 长期水淹对枫杨幼树生理的影响

1. 保护酶活性的变化

枫杨幼树 SOD、POD 和 CAT 活性均受到水分处理、处理时间和二者交互作用的极显著影响(表 4-11)。在整个处理期，枫杨幼树 T_1 与 T_2 组 SOD 活性的总均值较 CK 组分别显著增高了 7.95%与 8.55%，而 T_3 组 SOD 活性的总均值则与 CK 组差异不显著；T_1、T_2 与 T_3 组 POD 活性的总均值较 CK 组分别显著增高了 23.37%、16.85%与 7.03%；T_1、T_2 与 T_3 组 CAT 活性的总均值较 CK 组显著降低了 32.29%、32.05%与 24.92%(表 4-12)。

表 4-11　不同水分处理与处理时间对枫杨幼树生理特征的影响

变量	*F* 值		
	水分处理	处理时间	水分处理×处理时间
SOD 活性(FW)/(U·g^{-1})	39.992***	631.174***	103.978***
POD 活性(FW)/(U·g^{-1})	104.540***	625.093***	88.271***
CAT 活性(FW)/(U·g^{-1})	446.669***	269.195***	51.621***
MDA 含量(FW)/(μmol·g^{-1})	136.891***	313.140***	39.338***
游离脯氨酸含量(FW)/(g·g^{-1})	803.054***	1012.001***	187.248***
可溶性蛋白含量(FW)/(mg·g^{-1})	18.472***	107.083***	19.341***

注：***表示 $p<0.001$。

表 4-12　不同水分处理下枫杨幼树的生理特征

处理组	特征					
	SOD 活性(FW)/(U·g^{-1})	POD 活性(FW)/(U·g^{-1})	CAT 活性(FW)/(U·g^{-1})	MDA 含量(FW)/(μmol·g^{-1})	游离脯氨酸含量(FW)/(g·g^{-1})	可溶性蛋白含量(FW)/(mg·g^{-1})
CK	804.51±5.54b	55.24±0.66d	71.29±0.71a	1.64±0.05c	11.81±0.49d	19.48±0.33ab
T_1	868.44±38.31a	67.95±4.81a	48.27±3.95c	2.65±0.37b	19.56±2.61c	19.80±0.84a
T_2	873.28±47.93a	64.55±4.61b	48.44±3.27c	2.64±0.35b	25.30±2.87b	18.34±1.22b
T_3	820.50±65.20b	59.12±5.79c	53.52±2.47b	3.57±0.56a	28.33±3.61a	16.67±1.77c

处理 45 天时，枫杨幼树 T_1、T_2 与 T_3 组 SOD 活性均显著低于 CK 组。至 65 天时，T_1、T_2 与 T_3 组 SOD 活性逐步回升至显著高于 CK 组。处理 155 天时，T_1、T_2 组 SOD 活性显著低于 CK 组，但 T_3 组 SOD 活性却和 CK 组差异不显著。至 176 天时，T_1、T_2 与 T_3 组 SOD 活性均又回升至显著高于 CK 组水平。处理结束时，4 个组 SOD 活性之间均无显著性差异[图 4-19(a)]。

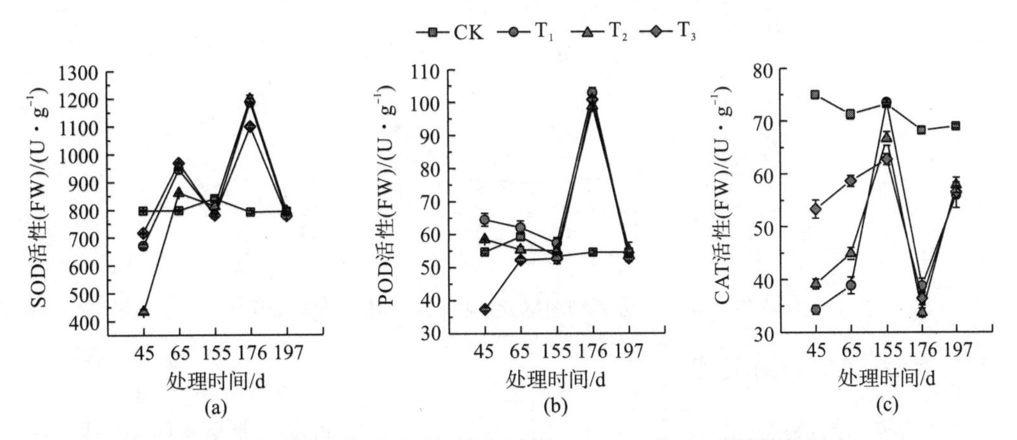

图 4-19　不同水分处理对枫杨幼树 SOD、POD 和 CAT 活性的影响

POD 活性的变化与 SOD 略有差异。处理 45 天时，枫杨幼树 T_1 组 POD 活性较 CK 组显著升高，T_2 组 POD 活性和 CK 组之间无显著性差异，T_3 组 POD 活性则显著低于 CK 组。至 65 天时，T_3 组 POD 活性仍显著低于 CK 组，而 T_1、T_2 组 POD 活性则恢复至与 CK 组差异不显著。处理 155 天时，T_1、T_2 与 T_3 组 POD 活性均恢复至与 CK 组之间差异不显著。至 176 天时，T_1、T_2 与 T_3 组 POD 活性均又迅速升高且与 CK 组有显著性差异。处理结束时，T_1、T_2 与 T_3 组 POD 活性均恢复至与 CK 组无显著性差异[图 4-19(b)]。

CAT 活性的变化与 SOD、POD 不同。处理 45 天时，枫杨幼树 T_1、T_2 与 T_3 组 CAT 活性均较 CK 组显著降低。至 65 天时，T_1、T_2 与 T_3 组 CAT 活性均有所回升，但仍显著低于 CK 组。处理 155 天时，T_1 组的 CAT 活性恢复至与 CK 组无显著性差异，T_2 与 T_3 组的 CAT 活性则仍显著低于 CK 组。至 176 天时，T_1、T_2 与 T_3 组 CAT 活性又显著低于 CK 组。处理结束时，T_1、T_2 与 T_3 组 CAT 活性又有所回升，但仍显著低于 CK 组[图 4-19(c)]。

2. 脂质过氧化作用的变化

枫杨幼树 MDA 含量受到不同水分处理、处理时间及二者交互作用的极显著影响(表 4-11)。在整个处理期，枫杨幼树 T_1、T_2 与 T_3 组的 MDA 含量总均值较 CK 组分别显著增大了 61.75%、61.19%与 118.43%(表 4-12)。处理 45 天时，枫杨幼树 T_1、T_2 与 T_3 组的 MDA 含量均较 CK 组显著升高，且 T_3 组显著高于 T_1、T_2 组，但 T_1 与 T_2 组之间却没有显著性差异。至 65 天时，T_1 组的 MDA 含量降至与 CK 组之间无显著性差异，但 T_2、T_3 组却仍然显著高于 CK 组，并且 T_3 组显著高于 T_2 组。处理 155 天时，T_1、T_2 与 T_3 组的 MDA 含量恢复至与 CK 组无显著性差异。至 176 天时，T_1、T_2 与 T_3 组的 MDA 含量均再次升高至显著高于 CK 组。处理结束时，T_1、T_2 与 T_3 组的 MDA 含量恢复至与 CK 组差异不显著(图 4-20)。

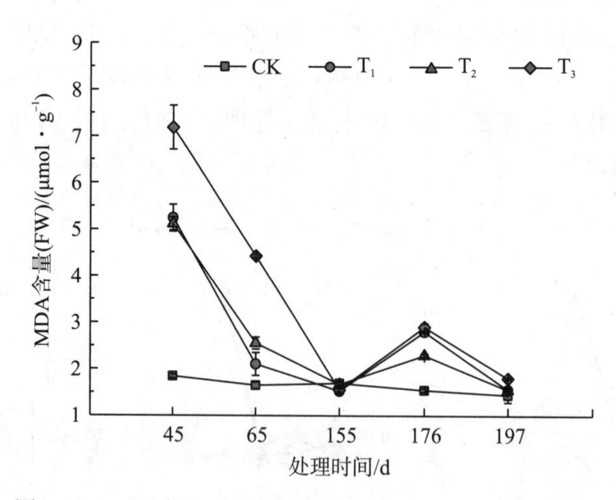

图 4-20 不同水分处理对枫杨幼树根部 MDA 含量的影响

3. 渗透调节物质的变化

枫杨幼树的游离脯氨酸含量受到不同水分处理、处理时间及二者交互作用的极显著影响(表 4-11)。在整个处理期，枫杨幼树 T_1、T_2 与 T_3 组的游离脯氨酸含量总均值较 CK 组分别显著增大了 65.62%、114.28%与 139.93%(表 4-12)。处理 45 天时，T_1、T_2与T_3组的游离脯氨酸含量均显著高于 CK 组。至 65 天时，T_1组的游离脯氨酸含量开始下降，但T_2与T_3组的游离脯氨酸含量却上升至显著高于 CK 组。处理 155 天时，T_1、T_2与T_3组的游离脯氨酸含量均恢复至与 CK 组无显著性差异。至 176 天时，T_1、T_2与T_3组的游离脯氨酸含量均显著高于 CK 组。处理结束时，T_1、T_2与T_3组的游离脯氨酸含量又恢复至与 CK 组无显著性差异(图 4-21)。

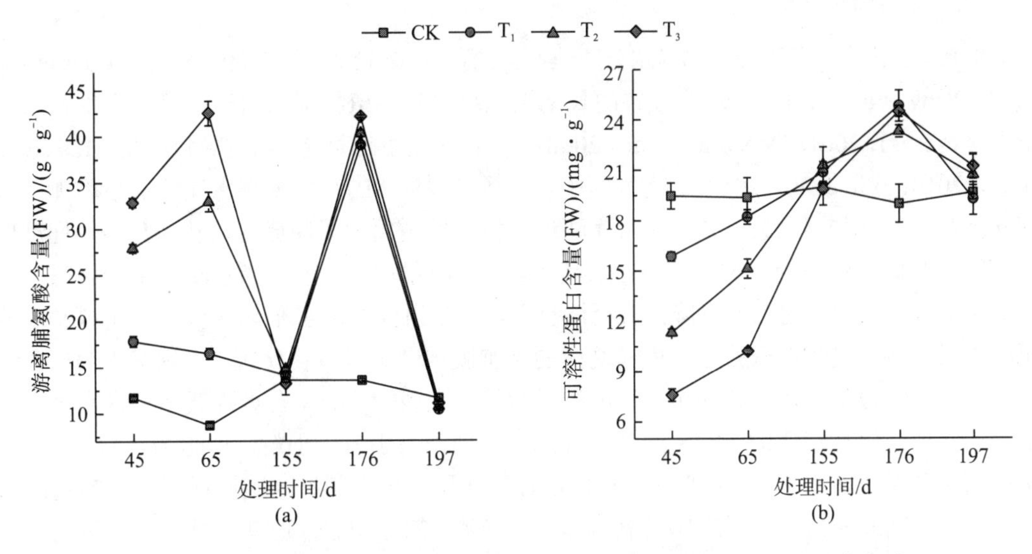

图 4-21　不同水分处理对枫杨幼树根部游离脯氨酸、可溶性蛋白含量的影响

枫杨幼树的可溶性蛋白含量受到不同水分处理、处理时间及二者交互作用的显著影响(表 4-11)。在整个处理期，枫杨幼树T_1和T_2组的可溶性蛋白含量总均值均与 CK 组没有显著性差异，而T_3组的可溶性蛋白含量则比 CK 组显著降低了 14.44%(表 4-12)。处理 45 天时，T_1、T_2与T_3组的可溶性蛋白含量均显著低于 CK 组。至 65 天时，T_1组的可溶性蛋白含量上升至与 CK 组无显著性差异，而T_2、T_3组的可溶性蛋白含量则仍旧显著低于 CK 组。处理 155 天时，T_1、T_2与T_3组的可溶性蛋白含量恢复至与 CK 组无显著性差异。至 176 天时，T_1、T_2与T_3组的可溶性蛋白含量上升至显著高于 CK 组。处理结束时，T_1、T_2与T_3组的可溶性蛋白含量再次恢复至与 CK 组无显著性差异(图 4-21)。

4.4.5　讨论

1. 长期水淹对枫杨幼树形态及生长的影响

植物的生长状况和积累的生物量是表征其对所处的生长环境适应能力的重要指标(杨静等，2008；张晔和李昌晓，2011)。本研究发现，枫杨幼树在不同水淹及轻度干旱胁迫下的根、茎、叶生物量及总生物量均表现出一定程度的降低，表明水淹和干旱胁迫对枫杨幼树的生长产生了一定程度的抑制。然而，枫杨幼树T_1组的根生物量及T_2组的茎生物量则与 CK 组之间差异不显著，这可能与枫杨幼树在水淹胁迫下产生了不定根及肥大的皮孔有关。需要注意的是，全淹胁迫下枫杨幼树叶片脱落，解除胁迫后其生长略有滞后（图 4-18），这是否与水淹胁迫对枫杨物候造成了影响有关还有待于深入研究。此外，实验还发现，枫杨幼树的根、茎、叶生物量及总生物量在轻度干旱胁迫解除后的恢复处理中并没有显著增高，说明枫杨幼树对干旱胁迫较为敏感。

2. 长期水淹对枫杨幼树生理的影响

1）膜脂过氧化作用

根系 MDA 含量可表征植物受水分胁迫伤害的程度（孙景宽等，2009；Yildiz-Aktas et al.，2009；Peng et al.，2013）。水淹导致的长期性缺氧将破坏植物根系内活性氧的产生和清除平衡（Pezeshki，2001；Debabrata et al.，2008），使膜脂发生过氧化作用，导致产生 MDA（Liu et al.，2010；Yin et al.，2010）。本实验中，枫杨幼树的 MDA 含量在水淹胁迫下增加，且随胁迫程度的增加而上升。这表明水淹胁迫使枫杨幼树发生了膜脂过氧化作用，并且没顶全淹胁迫对枫杨幼树的伤害最大，导致其 MDA 含量最高。然而，当水淹程度减轻时，枫杨幼树的 MDA 含量则有所下降，甚至恢复至与 CK 组同样的水平。这与李纪元（2006）的研究结果一致，说明水淹胁迫下枫杨幼树的细胞膜遭受了过氧化伤害，表现为 MDA 含量升高，但当胁迫消除后，这种伤害逐渐得以解除，表现为 MDA 含量降低至正常水平。本实验还发现，枫杨幼树的 MDA 含量在轻度干旱胁迫下上升；但解除胁迫后，MDA 含量又逐渐恢复至正常水平。这表明枫杨幼树在轻度干旱胁迫下其细胞膜同样会产生超量活性氧，从而直接或间接引发了膜脂过氧化作用，导致 MDA 积累，但恢复供水后枫杨幼树的活性氧代谢恢复正常。

2）抗氧化酶活性

植物为抵御水分胁迫产生的活性氧自由基的毒害，形成了以 SOD、POD、CAT 和 ASP 等为主的活性氧代谢系统（赵祥等，2010；Tang et al.，2010a）。SOD 是该系统中的核心保护酶，其含量可表征植物对逆境的应急能力（徐勤松等，2009；张小璇和谢三桃，2009）。

本实验中，处理 45 天时枫杨幼树 3 个处理组的 SOD 活性均显著降低，且 T_3 组最低，表明水淹胁迫导致枫杨幼树活性氧的产生与清除平衡被破坏，活性氧加速产生，超过一定的阈值时便引起 SOD 活性降低（刘泽彬，2014）。处理 65 天时，T_1、T_2、T_3 组的 SOD 活性全部回升至显著高于 CK 组，说明 SOD 活性随水淹时间的增加及水淹深度的降低得以恢复，这可以保护植物免于受到活性氧自由基的损害，但 SOD 活性的恢复与植物的水淹耐受性有关（柯世省和金则新，2007）。

POD、CAT 可以清除植物细胞内过量的 H_2O_2，维持细胞内的 H_2O_2 处在一个相对正常的水平，使细胞膜结构得到有效保护（Pyngrope et al.，2013）。在本实验中，枫杨幼树 T_1 组（水淹深度较浅）的 POD 活性增加，而 T_3 组（水淹深度较深）则下降。该结果与李纪元（2006）的研究结果类似，说明水淹深度对枫杨幼树 POD 活性有较大影响，浅度水淹具有正向诱导作用，而深度水淹时活性氧含量过高会使 POD 活性降低，表现为负向诱导作用。枫杨幼树 CAT 活性在受到水淹胁迫时显著降低，这与汤玉喜等（2008）的研究结果一致，可能与枫杨幼树 CAT 活性具有较高的水淹敏感性有关。本实验还发现，枫杨幼树 SOD、

POD 和 CAT 活性在干旱胁迫下升高，表明轻度干旱胁迫下所产生的活性氧自由基的浓度可能没有水淹胁迫下的高，且也未超过枫杨幼树的耐受阈值，从而能诱导 SOD、POD 和 CAT 活性升高，减轻了活性氧自由基对枫杨树苗的伤害。但需注意的是，枫杨幼树在干旱胁迫下的 MDA 含量依然升高，说明枫杨幼树并不能因其保护酶活性提高而不被轻度干旱胁迫所伤害。

3) 渗透调节

渗透调节是植物适应干旱胁迫的一种重要生理适应机制(李霞等，2005；Corcuera et al.，2012)。已有研究发现，脯氨酸能够调节细胞内部的渗透势，从而保护细胞内的蛋白质分子及酶活性，还能够清除活性氧，保护细胞免受寒冷的伤害(Molinari et al.，2004；Ashraf and Foolad，2007)。本研究发现，枫杨幼树的游离脯氨酸含量在干旱胁迫下升高，表明枫杨幼树能够进行一定程度的渗透调节。但也有研究发现，脯氨酸的积累并不表示植物的抗逆能力得以提升(余玲等，2006)，因此不能单从脯氨酸含量增加来推测枫杨幼树对轻度干旱具有适应能力。考虑到枫杨幼树的 MDA 含量在干旱胁迫下增高的事实，我们认为枫杨幼树对干旱胁迫的适应能力是有限的。

植物体内的可溶性蛋白和氮代谢过程有密切关系。本研究发现，枫杨幼树可溶性蛋白含量在水淹胁迫下显著降低，且随水淹深度加深而逐渐下降，这与谢福春(2009)的研究结果一致，说明水淹胁迫使蛋白质合成受到抑制并使蛋白质发生降解，从而降低了蛋白质含量。本实验还发现，枫杨幼树可溶性蛋白含量在轻度干旱胁迫下显著高于 CK 组，这可能是因为可溶性蛋白增加了细胞的保水力。枫杨幼树在干旱胁迫下可通过增加体内可溶性蛋白的含量来提高自身细胞的保水力，进而增强耐轻度干旱胁迫的能力。

本实验表明，处理过程中的水淹和轻度干旱胁迫均对枫杨幼树的生理与生长产生了显著影响，相较于轻度干旱胁迫，枫杨幼树对冬季水淹胁迫更有耐受力，这与枫杨树苗耐受水湿而不耐干旱的特性是一致的。面对由三峡库区消落带水位变化形成的不同程度的水淹—轻度干旱—复水恢复环境，枫杨幼树具有一定适应性。但就枫杨幼树对干旱胁迫较为敏感的事实而言，应加强对其生长环境的水分管理，特别是干旱条件下的供水保障管理。

第 5 章 水淹对三峡库区消落带适生树种水杉生理生态的影响

5.1 水淹-干旱交替胁迫对水杉幼树生理生态的影响

5.1.1 引言

三峡水库蓄水后，其水位呈周期性消涨的反季节水位调节方式，使库岸形成了大面积裸露的消落带(徐刚，2013)。消落带内岸生树种因水位周期性消涨变化的影响而受到不同程度的水淹胁迫(Li et al.，2005，2006，2010b)，出露后也会因夏季的高温而面临一定程度的干旱胁迫(Jiang et al.，2006；李昌晓等，2008)。因此，用于修复和重建消落带植被的候选植物不仅要耐水淹能力强，还要具有一定的耐干旱能力。

水杉是三峡地区的乡土植物，具有较强抗逆性。目前，学者对水杉的基因结构(Ahuja，2009；Cui et al.，2010；杨星宇等，2011；Zhao et al.，2013)、遗传变异(Du et al.，2013)、无性繁殖(黄翠等，2010；Kolasinski，2012)、化学组成及其特性(Bajpai et al.，2007；Mou et al.，2007；Bajpai et al.，2010；Dong et al.，2011；Zeng et al.，2012)、种子萌发(景丹龙等，2011)、生长特性(Williams et al.，2003；Chen et al.，2011；丁次平等，2012)和种群变化(Tang et al.，2011)等进行了研究，但有关水杉应对三峡库区消落带反季节水文动态变化导致的水淹胁迫和紧接着的干旱胁迫的生理生态机制尚不清楚。因此，本章旨在模拟三峡库区动态变化的水淹-轻度干旱胁迫条件，并以水杉树苗为实验材料，通过模拟三峡库区消落带土壤水分的变化格局，研究水杉树苗各项生长与生理生化指标在水分胁迫处理下的变化规律，以揭示水杉树苗先前经历的水淹胁迫是否会对其对紧接着的干旱胁迫的耐受性产生影响，进而探讨其对不同水分胁迫的生理生化响应机制及耐受程度，以期为三峡库区消落带的植被恢复与重建提供候选植物种类。

5.1.2 材料和方法

1. 研究材料和地点

考虑到实地操作中多采用两年生苗木进行三峡库区库岸防护林体系建设，本实验选择水杉两年生树苗作为研究对象。2012 年 11 月 20 日将 144 株长势相同的水杉树苗进行带土盆栽，每盆种植 1 株(盆中央直径 20 cm，盆深 17 cm)，盆内所用土壤的性质如下：pH 为 8.26±0.04，有机质为 11.62±0.56 g·kg^{-1}，全氮为 1.11±0.04 g·kg^{-1}，全磷为 1.11±0.10 g·kg^{-1}，全钾为 53.61±5.24 g·kg^{-1}，碱解氮为 76.70±3.78 mg·kg^{-1}，有效磷为 0.85±0.16 mg·kg^{-1}，速效钾为 161.02±4.08 mg・kg^{-1}(n=6)。将所有盆栽幼树放入西南大学三峡库区生态环境教育部重点实验室实验基地大棚(海拔 249 m，透明顶棚且四周开敞)下进行相同环境适应。于 2013 年 1 月 18 日对水杉幼树正式开展实验(此时苗高 97.05±1.53 cm)。

2. 实验设计

依据三峡库区消落带水位周期性变化的实际情况，将实验时间分为 3 个不同阶段(表 5-1)。处理前将选取的 144 株实验苗木分为 3 组，每组 48 株，进行表 5-1 中的 3 种处理。其中，常规供水处理(control，C)即采用称重法控制土壤含水量为田间持水量的 75%～80%(李昌晓等，2010a)；轻度干旱处理(control followed by drought，CD)即采用称重法控制土壤含水量为田间持水量的 47%～50%(Li et al.，2010a)。为监测轻度干旱处理效果，于清晨(6：00～7：00)用露点水势仪 Psypro(美国 Wescor 公司生产)测定水杉幼树上部完整成熟叶片的叶水势，以小于-0.5 MPa 为标准(图 5-1)。半淹处理(half-submersion，HS)即将苗盆置于实验水池中，保持池水淹没至水杉幼树的中部；全淹处理(full-submersion，FS)即将苗盆也置于实验水池中，但保持池水淹没过水杉幼树顶端 20 cm。

表 5-1　实验设计

第一阶段(75 天)	第二阶段(75 天)	第三阶段(21 天)
C	C	C
	CD	C
HS	HS	HS
	HSD(干旱胁迫半淹处理)	C
FS	FS	FS
	FSD(干旱胁迫全淹处理)	C

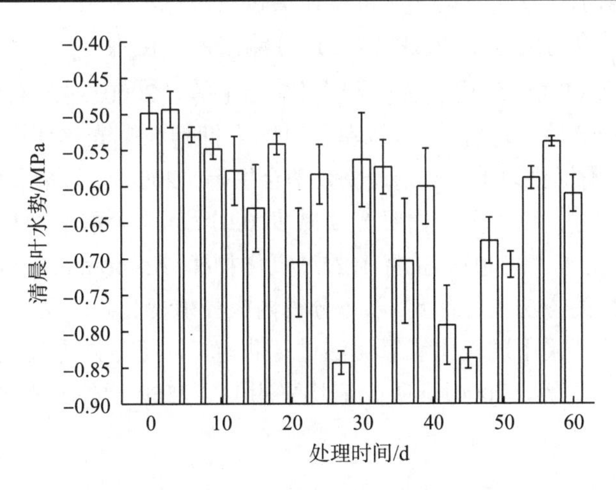

图 5-1　轻度干旱阶段水杉清晨叶水势

第一阶段水分处理结束后，将每个处理组的 48 株苗木随机均分为 2 组，其中一组接受轻度干旱胁迫处理，另一组则继续接受第一阶段的水分处理。第二阶段处理结束后，将半淹处理组与全淹处理组苗盆从实验水池中取出，所有处理组的苗木均进行常规供水处理。

第二和第三阶段处理结束后，每个处理组分别取 6 株水杉幼树进行光合参数与生物量测定，另取 6 株水杉幼树的叶片进行生理生化指标的测定。

3. 数据测定

1)光合参数测定

采用LI-COR 6400便携式光合分析系统于晴天9：00～12：00对叶片进行光合参数测定。基于预备实验，用红蓝光源标准叶室进行测定，设置CO_2浓度为400 μmol·mol^{-1}，饱和光强为1200 μmol·m^{-2}·s^{-1}。参考 Anderson 和 Pezeshki(2001)的测定方法，选取幼树顶端以下的第 3 或第 4 片叶，每个处理测定 6 株植株。测定的光合参数包括净光合速率(*Pn*)、气孔导度(*Gs*)、蒸腾速率(*Tr*)和胞间 CO_2 浓度(*Ci*)。此外，测定该叶片光合色素的含量，包括叶绿素 a(*Chl a*)、叶绿素 b(*Chl b*)和类胡萝卜素(*Car*)含量，并计算总叶绿素(*Chls*)含量(总叶绿素含量=叶绿素 a 含量＋叶绿素 b 含量)、叶绿素 a/叶绿素 b(*Chl a/Chl b*)、总叶绿素/类胡萝卜素(*Chls/Car*) (Leiblein and Losch，2011)。

2)生物量测定

将实验幼树小心从实验盆钵中挖出，用自来水缓慢冲净根系，然后将根(包括断根)、茎、叶用吸水纸吸干表面水分，分别装入信封后放入 80℃烘箱中进行烘干，至恒重后用分析天平进行称量，并计算水杉幼树的根冠比。

3)生理指标的测定方法

本实验中水杉幼树的游离脯氨酸含量采用磺基水杨酸法、茚三酮比色法进行测定(李合生等，2000)。可溶性糖含量采用张志良和瞿伟菁(2003)的方法进行测定。可溶性蛋白含量采用考马斯亮蓝显色法进行测定，以牛血清蛋白为标准蛋白(李合生等，2000)。超氧根离子(O_2^-)含量采用高俊凤(2006)的方法进行测定，单位为 μg·g^{-1}。丙二醛(MDA)含量采用硫代巴比妥酸(TBA)氧化法进行测定(李合生等，2000)。超氧化物歧化酶(SOD)活性采用氮蓝四唑(NBT)法进行测定，以单位时间内抑制 50%光化还原的氮蓝四唑量为一个酶活力单位(U)，酶活性以 U·g^{-1} 来表示(李合生等，2000)。过氧化物酶(POD)活性采用愈创木酚法进行测定，以每分钟内吸光值减少 0.01 为 1 个酶活力单位(U)，酶活性以 U·g^{-1} 来表示(李合生等，2000)。抗坏血酸过氧化物酶(Ascorbate peroxidase，ASP)活性采用王朝英等(2012)的方法进行测定，以每分钟内吸光值变化 0.01 为 1 个酶活力单位(U)。过氧化氢酶(CAT)活性采用过氧化氢氧化法进行测定，以每分钟内吸光值减少 0.1 为 1 个酶活力单位(U)(李合生等，2000)。吸光值均采用 UV-2550 紫外分光光度计来进行测定。

4. 统计分析

利用 SPSS 软件进行数据处理分析，根据测定的各项指标，将水分处理作为影响所测指标的因素，进行单因素方差分析，以揭示水分处理对水杉幼树光合作用、生长及生理生化特性的影响，并用 Tukey's 检验法检验每个指标在同一阶段不同处理间(α=0.05)的差异显著性。

5.1.3　水淹-干旱交替胁迫对水杉幼树生物量的影响

第二阶段结束后，水杉幼树 FS 与 FSD 组的叶、茎、根生物量和总生物量均较 C 组显著降低，且叶生物量和总生物量也较 CD、HS 及 HSD 3 个处理组显著降低。不同的是，与 C 组相比，CD、HS 和 HSD 组叶、茎生物量均没有显著性差异，但其根生物量和总生物量则均显著降低。对于根冠比而言，HS 组根冠比较其余 5 个处理组显著降低，但这 5 个处理组之间均没有显著性差异(图 5-2)。

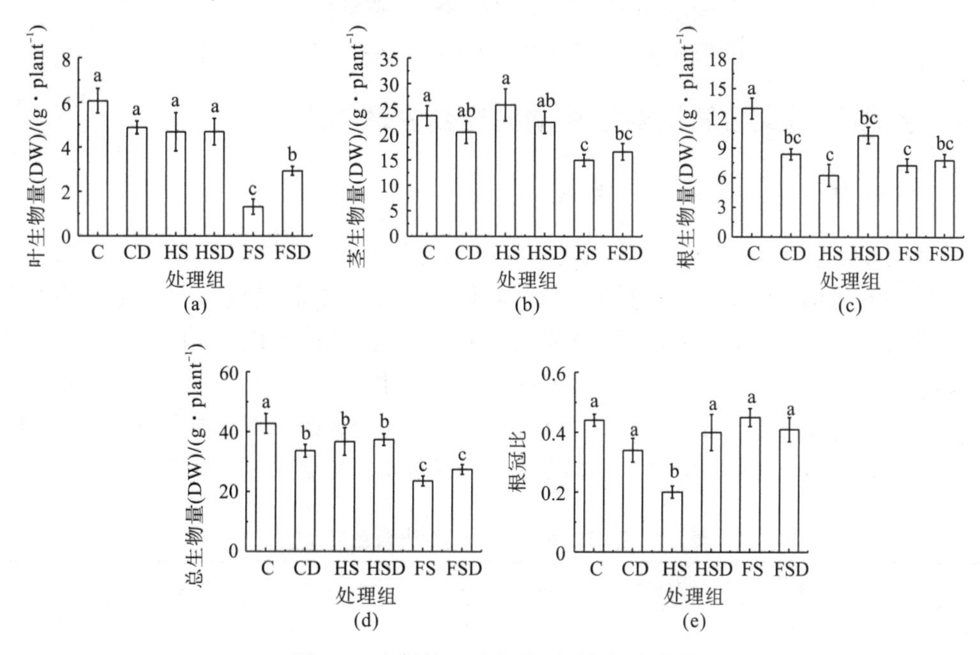

图 5-2　水杉第二阶段处理后各组生物量

注：图中数据为 6 株水杉幼树的生物量平均值±标准误(以干重计)；不同字母表示各指标在 p=0.05 水平上差异显著。下同。

在第三阶段，CD、HS、HSD、FS、FSD 组的叶、茎、根生物量和总生物量均较第二阶段有一定程度的增加，FSD 组各生物量与 CD 组之间均差异不显著，而 HSD 组则均显著高于 CD 组(茎生物量除外)。就根冠比而言，HS 组显著小于其余处理组，CD、HSD 组和 C 组之间均没有显著性差异，FSD 与 FS 组则显著小于前 3 组，但这二者相互之间没有显著性差异(图 5-3)。

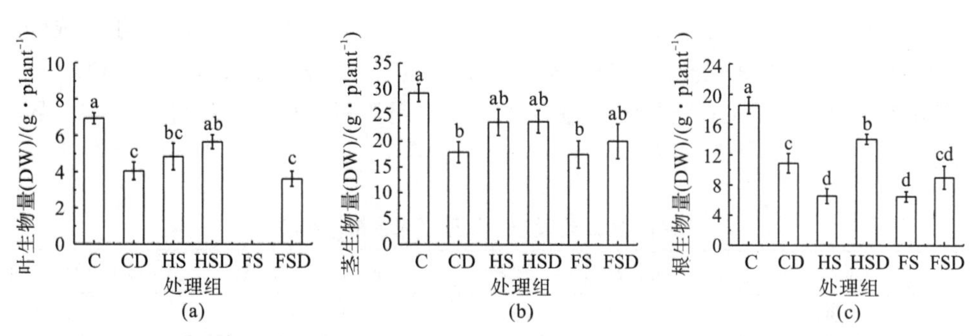

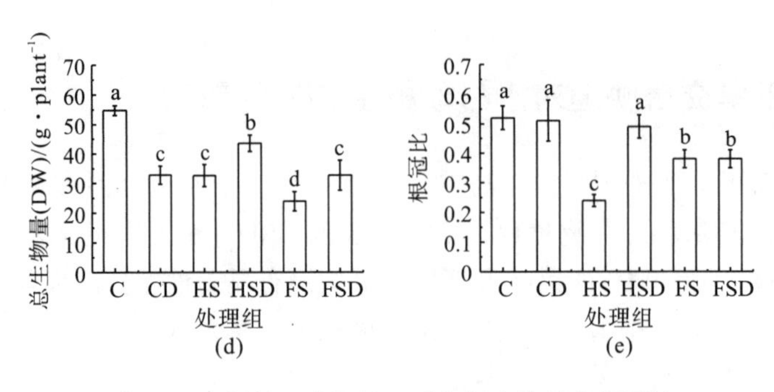

图 5-3 水杉第三阶段处理后各组生物量和根冠比

注：FS 组因落叶，未获得叶的生物量，但经检测，苗木仍然处于存活状态。

5.1.4 水淹-干旱交替胁迫对水杉幼树光合生理的影响

1. 水杉对干旱胁迫的光合生理响应

干旱处理结束时，HS 组的 *Chl a* 值在各处理组中最高，但与 HSD 组之间却未达到显著性差异；FS 组的 *Chl a* 值较各处理组显著降低。FS 组的 *Chl b* 值较 CD 组显著降低，FS 和 CD 组的 *Chl b* 值较其余处理组显著降低，而其余处理组之间则没有显著性差异。*Car* 值与 *Chl b* 值变化趋势相似，只是 FS 和 CD 组之间差异不显著。对于总叶绿素(*Chls*)含量，FS 组的 *Chls* 值较各处理组显著降低，HS 和 HSD 组 *Chls* 值较各处理组显著增高。HSD 组的 *Chls*/*Car* 显著大于各处理组，FS 组的 *Chl a*/*Chl b* 也显著大于各处理组(表 5-2)。

表 5-2 第二阶段末各处理组光合色素比较

处理组	*Chl a*/(mg・g^{-1})	*Chl b*/(mg・g^{-1})	*Car*/(mg・g^{-1})	*Chls*/(mg・g^{-1})	*Chls*/*Car*	*Chl a*/*Chl b*
C	2.12±0.10b	0.89±0.04ab	0.42±0.02a	3.33±0.25ab	6.90±0.38b	2.68±0.08b
CD	1.93±0.16b	0.84±0.02b	0.36±0.02b	3.00±0.12b	7.28±0.26b	2.71±0.04b
HS	2.60±0.33a	0.97±0.07a	0.52±0.08a	4.10±0.54a	7.12±0.64b	2.72±0.13b
HSD	2.56±0.23a	1.01±0.02a	0.44±0.07ab	4.02±0.32a	8.68±0.62a	2.50±0.17b
FS	1.11±0.25c	0.58±0.04c	0.32±0.07b	1.77±0.42c	6.58±0.84b	3.10±0.18a
FSD	2.15±0.03b	0.89±0.02ab	0.38±0.02ab	3.32±0.11b	7.83±0.14b	2.74±0.04b

注：表中数据为 6 株水杉叶片的光合平均值±标准误；不同字母表示各指标在 p=0.05 水平上差异显著。下同。

干旱处理结束时，CD、HS 和 HSD 组的 *Pn*、*Gs*、*Tr* 值均较 C 组显著降低。CD 与 HSD 组的 *Pn* 值相互之间没有显著性差异，这与 FSD 组显著大于 CD、HSD 组形成强烈对比，而 FSD 与 C 组之间则没有显著性差异。CD、HS、HSD 和 FSD 组的 *Ci* 值均与 C 组之间差异不显著；但 HSD 组的 *Ci* 值则较 CD、HS 组显著增高，而其与 FSD 组差异不显著(表 5-3)。

表 5-3 第二阶段末各处理组光合指标比较

处理组	*Pn*/(μmol CO_2・m^{-2}・s^{-1})	*Gs*/(mol H_2O・m^{-2}・s^{-1})	*Tr*/(mmol H_2O・m^{-2}・s^{-1})	*Ci*/(μmol CO_2・mol^{-1})
C	2.94±0.33a	0.029±0.002a	1.18±0.07a	197.57±16.08ab

续表

处理组	Pn/(μmol CO_2 · m^{-2} · s^{-1})	Gs/(mol H_2O · m^{-2} · s^{-1})	Tr/(mmol H_2O · m^{-2} · s^{-1})	Ci/(μmol CO_2 · mol^{-1})
CD	1.33±0.12c	0.011±0.001c	0.49±0.02c	159.64±16.13b
HS	2.02±0.25b	0.018±0.002b	0.85±0.10b	157.56±11.64b
HSD	1.36±0.17c	0.016±0.001b	0.55±0.04c	220.50±13.77a
FS	—	—	—	—
FSD	3.47±0.36a	0.031±0.001a	1.00±0.04b	194.53±13.36ab

注：FS 组叶片未完全展开，未能获得光合数据。

2. 水杉对复水处理的光合生理响应

正常供水处理结束之后，各处理组的光合色素含量逐渐恢复至 C 组水平或显著高于 C 组水平。HS、FSD 组 *Chl a* 值显著大于 CD、HSD 组，而 CD、HSD 组大于 C 组。*Chl b*、*Car*、*Chls* 值的变化趋势与 *Chl a* 值相似。各处理组的 *Chls*/*Car* 之间均没有显著性差异，C 和 HS 组的 *Chl a*/*Chl b* 显著小于 CD、HSD 和 FSD 组，而 CD 组则显著大于 HSD 组(表 5-4)。

表 5-4　第三阶段末各处理组光合色素比较

处理组	*Chl a*/(mg · g^{-1})	*Chl b*/(mg · g^{-1})	*Car*/(mg · g^{-1})	*Chls*/(mg · g^{-1})	*Chls*/*Car*	*Chl a*/*Chl b*
C	1.53±0.13c	0.58±0.04c	0.40±0.03c	2.50±0.20c	5.29±0.11a	2.65±0.11c
CD	1.84±0.18bc	0.66±0.07bc	0.43±0.04bc	2.93±0.20bc	5.87±0.04a	2.81±0.03a
HS	2.19±0.14a	0.80±0.04a	0.55±0.04a	3.55±0.21a	5.45±0.04a	2.73±0.07c
HSD	1.94±0.09b	0.72±0.04b	0.47±0.03b	3.13±0.16b	5.67±0.12a	2.73±0.09b
FS	—	—	—	—	—	—
FSD	2.47±0.15a	0.90±0.06a	0.58±0.04a	3.95±0.25a	5.78±0.18a	2.75±0.06ab

注：FS 组因落叶，未能获得光合数据，但经检测，苗木仍然处于存活状态。下同。

与干旱处理相比，经正常供水处理之后，各处理组的 *Pn*、*Gs*、*Tr*、*Ci* 值都逐渐恢复至对照组水平或显著高于对照组水平。FSD 组的 *Pn* 值显著大于 C 组，而 HS 组则与 C、HSD 组均没有显著性差异。FSD 组的 *Gs* 值显著大于其他各处理组；与之相反，CD、HS 和 HSD 组的 *Gs* 值则与 C 组之间没有显著性差异。各处理组的 *Tr* 值均较 C 组显著增大。HSD 组的 *Ci* 值显著大于 C 组，这和 CD 组显著小于 C 组形成强烈对比(表 5-5)。

表 5-5　第三阶段末各处理组光合指标比较

处理组	Pn/(μmol CO_2 · m^{-2} · s^{-1})	Gs/(mol H_2O · m^{-2} · s^{-1})	Tr/(mmol H_2O · m^{-2} · s^{-1})	Ci/(μmol CO_2 · mol^{-1})
C	3.73±0.35b	0.039±0.002b	1.16±0.06c	175.28±10.62b
CD	5.17±0.38a	0.045±0.004b	1.49±0.07b	128.69±5.72c
HS	3.10±0.43bc	0.039±0.004b	1.71±0.21ab	189.33±18.35ab
HSD	2.72±0.17c	0.042±0.001b	1.80±0.06a	208.46±4.81a
FS	—	—	—	—
FSD	4.63±0.25a	0.056±0.004a	1.72±0.13a	172.88±12.12b

5.1.5 水淹-干旱交替胁迫对水杉幼树生理的影响

1. 抗氧化酶活性、MDA 和 O_2^- 的变化

结束干旱处理时，FS 组水杉幼树均存活下来，其叶则以芽孢形式存在。表 5-6 显示，HS 组水杉幼树的 MDA 和 O_2^- 含量均显著高于其余处理组，二者较 C 组分别增高了 96%和 24%，这与 FS 组的含量显著低于其余处理组形成强烈对比；与前两组不同的是，CD、HSD 和 FSD 组的 MDA 含量均较 C 组显著降低，且这 3 个组之间均没有显著性差异；而这 3 个组的 O_2^- 含量均与 C 组间差异不显著。就抗氧化酶而言，FS、CD 和 HSD 组的 SOD 与 POD 活性均较 C 组显著升高；HS 组的 SOD 活性与 C 组间差异不显著，FSD 组的 SOD 活性显著低于 C 组；HS 组的 POD 活性较 C、FSD 组显著降低，而后两组之间则没有显著性差异。除 FSD 组显著高于 C 组外，其余各组的 CAT 活性差异均不显著。HS、FS、HSD 和 FSD 组的 ASP 活性均较 C 组显著降低，而 CD 和 C 组之间则没有显著性差异。就 SOD、POD 和 CAT 活性而言，CD 和 HSD 组之间均没有显著性差异。

表 5-6 水分胁迫处理对水杉幼树 MDA 含量与抗氧化系统的影响

处理组	SOD 活性/($U \cdot g^{-1}$)	POD 活性/($U \cdot g^{-1}$)	CAT 活性/($U \cdot g^{-1}$)	ASP 活性/($U \cdot g^{-1}$)	O_2^- 含量/($\mu g \cdot g^{-1}$)	MDA 含量/($\mu mol \cdot g^{-1}$)
C	804.96±135.05b	328.99±72.07b	61.07±23.36b	354.77±50.73a	132.77±15.65b	0.110±0.009b
CD	1046.40±95.96a	534.78±93.56a	66.56±15.31b	336.25±37.97a	153.17±14.82b	0.086±0.010c
HS	728.72±191.09b	110.73±15.12c	71.07±9.11b	229.04±26.94b	260.36±20.62a	0.136±0.010a
HSD	1265.80±118.52a	454.03±50.36a	59.08±10.25b	261.59±25.02b	136.47±11.16b	0.089±0.008c
FS	1093.20±105.61a	555.40±117.30a	64.10±26.43b	200.92±40.44b	83.39±8.22c	0.021±0.004d
FSD	155.80±115.33c	319.33±44.08b	375.88±155.75a	222.94±42.51b	122.76±12.75b	0.071±0.005c

注：表中数据为 6 株水杉叶片的平均值±标准误；不同字母表示各处理组在 p=0.05 水平上差异显著。下同。

与干旱处理相比，经正常供水处理之后，各处理组水杉幼树的 MDA、O_2^- 含量及 4 种保护酶活性均逐渐恢复至对照组水平或显著低于对照组水平。就 MDA 而言，CD、HSD、FSD 和 HS 组的 MDA 含量均显著低于 C 组，而前 3 个组之间均没有显著性差异。CD 和 FSD 组的 O_2^- 含量均较 C 组显著降低，而 HS 和 HSD 组则与 C 组之间没有显著性差异。CD 和 HSD 组的 SOD 活性均显著高于 C 组，而 HS 和 FSD 组则与 C 组之间没有显著性差异。HSD 组的 POD 活性较其他各处理组显著增高，HS 组的 ASP 活性、FSD 组的 CAT 活性均较其他各处理组显著降低，而其余处理组之间则均没有显著性差异(表 5-7)。

表 5-7 复水处理对干旱胁迫结束后水杉幼树 MDA 含量和抗氧化系统的影响

处理组	SOD 活性/($U \cdot g^{-1}$)	POD 活性/($U \cdot g^{-1}$)	CAT 活性/($U \cdot g^{-1}$)	ASP 活性/($U \cdot g^{-1}$)	O_2^- 含量/($\mu g \cdot g^{-1}$)	MDA 含量/($\mu mol \cdot g^{-1}$)
C	105.36±29.03b	305.90±112.25b	629.38±89.56a	546.81±114.16a	300.03±45.60a	0.008±0.0007a
CD	425.30±43.73a	578.20±169.88b	637.06±84.68a	590.09±51.97a	232.56±13.16b	0.005±0.0005c

续表

处理组	SOD 活性/$(U \cdot g^{-1})$	POD 活性/$(U \cdot g^{-1})$	CAT 活性/$(U \cdot g^{-1})$	ASP 活性/$(U \cdot g^{-1})$	O_2^- 含量/$(\mu g \cdot g^{-1})$	MDA 含量/$(\mu mol \cdot g^{-1})$
HS	147.74±64.43b	464.95±163.47b	730.50±61.16a	342.10±46.26b	337.33±47.45a	0.007±0.0004b
HSD	526.78±63.93a	1183.66±190.64a	644.16±60.34a	602.88±52.96a	399.18±50.23a	0.005±0.0005c
FS	—	—	—	—	—	—
FSD	143.81±19.27b	490.58±103.90b	430.56±83.53b	727.65±151.99a	159.20±26.64c	0.005±0.0004c

2. 渗透调节物质的变化

表 5-8 显示，经干旱处理后，水杉幼树 HS 和 FS 组的脯氨酸含量较 C 组显著升高，而 3 个干旱处理组(CD、HSD 和 FSD 组)则与 C 组之间均没有显著性差异；3 个干旱处理组的可溶性糖含量较 C 组显著增高，且均与 HS 组之间差异不显著，而 FS 组显著低于 C 组；HS、FS 和 CD 组的可溶性蛋白含量较 C 组分别显著增加了 63%、88%和 48%，而 HSD 和 FSD 组均与 C 组之间无显著性差异。就本研究而言，CD、HSD 和 FSD 组脯氨酸及可溶性糖含量相互之间均未达到显著性差异，由此说明前期的水淹胁迫并未增强水杉幼树对后期干旱胁迫的敏感性。

表 5-8　水分胁迫处理对水杉渗透调节物质含量的影响

处理组	脯氨酸含量/$(\mu g \cdot g^{-1})$	可溶性糖含量/$(\mu g \cdot \mu g^{-1})$	可溶性蛋白含量/$(mg \cdot g^{-1})$
C	6.54±0.48c	0.0022±0.0001b	0.14±0.01b
CD	5.86±1.05c	0.0028±0.0002a	0.20±0.02a
HS	16.81±5.85b	0.0032±0.0005a	0.22±0.03a
HSD	7.25±2.13c	0.0032±0.0003a	0.13±0.01b
FS	70.02±6.40a	0.0003±0.0001c	0.26±0.05a
FSD	6.47±1.90c	0.0029±0.0001a	0.14±0.03b

经第三阶段正常供水处理之后，水杉幼树各处理组的脯氨酸含量相互之间均未达到显著性差异。在所有处理组中，HS 组的可溶性糖含量最高，CD 和 FSD 组的可溶性糖含量与 C 组之间均没有显著性差异，HS 组的可溶性糖含量与 HSD 组之间亦没有显著性差异。在所有处理组中，HS 组的可溶性蛋白含量也最高，HS 和 HSD 组的可溶性蛋白含量与 C 组之间均没有显著性差异，CD 组的可溶性蛋白含量与 FSD 组之间亦没有显著性差异(表 5-9)。

表 5-9　复水处理对干旱胁迫结束后水杉幼树渗透调节物质含量的影响

处理组	脯氨酸含量/$(\mu g \cdot g^{-1})$	可溶性糖含量/$(\mu g \cdot \mu g^{-1})$	可溶性蛋白含量/$(mg \cdot g^{-1})$
C	0.27±0.07a	0.0032±0.0001b	0.50±0.05a
CD	0.30±0.03a	0.0029±0.0002b	0.30±0.05b
HS	0.29±0.07a	0.0041±0.0004a	0.61±0.03a
HSD	0.24±0.05a	0.0039±0.0004a	0.49±0.05a
FS	—	—	—
FSD	0.32±0.07a	0.0033±0.0001b	0.28±0.02b

5.1.6 讨论

1. 水淹-干旱交替胁迫对水杉幼树形态及生长的影响

三峡工程成库后，库岸两边的部分区域会因每年周期性的水位调度而处于被淹没与出水暴露的周期性更替之中(类淑桐等，2009)。这导致原有植被发生大量退化，库区景观质量及环境安全均受到严重威胁(New and Xie，2008)。人工恢复重建消落带内植被是保护三峡库区消落带生态环境的重要措施之一(李昌晓等，2005)。消落带水环境的周期性剧烈变化对所栽种的植物有一定的要求，这些植物不仅需要具有较强的水淹适应能力，还需要对水淹后的干旱胁迫也具有适应能力。

1) 水淹对水杉生长的影响

耐水淹植物在根部遭受水淹时会通过产生不定根与肥大的皮孔等来适应水淹胁迫环境(Simova-Stoilova et al.，2012)，在水杉的研究中也有类似的现象。前人的研究也发现许多树种会通过此种方式来应对水淹胁迫(Pimenta et al.，2010；Calvo-Polanco et al.，2012)，不定根及皮孔的形成可以帮助 O_2 更好地扩散到植物根系统，是植物生长及存活的关键(de Oliveira and Joly，2010)。

在本研究中，水杉幼树 HS 组的净光合速率、根生物量及根冠比均显著降低，说明水杉幼树将光合产物更多地分配给了地上部分，以此来适应长时间的水淹胁迫环境，这可能与长时间水淹胁迫下自由基过量产生并对根系造成了损害，导致根系对水淹胁迫的敏感性增加有关(Peng et al.，2013)。在复水恢复处理阶段，水杉幼树的净光合速率基本恢复至 C 组水平，其生物量虽在一定程度上有所恢复，但仍未达到对照组水平，说明水淹胁迫下水杉幼树生物量的恢复略有滞后。经过水淹—干旱—复水处理，水杉幼树形成了从逃避至静默的应对水分胁迫的生理机制，最终维持了净光合速率的稳定，存活率达到 100%。

2) 干旱对水杉生长的影响

植物生物量的积累，对于其正常生理活动的维持以及完整生活史的完成至关重要。有研究表明，中度干旱胁迫会使柠条(*Caragana intermedia* Kuang et H.C.Fu)根、茎及叶的生物量均降低(Xiao et al.，2005)。本研究结果与之相似，但 CD 和 HSD 组之间未达到显著性差异，说明前期的半淹处理并没有导致水杉幼树对随后的干旱胁迫更加敏感。根冠比可表征植物生长状态健康与否，还可用于估测植物的耐胁迫潜力(Riaz et al.，2013)。盆栽千层(*Callistemon citrinus*)在干旱胁迫下会增大根冠比(Alvarez and Sanchez-Blanco，2013)，以维持相对较大的根表面积，从而增强对水分的吸收。然而，在本实验中，与 C 组相比，干旱胁迫下水杉幼树的根冠比并没有出现显著增加(图 5-2)，这说明两年生水杉幼树对干旱胁迫的耐受能力稍弱。

3) 干旱后复水对水杉生长的影响

干旱胁迫解除后，植物的恢复程度与幅度受干旱强度、胁迫持续时间及被胁迫的植物的种类影响（Xu et al.，2010）。经干旱胁迫处理后，CD 和 HSD 组的净光合速率显著降低，但两组植株的存活率仍为 100%。解除胁迫后，水杉幼树各处理组的生物量虽有一定程度的升高，但并未恢复至对照组水平，究其原因，可能与前期的干旱胁迫时间过长或解除胁迫后恢复的时间不够有关（Galle et al.，2007）。这是否是干旱胁迫导致水杉的生理过程出现滞后效应，以及该效应影响程度如何，还需进行深入研究。

2. 水淹-干旱交替胁迫对水杉幼树光合作用的影响

1）水淹对水杉光合作用的影响

通常，水淹胁迫会引起树木的气孔发生关闭，使净光合速率降低，进而导致光能合成的有机物减少（Pezeshki，2001；Carpenter et al.，2008）。本实验中，水杉幼树 HS 组净光合速率显著降低（表 5-3），这说明长时间水淹胁迫显著抑制了水杉幼树的光合作用（李昌晓等，2005）。植物面临水淹胁迫时通常会降低气孔开度甚至关闭气孔，进而控制其蒸腾速率的高低（Hessini et al.，2008）。美洲格尼帕树（*Genipa americana*）在水淹胁迫下的蒸腾速率随气孔导度的减小而降低（Mielke et al.，2003），本研究结果与之相同。本实验还发现，水杉幼树 HS 组在水淹胁迫下的胞间 CO_2 浓度与 C 组之间没有显著性差异，但其叶绿素 a 含量则显著高于 C 组，叶绿素 b、类胡萝卜素、总叶绿素含量则均与 C 组之间没有显著性差异（表 5-2），表明水杉幼树净光合速率的降低是由气孔导度降低所引起，也可能是植株长时间遭受水淹时受到的氧化胁迫对其正常光合功能产生了影响（Yordanova and Popova，2007）。第三阶段恢复正常供水后水杉幼树的净光合速率、气孔导度、蒸腾速率和胞间 CO_2 浓度均恢复至对照组水平，说明水杉幼树可以较好地适应较长时间（150 天）的水淹胁迫。

2）干旱对水杉光合作用的影响

限制植物生长与光合作用的重要非生物因素之一便是干旱（Parida et al.，2007；Hamayun et al.，2010；Riaz et al.，2010）。通常，树木叶片的气孔在干旱胁迫下会发生关闭（Eclan and Pezeshki，2002），导致其净光合速率随之降低（Simone et al.，2003；Nemani et al.，2003；Jackson and Colmer，2005；Haldimann et al.，2008），进而引起光合有机物积累减少，影响树木的生长与发育（Johari-Pireivatlou et al.，2010）。在干旱胁迫下，CD 与 HSD 组的净光合速率和气孔导度均显著降低，表明两年生水杉幼树的光合过程受到了干旱胁迫的显著影响，对落羽杉和池杉（Li et al.，2010b）、橄榄[*Canarium album*（Lour.）Ranesch.]（Doupis et al.，2013）的研究也发现了相似的现象。

植物在干旱胁迫下的净光合速率降低与其气体交换受到限制有关，而气体交换限制包括气孔限制和非气孔限制两种（Lawlor，2002）。在干旱条件下，气孔限制是植物对环境胁迫的良好适应（Duan et al.，2005；Musila et al.，2009）。气孔限制导致净光合速率下降是由于气孔导度降低，CO_2 的供应被阻止；而非气孔限制下净光合速率下降则是由于叶肉细胞的光合能力降低，致使其对 CO_2 的利用能力减弱，进而导致胞间 CO_2 浓度增高所致（Farquhar and Sharkey，1982）。本研究中，水杉幼树 CD 与 HSD 组的净光合速率和气孔导度在干旱胁迫下均显著降低，这是大多数树种对干旱胁迫的反应（Ngugi et al.，2004；Fan et al.，2008；Liu et al.，2011）。然而，气孔导度的下降并没有引起胞间 CO_2 浓度的显著改变(表 5-3)，且 CD 与 HSD 组的叶绿素 a、叶绿素 b、类胡萝卜素和总叶绿素含量均高于 C 组或与 C 组之间差异不显著(表 5-2)，由此说明，本研究中可能是非气孔限制因素导致了两年生水杉幼树净光合速率降低，即卡尔文循环中电子传递与生物化学反应受到了干旱胁迫的影响(Yordanova et al.，2003；Cechin et al.，2007；Wolkerstorfer et al.，2011)。蒸腾速率可用于估测植物的耐旱性，蒸腾作用中散失水分少的物种则较为耐旱(Riaz et al.，2013)。逆境胁迫下的气孔调节可保障植物散失较少水分，增强植物的适应性(Dos Santos et al.，2013)。本研究中，水杉幼树在干旱处理后其气孔导度和蒸腾速率均下降，这表明水杉幼树在干旱胁迫下关闭气孔是导致其蒸腾速率下降的原因之一(Baquedano and Castillo，2006；Silva et al.，2010)。

本研究中，经干旱处理后，水杉幼树 CD 与 HSD 组的净光合速率和生物量均无显著性差异，表明前期的水淹胁迫并没有影响水杉幼树对水淹后干旱胁迫的光合生理响应能力。本研究还发现，水杉幼树 FSD 组的 *Pn*、*Gs*、*Ci*、*Chl a*、*Chl b*、*Car* 和 *Chls* 值均与 C 组无显著性差异，这可能是从水淹胁迫环境进入干旱胁迫环境后，充足的氧气供应和光照增强了水杉幼树的光合同化作用，这进一步证实水杉幼树前期经历的水淹胁迫并没有影响其对水淹后干旱胁迫的光合响应能力。这些均反映出水杉幼树具有应对水淹-轻度干旱胁迫的有效策略及较强的适应能力(Striker，2012)。

3) 干旱后复水对水杉光合作用的影响

在自然条件下，植物对胁迫的耐受程度取决于其在胁迫移除后短期内的恢复生长表现(Fini et al.，2013)，该过程对于缓解前期胁迫所产生的影响十分重要。处理的第三阶段，CD、HSD 和 FSD 组水杉幼树的净光合速率在移除水分胁迫后显著上升，这与 Galle 等(2007)对毛竹栎(*Quercus pubescens*)、Fini 等(2013)对麻风树(*Jatropha curcas* L.)的研究结果一致，说明水杉幼树能够在干旱胁迫下维持其光合机构的完整性(Arend et al.，2013)，表现出良好的适应干旱胁迫的能力。水杉幼树 CD、HSD 组的气孔导度在移除水分胁迫后显著增大，说明干旱胁迫未严重损害水杉幼树的光合结构(Mottonen et al.，2005；Avila et al.，2012)。水杉幼树各处理组在移除水分胁迫后的叶绿素 a、叶绿素 b、类胡萝卜素和总叶绿素含量恢复至 C 组水平或高于 C 组水平，这与挪威云杉[*Picea abies* (L.) H. Kaesten]有相似的表现(Pukacki and Kaminska-Rożek，2005)，说明水分胁迫并未不可逆地破坏水杉幼树光合色素的合成。

3. 水淹-干旱交替胁迫对水杉幼树生理的影响

1) 水淹对水杉生理的影响

渗透调节是植物适应逆境的一种重要生理机制(李霞等，2005；Corcuera et al.，2012)。有研究认为游离脯氨酸作为一种重要的非酶抗氧化物质，具有稳定亚细胞结构、清除活性氧自由基等作用(Ashraf and Foolad，2007)。本研究中，水杉幼树 HS 和 FS 组游离脯氨酸含量在水淹胁迫下显著增加，说明水杉幼树是通过脯氨酸来适应水淹胁迫(罗祺等，2007)，保护抗氧化酶的活性。同时，HS 和 FS 组的可溶性蛋白含量均在水淹胁迫下显著升高，说明水杉幼树的氮代谢过程没有受到水淹胁迫的显著影响，这可能是水杉幼树应对水淹逆境的另一种重要内在生理机制(汤玉喜等，2008)。本研究中，FS 组水杉幼树的可溶性糖含量在水淹胁迫下显著降低，表明全淹胁迫抑制了水杉幼树可溶性糖的合成并加剧了可溶性糖的消耗，从而导致可溶性糖含量发生降低(Sairam et al.，2008)。水杉幼树通过脯氨酸、可溶性糖及可溶性蛋白的综合作用来调节渗透势，从而避免细胞膜受到损害(张晓燕，2009)。

逆境胁迫会导致植物生理功能发生紊乱，进而使根系内产生和积累大量的活性氧，引发膜脂发生过氧化作用，导致 MDA 积累(Liu et al.，2010；Yin et al.，2010)。因此，MDA 的积累量可用于反映植物体内膜脂过氧化的程度，表征植物对水分胁迫反应能力的强弱(孙景宽等，2009；Yildiz-Aktas et al.，2009；Peng et al.，2013)。植物遭到水分胁迫时，体内产生和积累 MDA 与活性氧是植物响应胁迫的主要生理特征之一(Yin et al.，2010)。在本研究中，水杉幼树 HS 组叶片的 MDA 和 O_2^- 含量显著增高，说明水杉幼树在半淹胁迫下发生了膜脂损害；而二者在 FS 组的含量则显著降低，说明水杉幼树在全淹胁迫下未发生膜脂损害。此现象说明水杉幼树膜脂受损的程度与水淹深度并不呈正比(Alves et al.，2013)。

SOD、POD、ASP 和 CAT 是植物体内参与活性氧代谢的主要酶(Jonaliza et al.，2004)。SOD 将 O_2^- 分解为 H_2O_2(Jin et al.，2006；Tang et al.，2010a)；POD、ASP 和 CAT 则能够清除过多的 H_2O_2(Pyngrope et al.，2013)，其活性的高低在一定程度上反映了植物体内活性氧的代谢情况(蔡志全和曹坤芳，2004)。干旱处理后，水杉幼树 HS 组的 SOD 活性没有显著变化，O_2^- 含量则显著增高，说明水杉幼树在半淹胁迫下产生了过量 O_2^-，超出了 SOD 的清除能力；同时研究发现，HS 组的 CAT 活性较对照组无显著变化，POD 和 ASP 活性则均显著降低，说明 CAT 是水杉幼树中 H_2O_2 的主要清除者。这些酶活性的变化反映了水杉幼树是通过 CAT 活性的调整来适应水淹胁迫(Hossain and Uddin，2011)。与对照组相比，水杉幼树 FS 组的 SOD 活性显著增高，而 O_2^- 含量显著降低，表明水杉幼树在全淹胁迫下增大了 SOD 表达量以清除过多 O_2^-。而 FS 组的 CAT 活性与对照组之间则无显著性差异，但其 POD 活性却显著增高，ASP 活性则显著降低，说明全淹胁迫下水杉幼树主要通过 POD 来清除过多 H_2O_2。同时，水杉幼树 FS 组 MDA 含量较 C 组显著降低，这可能与其保护酶活性提高有关(Gill and Tuteja，2010)，即水杉幼树在水淹胁迫下为缓解缺氧引起的毒害作用，提高了保护酶防御系统的表达量，以清除过多活性氧，保护细胞膜免于受到损害(Blokhina et al.，2003)。

2) 干旱对水杉生理的影响

在三峡库区水文变动条件下，库区消落带植被在冬季会遭受水淹胁迫；而夏季水位下降后，由于气温和降雨的关系其又可能面临短暂的轻度干旱胁迫。水淹及干旱是限制植物生长的重要非生物因子(Riaz et al.，2010)，了解适生树种对水淹及干旱胁迫的生理响应有助于植被恢复工作的进行(Liu et al.，2011)。

植物主要通过渗透调节应对干旱胁迫(Corcuera et al.，2012)。其中，游离脯氨酸的积累对于植物的适应性具有关键作用(Molinari et al.，2004)。在干旱处理中，水杉幼树 CD、

HSD 和 FSD 组的脯氨酸含量与对照组之间差异不显著，这与高山松等(2009)的研究结果一致，说明水杉幼树对干旱胁迫的耐受性稍弱(Shvaleva et al.，2006)。而 CD、HSD 和 FSD 组的可溶性糖含量则较 C 组显著增高，说明水杉幼树在干旱胁迫下通过增加可溶性糖的含量来进行渗透势调节，使体内与膨压相关的各种生理过程均能够正常进行(崔晓涛，2009)。同时，CD、HSD 和 FSD 组的可溶性蛋白含量高于 C 组或与之相当，说明水杉幼树的正常氮代谢水平并未受到干旱的干扰。从脯氨酸、可溶性蛋白及可溶性糖含量的变化来看，可溶性糖是水杉幼树应对干旱胁迫时的主要渗透调节物质，它能够降低水势，增强植物吸水、保水能力(崔晓涛，2009)。

MDA 含量可表征干旱胁迫下植物受到的氧化损伤的程度(Yildiz-Aktas et al.，2009)。本实验中，与 C 组相比，水杉幼树 CD、HSD 和 FSD 组的 MDA 含量并没有显著变化，表明水杉幼树能够耐受一定程度的干旱胁迫(Bacelar et al.，2006)。同时，CD 和 HSD 组的 SOD 与 POD 活性升高，而 MDA 含量则显著降低，O_2^- 含量变化不显著，这是 SOD 和 POD 共同作用的结果(Lima et al.，2002)，表明水杉幼树的抗氧化系统能够抵制和响应环境胁迫(Wolkerstorfer et al.，2011)。与 C 组相比，CD、HSD 和 FSD 组的 MDA 含量均显著降低，且 3 组之间均没有显著性差异，而 3 组的 O_2^- 含量均与 C 组差异不显著，说明水杉幼树前期受到的水淹胁迫并没有加剧水淹后干旱胁迫对其的伤害。

在干旱处理中，与对照组相比，水杉幼树 CD 和 HSD 组的 O_2^- 含量没有显著变化，而 SOD 活性显著升高，表明水杉幼树通过大量 SOD 来清除后期干旱胁迫导致的过多 O_2^-。水杉幼树 CD 组的 POD 活性显著增高，而 ASP 和 CAT 活性则无显著变化，说明 POD 是水杉幼树对照组和干旱处理组清除后期干旱胁迫产生的 H_2O_2 的主要酶。与对照组相比，HSD 组的 POD 活性显著升高，CAT 活性无显著变化，而 ASP 活性显著降低，说明半淹处理组也用 POD 来清除后期干旱胁迫产生的 H_2O_2。与 C 组相比，FSD 组的 O_2^- 含量和 POD 活性无显著变化，SOD 和 ASP 活性却显著降低，而 CAT 活性则显著升高，表明水杉幼树全淹处理组主要采用非酶促途径来减少后期干旱胁迫产生的 O_2^- (Costa et al.，2010)。以上结果表明，水杉幼树保护酶系统在短期内能维持活性氧的动态平衡，其通过提高保护酶活性清除过多活性氧，减少过多活性氧对细胞膜的伤害，这可能是水杉幼树适应干旱环境的重要措施之一(Ma et al.，2013)。

3) 干旱后复水对水杉生理的影响

植物对环境胁迫的耐受性取决于其所受的胁迫的时间、强度及胁迫解除后的恢复能力(Fini et al.，2013)。本研究的第三阶段，水分胁迫解除后，水杉幼树 CD、HS、HSD 和 FSD 组的 CAT 和 ASP 活性均显著降低或保持在 C 组水平，MDA 含量也显著降低，这与 Costa 等(2010)对木果楝(*Xylocarpus granatum* Koening)的研究结果相似，表明水杉幼树 H_2O_2 的形成量在正常供水阶段逐渐下降，水杉幼树表现出良好的恢复适应能力(Costa et al.，2010)。

植物遭受水分胁迫后的恢复程度及幅度与植物种类、胁迫的强度及持续时间有关(Xu et al.，2010)。水杉幼树各个处理组在水分胁迫下的存活率均为 100%。在水分胁迫解除后，各处理组的抗氧化酶和渗透调节物质均有所恢复，但仍未全部恢复至对照组水平。这可能与前期遭受的水分胁迫时间过长或恢复时间不够有关(Galle et al.，2007)，具体原因还有待于进一步研究。

本实验发现，虽然水杉幼树 CD、HSD 组的 SOD 和 POD 活性均显著高于 C 组，但 CD 和 HSD 组之间的 SOD、POD 活性却无显著性差异；同时，水杉幼树 CD、HSD 组的脯氨酸及可溶性糖含量在干旱胁迫下增高，但二者之间却无显著性差异，表明水杉幼树在经历前期的水淹胁迫后仍能够在生理生化方面积极响应后期所面临的干旱胁迫。本实验还发现，水杉幼树 CD 与 HSD 组的净光合速率和生物量在干旱胁迫下均无显著性差异，这也从光合生理方面证实前期的水淹胁迫并没有影响水杉幼树对水淹后干旱胁迫的响应。此外，水杉幼树 FSD 组的净光合速率、气孔导度、胞间 CO_2 浓度和叶绿素 a、叶绿素 b、类胡萝卜素及总叶绿素含量均与 C 组差异不显著，这可能与从水淹环境进入干旱环境后充足的氧气供应和较强的光照促进了水杉幼树的光合同化作用有关，这也进一步从光合生理方面证实了前期的水淹胁迫并没有增强水杉幼树对随后的干旱胁迫的敏感性。以上这些结果均表明，水杉幼树具有较强的适应水淹-轻度干旱胁迫的能力(Striker，2012)。

5.2　原位水淹对水杉幼树生理生态的影响

5.2.1　引言

水杉是裸子植物门松柏纲杉科水杉属中具有较强耐水湿能力的乡土落叶大乔木，也是三峡水库库岸带适生树种。水杉还具有极其高的审美价值及经济价值(白祯和黄建国，2011)。然而，有关水杉幼树对三峡库区消落带原位极端水淹环境的形态和生理响应研究却鲜有报道，研究水杉对消落带冬季长时间深度水淹的响应机制将有助于理解适生树种水杉是如何在消落带极端环境中存活和生长的，同时也可为库岸带的植被恢复与重建提供一定的参考。

三峡水库海拔 165 m(乔木植物的耐受极限)处，冬季水淹时间可达 217 天，水淹深度可达 10 m，长时间深度水淹环境极有可能打乱消落带内水杉幼树的生理节律，对其光合作用和生长发育产生不利影响。室内模拟实验证明，水杉具有较强的水分适应能力(白林利和李昌晓，2014)。因此，本节在室内模拟实验的基础上开展消落带原位实验，旨在从光合生理的角度深入了解水杉树苗对消落带水淹胁迫的适应性机理，以期为三峡库区消落带植被恢复与重建提供一定的理论依据。

5.2.2　材料和方法

1. 实验材料

选取长势一致的两年生水杉幼树 36 株，于 2012 年 11 月 20 日将树苗进行带土盆栽，每盆栽植 1 株(盆中央直径 20 cm，盆深 17 cm)，盆内所用土壤的化学性质如下：pH 为 8.26±0.04，有机质为 11.62±0.56 $g \cdot kg^{-1}$，全氮为 1.11±0.04 $g \cdot kg^{-1}$，全磷为 1.11±0.10 $g \cdot kg^{-1}$，全钾

为 53.61±5.24 g・kg^{-1}，碱解氮为 76.70±3.78 mg・kg^{-1}，有效磷为 0.85±0.16 mg・kg^{-1}，速效钾为 161.02±4.08 mg・kg^{-1}(*n*=6)。将所有栽种的树苗放入西南大学三峡库区生态环境教育部重点实验室实验基地大棚(海拔 249 m)内进行相同生长环境适应，并进行常规生长管理。

2. 实验设计

于 2013 年 9 月将 36 株已完成驯化的水杉幼树运至三峡库区消落带重庆市忠县汝溪河实验点，将树苗随机分为 3 组，每组 12 株植株，将栽植的树苗连同花盆直接放置在库岸消落带低海拔(165 m)、中海拔(170 m)和高海拔(175 m)上进行原位水淹处理。经过一个水淹变动周期后，于次年 6 月 7 日结束处理，并对所有树苗进行各项生长生理指标的测定。每个处理组测定 12 次，其中，6 株用于测定生长指标，6 株用于测定生理生化指标。

3. 测定方法

1)光合测定

经预备实验，于晴天 9：00～12：00 采用 LI-COR 6400 便携式光合分析系统的红蓝光源标准叶室测定水杉幼树叶片的净光合速率(*Pn*)、气孔导度(*Gs*)、胞间 CO_2 浓度(*Ci*)和蒸腾速率(*Tr*)。测定时，CO_2 浓度设置为 400 μmol・mol^{-1}，饱和光强为 1200 μmol・m^{-2}・s^{-1}。参考 Anderson 和 Pezeshki(2001)的方法进行测定，选取苗木顶端以下的第 3 或第 4 片叶，每个处理均测定 6 株幼树。利用获取的数据计算内在水分利用效率(*WUEi*)(*WUEi=Pn/Gs*)(Li et al.，2010a)、水分利用效率(*WUE*)(*WUE=Pn/Tr*)(Cui et al.，2009)、表观光能利用效率(*LUE*)(*LUE=Pn/PAR*)(高照全等，2010)和表观 CO_2 利用效率(*CUE*)(*CUE=Pn/Ci*)(Silva et al.，2013)。

此外，同时测定该叶片的光合色素含量(Leiblein and Losch，2011)，包括叶绿素 a(*Chl a*)、叶绿素 b(*Chl b*)、类胡萝卜素(*Car*)含量，并计算总叶绿素(*Chls*)含量(总叶绿素含量=叶绿素 a 含量+叶绿素 b 含量)、叶绿素 a/叶绿素 b(*Chl a/Chl b*)、总叶绿素/类胡萝卜素(*Chls/Car*)。

2)生长与生物量测定

株高、冠幅采用卷尺进行测量，地径采用游标卡尺进行测量，每个处理测定 6 株幼树。随后将花盆内的幼树小心挖出，用自来水缓慢冲净根系，用根系分析仪(WinRHIZO，LC4800-II LA2400)分析每株幼树根系的总表面积及总体积。然后将根(包括断根)、茎、叶用吸水纸吸干表面水分，之后分别装入信封并置入 80℃烘箱中进行烘干，至重量不再变化后用分析天平进行称量，并计算根冠比。

3)生理生化指标测定

取每个处理中 6 株水杉幼树的全部叶片，并保存在-80℃冰箱中，用于测定以下各项指标：游离脯氨酸、可溶性糖、可溶性蛋白、O_2^-、丙二醛含量和超氧化物歧化酶、过氧化物酶、抗坏血酸过氧化物酶、过氧化氢酶活性。测定方法见第 119 页。

4. 数据处理

测定的各项指标用 SPSS 软件进行处理与分析，采用单因素方差分析揭示水分处理对水杉幼树生长与光合生理的影响(GLM 程序)，并用 Tukey's 检验法进行多重比较，检验每个指标在各处理间(α=0.05)的差异显著性。

5.2.3　原位水淹对水杉幼树光合生理的影响

1. 光合色素含量变化

不同海拔水淹处理对水杉幼树光合色素的含量产生了显著的影响(表 5-10)。与海拔 175 m 的植株相比，海拔 170 m 植株的 *Chl a*(叶绿素 a)、*Chl b*(叶绿素 b)、*Car*(类胡萝卜素)、*Chls*(总叶绿素)、*Chls*/*Car*(总叶绿素/类胡萝卜素)值均显著下降；而 *Chl a*/*Chl b* 则显著升高了 9.97%。这与上一节室内模拟实验中第一阶段全淹处理组所得的结果相同。

表 5-10　不同海拔光合色素含量的比较

指标	海拔/m		
	175	170	165
Chl a/($mg \cdot g^{-1}$)	1.93±0.220a	0.98±0.100b	-
Chl b/($mg \cdot g^{-1}$)	2.55±0.298a	1.27±0.134b	-
Car/($mg \cdot g^{-1}$)	0.46±0.047a	0.28±0.015b	-
Chls/($mg \cdot g^{-1}$)	3.02±0.340a	1.55±0.150b	-
Chls/*Car*	5.45±0.130a	4.48±0.250b	-
Chl a/*Chl b*	3.11±0.061b	3.42±0.051a	-

注：表中数据为 6 株水杉叶片的光合色素含量平均值±标准误；不同字母表示各指标在 p=0.05 水平上差异显著。海拔 165 m 植株已死亡，未能获得光合数据。下同。

2. 光合指标

水杉幼树出露后，海拔 170 m 植株的 *Pn*(净光合速率)、*WUEi*(内在水分利用效率)、*WUE*(水分利用效率)、*LUE*(表观光能利用效率)和 *CUE*(表观 CO_2 利用效率)值均较海拔 175 m 植株显著增加，而 *Ci*(胞间 CO_2 浓度)值则表现为显著降低，170 m 植株的 *Gs*(气孔导度)和 *Tr*(蒸腾速率)值均有所增加，但与海拔 175 m 植株无显著性差异。同时，因海拔 165 m 水杉幼树已死亡，故无法获取其光合参数值(表 5-11)。

表 5-11　不同海拔光合参数值的变化

指标	海拔/m		
	175	170	165
Pn/($\mu mol\ CO_2 \cdot m^{-2} \cdot s^{-1}$)	2.390±0.1300b	4.060±0.4400a	—
Gs/($mol\ H_2O \cdot m^{-2} \cdot s^{-1}$)	0.025±0.0010a	0.026±0.0030a	—
Ci/($\mu mol\ CO_2 \cdot mol^{-1}$)	221.400±7.6600a	127.640±2.4500b	—

续表

指标	海拔/m		
	175	170	165
Tr/(mmol H_2O • m^{-2} • s^{-1})	0.800±0.0400a	0.870±0.0930a	—
WUEi	99.210±4.8200b	158.110±1.5200a	—
WUE	3.050±0.1400b	4.690±0.0550a	—
LUE	0.002±0.0001b	0.003±0.0004a	—
CUE	0.011±0.0010b	0.032±0.0040a	—

5.2.4 原位水淹对水杉幼树生理的影响

1. 渗透调节物质含量变化

在长时间水淹胁迫下，水杉幼树体内开始不断积累可溶性糖和蛋白质。与海拔 175 m 植株相比，海拔 170 m 植株的可溶性糖含量显著增加了 60.78%，而二者的可溶性蛋白含量则没有显著性差异。这与室内模拟实验中第二阶段半淹干旱组(HSD)的表现相似。在水淹结束时，海拔 170 m 植株的脯氨酸含量较海拔 175 m 植株显著降低(表 5-12)。

表 5-12 不同海拔渗透调节物质含量的比较

指标	海拔/m		
	175	170	165
脯氨酸含量/(μg • g^{-1})	5.490±1.160a	3.720±0.460b	—
可溶性糖含量/(μg • $μg^{-1}$)	0.005±0.001b	0.008±0.002a	—
可溶性蛋白含量/(mg • g^{-1})	0.012±0.001a	0.014±0.002a	—

2. MDA 含量与抗氧化系统的变化

在消落带长时间水淹结束时，海拔 170 m 水杉幼树的 MDA 含量略有升高，但与海拔 175 m 植株无显著性差异。而海拔 170 m 水杉幼树的 O_2^- 含量则有所降低，但亦与海拔 175 m 植株无显著性差异。这与室内模拟实验结果相同。

在消落带水淹胁迫下，海拔 170 m 水杉幼树的 SOD 和 POD 活性均呈上升趋势，但与海拔 175 m 植株之间差异不显著。而海拔 170 m 植株的 ASP 和 CAT 活性则均显著高于海拔 175 m 植株(表 5-13)。

表 5-13 不同海拔 MDA、SOD、POD、CAT、ASP、O_2^- 含量的比较

指标	海拔/m		
	175	170	165
MDA 含量/(μmol • g^{-1})	0.009±0.001a	0.011±0.003a	—
O_2^- 含量/(μg • g^{-1})	126.298±8.950a	118.550±22.510a	—
SOD 活性/(U • g^{-1})	245.040±68.640a	345.170±62.720a	—

续表

指标	海拔/m		
	175	170	165
POD 活性/(U·g^{-1})	201.680±42.180a	258.570±25.450a	—
CAT 活性/(U·g^{-1})	39.470±12.760b	76.770±16.510a	—
ASP 活性/(U·g^{-1})	26.230±5.680b	48.570±11.910a	—

5.2.5　原位水淹对水杉幼树生长的影响

1. 生长指标

表 5-14 显示，在消落带水淹结束时，与海拔 175 m 植株相比，海拔 170 m 植株的株高、基径和冠幅均出现显著降低。

表 5-14　不同海拔株高、基径和冠幅的变化

指标	海拔/m		
	175	170	165
株高/(cm)	93.390±2.820a	75.200±4.720b	—
基径/(cm)	0.798±0.034a	0.700±0.019b	—
冠幅长/(cm)	42.810±3.097a	30.680±3.220b	—
冠幅宽/(cm)	32.360±3.470a	20.100±1.470b	—

2. 根表面积与根体积

在消落带水淹胁迫下，海拔 170 m 水杉幼树的根表面积和根体积均呈增大趋势，这和室内模拟水淹实验结果相似。与海拔 175 m 植株相比，海拔 170 m 水杉幼树的根表面积显著增大，而二者的根体积则没有显著性差异(表 5-15)。

表 5-15　不同海拔根表面积、根体积的比较

指标	海拔/m		
	175	170	165
根表面积/(cm^2)	4770.01±253.09b	5963.94±611.56a	—
根体积/(cm^3)	13.06±0.97a	14.04±1.30a	—

3. 生物量的变化

表 5-16 显示，在消落带水淹胁迫下，水杉幼树的叶、茎及根生物量均呈降低趋势。海拔 170 m 植株的叶生物量与海拔 175 m 植株相比没有显著性差异，这与室内模拟实验结果相同，而海拔 170 m 水杉幼树茎、根生物量和总生物量均显著低于海拔 175 m 植株。海拔 170 m 植株的叶、根生物量各自所占总生物量的比例以及根冠比均略有升高，但均与海拔 175 m 植株无显著性差异。而与海拔 175 m 植株相比，海拔 170 m 植株茎生物量所占总生物量的比例则显著降低。

表 5-16 不同海拔水杉幼树各器官的生物量及其所占的比例

指标	海拔/m		
	175	170	165
叶生物量(DW)/g・$plant^{-1}$	5.110±0.900a	4.330±0.650a	—
茎生物量(DW)/g・$plant^{-1}$	14.250±0.710a	10.290±0.990b	—
根生物量(DW)/g・$plant^{-1}$	9.460±0.900a	7.970±0.499b	—
总生物量(DW)/g・$plant^{-1}$	28.820±0.800a	22.595±1.500b	—
叶生物量所占比例	0.180±0.029a	0.190±0.022a	—
茎生物量所占比例	0.490±0.018a	0.450±0.014b	—
根生物量所占比例	0.330±0.034a	0.360±0.034a	—
根冠比	0.510±0.084a	0.560±0.086a	—

5.2.6 讨论

水淹胁迫会对植物的生长产生影响，如果胁迫时间延长，植株的生长将会受到严重抑制，甚至可能会引起植物整株或部分死亡(Bailey-Serres and Voesenek，2008)。长期进化以来，植物已经形成了复杂的生理生化特性以使其适应各种不同的环境胁迫(Osakabe et al.，2014)。经历了三峡库区消落带一个完整周期的不同程度的水淹胁迫后，本研究中海拔 165 m 的水杉幼树全部死亡，而海拔 170 m 的水杉苗木则全部存活下来，这与其形态及生理生化方面的适应性是分不开的(Kolb and Joly，2009)。

1. 水杉细胞膜及其渗透调节物质对水淹的响应

脯氨酸可降低渗透势，保护植物细胞免于受到脱氢的损伤(Corcuera et al.，2012)。海拔 170 m 水杉幼树的脯氨酸含量较海拔 175 m 植株显著降低，说明在消落带野外原位水淹条件下，脯氨酸并不是水杉幼树维持膨压、适应水淹胁迫的主要物质。可溶性糖也可降低渗透势与冰点，使植物能够应对外界环境胁迫(闫瑞和钱春，2014)。水淹胁迫下，海拔 170 m 水杉幼树可溶性糖的含量显著高于海拔 175 m 植株，Liu(2014)的研究也发现了相同的结果，说明水杉幼树在遭受水淹期间能够维持正常的糖代谢水平，为其存活提供必需的能量，在一定程度上减轻水淹胁迫的危害，这可能是水杉幼树对水淹环境适应的结果(彭秀等，2007)。同时，海拔 170 m 水杉幼树产生的可溶性蛋白的含量与海拔 175 m 植株之间没有显著性差异，表明水淹胁迫并没有影响水杉幼树正常水平的氮代谢(肖强等，2005)。就本研究而言，水淹胁迫下树苗脯氨酸的含量较低，而可溶性蛋白含量的增幅则较平稳，这说明可溶性糖可能是水杉幼树应对水淹胁迫的主要物质，其可调节渗透势，保护细胞膜免受水淹胁迫带来的损害(薛立等，2014)。

MDA 值的大小可表征细胞膜受损害的程度(Peng et al.，2013；Santini et al.，2013)。本研究中，海拔 170 m 水杉幼树的 MDA 含量与海拔 175 m 植株之间没有显著性差异，表明水分胁迫没有对水杉幼树的细胞膜造成损害，水杉幼树耐水淹性较强。同时，海拔 170 m 水杉幼树的 O_2^- 含量与海拔 175 m 植株无显著性差异，而 SOD、POD、ASP、CAT 活性则均呈升高趋势（表 5-13）。这表明水杉幼树是通过调节其复杂的抗氧化防御系统的活性来维持活性氧的动态平衡，抵御水淹胁迫的毒害作用（Ahmed et al.，2002）。

2. 水杉保护酶系统对水淹的响应

水淹胁迫会对植物的各项生理过程产生严重影响，如氧自由基代谢紊乱等（Lima et al.，2002）。植物体内 SOD、POD、ASP 和 CAT 是参与活性氧代谢的主要酶，在水分胁迫下可保护植物体免受氧化损伤（Alves et al.，2013）。SOD 可催化 O_2^- 分解为毒性稍小的 H_2O_2（Blokhina et al.，2003）；POD、ASP 及 CAT 是植物清除 H_2O_2 的酶，其活性高低可反映植物体内 O_2^- 的代谢水平（Mittler et al.，2004）。在消落带水淹胁迫下，海拔 170 m 水杉幼树 O_2^- 含量显著低于海拔 175 m 植株，而其 SOD 活性与海拔 175 m 植株之间没有显著性差异，表明水杉幼树在中度水淹环境中是通过非酶促方式减少活性氧的产生（Costa et al.，2010）。海拔 170 m 水杉苗木的 POD 活性呈上升趋势，但与海拔 175 m 植株之间没有显著性差异；而 ASP 和 CAT 活性均较海拔 175 m 植株显著增高，说明 ASP 和 CAT 在清除过多的 H_2O_2 的过程中发挥了主导作用。另外，MDA 含量与海拔 175 m 植株之间差异不显著，这可能是因为水杉苗木在中度水淹胁迫下提高了保护酶活性，进而清除活性氧以保护细胞膜，同时这也是水杉幼树适应消落带水淹胁迫的重要措施之一（Hossain and Uddin，2011）。

3. 水杉光合作用与生长对水淹的响应

水淹胁迫下，叶绿素会发生降解，从而使其含量降低（Fernandez，2006；de Oliveira and Joly，2010）。本实验发现，水淹胁迫使海拔 170 m 水杉苗木叶绿素 a、叶绿素 b、类胡萝卜素、总叶绿素含量及叶绿素与类胡萝卜素的比值均减小（表 5-10），这与 de Oliveira 和 Joly（2010）的研究结果一致，表明水杉幼树在水淹胁迫下其光合色素发生了降解（Fernandez，2006）。与海拔 175 m 植株相比，尽管海拔 170 m 水杉苗木叶绿素与类胡萝卜素的比值减小，但其仍大于 3（正常植物该值约为 3∶1），这样既可使叶绿素在叶片光合色素中的占比提高，进而增强植物的光合能力，又可确保植物有足够的反应中心色素（李昌晓和钟昌成，2005a）。而与海拔 175 m 植株相比，海拔 170 m 水杉苗木叶绿素 a 与叶绿素 b 的比值却显著增大，这与 Smethurst 和 Shabala（2003）的研究结果一致，表明水杉幼树的聚光色素在水淹胁迫结束后降解较快，这可保证参与光合作用的反应中心色素充足，植物通过调节叶绿素 a 与叶绿素 b 的分配情况，使自身的光合作用朝着最优化的方向发展（Larcher，2003）。这与室内模拟实验中第一阶段全淹处理组所得的结果相同。

水淹胁迫结束后，海拔 170 m 水杉幼树净光合速率显著高于海拔 175 m 植株（表 5-11），这可能与水杉幼树的负反馈调节有关（Bragina et al.，2004），即水淹胁迫使植株部分被淹叶组织不能参与光合作用，而植株剩下部分叶组织因未被水淹而可能增强了其光合作用能力（罗芳丽等，2006）。这可能是导致水淹胁迫期间水杉幼树叶片的表观 CO_2 利用效率较高所致（表 5-11），这也是水杉幼树抗氧化酶、渗透调节物质及光合色素综合作用的结果。蒸腾速率能用于衡量植物的水分平衡，可表征树种防止自身水分损耗的能力以及适应胁迫环境的能力（张迎辉等，2005）。海拔 170 m 水杉幼树的蒸腾速率与海拔 175 m 植株之间没有显著性差异，说明水杉幼树在水淹胁迫下可维持其体内的水分代谢平衡。本实验还发现，海拔 170 m 水杉苗木的净光合速率、气孔导度和胞间 CO_2 浓度的变化共同表明它们的升高应归因于非气孔限制因素可能是导致植株光合作用增强的原因之一，可能是水淹胁迫诱导水杉幼树 Rubisco 的羧化效率提高所致（Gong et al.，2011；Gimeno et al.，2012）。

生长状况与生物量可反映植物对胁迫的适应性（Lang et al.，2010），植物可调节不同器官的生长和生物量分配来适应胁迫环境（Siemens et al.，2012）。本研究发现，在消落带水淹结束时，海拔 170 m 水杉幼树的株高显著小于海拔 175 m 植株，表明水淹胁迫显著抑制了植物株高的生长（Mielke et al.，2005），这与模拟实验的结果相同。在消落带水淹胁迫下，与海拔 175 m 植株相比，海拔 170 m 水杉树苗的根表面积显著增大，其叶生物量及所占总生物量的比例、根生物量及所占总生物量的比例、根冠比和根体积均与海拔 175 m 植株无显著性差异（表 5-16），这可能是中度水淹胁迫下水杉幼树净光合速率显著高于对照组所致。海拔 170 m 植株根、茎生物量均显著降低，这可能是海拔 170 m 植株根冠比与海拔 175 m 植株之间差异不显著的原因之一；茎生物量及所占总生物量的比例和根生物量均显著低于海拔 175 m 植株，说明水杉幼树面对水淹胁迫时首先是满足叶的生长需求，从而保证更多光合同化产物的积累，以满足自身在水淹胁迫下的物质能量需要。

本研究发现，前期水淹胁迫并没有影响水杉幼树对随后的干旱胁迫的响应能力。水杉树苗对土壤水分变化具有较强的生理生化响应能力，其不仅表现出耐水湿的特点，而且表现出一定的耐旱性。水分胁迫导致水杉幼树发生了一定的膜脂过氧化作用，但水杉幼树能够有效启动体内的抗氧化保护酶系统，清除体内过多的活性氧，使植株的生理代谢得以正常进行。同时，水杉幼树通过积累渗透调节物质，降低了细胞的水势，完成了较好的渗透势调节。正是保护酶系统的启动以及渗透调节物质的产生，使得水杉树苗的耐淹性和耐旱性提高，使水杉树苗具有较强的渗透胁迫耐受能力。因此，在三峡库区植被恢复建设中，可以考虑将水杉树苗作为候选树种之一。

第6章　水淹对三峡库区消落带适生树种湿地松生理生态的影响

6.1　夏季水淹对湿地松幼苗生长生理的影响

6.1.1　引言

三峡库区消落带形成后，不同海拔与不同坡度的土壤因受水位波动的影响而呈现出淹水、潮湿、干旱等多种状态(Li et al.，2006；李昌晓等，2008)，这将对库岸消落带原有植物产生严重影响，导致部分植物的生长受抑制甚至无法生存，从而引起水土大量流失、环境被严重污染等生态环境问题(徐刚，2013)。为解决这些严峻问题，筛选对环境胁迫具有较强耐受性的物种，以此构建库岸带防护林，进而恢复重建库岸植被，形成稳定的生态系统是行之有效的方法。

本章选择具有较强适应性与抗逆性的湿地松(*Pinus elliottii* Engelmann)作为研究对象。湿地松作为一种常见造林树种，其材质好、松脂产量高，现已成为我国应用较广泛的多用途树种，通常被栽植在河岸带上。目前已有关于湿地松培育繁殖、造林技术和家系生理特性等方面的研究(刘琪璟等，2008；童方平等，2008；陈其榕，2009)，但有关多种土壤水分胁迫对其光合作用及生理代谢的影响还不清楚。本节通过对不同土壤水分条件下湿地松幼苗的生长、光合生理与叶绿素荧光参数以及有机酸代谢等进行研究，从生理生化的角度来阐明湿地松对不同土壤水分含量的响应机制，以期为三峡库区消落带的植被保护与恢复重建提供理论和技术指导。

6.1.2　材料和方法

1. 实验材料和地点

本研究采用当年实生湿地松幼苗作为研究对象。选取长势基本一致的幼苗 120 株，于 6 月中旬将其移栽入深为 18 cm、盆内径为 23 cm 的花盆中，盆内装入 3.5 kg 晒干后去除杂质的紫色土(盆内土壤田间持水量为 28.3%)，每个花盆种植 1 株幼苗。将所有栽植的幼苗置于西南大学生态实验基地内进行相同环境条件培养适应，于当年 7 月 20 日将所有幼苗移入透明遮雨棚内，并正式开始实验处理。

2. 实验设计

将湿地松实验幼苗随机分成 4 组，每组 30 盆，包括对照组 CK、轻度干旱组 LD、水饱和组 SW 和水淹组 BS。采用称重法控制 CK 与 T_1 组的土壤含水量分别是田间持水量的

70%～80%与 50%～55%(李昌晓等，2005)，T_2组的土壤一直保持水分饱和状态，T_3组淹水至超过土壤表面 5 cm 处。具体处理方法为：将花钵放入直径为 80 cm、深度为 25 cm 的塑料大盆内，加自来水使水面高于土壤表面 5 cm(陈芳清等，2008)。实验期间每天傍晚对花盆进行称重，并补充散失的水分，使各处理组的土壤含水量基本保持稳定。实验时间为 7 月 20 日至 10 月 27 日，其间每 25 天作为一个周期，对各项指标连续进行 5 次测定，每次每个处理测定 6 株幼苗。

湿地松幼苗根系次生代谢物取样测试分别于实验的第 25 天和第 100 天进行，每次每个处理的测定重复 3 次，最后取每次测定的平均值作为结果。

3. 观测项目和测定方法

1)生物量测定

湿地松的株高和基径分别采用刻度尺和游标卡尺进行测定。取样时，先将植株洗净，然后将叶、茎、根(分为主根和侧根两部分)分别装入干净信封，并放入 80℃烘箱中烘干至恒重，最后用电子天平分别称量植株各部分的生物量。其中，地上部分生物量=叶生物量＋茎生物量。

2)气体交换参数测定

于上午 9：00～11：00，选取湿地松幼苗顶部健康叶，先用饱和光对植物叶片进行 30 min 光诱导，之后使用 LI-6400 便携式光合分析仪红蓝光源标准叶室测定叶片的净光合速率(*Pn*)、气孔导度(*Gs*)、胞间 CO_2浓度(*Ci*)、蒸腾速率(*Tr*)、大气 CO_2浓度(*Ca*)等气体交换参数。测定时设置叶室温度为 25℃，光合有效辐射(*PAR*)为 1200 μmol·m^{-2}·s^{-1}，CO_2浓度为 400 μmol·mol^{-1}，相对湿度为 60%～70%。测定后将叶片叶室内的部分进行标记，并用根系分析仪扫描该部分的表面积，将其输入 LI-6400 便携式光合分析仪中重新计算后便得到转换后的参数值。用该参数值计算水分利用效率(*WUE*)(*WUE*=*Pn*/*Tr*)(Cui et al.，2009)，气孔限制值(*Ls*)[*Ls*=1-(*Ci*/*Ca*)](Berry and Downton，1982)。

3)光合色素含量测定

选取用于测定湿地松光合参数的叶片，采用浸提法提取叶片中的叶绿素，用日本岛津 UV-2550 型分光光度计分别测定叶绿素 a、叶绿素 b 和类胡萝卜素的吸光值，并计算这些光合色素的含量(郝建军等，2007；Jankju et al.，2013)。

4)根系酒石酸、草酸含量测定

湿地松幼苗主根、侧根草酸及酒石酸含量的测定均参照高智席等(2005)的方法，采用日本岛津 LC-20A 高效液相色谱仪，用 $HClO_4$(pH=2.5)溶液作流动相，在美国产 Phenomenex C_{18}(150 mm×4.6 mm)色谱柱上进行测定。测定时具体方法及计算同第 1 章。

4. 数据分析

实验中所有数据均通过 SPSS 软件进行处理分析。根据测定的生长生理指标，将水分处理作为独立因素，采用单因素方差分析揭示水分变化对湿地松苗木生长生理特征的影响。用 Duncan 检验法进行多重比较，检验每个生理指标在各处理间的差异显著性，显著性水平设为 α=0.05。

6.1.3 夏季水淹对湿地松幼苗生长发育的影响

1. 株高和基径的变化

在整个处理期间，LD、SW 和 BS 组的株高均随处理时间的增加而增长，其中 SW 组的增幅最大。LD 组的株高从处理的第 50 天开始显著小于 CK 组，处理结束时比 CK 组减小了 28.5%。SW、BS 组的株高在处理结束时分别比 CK 组显著减小了 17.3%、29.3%。LD 组的基径随处理时间的增加变化较小，处理结束时比 CK 组减小了 31.6%。SW、BS 组的基径均随处理时间的增加而增大，处理结束时比 CK 组增大了 10.1%、19.7%（图 6-1）。

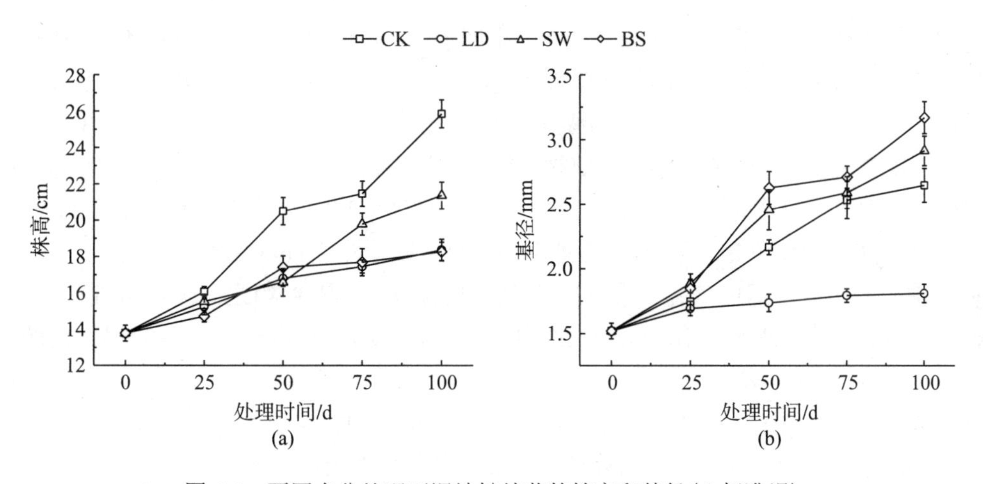

图 6-1 不同水分处理下湿地松幼苗的株高和基径（±标准误）

2. 生物量的变化

就地上部分的生物量和地下部分（根）的生物量而言，LD 组从处理的第 50 天开始就显著低于 CK 组，处理结束时分别比 CK 组下降了 39.6%、35.9%。BS 组的地上部分生物量和地下部分生物量在处理结束时则分别较 CK 组显著下降了 42.7%、49.8%，但与 LD 组无显著性差异。SW 组的降幅较小，处理结束时其地上部分的生物量比对照组显著下降了 20.0%，而其地下部分的生物量与对照组无显著性差异。随着处理时间的延长，LD 组地下部分生物量与地上部分生物量的比值较对照组有所增加，而 BS 组则表现为下降趋势（图 6-2）。

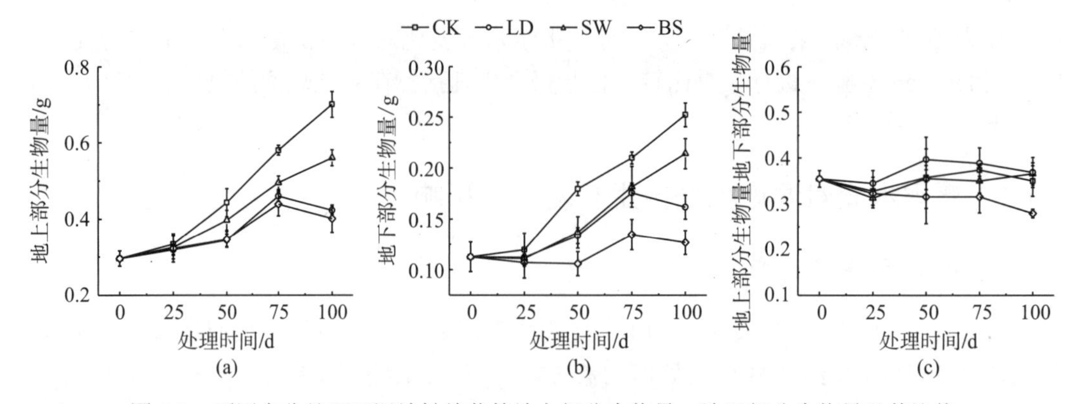

图 6-2 不同水分处理下湿地松幼苗的地上部分生物量、地下部分生物量及其比值

6.1.4 夏季水淹对湿地松幼苗光合生理的影响

1. 气体交换参数的变化

湿地松幼苗的净光合速率(*Pn*)受到不同土壤水分梯度的显著影响。LD 组的净光合速率表现出持续降低趋势，处理后期降幅有所减缓，处理结束时比 CK 组显著降低了 21.0%。SW 组的净光合速率从处理的第 50 天开始显著下降，处理结束时比对照组降低了 20.3%。BS 组在处理的第 25 天时其净光合速率有大幅度下降，比对照组降低了 34.5%，但在处理的第 50 天时则有所回升，仅比对照组降低了 13.1%，至处理结束时比对照组显著降低了 20.5%。处理结束时，LD、SW 和 BS 组的净光合速率间无显著性差异[图 6-3(a)]。

湿地松幼苗 SW 组的气孔导度(*Gs*)在整个实验期均与对照组之间无显著性差异，LD、BS 组的气孔导度在处理的第 25 天时比对照组分别显著降低了 47.2%、35.8%，但随着处理时间的延长，BS 组从处理的第 50 天开始与对照组无显著性差异。而 LD 组的气孔导度则呈下降趋势，处理结束时比对照组显著降低了 26.0%[图 6-3(b)]。

LD 组的胞间 CO_2 浓度(*Ci*)在处理的第 25 天时较对照组显著降低了 15.9%，随后恢复至与对照组差异不显著。SW 和 BS 组仅在处理末期较对照组显著升高[图 6-3(c)]。

湿地松幼苗蒸腾速率(*Tr*)与气孔导度的变化趋势基本一致，均呈 LD 组显著低于 CK 组(第 75 天除外)。SW 组的蒸腾速率始终与 CK 组保持一致。而 BS 组的蒸腾速率在处理的第 25 天时显著低于 CK 组，而后又恢复至 CK 组水平[图 6-3(d)]。

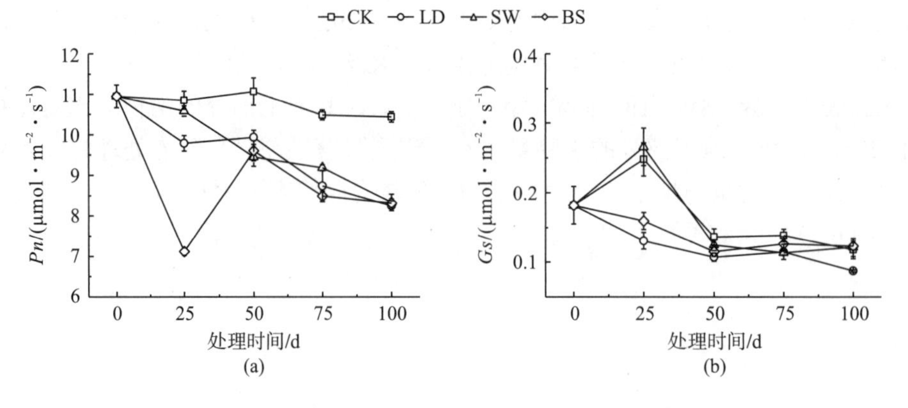

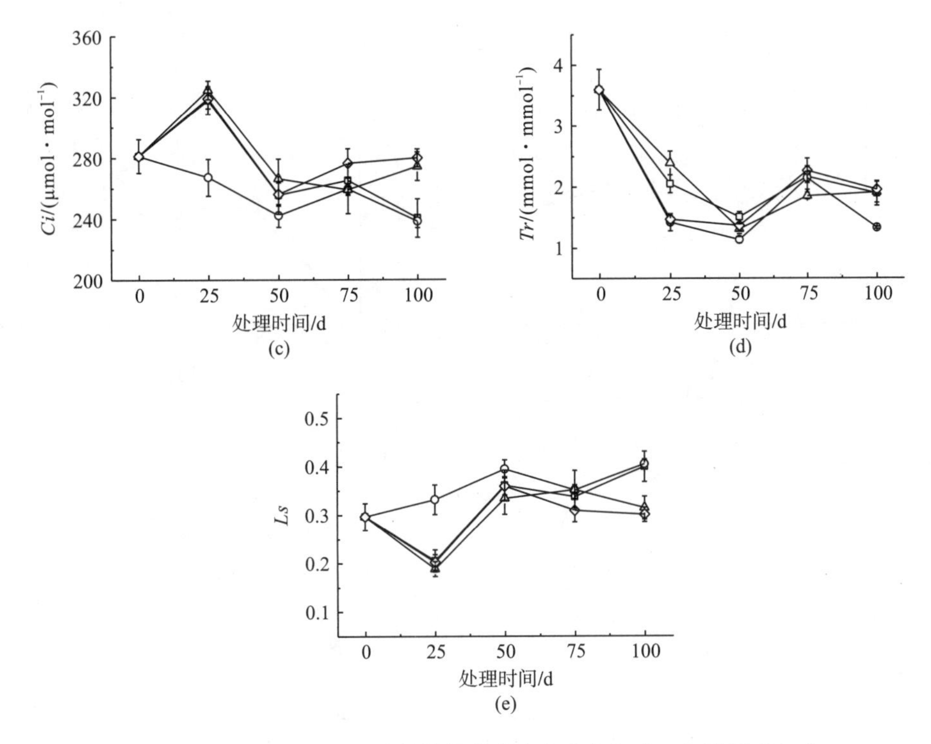

图 6-3　不同水分处理下湿地松幼苗的净光合速率(*Pn*)、气孔导度(*Gs*)、胞间 CO_2 浓度(*Ci*)、蒸腾速率(*Tr*)和气孔限制值(*Ls*)

气孔限制值(*Ls*)与胞间 CO_2 浓度呈相反的变化趋势，LD 组的胞间 CO_2 浓度一直处于最大值，而 SW 和 BS 组的胞间 CO_2 浓度则随处理时间的增加呈先升后降的趋势，处理结束时显著低于对照组[图 6-3(e)]。

2. 光合色素含量的变化

湿地松幼苗总叶绿素(*Chls*)含量和类胡萝卜素(*Car*)含量具有相似的变化趋势(图 6-4)。LD 组的 *Chls* 含量在整个实验期间先降后升，在处理的第 100 天时达到最高。BS 组则始终处于最低，后期略有回升，处理结束时比对照组显著降低了 28.2%。SW 组 *Chls* 含量与对照组无显著性差异(第 25 天除外)。LD 组 *Car* 含量表现为持续增加，在处理的第 100 天时达到最大值，显著大于对照组。BS 组的 *Car* 含量始终最低，处理结束时比对照组显著降低了 34.8%。SW 组在整个实验期表现为先升后降的趋势，在处理的第 50 天时达到最高，处理结束时比对照组显著降低了 14.8%。

叶绿素 a/叶绿素 b(*Chl a*/*Chl b*)在整个实验期间介于 2.136～3.393，而 *Chls*/*Car* 介于 3.604～5.042。3 个处理组的 *Chl a*/*Chl b* 均表现为先上升后下降的趋势，LD 组在处理结束时显著小于对照组，而 SW 组在处理的第 50 天时最大，处理结束时与对照组无显著性差异。BS 组在处理的前 50 天均较对照组显著增高，从处理的第 75 天开始与对照组差异不显著。LD 组的 *Chls*/*Car* 持续下降且处理结束时显著小于对照组。SW 和 BS 组则呈先下降后上升的趋势。

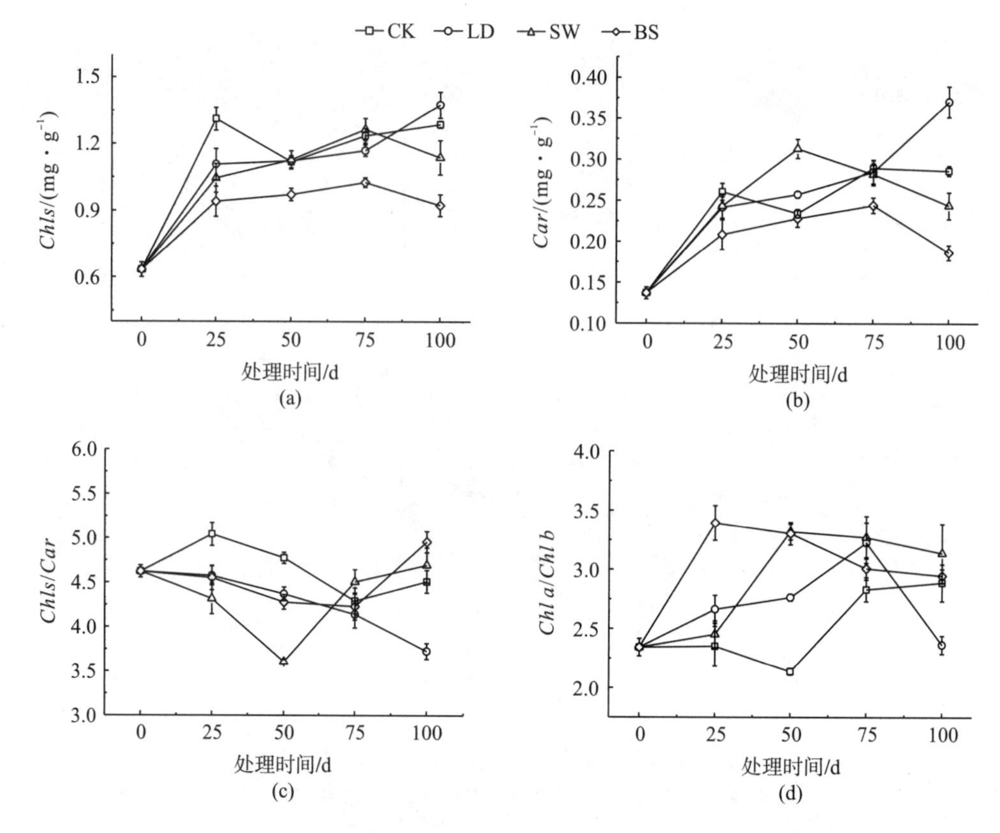

图 6-4 不同水分处理下湿地松幼苗的光合色素含量(±标准误)

6.1.5 短期夏季水淹对湿地松幼苗根部次生代谢物的影响

1. 根系酒石酸含量的变化

湿地松幼苗主根、侧根和总根的酒石酸含量也受到不同水分处理与处理时间的显著影响;二者的交互作用显著影响了主根的酒石酸含量,但对侧根、总根则无显著影响(表 6-1)。LD、SW、BS 组主根、侧根和总根的酒石酸含量均较 CK 组显著增高。LD、SW 组主根的酒石酸含量没有显著性差异,但均较 BS 组主根的酒石酸含量显著降低。与主根变化不同,LD 与 BS 组侧根的酒石酸含量没有显著性差异,但均显著高于 SW 组侧根的酒石酸含量(图 6-5)。

表 6-1 不同水分处理与处理时间条件下湿地松幼苗根系代谢物的方差分析

变量	*F* 值		
	水分处理	处理时间	水分处理×处理时间
主根酒石酸含量	18.76^{***}	40.40^{***}	20.13^{***}
侧根酒石酸含量	65.74^{***}	150.24^{***}	0.52^{ns}
总根酒石酸含量	18.90^{***}	18.68^{**}	0.76^{ns}
主根草酸含量	124.83^{***}	27.41^{***}	6.36^{**}

续表

变量	F 值		
	水分处理	处理时间	水分处理×处理时间
侧根草酸含量	198.36***	135.18***	23.01***
总根草酸含量	31.15***	31.35***	3.61*

注：***表示 $p<0.001$；**表示 $p<0.01$；*表示 $p<0.05$；ns 表示 $p>0.05$。

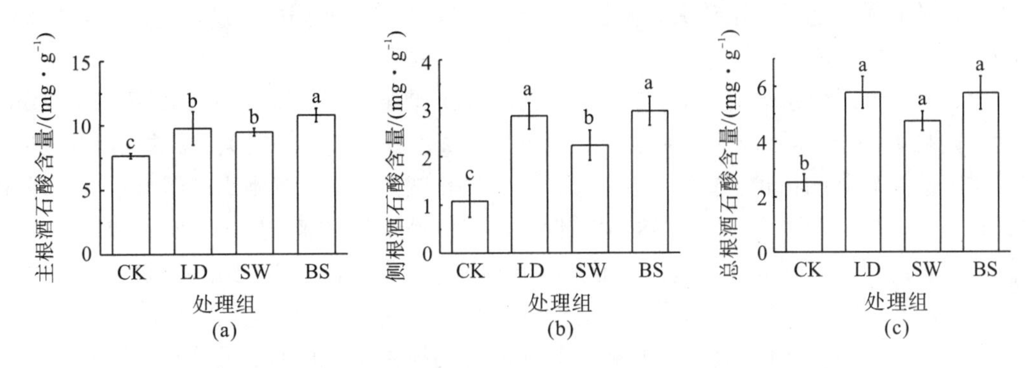

图 6-5　湿地松幼苗在不同水分条件下其根系酒石酸含量的变化

2. 根系草酸含量的变化

湿地松幼苗的主根、侧根和总根草酸含量也受到不同水分处理、处理时间以及二者交互作用的显著影响(表 6-1)。SW、BS 组主根、侧根和总根的草酸含量均较 CK 组显著增加。虽然 LD 组侧根、总根的草酸含量也较 CK 组显著增高，但其主根的草酸含量却显著低于 CK 组(图 6-6)。

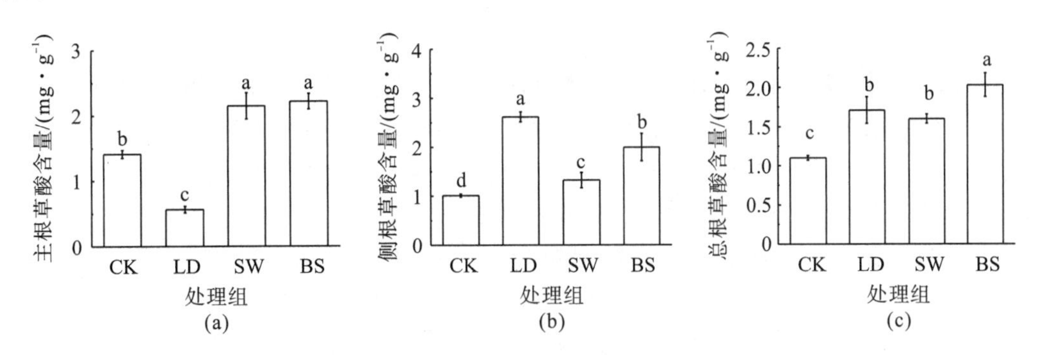

图 6-6　湿地松幼苗在不同水分条件下其根系草酸含量的变化

6.1.6　讨论

1. 夏季水淹对湿地松幼苗生长的影响

湿地松是松科松属常绿乔木，也是世界松属植物中具有重要经济价值的针叶用材树种之一(童方平等，2007)。自 1930 年我国开始引种后，该树种现已是国内最常用的绿化造林与用材树种。尽管前人研究表明湿地松具有一定抗旱耐涝能力，但本实验却发现，湿地松幼苗的株高与叶生物量在干旱(LD组)、潮湿(SW组)与水淹(BS组)等多种水分胁迫条件下显著降低，由此可知，湿地松幼苗耐水湿性并不强。相关性分析表明，湿地松幼苗株高生长和叶生物量之间具有极显著的正相关性，这表明光合产能将随叶生物量增大而增高，供给植物进行株高生长的物质和能量也更多。同时，植物株高生长加快也有利于叶片获取充足的光照，进而提高植物碳同化水平。这进一步印证了湿地松具有喜光特性。本研究中湿地松幼苗的株高与叶生物量对多种水分逆境较敏感，这很可能与本研究所选取的湿地松的苗龄有关。通常，苗龄大、生长健壮的树苗具有相对较强的抗逆境胁迫能力(Islam and Macdonald，2004)。

本研究中，湿地松幼苗SW、BS组在实验结束时的地径均显著大于CK组，而LD组的地径则显著小于CK组，这表明地径的大小与土壤水分含量有密切关系。前人研究表明，耐受水淹能力较强的树种，通常会通过形成不定根和肥大的皮孔等组织来缓解水淹造成的根部缺氧。本研究中，在SW、BS组条件下，湿地松幼苗根部产生了不定根和肥大的皮孔，这将有助于根部获取氧。这也可能是导致湿地松幼苗SW和BS组地茎增大的直接原因。此外，湿地松幼苗的茎生物量在4个处理组间无显著性差异，这反映出湿地松幼苗对多种水分逆境具有一定的适应能力。LD和SW组的根生物量与CK组差异不显著，这更进一步说明湿地松幼苗能够应对一定程度的水淹胁迫。湿地松幼苗LD、SW和BS组的株高生长从开始就受到一定程度的抑制，其中SW组受到的抑制最弱(除了第50天)，这证实湿地松幼苗能适应土壤水饱和环境。LD组湿地松幼苗则通过增大根冠比的方式来适应轻度干旱环境(Furlan et al.，2012)。因此，在多种水分环境中，尽管湿地松幼苗的生长、干物质积累均受到一定程度的影响，但其仍然具有一定的适应能力。

2. 夏季水淹对湿地松幼苗光合生理的影响

1)光合生理的变化

在本实验中，湿地松幼苗的光合生理参数受到了不同土壤水分胁迫的显著影响。LD、SW和BS组的净光合速率(*Pn*)均随处理时间的增加而有所下降。BS组的净光合速率在植株经历25天水淹后发生显著下降，但从处理的第50天开始出现回升，而后在处理100天后仅小于对照组20.5%。有研究发现，对水淹具有耐受性的植物的光合速率与气孔导度等光合生理参数受到影响的时间较短，植物会随水淹时间的增加而产生适应性，表现为植物会恢复正常生长或保持在相对稳定的状态(陈芳清等，2008)。已有研究表明，耐淹植物——野古草在接受60天半淹处理后其净光合速率比对照组降低了30.9%(罗芳丽等，2007)。消落带适生树种落羽杉、池杉在经历25天表土1 cm水淹后其净光合速率分别下降了38.1%(李昌晓等，2005)和31.8%(李昌晓和钟章成，2005a)。本研究中，SW组净光合速率从处理的第50天开始显著小于对照组，但总体降幅不大。并且SW和BS组的蒸腾速率及气孔导度均与对照组差异不显著，也就是说，湿地松幼苗对潮湿土壤和水淹环境能够作出积极的正向响应，并能够维持基本稳定的正向光合同化作用，这证实湿地松幼苗能够耐受潮湿土壤环境和水淹环境。

LD组在经受100天轻度干旱后的*Pn*值仍有8.24 μmol • m^{-2} • s^{-1}，该值和亚热带荒漠

中优势植物的 Pn_{max} 值(9.0 μmol • m^{-2} • s^{-1})接近(黄玉清等，2006)，反映出湿地松幼苗对轻度干旱胁迫的耐受能力较强。湿地松幼苗在轻度干旱胁迫下的气孔导度与蒸腾速率降幅较大，二者一直处于较低水平。这可能是因为植物在受到干旱胁迫时，采取了关闭气孔的策略以减少水分的散失，这必然会降低植物获取 CO_2 的速率，从而导致其净光合速率下降(Forkelova et al.，2016)。

净光合速率降低的原因除了上述气孔调节因素外，还受到 RuBP 羧化能力的限制、活性氧积累致使生物膜结构被损坏等非气孔因素(胡义等，2014)。Farquhar 和 Sharkey (1982)认为，可结合叶肉细胞胞间 CO_2 浓度(*Ci*)和气孔限制值(*Ls*)两个指标判断光合速率下降的原因是气孔或者非气孔限制。据此理论，在本书中，湿地松幼苗 LD 组的 *Pn*、*Ci* 值减小，而 *Ls* 值增大，可推断是气孔限制导致其光合速率出现下降，SW 和 BS 组的 *Pn* 值减小、*Ci* 值增大，而 *Ls* 值减小，可以认为是非气孔限制导致湿地松幼苗在潮湿土壤和水淹条件下其光合速率发生下降。事实上，LD 组在处理中后期的 *Ci*、*Pn* 值都减小，而 *Ls* 值增大，说明在干旱胁迫下其光合速率发生下降是由气孔限制引起的；而在处理末期，*Pn* 值减小、*Ci* 值增大，而 *Ls* 值减小，说明此时影响因素已转化成非气孔限制。

LD 组在轻度干旱环境中其水分利用效率(*WUE*)显著提高，在处理的第 50 天时达到最大值。研究发现，适度干旱能显著提高植物对水分的利用效率。在干旱胁迫下湿地松幼苗通过提高自身对水分的利用效率来应对土壤水分不足，从而维持净光合速率的相对稳定。SW 和 BS 组在处理中后期的 *WUE* 值均与对照组之间差异不显著，这与植物在水淹胁迫下其生理代谢速率降低进而导致其对水分的利用效率也明显降低的结论有异(陈芳清等，2008)，反映出湿地松幼苗能够正向地积极适应水淹环境。水分利用效率的高低能够反映出植物适应环境的状况，即植物通过调节气孔导度在获取 CO_2 和散失水分之间进行最优调节。由此也反映出，湿地松对水淹和干旱同时具备耐受能力。

2) 叶绿素的变化

本研究中，湿地松幼苗 LD 和 SW 组叶绿素含量与对照组无显著性差异(第 25 天除外)，二者基本上没有受到土壤水分条件的影响，说明湿地松幼苗能够在轻度干旱及潮湿土壤环境中维持叶绿素含量的稳定，这有助于叶片的光能吸收，使植物能够维持正常水平的净光合速率(孔艳菊等，2006)。LD 组类胡萝卜素含量上升，而 SW 组则先升后降，说明在这两种土壤水分环境中湿地松幼苗均能够使其叶片的类胡萝卜素增加以吸收多余的光能，从而避免叶绿素被光氧化(Caldwell and Bfitz，2006)。BS 组叶绿素、类胡萝卜素含量一直显著低于对照组，这可能是水淹胁迫使叶片中光合色素降解的速度提高，进而导致其含量降低，最终对叶片光合作用产生了影响(陈芳清等，2008)。虽然 BS 组光合色素的含量显著下降，但其叶绿素 a 含量与叶绿素 b 含量的比值却较大，且在处理前期大于对照组，处理后期则与对照组差异不显著。前人研究表明，叶绿素 a/叶绿素 b 越大，类囊体的垛叠程度也越高，说明整个光合系统结构完整，并具备进行光合作用的功能(董陈文华等，2009)。该结果表明，水淹胁迫下湿地松幼苗通过调节其叶片中叶绿素 a 含量与叶绿素 b 含量的比值使其光合能力维持在较高的水平。此外，本研究中湿地松幼苗各处理组的总叶绿素/类胡萝卜素均大于 3∶1，这可使叶绿素含量占光合色素总含量的比例增大，还可使植物体内反应中心色素充足，进而保证胁迫条件下植株维持其光合能力(李昌晓等，2005)。

3)夏季水淹对湿地松幼苗根部次生代谢物的影响

已有研究表明，草酸能够提高植物的抗性，使植物能够应对生物与非生物胁迫(李昌晓等，2010a)。本研究中，无论是LD组，还是SW与BS组，湿地松幼苗侧根和总根的草酸含量均较CK组显著增高。然而，LD组主根草酸含量则表现为显著降低，与SW和BS组主根的草酸含量均显著高出CK组明显不同。这说明3种水分胁迫对湿地松幼苗根部的草酸含量有显著影响。尽管湿地松幼苗LD组主根草酸含量较另外3组显著降低，但其侧根草酸含量却最高，显著高于其他3组。由此推测，这可能是湿地松幼苗LD组主根大部分草酸被转移到侧根所致。当然，这还需要进一步的实验来加以验证。植物可以经光呼吸乙醇酸途径和抗坏血酸途径来合成草酸(刘友良，1992)。由于植物中抗坏血酸水平的高低并不影响草酸的积累，所以植物可主要通过光呼吸乙醇酸途径合成草酸(刘友良，1992)。因此，湿地松幼苗根部草酸含量增加很可能是根中光呼吸乙醇酸途径加强的结果，即在乙醇酸氧化酶的作用下，乙醇酸氧化生成乙醛酸，乙醛酸再进一步氧化生成草酸。

湿地松幼苗主根、侧根和总根的酒石酸含量在3种水分胁迫下均显著高于CK组，且其与草酸含量的变化基本一致(除LD组主根的草酸含量外)。这表明水分胁迫下湿地松幼苗会增加根部酒石酸的含量。湿地松幼苗LD、SW和BS组根系草酸和酒石酸含量均显著高于CK组(LD组主根的草酸含量除外)，这可能是胁迫条件下草酸和酒石酸从其合成部位——叶片经茎被运输至根所致(刘小琥和彭新湘，2002)。湿地松幼苗的根系在相同处理下其草酸、酒石酸含量的变化趋势随处理时间的延长而各异，各处理组主根在实验第100天的草酸含量一直没有显著超过第25天，而各处理组侧根与总根草酸含量及主根、侧根、总根酒石酸含量在实验第100天一直没有显著低于第25天。这表明，湿地松幼苗的草酸与酒石酸含量在不同水分处理、根系各部分及不同时间条件下可能有明显差异，这与前人的研究结论一致。由此我们认为，植物根部草酸、酒石酸的含量受其合成、分解、转运以及分泌等过程的综合控制。

综上所述，多种水分胁迫对湿地松幼苗的光合生理及有机酸代谢特性产生了显著影响，尽管湿地松幼苗在生长、生物量积累方面有一定敏感性表现，但其仍有比较明显的适应性特征，实验结束时幼苗的存活率达到了100%。因此，在对湿地松幼苗进行管护时，应特别注意栽植处土壤的水分管理，要在干旱环境下加强浇水、在水淹环境下做好排水管理等，以此确保其健康生长。

6.2 水淹-干旱交替胁迫对湿地松幼苗生理生态的影响

6.2.1 引言

三峡水库每年夏季处于低蓄水位(145 m)，冬季处于最高蓄水位(175 m)，使得其反季节水位相差达30 m。夏季库区高温多雨，暴雨频繁、洪水增多，水位波动较大且波动频率较快。在此过程中，库岸带土壤呈水淹与干旱交替变化的状态。消落带土壤的这种水分交替胁迫，极有可能会扰乱消落带内植物的生理过程，影响这些植物的光合作用及生长发育。湿地松是适于造林绿化兼具经济价值的优良树种，近年来，其已被应用在三峡库区消落带，毫无疑问其将受到消落带水分交替变化的影响。

1930 年我国开始引种湿地松，现已在我国的长江流域以及长江流域以南各省广泛栽植。该树种抗旱耐涝且耐瘠薄，具有较强的适应性及抗逆能力，生长迅速。目前，关于湿地松的研究主要集中在其生物学特征(马泽清等，2011)、生理生态(童方平等，2006a；Ford and Brooks，2002)、光合特性(童方平等，2006b，2007)、耐旱特征(周席华等，2005)、遗传变异(吴际友等，2010)等方面，而有关其如何应对水淹-干旱交替胁迫的生理生态机制还未见报道。因此，本节旨在从光合生理生态的角度深入了解湿地松幼苗对周期性水淹-干旱交替胁迫的适应性机理。

6.2.2　材料和方法

1. 实验材料和地点

本实验的研究对象为当年实生湿地松幼苗。于 5 月初挑选大小和长势基本一致的幼苗 90 株，将幼苗栽种于装有紫色土的中央直径为 18 cm、盆高为 20 cm 的塑料花盆中，每盆 1 株。将所有盆栽实验用苗放入西南大学三峡库区生态环境教育部重点实验室实验基地大棚(海拔 249 m，透明顶棚且四周开敞)下进行相同环境生长适应，于当年 7 月 23 日正式开始实验，此时湿地松幼苗的平均株高为 9.38±0.21 cm。

2. 实验设计

将湿地松幼苗随机分为 3 组，每组 30 株，共设置 3 个处理组：对照组(CK)、连续性水淹组(CF)、水淹-干旱交替胁迫组(PF)。CK 组即正常生长组，通过称重法将土壤含水量控制为田间持水量的 60%～63%。CF 组即控制水面淹没至土壤表面 5 cm 处。具体操作方法为：将花盆置于直径为 68 cm、高为 28 cm 的塑料大盆内，向大盆内注入自来水，直至盆内水面高于土壤表面 5 cm 为止。在参考前人研究的基础上(Li et al.，2004，2005a，2005b；Brown and Pezeshki，2007)，经预备实验确定，PF 组以 12 天为一个处理周期，即每 6 天进行表土 5 cm 水淹处理，随后排干盆钵中的水，让土壤自然干旱并持续 6 天。由于处理期间受到高温(35～40℃)的影响，放水后 2 天湿地松幼苗便处于轻度干旱胁迫状态(清晨叶水势＜-0.5MPa)。

从实验处理开始之日算起，分别在开始后的第 12 天、第 24 天、第 36 天、第 48 天和第 60 天对光合参数以及生长指标连续开展 5 次测定，每个处理每次测定 5 株幼苗。同时，对所测植株的土壤氧化还原电位(Eh)和清晨叶水势进行补充测定，以确保实验设计的正确性与实验处理的可靠性。

3. 观测项目和测定方法

1）土壤氧化还原电位和清晨叶水势测定

采用江苏江分电分析仪器有限公司生产的 DW-1 型氧化还原电位计对湿地松幼苗土壤的氧化还原电位进行测定。测定时将 DW-1 型氧化还原电位计探头插入距地表 10 cm 位置处，待数值平稳后进行读数，测定结果如图 6-7(a)所示。对照组 CK 的 Eh 在整个实验阶段始终维持在 470 mV 以上，说明该处理下土壤处于有氧状态，土壤通气性好(Sajedi et al.，2010)。与 CK 组土壤的 Eh 变化不同，CF 组土壤的 Eh 呈持续下降趋势，在水淹处理后不久便下降至 350 mV 以下，表明该处理条件下土壤中氧气逐渐匮乏(Sajedi et al.，2010)。PF 组土壤的 Eh 则在 300～500 mV 波动，水淹时小于 350 mV(第一次处理除外)，干旱时大于 470 mV。

采用美国 Wescor 公司生产的 Psypro 露点水势仪于清晨 5：00～7：00 对湿地松幼苗清晨叶水势进行测定，选取幼苗顶部发育充分且成熟的叶进行测定，每个处理测定 3 次。由图 6-7(b)可知，湿地松幼苗 CK 组清晨叶水势一直维持在−0.1 Mpa 上下。CF 组湿地松幼苗清晨叶水势逐步从−0.1 MPa 降低至−0.4～−0.3 MPa。而湿地松幼苗 PF 组的清晨叶水势在两种胁迫下各不相同，水淹阶段处于−0.4～−0.3 MPa，而放水后的干旱阶段处于−0.8～−0.5 MPa。

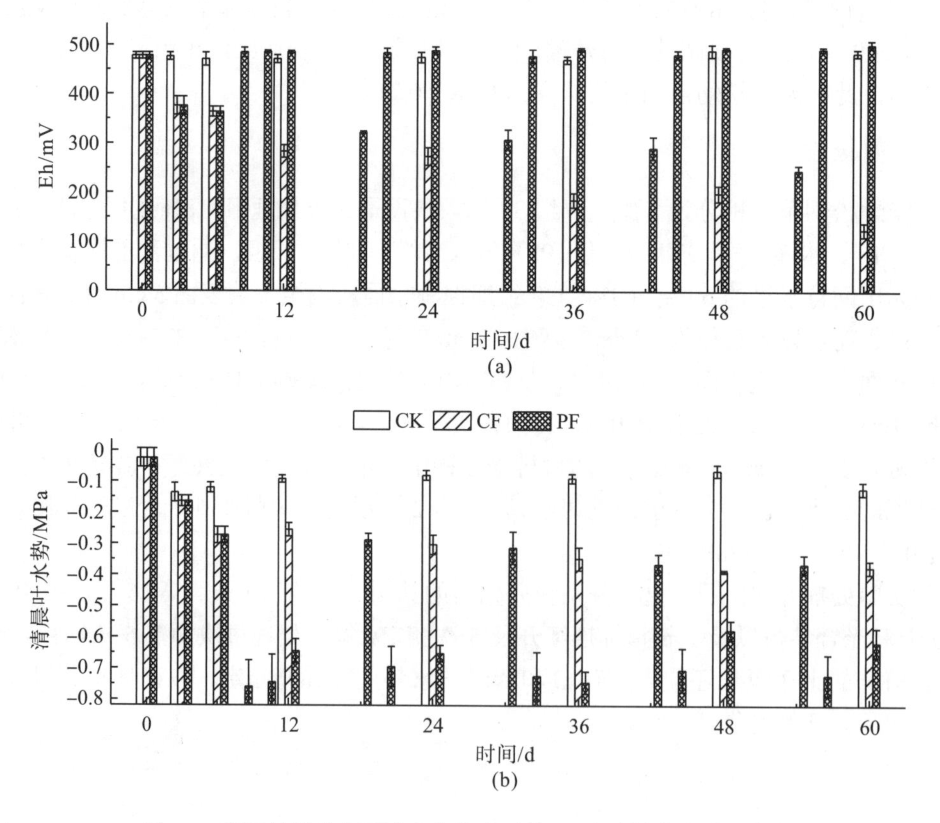

图 6-7 湿地松幼苗在不同水分处理下其 Eh 和清晨叶水势的变化

2) 光合作用测定

于晴天上午 9：00～12：00，选取湿地松幼苗靠近顶部的叶片，对其进行 30 min 饱和光诱导后，使用 LI-COR6400 便携式光合分析系统红蓝光源标准叶室对其进行光合作用测定。测定时控制 CO_2 浓度为 400 μmol・mol^{-1}，饱和光强为 1200 μmol・m^{-2}・s^{-1}，叶室温度为 25℃。测定的光合参数包括叶片净光合速率(*Pn*)、气孔导度(*Gs*)、胞间 CO_2 浓度(*Ci*)等，并用公式计算叶片内在水分利用效率(*WUEi*)(*WUEi*=*Pn*/*Gs*)(Li et al.，2010a)。

3) 生长与生物量测定

株高采用卷尺进行测量，基径用游标卡尺进行测定。将湿地松各处理组的根、茎及叶分开进行取样，分别装入信封后放入 80℃烘箱内进行烘干，至重量不再改变后分别称量。

4. 数据分析

根据获得的各项指标值，用 SPSS 软件进行数据处理分析。将水分处理和处理时间作为影响这些指标的 2 个因素，采用双因素方差分析揭示水分处理、处理时间以及二者的交互作用对湿地松幼苗光合作用与生长的影响(GLM 程序)，并用 Duncan 检验法进行多重比较，检验每个指标在各处理间不同时间条件下的差异显著性。相关性分析采用 Pearson 相关系数法，显著性水平设定为 α=0.05。

6.2.3　水淹-干旱交替胁迫对湿地松幼苗光合生理的影响

1. 净光合速率的变化

湿地松幼苗的净光合速率(*Pn*)受到不同水分处理、处理时间及二者交互作用的显著影响(表 6-2)。湿地松幼苗 CF 组(4.96 μmol・m^{-2}・s^{-1})和 PF 组(4.90 μmol・m^{-2}・s^{-1})的 *Pn* 总均值较 CK 组(10.04 μmol・m^{-2}・s^{-1})分别显著降低了 50.60%和 51.20%，而 CF、PF 组之间没有显著性差异。随着实验时间的延长，CF 和 PF 组的 *Pn* 值表现出逐渐降低的趋势，而 CK 组 *Pn* 值始终维持相对稳定。实验 12 天时，CF 和 PF 组 *Pn* 值较 CK 组分别降低了 49.74%和 47.17%。至第 36 天后，CF 与 PF 组 *Pn* 值基本趋于平稳[图 6-8(a)]。

表 6-2　不同水分处理与处理时间对湿地松幼苗光合生理特征影响的双因素方差分析

变量	*F* 值		
	水分处理	处理时间	水分处理×处理时间
Pn/(μmol CO_2・m^{-2}・s^{-1})	599.191^{***}	14.504^{***}	3.179^{**}
Gs/(mol・m^{-2}・s^{-1})	355.390^{***}	78.405^{***}	7.295^{***}
Ci/(μmol・mol^{-1})	72.926^{***}	1.371^{ns}	1.406^{ns}
WUEi/(μmol・mol^{-1})	15.154^{***}	3.404^{*}	0.942^{ns}

注：***表示 p＜0.001；**表示 p＜0.01；*表示 p＜0.05；ns 表示 p＞0.05。

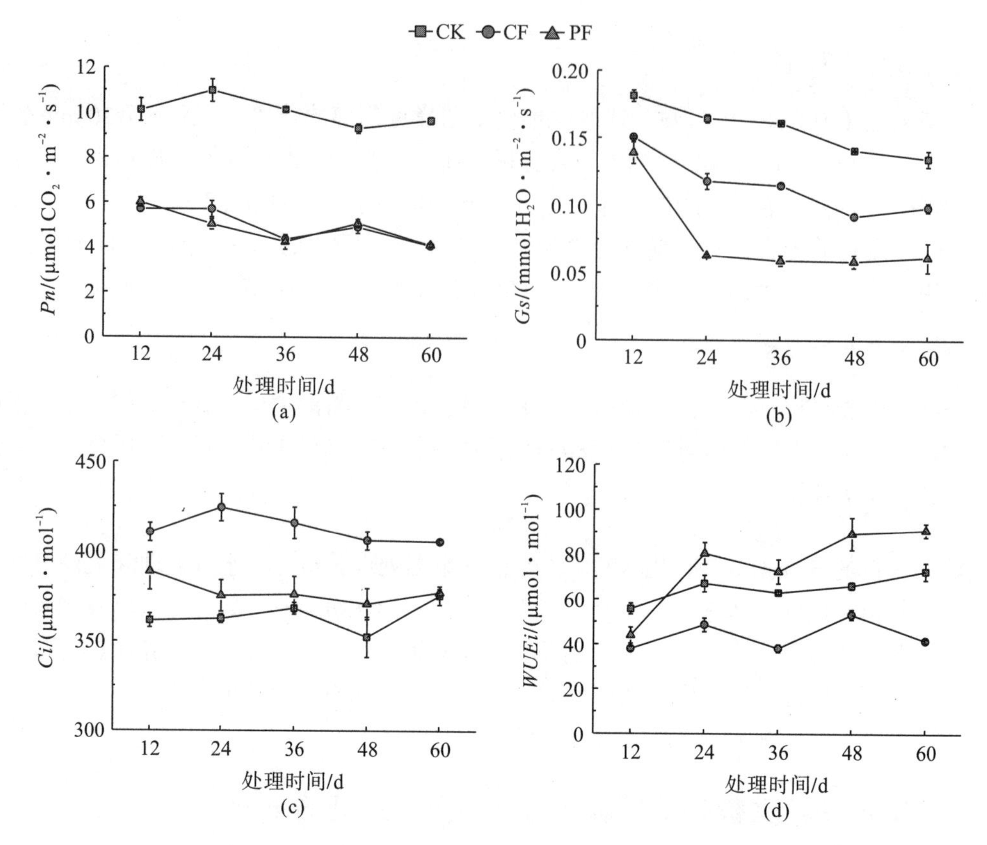

图 6-8 湿地松幼苗在不同水分处理下其净光合速率(*Pn*)、气孔导度(*Gs*)、胞间 CO_2 浓度(*Ci*)和内在水分利用效率(*WUEi*)的变化

2. 气孔导度的变化

湿地松幼苗的气孔导度(*Gs*)也受到不同水分处理、处理时间及二者交互作用的显著影响(表 6-2)。湿地松幼苗 CF 组(0.11 mol • m^{-2} • s^{-1})的 *Gs* 总均值大于 PF 组(0.08 mol • m^{-2} • s^{-1}),但二者均显著小于 CK 组(0.16 mol • m^{-2} • s^{-1})。随着处理时间的延长,湿地松幼苗 CK 组 *Gs* 值表现出缓慢减小的趋势,而 CF 和 PF 组则呈先减小后变平稳的变化趋势。实验 12 天时,CF、PF 组 *Gs* 值较 CK 组分别减小了 16.57%、23.20%。至实验 48 天时,CF 组 *Gs* 值基本稳定,而 PF 组 *Gs* 值则在处理 24 天后趋于稳定[图 6-8(b)]。

3. 胞间 CO_2 浓度的变化

与净光合速率和气孔导度不同,湿地松幼苗的胞间 CO_2 浓度(*Ci*)仅受到水分处理的极显著影响(表 6-2)。就整个处理期的总均值而言,CF 组(411.51 μmol • mol^{-1})和 PF 组(377.80 μmol • mol^{-1})*Ci* 值与 CK 组(362.19 μmol • mol^{-1})相比分别显著增加了 13.62%和 4.31%,且 CF、PF 组之间有显著性差异。在整个处理期间,湿地松幼苗 CF 组 *Ci* 值始终高于 CK 组。在处理 12 天时,CF、PF 组 *Ci* 值分别比 CK 组增大了 13.30%、7.76%。处理 24 天后,CF、PF 组 *Ci* 值趋于平稳[图 6-8(c)]。

4. 内在水分利用效率的变化

除了水分处理与处理时间的交互作用外，它们还分别显著地影响湿地松幼苗的内在水分利用效率(*WUEi*)(表 6-2)。在整个处理期，PF 组(75.37 μmol·mol^{-1})的 *WUEi* 总均值与 CK 组(64.87 μmol·mol^{-1})相比差异不显著，然而 CF 组(43.94 μmol·mol^{-1})*WUEi* 总均值则较 CK、PF 组分别显著降低了 32.26%、41.70%。湿地松幼苗 *WUEi* 值在 CF、PF 组均呈交替上升下降的变化趋势，与 CK 组 *WUEi* 值基本保持稳定形成强烈对比[图 6-8(d)]。

5. 相关性分析

相关性分析发现，湿地松幼苗的净光合速率(*Pn*)与清晨叶水势及土壤氧化还原电位呈极显著的正相关关系。然而，气孔导度(*Gs*)仅与清晨叶水势有极显著的正相关性，与土壤氧化还原电位的相关性则不显著。同时还发现，湿地松幼苗的内在水分利用效率(*WUEi*)与土壤氧化还原电位呈极显著的正相关关系，但与清晨叶水势的相关性不显著(表 6-3)。

表 6-3　湿地松幼苗光合特征参数和清晨叶水势以及土壤氧化还原电位的相关性分析

	Pn	*Gs*	*WUEi*
清晨叶水势	0.69**	0.75**	−0.19
氧化还原电位	0.34**	−0.06	0.69**

注：**表示在 α=0.01 水平下相关性达到极显著。

6.2.4　水淹-干旱交替胁迫对湿地松幼苗生长的影响

1. 生物量的变化

湿地松幼苗的根、茎和叶生物量及总生物量均受到水分处理、处理时间以及二者交互作用的显著影响(表 6-4)。在整个处理期，随着胁迫时间的延长，湿地松幼苗 3 个处理组的各部分生物量均不断增加(图 6-9)。CF 组(0.10 g·plant^{-1})和 PF 组(0.12 g·plant^{-1})的根生物量总均值较 CK 组(0.15 g·plant^{-1})分别显著降低了 33.33%和 20.00%，CF 组(0.10 g·plant^{-1})和 PF 组(0.09 g·plant^{-1})的茎生物量较 CK 组(0.14 g·plant^{-1})分别显著降低了 35.71%和 35.71%，CF 组(0.21 g·plant^{-1})和 PF 组(0.19 g·plant^{-1})的叶生物量较对照组(0.23 g·plant^{-1})分别降低了 8.70%(p>0.05)和 17.39%(p<0.01)，CF 组(0.40 g·plant^{-1})和 PF 组(0.39 g·plant^{-1})的总生物量较对照组(0.52 g·plant^{-1})分别显著降低了 23.08%和 25.00%(图 6-9)。

表 6-4　不同水分处理与处理时间对湿地松幼苗生长特征影响的双因素方差分析

变量	*F* 值		
	水分处理	处理时间	水分处理×处理时间
根生物量/(g·plant^{-1})	283.412***	344.606***	11.731***
茎生物量/(g·plant^{-1})	608.931***	392.087***	34.372***
叶生物量/(g·plant^{-1})	147.606***	686.225***	22.249***
总生物量/(g·plant^{-1})	847.193***	1462.897***	41.397***

续表

变量	F值		
	水分处理	处理时间	水分处理×处理时间
株高/cm	73.766***	82.935***	3.441**
基径/mm	41.526***	41.031***	5.286***

注：***表示 $p<0.001$；**表示 $p<0.01$。

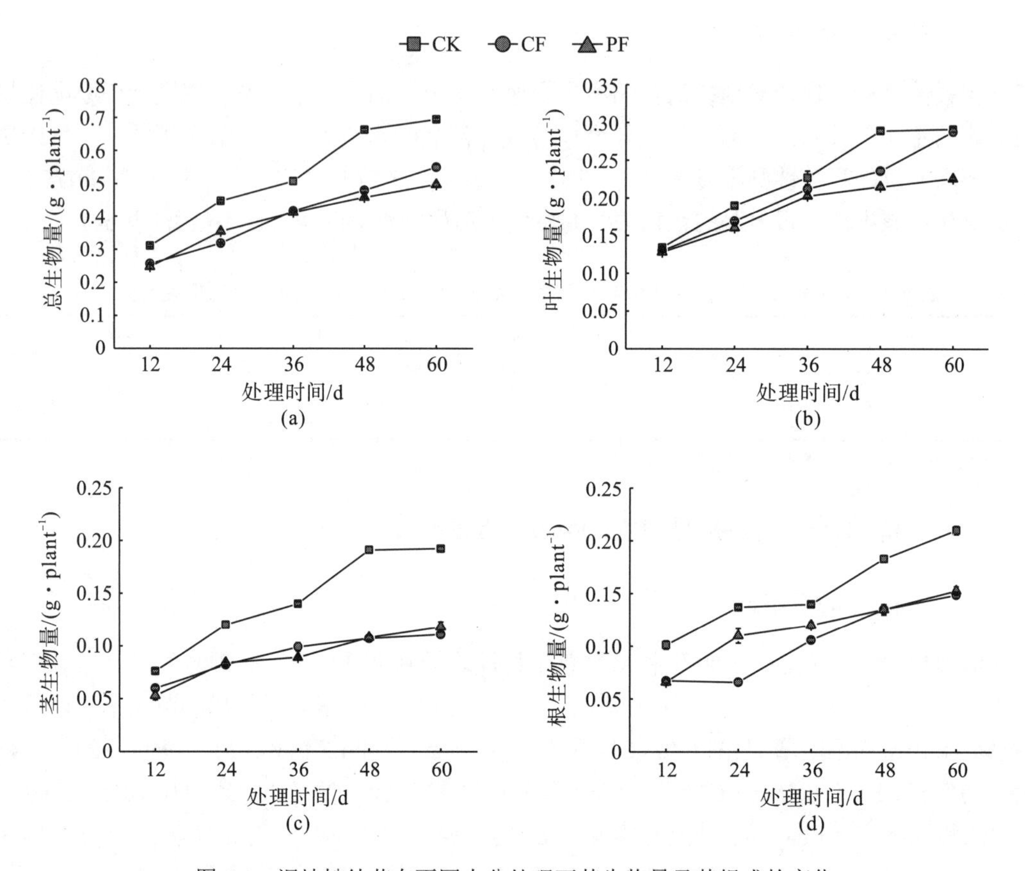

图 6-9 湿地松幼苗在不同水分处理下其生物量及其组成的变化

2. 株高和基径的变化

与生物量相类似，湿地松幼苗的株高、基径也受到不同水分处理、处理时间及二者交互作用的显著影响(表 6-4)。在整个处理期，随着胁迫时间的增加，湿地松幼苗 CK、CF 和 PF 组的株高[图 6-10(a)]和基径[图 6-10(b)]均不断增加。CF 组(10.88 cm)和 PF 组(10.21 cm)的株高总均值较CK组(12.36 cm)分别显著降低了 11.97%和 17.39%。与此同时，CF 组(2.02 mm)和 PF 组(1.96 mm)的基径较 CK 组(2.24 mm)分别显著降低了 9.82%和12.50%。

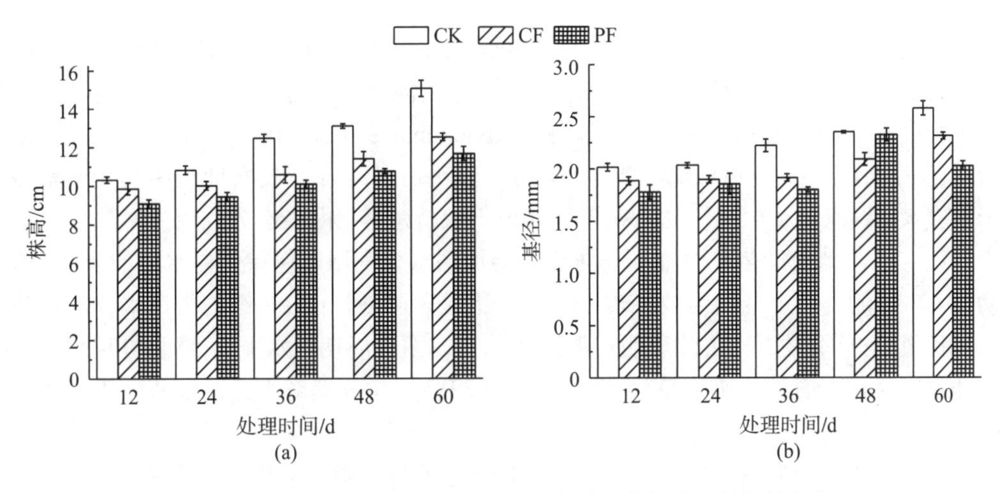

图 6-10 湿地松幼苗在不同水分处理条件下其株高和基径的变化

6.2.5 讨论

1. 水淹-干旱交替胁迫对湿地松幼苗光合生理的影响

净光合速率与植物对逆境的耐受性关系紧密(李昌晓等，2005b，2007)。在本研究中，就湿地松幼苗在整个处理阶段的净光合速率而言，CF 和 PF 组均显著低于 CK 组，这说明持续性水淹胁迫与水淹-干旱交替胁迫均显著影响了湿地松幼苗的光合作用。湿地松幼苗 CF、PF 两组的净光合速率之间差异不显著，这部分证实了持续性水淹胁迫和水淹-干旱交替胁迫对湿地松幼苗光合作用的影响相似。有研究证实，具有较强耐淹能力的树种在水淹环境中的净光合速率会呈先下降后逐步趋于平稳(Pezeshki et al.，2007)。在本研究中，湿地松幼苗 CF 组的净光合速率也呈初期急剧下降(降幅大于 50%)，之后逐步趋于平稳的状态。衣英华等(2006)在枫杨幼苗遭受水淹时也发现了类似的现象。由此可见，湿地松幼苗能够耐受一定程度的水淹胁迫和水淹-干旱交替胁迫。

通常，净光合速率降低主要受气孔限制、非气孔限制两个因素的影响。气孔限制降低光合能力的原因是气孔导度减小后，CO_2 的供应也相应减少；而非气孔限制降低光合能力的原因则是叶肉细胞的光合能力降低，导致叶肉细胞不能充分利用 CO_2，进而使胞间 CO_2 浓度升高(Farquhar and Sharkey，1982)。本研究中，在整个处理期，湿地松幼苗 CK 组的气孔导度呈逐步下降的趋势，这很可能是实验期间重庆 7～9 月的高温炎热天气所致。湿地松幼苗 CF 组的气孔导度下降且胞间 CO_2 浓度上升，极有可能是受到了气孔限制和非气孔限制因素的共同影响，从而使该处理组的净光合速率出现显著降低。与 CF 组变化有所不同，湿地松幼苗 PF 组的气孔导度出现了较大幅度的下降，甚至低于 CF 组，但其胞间 CO_2 浓度高于 CK 组而小于 400 $\mu mol \cdot mol^{-1}$，因此，该处理组的净光合速率极有可能是因受到气孔限制因素的影响而显著降低。

此外，有研究表明，引起植物叶片净光合速率及气孔导度发生降低的原因还包括植物根系与土壤二者之间的水力导度降低(陈静等，2009；李灵玉等，2009)。在本研究中，湿地松幼苗在水淹胁迫、水淹-干旱交替胁迫下其根系和土壤二者之间的水力导度是否发生了下降，尚需进一步研究证实。在整个处理过程中，湿地松幼苗在经历短期水分胁迫后，其净光合速率、气孔导度和胞间 CO_2 浓度等指标均能保持相对稳定，说明该树种能够耐受一定程度的水淹胁迫及水淹-干旱交替胁迫(Nickuma et al.，2010)。本研究还发现，湿地松幼苗 PF 组的气孔导度较 CF 组显著降低，表明在水淹-干旱交替胁迫中其受干旱胁迫的影响较大，这有利于湿地松幼苗在干旱胁迫下保持水分。内在水分利用效率的变化更进一步地证实了湿地松幼苗在面临干旱胁迫时会加强水分利用以保持体内水分的事实。湿地松幼苗 CF 组的内在水分利用效率较 CK、PF 组显著降低，而 PF 组的内在水分利用效率则与 CK 组差异不显著。由此表明，湿地松幼苗在面临周期性水淹-干旱胁迫时是通过减小气孔导度及净光合速率来维持较高的内在水分利用效率，缓解水分逆境胁迫所产生的不利影响。

通过相关性分析发现，湿地松幼苗的净光合速率与清晨叶水势、土壤氧化还原电位均呈显著正相关关系。清晨叶水势高，表明植物受到的水分胁迫的程度较轻；土壤氧化还原电位高，表明土壤的透气性好，植物根系的氧气供应相对充足。这些条件无疑将有助于湿地松幼苗对 CO_2 的同化与光合产物的积累。气孔导度与清晨叶水势呈显著的正相关关系，这也进一步表明植物叶片的水分含量将直接影响气孔开度。有趣的是，气孔导度与土壤氧化还原电位的相关性不显著，这充分说明植物叶片气孔导度的大小与反映土壤通气性好坏的氧化还原电位可能只是间接的表征关系。

2. 水淹-干旱交替胁迫对湿地松幼苗生长的影响

植物的生长状况和生物量积累可表征其生长发育状况及营养物质形成状况，能够反映植物所处的生长环境的适宜度(杨静等，2008)。本实验研究发现，湿地松幼苗 CF 组的根、茎生物量及总生物量、株高和基径均与 PF 组无显著性差异，但叶生物量之间却差异显著。与此同时，湿地松幼苗 CF、PF 组的根、茎、叶生物量(CF 组除外)及总生物量、株高和基径均较对照组 CK 显著降低，说明湿地松幼苗的生长与生物量积累已经明显受到持续性水淹及水淹-干旱交替胁迫的影响。

总之，水淹-干旱交替胁迫和持续性水淹胁迫均对湿地松幼苗的光合作用与生长有显著影响，并且二者的影响程度有差异。因此，三峡库区消落带水位变化导致的水淹-干旱交替胁迫与持续性水淹胁迫均显著影响了湿地松幼苗的光合作用和生长。本实验的研究结果还表明，虽然湿地松幼苗在一定程度上受到了水淹-干旱交替胁迫与持续性水淹胁迫的显著影响，但该树种对水分胁迫仍表现出了一定的耐受能力及可塑性，故仍可考虑将该树种列为用于三峡库区库岸带防护林体系建设的树种之一，但应当特别注意加强田间土壤水分管理。

第 7 章 水淹对三峡库区消落带适生树种立柳生理生态的影响

7.1 冬季水淹对立柳根系代谢物的影响

7.1.1 引言

三峡工程修建后，形成了一条每年水位在海拔 145～175 m 周期性变动的库区消落带(樊大勇等，2015)。该生态脆弱带具有冬季淹水、淹没深度深、水淹时间长、水淹—干旱—水淹动态交替变化等特点(樊大勇等，2015)。这使大多数原有植物因不能适应该环境而逐渐消亡，库区植物多样性及植被覆盖率逐渐降低，库区的生态服务功能也因此明显降低(周谐等，2012)。为解决库区消落带生态环境问题，在三峡库区消落带进行人工植被构建是行之有效的解决方法(樊大勇等，2015)。尽管研究者通过前期室内模拟实验及实地建立植被恢复示范区等开展了大量的研究，但部分植物在消落带的实际生长情况与模拟实验有一定差异，这给消落带植被恢复工作带来了新的挑战。因此，近年来，消落带原位适生植物的水淹耐受机制研究成为库区消落带植被恢复研究领域关注的热点(Wang et al.，2016，2017)。

非结构性碳水化合物(NSC)是水淹胁迫下植物的主要能量来源(Qi et al.，2014)，既可表征植物的碳供应状态，又能直接影响植物在水淹环境下的存活(Das et al.，2005)以及水淹结束后新叶的萌发，反映了植物响应水淹逆境能力的强弱(李娜妮等，2016)。水淹环境下，植物将受到活性氧、Fe^{2+}、Mn^{2+}等的毒害(张玉秀等，2010)。研究表明，适生植物在水淹胁迫下能够调节其根系的次生代谢途径，通过提高对草酸、酒石酸和苹果酸等有机酸的代谢水平，减缓缺氧条件下乙醇等有毒物质的积累(刘高峰和杨洪强，2006；黄文斌等，2013；王婷等，2018)。有机酸不仅能够诱导植物产生抗病性，还能够提高抗氧化酶活性(刘高峰和杨洪强，2006；Wang et al.，2015)，增强植物对水分胁迫的耐受能力(李昌晓和钟章成，2007b；李昌晓等，2010b)。随着研究的深入，植物经历长时间冬季水淹后的恢复生长情况也开始被学者们所关注(Ayi et al.，2016)。当水淹胁迫解除后，植物重新暴露于氧气丰富的环境中，初期植物体内的活性氧自由基将会爆发，由此产生的严重氧化胁迫将毒害植株(Mittler et al.，2004)。有机酸不仅能够提高抗氧化酶的活性以清除过多活性氧自由基(黄文斌等，2013)，还能够被转化与重新利用以提供有利条件供植株进行恢复生长(Visser et al.，2003)。因此，明确植物初生代谢产物——草酸、酒石酸及苹果酸等有机酸在水淹胁迫下及水淹结束后的含量变化，弄清水淹胁迫下有机酸与 NSC 的响应关系显得极为重要，其研究结果能够从根系代谢角度补充适生植物的水分耐受机制。

立柳属于杨柳科柳属落叶乔木，速生、抗逆性强。柳属植物在水淹环境下可形成通气组织(陈婷，2009)，这些通气组织可以储存和运输空气，缓解柳属植物受到的由缺氧诱发的次生伤害。立柳是一种优良的可用于消落带植被构建的植物(李昌晓和钟章成，2007b；钟彦等，2013)。该树种在消落带被种植 3～4 年后不仅能够存活，而且出水后可快速恢复生长，表现出与对照处理组基本一致的营养元素吸收特征(马文超等，2017)和较强的光合作用潜力(Wang et al.，2017；贺燕燕等，2018)。然而，关于能够较好地适应消落带生境的立柳的根系 NSC 和有机酸含量如何响应长时间深度水淹胁迫以及水淹胁迫解除后立柳的生长恢复机制尚未明确。因此，本节立足于三峡库区消落带原位环境，以水淹耐受性较强的三峡库区消落带适生树种立柳为研究对象，探究库区消落带冬季水淹环境对立柳根系 NSC、有机酸含量的影响以及草酸、酒石酸和苹果酸的动态变化特征及水淹胁迫解除后上述各种物质在立柳植株恢复阶段的动态变化特征，明确立柳根系 NSC、有机酸等对消落带反季节性水淹的响应对策，以期为消落带植被恢复提供理论依据。

7.1.2 材料和方法

1. 材料和地点

实验样地位于重庆市忠县汝溪河消落带(30°25′55.47″N，108°9′59.18″E)，属亚热带东南季风气候区。区域年积温 5787℃，全年最高温约 40℃，最低温约 0℃，年均温 18.2℃，7 月中旬至 9 月中旬为该区域持续高温天气主要集中期；无霜期 341 天，年均日照时数 1327.5，日照率 29%，太阳总辐射能 83.7×4.18 kJ • cm^{-2}；年降雨量 1200 mm，主要集中在 5～6 月，大气相对湿度约 80%(黄川，2006)。采用两年生立柳幼树作为实验材料，其株高约为 136 cm，基径约为 17.8 mm。

2. 实验设计

1) 立柳幼树原位水淹实验

2015 年 9 月将 20 株生长基本一致、健康无病虫害的立柳幼树栽入盆深 21 cm、盆口内径 27 cm 的花盆中，每盆使用 12.5 kg 混匀的三峡库区消落带紫色土作为种植土，每盆 1 株。2015 年 9 月 15 日测定初始值(重复 4 次后取平均值)，并采集样品。之后根据消落带乔木植物水淹(海拔 175 m，浅度水淹；海拔 170 m 处水淹深度达 5 m，水淹时间长达 135 天；海拔 165 m 处水淹深度达 10 m，水淹时间长达 205 天)和实验苗采集特点，将剩余 16 株实验用苗随机分为 3 组，各组苗木的数量比为 2∶1∶1，并将这些苗木分别放置于重庆市忠县石宝镇汝溪河消落带实验样地的 3 个不同海拔：175 m(对照组，SS)、170 m(中度水淹处理组，MS)、165 m(深度水淹处理组，DS)。

根据三峡库区消落带水文实际变化规律，于 2016 年 2 月 17 日水位线退至海拔 170 m 时分别采集海拔 175 m、海拔 170 m 的立柳根系样品，于 2016 年 4 月 16 日水位线退至海拔 165 m 时分别采集海拔 175 m、海拔 165 m 的立柳根系样品。主根、侧根分开进行取样，取样后分别立即装入事先准备好的冰盒中，并带回实验室进行后续测定。立柳植株的株高用测高杆直接测量，基径使用游标卡尺直接测量。每个处理设定重复 4 次，实验自 2015

年 9 月 15 日蓄水期开始，至 2016 年 4 月 16 日结束。实验期间，立柳的存活率为 100%。

2) 立柳幼树原位恢复实验

2015 年 9 月 15 日 (T_0) 在 40 株生长均匀的两年生立柳盆栽苗木（每盆栽植 1 株幼树，盆内含 12.5 kg 消落带紫色土壤）中随机选取 4 株进行初始样品采集，之后将其余 36 株立柳盆栽苗木随机分为 3 组，根据消落带内乔木被水淹没的特点，将盆栽幼树放置于汝溪河消落带 3 个海拔上，对应 3 个处理组：对照组 SS（海拔 175 m）、中度水淹组 MS（海拔 170 m）、深度水淹组 DS（海拔 165 m）。每个处理设定重复 4 次。不同海拔冬季水淹期间 (T_0～T_1) 的水淹深度及水淹时间同第 19 页，但海拔 175 m、海拔 170 m、海拔 165 m 的恢复生长时间 (T_1～T_3) 分别为 365 天、230 天、160 天。根据消落带土壤水分的动态变化特征，分别于 2016 年 4 月 16 日（恢复生长初期，T_1）、2016 年 7 月 15 日（恢复生长旺盛期，T_2）、2016 年 9 月 15 日（恢复生长末期，T_3）采集立柳主根、侧根样品，将其装入事先准备好的冰盒中后带回实验室备用。实验期间（2015 年 9 月 15 日至 2016 年 9 月 15 日）实验幼树的存活率为 100%。

3. 数据测定

1) 根系 NSC 含量测定

分别依次使用自来水、去离子水将采回的立柳的主根、侧根清洗干净，之后分别置于烘箱内杀青，杀青温度设定为 110℃，时间 15 min。杀青完毕后，将烘箱温度调至 80℃，直至立柳根系样品被烘干至恒重；然后使用 MM400 球磨仪将烘干的样品分别研磨成直径小于 2 mm 的粉末，封装待测。

本书中表述的植物 NSC 含量均为可溶性糖含量与淀粉含量之和。准确称取立柳根系粉末 0.01 g，并置于 10 mL 离心管中，之后加入 5 mL 质量分数为 80%的乙醇，80℃水浴加热 40 min，且冷却至室温，以 7000 $r \cdot min^{-1}$ 的速度离心 12 min 后，取上清液。重复以上步骤，提取 2 次上清液后合并所有上清液至容量瓶中并定容至 50 mL，该溶液即为立柳根系可溶性糖待测液。可溶性糖含量测定采用蒽酮比色法，使用紫外可见光分光光度计（UV-2550，日本），波长为 625 nm（高俊凤，2006）。将淀粉用酸水解为可溶性糖后采用同样的方法进行测定。主根、侧根 NSC 含量分别以每克主根、侧根干物质含有的 NSC 毫克数计 (DW) ($mg \cdot g^{-1}$)。

2) 根系有机酸含量测定

准确称取 0.1 g 立柳根系粉末，置入 10 mL 离心管中，加入 5 mL 超纯水后放入超声波仪中提取 1 h，冷却至室温，在 8000 $r \cdot min^{-1}$ 速度下离心 10 min，取上清液，最后用美国 Millpore 公司产的孔径为 0.45 μm 的注射式过滤器过滤后将该过滤液用于对根系草酸、酒石酸、苹果酸含量的测定（高智席等，2005；叶思诚等，2013；黄天志等，2014）。

采用 LC 高效液相色谱仪（日本岛津公司）进行根系有机酸含量测定，所采用的色谱柱为 Sepax Sapphire C18 色谱柱（4.6 mm×250 mm，5 μm），流动相的水相为质量分数为 95%、物质的量浓度为 20 mmol · L^{-1} 的 KH_2PO_4 缓冲液（用磷酸调至 pH=2.5），流动相的有机相为质量分数为 5%的甲醇；使用 Agilent 1100 二极管阵列多波长检测器进行检测。设置相关参数：流动相流速为0.9 mL·min^{-1}；检测波长为210 nm；柱温为30℃，进样量为20 μL（高智席等，2005；叶思诚等，2013；黄天志等，2014）。主根、侧根有机酸含量分别以每克主根、侧根干物质含有的有机酸毫克数计（DW）（mg·g^{-1}）。

98%的草酸、酒石酸和苹果酸标准品购自成都普菲德生物技术有限公司；85%的色谱测试用纯甲醇、85%的分析用纯磷酸和 99.5%的色谱测试用纯磷酸二氢钾购自成都市科龙化工试剂厂。

4. 数据分析

本研究中数据统计分析软件采用 SPSS，绘图软件使用 Origin。用独立样本 T 检验分析不同水淹强度对立柳株高、基径、根系 NSC 含量及根系草酸、酒石酸和苹果酸含量的影响，以及进行立柳根系 NSC 含量、根系有机酸响应特征的比较；采用配对样本 T 检验分析水淹前初始值与水淹后处理值之间的差异显著性；用 Pearson 相关系数法评价立柳根系不同 NSC 种类间的相关性以及根系有机酸与 NSC 含量间的相关性。采用重复度量方差分析揭示水淹强度、恢复生长时间及二者的交互作用对立柳根系有机酸含量的影响，并运用 Tukey's 检验法检验不同水淹处理组之间的差异显著性，采用配对样本 T 检验分析不同恢复生长时期之间的差异显著性（α=0.05），采用独立样本 T 检验比较立柳根系有机酸动态变化。采用 Pearson 相关系数法分析立柳根系不同有机酸之间的关系。

7.1.3 立柳根系 NSC 含量对水淹的响应

1. 生长的变化

测定结果显示，在各个处理条件下，立柳株高均有不同程度的增加。然而，数据分析结果表明，仅有海拔 165 m 退水时 SS 组株高显著高于初始值。MS、DS 组立柳株高均低于 SS 组，且 DS 组达到显著性差异，这说明库区消落带长期深度水淹胁迫能够显著抑制立柳株高生长，且随着水淹时间及水淹深度的增加，抑制作用越来越显著。与初始值相比，水淹胁迫下立柳基径无明显变化；SS、MS 组基径差异不显著，而 DS 组基径则显著大于 SS 组（图 7-1）。

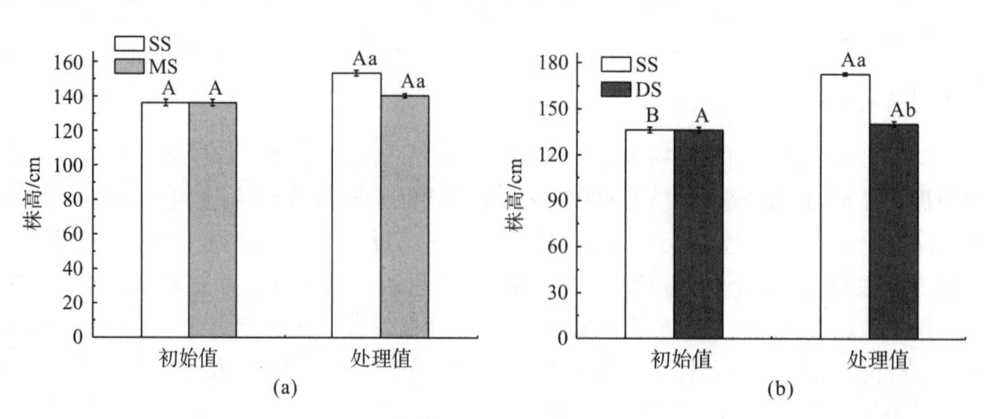

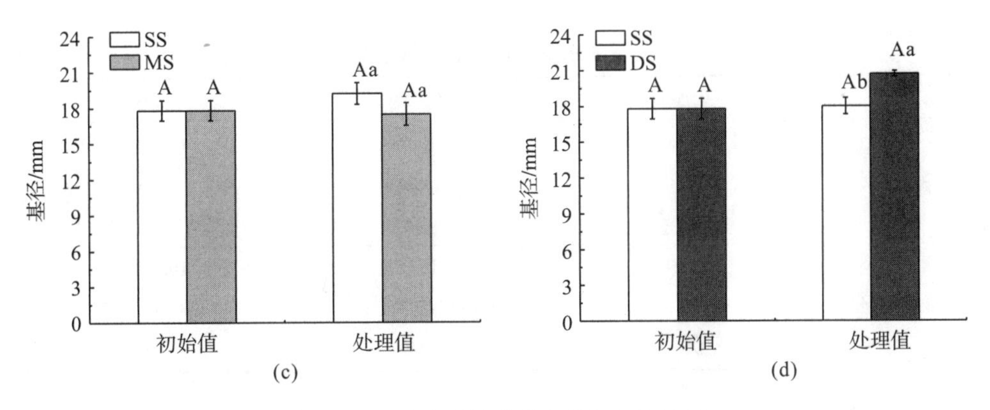

图 7-1　三峡库区消落带立柳的生长特征

注：图中数值为平均值±标准误(n=4)；不同大写字母表示水淹前初始值与水淹后处理值之间有显著性差异(p<0.05)；不同小写字母表示不同处理组之间有显著性差异(p<0.05)。

2. 根系可溶性糖、淀粉和 NSC 含量的变化

1)根系可溶性糖含量的变化

表 7-1 为不同水淹条件下立柳根系可溶性糖含量变化。立柳 SS、MS 及 DS 组主根、侧根的可溶性糖含量值在海拔 170 m 与海拔 165 m 退水时均小于初始值，且 DS 组侧根的可溶性糖含量值显著小于初始值。立柳主根、侧根的可溶性糖含量在 SS、MS 组之间以及 SS、DS 组之间均差异不显著。

表 7-1　不同水淹条件下立柳根系可溶性糖含量　单位：μg・g^{-1}

时间	处理	主根	侧根
170 m 退水	初始值	74.55±6.91A	99.07±8.45A
	SS	55.87±1.30Aa	65.99±2.94Aa
	MS	65.35±6.41Aa	67.36±4.77Aa
165 m 退水	初始值	74.55±6.91A	99.07±8.45A
	SS	44.69±3.16Aa	61.49±5.86Aa
	DS	39.92±2.05Aa	50.69±5.63Ba

注：表中数值为平均值±标准误(n=4)；不同大写字母表示水淹前初始值与水淹后处理值之间有显著性差异(p<0.05)；不同小写字母表示不同处理组之间有显著性差异(p<0.05)。下同。

2)根系淀粉含量的变化

表 7-2 所示为消落带不同水淹条件下立柳根系淀粉含量。由表可知，立柳 SS、MS 组主根及侧根的淀粉含量在海拔 170 m 退水时与初始值差异不显著；海拔 165 m 退水时，仅有 DS 组侧根的淀粉含量值显著小于初始值。数据分析结果表明，立柳主根、侧根的淀粉含量在 SS、MS 组之间以及 SS、DS 组之间均没有明显差异。

表 7-2 不同水淹条件下立柳根系淀粉含量 单位：mg·g^{-1}

时间	处理	主根	侧根
170 m 退水	初始值	109.60±10.19A	107.33±9.40A
	SS	98.33±7.65Aa	134.56±4.79Aa
	MS	100.12±9.16Aa	138.91±8.79Aa
165 m 退水	初始值	109.60±10.19A	107.33±9.40A
	SS	76.99±7.30Aa	89.68±8.91Aa
	DS	70.22±7.01Aa	61.95±6.03Ba

3）根系 NSC 含量的变化

表 7-3 所示为消落带不同水淹条件下立柳根系 NSC 含量。相比初始值，仅有立柳 DS 组侧根的 NSC 含量发生显著降低，其余各处理组间均无显著性差异。与可溶性糖、淀粉含量变化趋势相同，立柳 MS、DS 组主根及侧根的 NSC 含量均与 SS 组之间没有显著性差异。

表 7-3 不同水淹条件下立柳根系 NSC 含量 单位：mg·g^{-1}

时间	处理	主根	侧根
170 m 退水	初始值	184.15±16.76A	206.40±14.06A
	SS	154.20±8.87Aa	200.55±5.88Aa
	MS	165.47±15.73Aa	206.27±4.09Aa
165 m 退水	初始值	184.15±16.76A	206.40±14.06A
	SS	121.68±10.72Aa	151.17±11.44Aa
	DS	110.15±10.46Aa	112.65±10.48Ba

4）根系 NSC 含量间的相关性分析

由表 7-4 可知，主根可溶性糖含量与主根、侧根淀粉及 NSC 含量之间有显著正相关关系；主根、侧根淀粉含量及主根、侧根 NSC 含量之间也有显著正相关关系；主根及侧根淀粉含量与主根 NSC 含量之间，以及侧根淀粉含量与侧根 NSC 含量之间有极显著正相关性。

表 7-4 立柳根系 NSC 含量间的相关性分析

变量	可溶性糖含量		淀粉含量		NSC 含量	
	主根	侧根	主根	侧根	主根	侧根
侧根可溶性糖含量	0.25					
主根淀粉含量	0.62*	−0.04				
侧根淀粉含量	0.71**	0.36	0.57*			
主根 NSC 含量	0.82**	0.07	0.96**	0.68**		
侧根 NSC 含量	0.68**	0.59*	0.48	0.97**	0.60*	1.00**

注：**表示在 α=0.01 水平下达到极显著相关性；*表示在 α=0.05 水平下达到显著相关性。

7.1.4　立柳根系 3 种有机酸的含量对水淹的响应

1. 根系有机酸含量的变化

1) 根系草酸含量的变化

由表 7-5 可知，相比初始值，立柳 MS 组主根、侧根的草酸含量均降低，侧根达到显著性水平；DS 组主根、侧根的草酸含量值均显著大于初始值。立柳 MS 组主根、侧根的草酸含量低于 SS 组，且主根达到显著性水平；DS 组主根、侧根的草酸含量均高于 SS 组，侧根达到显著性水平。

表 7-5　不同水淹条件下立柳根系草酸含量　单位：mg・g^{-1}

时间	处理	主根	侧根
170 m 退水	初始值	1.23±0.14A	3.13±0.27A
	SS	2.17±0.29Aa	0.30±0.09Ba
	MS	0.83±0.28Ab	0.21±0.04Ba
165 m 退水	初始值	1.23±0.14B	3.13±0.27B
	SS	3.14±0.28Aa	3.16±0.41Bb
	DS	3.61±0.33Aa	6.66±0.66Aa

注：表中数值为平均值±标准误 (n=4)；不同小写字母表示水淹处理组之间有显著性差异 (p<0.05)；不同大写字母表示水淹前初始值与水淹后处理值之间有显著性差异 (p<0.05)。下同。

2) 根系酒石酸含量的变化

由表 7-6 可知，立柳 SS、MS 组主根及侧根的酒石酸含量值均与初始值之间没有显著性差异；DS 组主根的酒石酸含量值显著高于初始值，侧根则无显著性差异。MS 组主根、侧根的酒石酸含量与 SS 组差异不显著；DS 组主根的酒石酸含量显著高于 SS 组，但侧根酒石酸含量则无显著性差异。

表 7-6　不同水淹条件下立柳根系酒石酸含量　单位：mg・g^{-1}

时间	处理	主根	侧根
170 m 退水	初始值	3.04±0.52A	4.19±0.84A
	SS	5.30±0.76Aa	3.78±0.40Aa
	MS	3.69±0.40Aa	3.42±0.52Aa
165 m 退水	初始值	3.04±0.52B	4.19±0.84A
	SS	3.89±0.12Bb	5.28±0.40Aa
	DS	5.62±0.57Aa	6.04±0.36Aa

3) 根系苹果酸含量的变化

由表 7-7 可知，立柳 SS、MS 和 DS 组主根及侧根的苹果酸含量值均与初始值没有明显差异。MS 组主根的苹果酸含量与 SS 组差异不显著，MS 组侧根及 DS 组主根、侧根的苹果酸含量均与 SS 组无显著性差异。

表 7-7　不同水淹条件下立柳根系苹果酸含量　单位：mg • g^{-1}

时间	处理	主根	侧根
170 m 退水	初始值	9.09±1.00A	5.58±0.45A
	SS	6.45±0.80Aa	6.47±0.57Aa
	MS	5.84±0.56Aa	7.23±0.74Aa
165 m 退水	初始值	9.09±1.00A	5.58±0.45A
	SS	8.28±0.84Aa	7.88±0.76Aa
	DS	9.52±0.94Aa	8.20±0.46Aa

2. 根系有机酸与 NSC 间的相关性分析

由表 7-8 可知，立柳主根、侧根的草酸含量以及侧根的酒石酸含量均与 NSC 含量之间有显著相关性。立柳侧根的草酸含量分别与主根及侧根的可溶性糖、淀粉和 NSC 含量呈显著负相关关系；主根的草酸含量也分别与主根的可溶性糖、淀粉、NSC 含量及侧根的淀粉含量有显著负相关关系。侧根的酒石酸含量分别与主根的可溶性糖、NSC 含量及侧根的淀粉、NSC 含量有显著相关性。

表 7-8　立柳根系有机酸含量与 NSC 含量间的相关性分析

变量	主根			侧根		
	草酸含量	酒石酸含量	苹果酸含量	草酸含量	酒石酸含量	苹果酸含量
主根可溶性糖含量	-0.497*	-0.127	-0.206	-0.667**	-0.520*	-0.149
侧根可溶性糖含量	-0.059	-0.267	-0.317	-0.512*	-0.288	-0.107
主根淀粉含量	-0.753**	-0.044	-0.415	-0.547*	-0.466	-0.416
侧根淀粉含量	-0.526*	-0.277	-0.411	-0.763**	-0.659**	-0.237
主根 NSC 含量	-0.731**	-0.079	-0.377	-0.647**	-0.533*	-0.357
侧根 NSC 含量	-0.473	-0.314	-0.443	-0.802**	-0.651**	-0.235

注：**表示在 α=0.01 水平下有极显著相关性；*表示在 α=0.05 水平下有显著相关性。

7.1.5　立柳根系 3 种有机酸在出露期的动态储备特征

重复测量方差分析结果显示，消落带立柳根系有机酸受到不同水淹处理、恢复生长时间及二者交互作用不同程度的影响(表 7-9)。消落带不同强度的水淹处理对立柳侧根的草酸含量及主根、侧根的酒石酸含量产生了显著影响；恢复生长时间对立柳主根及侧根的草酸、酒石酸含量和侧根的苹果酸含量均产生了显著影响；不同水淹处理和恢复生长时间的交互作用仅对侧根的草酸含量有显著影响。

表 7-9　立柳根系有机酸含量的重复测量方差分析

变量	*F* 值		
	水淹处理	恢复生长时间	水淹处理×恢复生长时间
主根草酸含量/(mg・g^{-1})	0.414^{ns}	16.995^{**}	2.078^{ns}
侧根草酸含量/(mg・g^{-1})	3.463^{*}	12.034^{***}	5.202^{**}
主根酒石酸含量/(mg・g^{-1})	14.412^{**}	8.404^{***}	1.570^{ns}
侧根酒石酸含量/(mg・g^{-1})	10.243^{**}	4.282^{*}	1.153^{ns}
主根苹果酸含量/(mg・g^{-1})	2.374^{ns}	1.388^{ns}	1.343^{ns}
侧根苹果酸含量/(mg・g^{-1})	0.599^{ns}	15.792^{**}	1.093^{ns}

注：ns 表示 $p>0.05$；*表示 $p<0.05$；**表示 $p<0.01$；***表示 $p<0.001$。

由图 7-2 可知，立柳主根、侧根的草酸含量在消落带不同强度水淹处理组间均没有明显差异；而主根、侧根的酒石酸含量则表现为 DS 组最高，MS 组次之，SS 组最低，且 DS 组主根、侧根的酒石酸含量均显著高于 SS 组；MS、DS 组主根的苹果酸含量也较 SS 组显著增高，侧根的苹果酸含量在消落带不同强度水淹处理组之间没有显著性差异。

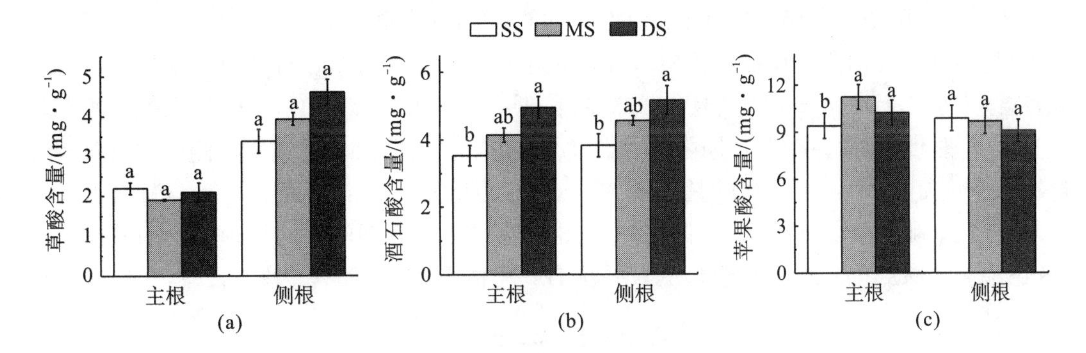

图 7-2　恢复生长时间内不同海拔立柳根系平均有机酸含量

注：图中数值为平均值±标准误(n=4)；不同小写字母表示不同水淹处理组之间有显著性差异($p<0.05$)。

1. 根系草酸含量的变化

由图 7-3 可知，立柳主根的草酸含量在三峡库区消落带出露期的变化和侧根类似。SS、MS 和 DS 组主根及侧根的草酸含量在 T_1 时期(恢复生长初期)逐渐增高；在 T_2 时期(恢复生长旺盛期)则逐渐降低至 T_0 时期水平；在 T_3 时期(恢复生长末期)又逐渐增高，且 T_3 时期 SS、MS 组主根及侧根的草酸含量均显著高于 T_2 时期。在相同生长时期内，立柳主根、侧根的草酸含量在消落带不同强度水淹处理组间均没有明显差异(T_1 时期 DS 组侧根除外)。

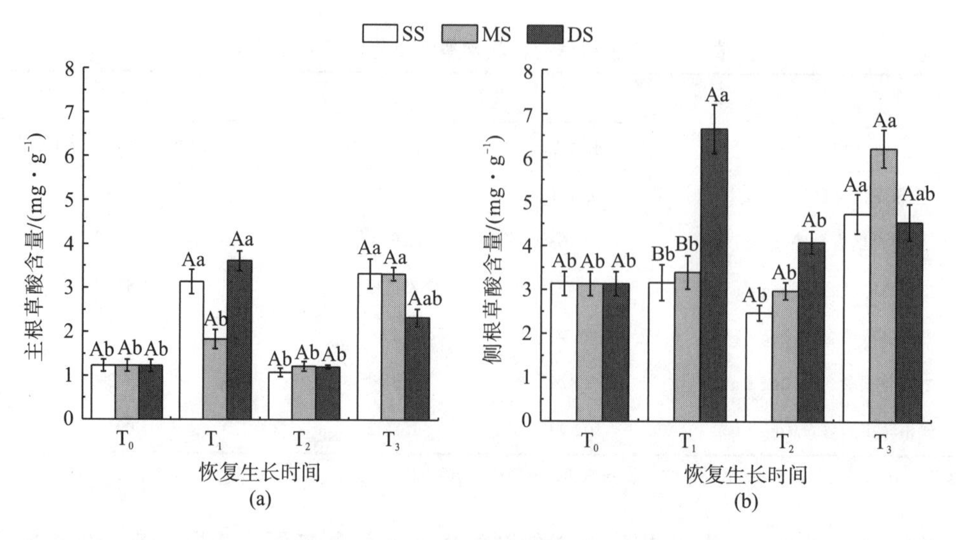

图 7-3 立柳根系草酸含量的动态变化

注：图中数值为平均值±标准误(n=4)；不同小写字母表示相同处理组在不同恢复生长时间有显著性差异(p<0.05)；不同大写字母表示相同恢复生长时间的不同处理组间有显著性差异(p<0.05)。T_0为 2015 年 9 月 15 日，T_1为 2016 年 4 月 16 日，T_2为 2016 年 7 月 15 日，T_3为 2016 年 9 月 15 日。下同。

2. 根系酒石酸含量的变化

由图 7-4 可知，立柳 SS、MS 及 DS 组主根、侧根的酒石酸含量在 T_1时期(恢复生长初期)均增加；在消落带出露后，MS、DS 组主根的酒石酸含量在 T_2时期(恢复生长旺盛期)继续增加，但在 T_3时期(恢复生长末期)降低；与主根相反，MS、DS 组侧根的酒石酸含量在 T_1时期增加，在 T_2时期降低，在 T_3时期略有升高；SS 组主根、侧根的酒石酸含量在整个恢复生长期(T_1～T_3)均呈下降趋势，SS 组侧根在 T_3时期的酒石酸含量显著低于 T_1时期。立柳主根、侧根的酒石酸含量在相同恢复生长时间的不同处理组间均表现为：DS 组最高，MS 组次之，SS 组最低。并且 DS 组主根的酒石酸含量在 T_1、T_2时期显著高

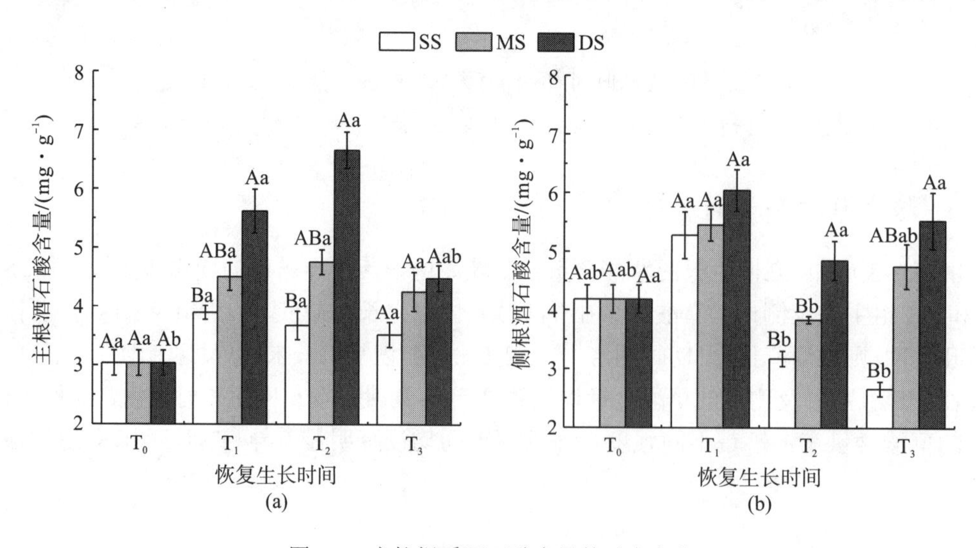

图 7-4 立柳根系酒石酸含量的动态变化

于 SS 组，MS 组主根的酒石酸含量在 T_1、T_2 时期则与 SS 组差异不显著；DS 组侧根的酒石酸含量在 T_2、T_3 时期显著高于 SS 组，MS 组侧根的酒石酸含量在 T_1、T_2 时期则与 SS 组差异不显著。

3. 根系苹果酸含量的变化

立柳主根、侧根的苹果酸含量在消落带出露期具有类似的变化趋势(图 7-5)。SS、MS 及 DS 组主根、侧根的苹果酸含量在 T_1 时期(水淹结束时)和 T_2 时期(恢复生长旺盛期)均增加(T_1 时期 SS 组主根除外)，在 T_3 时期(恢复生长末期)呈下降趋势。立柳主根、侧根的苹果酸含量在相同恢复生长时间的不同水淹处理组间均没有明显差异。

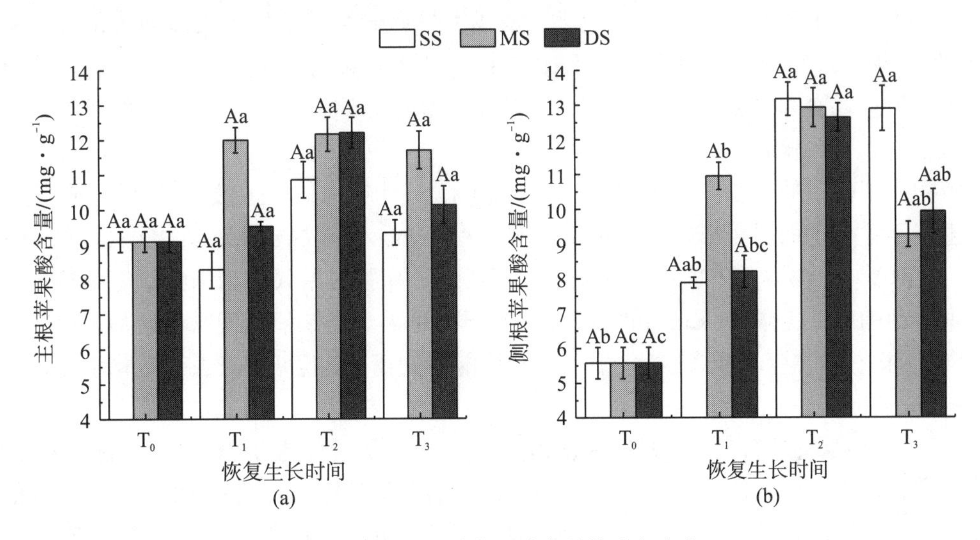

图 7-5　立柳根系苹果酸含量的动态变化

4. 根系不同种类有机酸含量的相关性分析

由表 7-10 可知，立柳主根的草酸、酒石酸含量与侧根草酸、酒石酸含量之间均有极显著正相关性。侧根的草酸含量与酒石酸含量之间以及主根的酒石酸含量与主根、侧根的苹果酸含量之间均有显著正相关性。

表 7-10　立柳根系不同有机酸含量之间的相关性分析

变量	草酸含量		酒石酸含量		苹果酸含量	
	主根	侧根	主根	侧根	主根	侧根
侧根草酸含量	0.43**					
主根酒石酸含量	0.15	0.21				
侧根酒石酸含量	0.15	0.38**	0.42**			
主根苹果酸含量	0.04	−0.10	0.33*	0.23		
侧根苹果酸含量	−0.03	0.08	0.30*	−0.21	0.26	1.00**

注：**表示在 α=0.01 水平下有极显著相关性；*表示在 α=0.05 水平下有显著相关性。

7.1.6 讨论

1. 消落带水淹对立柳根系 NSC 含量的影响

三峡水库周期性涨落的水位(海拔 145～175 m)导致库区面临严峻的生态问题，消落带的植被重建研究是目前被关注较多的课题(樊大勇等，2015；任庆水等，2016；马文超等，2017)。立柳是优良的库区消落带植被构建候选物种(Yang et al.，2014；Wang et al.，2016)。本研究发现，立柳在消落带上部(海拔 165～175 m)经历一个周期的冬季水淹后，其存活率仍为 100%，且仅有海拔 165 m 的立柳的株高生长受到水淹的显著抑制(图 7-1)。已有研究表明，植物在水淹条件下是通过形成大量通气组织来抵御水淹逆境造成的氧气缺乏(张小萍等，2008)。本实验中，海拔 165 m 立柳的基径较对照组显著增大，这可能是因为立柳茎基部位形成了通气组织，导致基径变粗，这说明立柳的生长能对库区水淹胁迫做出较积极的响应。

植物在消落带的生长主要受水淹胁迫的影响。气体在水体中扩散缓慢，会引起植物根际氧供应不足，进而严重影响植物根系代谢过程(Gibbs and Greenway，2003；Fukao and Bailey-Serres，2004)。适生植物在水淹条件下可通过加强根系代谢如糖酵解等维持自身基本生理活动的能量需求(Fukao and Bailey-Serres，2004)。当缺氧状况被缓解后，植物根系中糖含量的变化能够反映水淹条件下植物利用能量的情况，其可用来表征植物水淹耐受能力的强弱(谭淑端等，2009)。

相较于对照组而言，立柳 MS 组(水淹 135 天)主根、侧根的可溶性糖、淀粉和 NSC 含量均升高，而 DS 组(水淹 205 天)主根、侧根的可溶性糖、淀粉和 NSC 含量则降低。然而，立柳水淹组(MS、DS 组)主根、侧根的可溶性糖、淀粉和 NSC 含量均与对照组没有显著性差异。这表明立柳主根、侧根具有相对较高的可溶性糖、淀粉及 NSC 含量，其根系的 NSC 代谢水平较高，这可能与立柳叶片在植株遭受水淹前具有较高的光合效率有关。在长期深度水淹胁迫下，立柳根系的糖代谢机制对立柳耐受水淹的能力具有重要作用，这也从根系 NSC 代谢角度再次表明立柳是优良的消落带人工植被恢复候选植物。已有研究发现，淹涝逆境可导致适生植物对 NSC 的消耗增加，适生植物以此来响应胁迫环境(Qin et al.，2013)。根系维持较高的 NSC 含量不但能够为水淹条件下的适生植物提供能量，提高植物在水淹环境中的存活率(Pena-Fronteras et al.，2009)，而且还可促进植物在退水初期的萌叶等恢复生长活动(Panda et al.，2008；Chen et al.，2013)。本研究中，水淹条件下立柳根系 NSC 代谢响应特征与已有的研究结果类似，其根系较高的 NSC 含量能够保证植株在消落带海拔 170 m 处经历 135 天的中度水淹胁迫后进行良好的生长(李娅等，2008；钟彦等，2013)。虽然在消落带海拔 165 m 处经历 205 天深度水淹胁迫后的株高生长被显著抑制，且根系 NSC 含量也有所减少，但是立柳可通过减缓自身生长、让根系维持一定的 NSC 含量等措施来“忍耐”胁迫，确保其在水淹环境下的存活以及水淹后的恢复生长，最终实现其在消落带的可持续生长。

本研究中，对照组立柳主根、侧根的可溶性糖、淀粉及 NSC 含量值均小于初始值(侧根淀粉含量除外)，这可能是立柳在冬季水淹胁迫下的光合作用受阻，导致合成的 NSC 减少，且水淹胁迫下 NSC 消耗增加的结果。立柳水淹 135 天后其 MS 组主根、侧根可溶性糖、淀粉和 NSC 含量值均与水淹前初始值间没有明显差异，而 DS 组侧根的可溶性糖、淀粉及 NSC 含量值均显著小于水淹前初始值，说明立柳能够在中度水淹胁迫下维持相对较高的 NSC 代谢水平，而随着水淹深度的加深和水淹时间的延长，能耗加大导致其根系 NSC 含量发生显著降低。植物根系既能固着植株、吸收水分和养分，又能够合成植物激素，与植物地上部分进行信号交换(刘大同等，2013；张方亮等，2015)。作为根系的重要组分，侧根能够增大根系和环境之间的接触面积，有利于二者间的物质交换(Vilches-Barro and Maizel，2015)，同时也可感知环境的变化(de Smet et al.，2012)，促进植物不断适应所处环境的变化。本研究中，立柳 DS 组侧根的可溶性糖、淀粉及 NSC 含量值均显著小于水淹前的初始值，而主根的可溶性糖、淀粉及 NSC 含量值则与水淹前的初始值差异不显著，说明立柳的侧根在响应消落带深度水淹胁迫的过程中较主根更为敏感。

相关性分析发现，立柳主根的可溶性糖含量分别与主根、侧根的淀粉和 NSC 含量之间有显著的相关性，植物根系主要通过淀粉、可溶性糖来储存与利用能量。相关性分析表明，适生木本植物根系的淀粉在水淹胁迫下可转化为可溶性糖，以为植株存活供应所需能量。此外，根系还会尽可能多地储存淀粉以供植株在长时间深度水淹胁迫下对能量的需求。立柳可溶性糖、淀粉、NSC 含量在主根与侧根之间也有显著相关性(可溶性糖含量除外)，说明适生植物通过主根、侧根能够进行可溶性糖、淀粉、NSC 等初生代谢物质的含量调节，还可通过主根、侧根相互之间的联系来增强植株耐受消落带水淹胁迫的能力。

综合以上结果，根系 NSC 代谢对于立柳在三峡库区消落带长时间水淹胁迫下生理功能的维持有重要作用，这有助于立柳在水淹胁迫下的存活及水淹胁迫结束后的恢复生长。本研究结果表明，立柳对消落带长时间冬季深度水淹胁迫采取了“忍耐”策略，实现了其在三峡库区消落带的可持续生长。在长达 135 天的中度水淹胁迫(MS 组)下，立柳根系可通过维持较高的 NSC 含量来抵御水淹胁迫；在长达 205 天的深度水淹胁迫(DS 组)下，虽然立柳的株高生长被显著抑制，根系 NSC 含量也出现不同程度的降低，但能维持在一定水平，特别是植株储备了大量淀粉以保证长期深度水淹胁迫下其生理功能的维持所需的能量供应。立柳根系可通过可溶性糖与淀粉两者的相互转化，以及主根、侧根之间的相互联系，积极地响应消落带水淹逆境。

2. 消落带水淹对立柳根系 3 种有机酸含量的影响

立柳抗性较强、耐水湿，在本研究中，其能够耐受三峡库区消落带冬季长时间深度水淹胁迫，这进一步证实其是优良的消落带适生木本植物(钟彦等，2013；Wang et al.，2016)。水淹胁迫往往与较低的温度、光照强度、溶氧量等次生胁迫密不可分(赵可夫，2003)。水淹胁迫下植物不能进行正常的光能合成，加之厌氧条件下有毒的还原物质(如 Fe^{2+}、Mn^{2+} 等)与缺氧代谢产物(如乙醇、乙醛等)逐渐积累，植物将受到严重的能量缺乏和毒害作用影响(Bailey-Serres and Voesenek，2008；Colmer and Voesenek，2009)。已有研究发现，植物在水淹胁迫下的存活及水淹胁迫结束后的恢复生长与其代谢途径的调节关系紧密(Gibbs and Greenway，2003；Fukao and Bailey-Serres，2004)。本研究发现，立柳在消落带冬季水淹胁迫下其根系能够进行 NSC 初生代谢调节。草酸、酒石酸及苹果酸等有机酸是植物有效应对逆境胁迫的次生代谢产物(李昌晓和钟章成，2007b；李昌晓等，2010a)。相关性分析发现，立柳主根和侧根的草酸含量及侧根的酒石酸含量分别与根系可溶性糖、淀粉、NSC 含量之间有较强相关性，表明立柳可通过根系中可溶性糖、淀粉等初生代谢产物以及草酸、酒石酸、苹果酸等次生代谢产物相互之间的调节和转化增强自身水淹耐受性。

已有研究发现，水淹敏感植物在淹水时其根系会有大量乙醇产生(陈强等，2008)，而耐水淹植物则会积累大量有机酸，进而使部分抗氧化酶的活性因受到诱导而增强(刘高峰和杨洪强，2006；陈暄等，2009)，以抵御逆境胁迫(Henry et al.，2007)。本研究也发现了相似结果，立柳根系中草酸等有机酸的次生代谢对库区消落带冬季深度水淹胁迫做出了积极的响应。模拟实验发现，水淹胁迫可使消落带适生植物根系的草酸与酒石酸含量显著增加(李昌晓等，2010a，2010b)。立柳 MS 组在经历 135 天水淹后其侧根的草酸含量值显著小于水淹前初始值，但与对照组之间没有明显差异，主根草酸含量显著低于对照组，这可能与主根草酸在水淹胁迫下的转化速率加快有关。随着水淹胁迫的增强，立柳 DS 组在经历 205 天水淹后其主根、侧根的草酸含量值均显著大于初始值，且侧根的草酸含量也显著高于对照组，说明立柳通过增加根系草酸含量来耐受长时间深度水淹胁迫。

相关研究发现，耐水淹植物在遭受水淹胁迫时可增强酒石酸的合成代谢(李昌晓等，2010a)。立柳 MS 组在经历 135 天水淹后其主根、侧根的酒石酸含量均与对照组、水淹前初始值之间没有显著性差异，DS 组主根的酒石酸含量显著高于对照组、初始值，说明立柳可能是通过维持对照组水平或更高水平的酒石酸含量来应对库区消落带长时间冬季深度水淹胁迫。

研究发现，一些耐淹耐涝植物可通过磷酸烯醇式丙酮酸(PEP)羧化形成草酰乙酸后还原为苹果酸，由于水淹胁迫抑制了植物体内苹果酸脱氢酶活性，导致苹果酸不能进一步转化为丙酮酸与乙醇(刘友良，1992)。本研究中，在经历 135 天和 205 天水淹胁迫后，立柳 MS、DS 组主根与侧根的苹果酸含量均与对照组没有显著性差异，表明立柳也可能是通过维持较高水平的苹果酸含量来应对库区消落带长时间冬季深度水淹胁迫。

综上所述，立柳在消落带水淹胁迫下其主根、侧根均能维持较高的草酸、酒石酸、苹果酸含量，其根系中这 3 种有机酸的代谢对深度水淹胁迫的响应较对中度水淹胁迫更为积极。立柳通过维持根系一定的草酸、酒石酸、苹果酸含量，以及可溶性糖与淀粉之间的相互调节，以较好地适应库区消落带复杂生境。

3. 立柳根系 3 种有机酸在出露期的动态储备特征

三峡水库的运行导致消落带土壤水分呈现出年际周期性波动变化，在探究适生木本植物对消落带水淹胁迫的适应机制时，开展逆境适应性产物——有机酸在退水后的动态变化特征研究也十分重要。本研究发现，三峡库区消落带不同强度水淹处理、恢复生长时间及二者的交互作用均对立柳根系的有机酸含量产生了不同程度的影响，其中恢复生长时间的影响最为显著。立柳 DS 组主根、侧根的酒石酸含量与 MS、DS 组主根的苹果酸含量均显著高于对照组，这表明立柳在消落带不同强度水淹胁迫的影响下能够维持与对照组水平相近或更高水平的有机酸代谢。在水淹缺氧条件下，适生植物根系可通过增强有机酸合成途径减少有毒物质乙醇的积累，减轻缺氧导致的毒害作用。在水淹胁迫下，植物根系内活性氧自由基的产生与清除平衡将被破坏，这将进一步影响抗氧化系统，引起严重的氧化胁迫(Paradiso et al.，2016)。有研究指出，有机酸是植物体内一种重要的活性氧自由基清洁剂(黄文斌等，2013)，能够增强过氧化氢酶(CAT)、超氧化物歧化酶(SOD)以及过氧化物酶(POD)等的活性(Zhang et al.，2016)。本实验中，立柳根系的有机酸在出露后的初期含量增加，这可能与长期深度水淹胁迫下植株体内因自由基积累而形成的过氧化伤害有关。

研究发现，逆境胁迫下草酸能够诱导过氧化物酶(POD)的活性(刘高峰和杨洪强，2006)，增强植物的抗氧化能力。本研究中，立柳根系草酸含量受到恢复生长时间的显著影响，但却未受到消落带不同强度水淹胁迫的显著影响。立柳主根、侧根的草酸含量在水淹胁迫阶段增加，使得草酸含量在退水初期较高，而在生长旺盛期则逐渐降低，在恢复生长末期又再次增高。这与模拟实验结果相似(李昌晓等，2010b)，水淹及退水初期植物体内的活性氧代谢平衡被扰乱(尹永强等，2007；Paradiso et al.，2016)，从而诱发了严重的氧化胁迫，该时期立柳主根、侧根草酸含量的增高可能与立柳增强了自身抗氧化能力有关。在恢复生长期，植物体内活性氧自由基的产生与清除恢复平衡状态，根系中的草酸会参与分解代谢，并产生能量供植物生长，从而致使正常生长期间自身含量降低。整个处理期间，立柳侧根草酸含量的变化较主根更大，但二者均能对库区消落带土壤水分变化做出积极的响应。有研究指出，侧根是植物根系应对非生物胁迫的主要器官之一(Tylova et al.，2017)，适生植物主要利用侧根进行代谢调节以增强水淹耐受能力(李昌晓和钟章成，2007b)。本研究中，不同根系类型的响应敏感性差异可能与物种差异有一定关系。

三峡库区消落带不同强度水淹胁迫、恢复生长时间均对立柳主根、侧根的酒石酸含量产生了显著影响。在整个处理期间，立柳主根、侧根酒石酸含量表现为 DS 组最高，MS 组次之，SS 组最低，DS 组植株根系维持着较 MS 组更高的酒石酸含量，说明立柳根系中的酒石酸能对消落带水淹胁迫作出积极响应(李昌晓等，2010a，2010b)。立柳根系中的酒石酸含量在消落带不同强度水淹胁迫下增加，但在生长旺盛期，侧根中的酒石酸含量则逐渐降低，而主根中的酒石酸含量则继续增加。立柳主根、侧根中的酒石酸含量在整个恢复生长阶段呈相反的变化，但其侧根中的酒石酸含量却与草酸含量具有类似的先升高后降低再升高的变化趋势，究其原因，在消落带水位变化下其侧根酒石酸可能具有与草酸相似的生理功能。立柳主根酒石酸含量在干旱胁迫下降低得不显著，说明其对干旱胁迫不敏感。

整个处理期间，立柳主根、侧根中的苹果酸含量具有一致的变化趋势，二者均在正常生长时期增加，在恢复生长末期则逐渐降低。解除水淹胁迫后，立柳逐渐恢复有氧代谢，进而导致三羧酸循环产物——苹果酸增多。而在恢复生长末期，植物处于轻度干旱胁迫下，其三羧酸循环产物——苹果酸等被明显消耗(郭瑞等，2016)。本研究结果与之相同，这可能是立柳根系中的苹果酸含量在恢复生长末期有所降低的原因。立柳根系中的苹果酸响应库区消落带不同强度水淹胁迫的能力较弱，表现为根系中的苹果酸含量均没有受到不同水淹处理的显著影响，苹果酸对库区水淹胁迫的响应主要体现在其在不同恢复生长时间之间的差异。根系酒石酸对库区消落带不同强度水淹胁迫的响应较苹果酸更为敏感，立柳主根、侧根中的酒石酸均受到水淹胁迫、恢复生长时间的显著影响。然而，目前关于酒石酸如何应对逆境胁迫的机理变化研究尚少，因此，需进一步加强这方面的研究。

综上所述，三峡库区消落带一个水文周期的水分变化对立柳根系的草酸、酒石酸、苹果酸含量均产生了不同程度的影响。立柳根系中的草酸、酒石酸、苹果酸对恢复生长时间的响应较不同水淹处理更敏感。整个处理期间，立柳主根、侧根中的草酸含量和侧根中的酒石酸含量均在水淹胁迫下增加、生长旺盛期降低，在恢复生长末期又再次增加；而主根酒石酸含量和主根及侧根苹果酸含量则均在生长旺盛期增加，在恢复生长末期降低。立柳根系中的酒石酸对库区消落带不同水淹胁迫的响应最为敏感，苹果酸与草酸的响应则相对较弱。立柳在中度、深度水淹处理下其根系均能维持与对照组水平相近或更高水平的草酸、酒石酸、苹果酸代谢。在消落带内经历一个周期的水淹胁迫后，立柳能够维持水淹前的草酸、酒石酸、苹果酸代谢水平，以较高的含量应对下一次水淹胁迫。

7.2 立柳营养吸收与物质储备特征研究

7.2.1 引言

三峡水库运行之后对库区的生态环境造成了极大影响，新形成的消落带与成库前的相比具有水淹时间长、水淹深度深、反季节性等特点(樊大勇等，2015)。周期性长时间深度水淹胁迫使库区消落带生态功能退化严重(揭胜麟等，2012)。目前，通过消落带人工植被构建具有内稳态机制的植被，提高消落带植被覆盖率，从而恢复消落带生态系统功能是可行的方法。这就需要用于植被重建的植物对消落带环境具有较好的长期适应性。

本实验的研究对象立柳已在重庆市忠县三峡库区消落带植被修复示范基地生长了 3 年，并已经历了库区消落带 3 个周期的水淹—出露循环。研究发现，植物可通过主动调节自身代谢来适应外部环境的变化(吴建国等，2009)。在消落带不同强度水淹胁迫环境中，立柳营养元素的含量反映了该树种在逆境条件下吸收与积累营养元素的能力，可揭示适生树种立柳的特性，同时也可反映自身与外部环境之间的相互关系(金茜等，2013)。立柳在不同强度水淹胁迫下表现出的营养吸收特征是否是其能长期适应消落带环境的原因仍需进一步研究。

本节将对三峡库区消落带内原位种植的立柳进行两个生长季内的定期取样分析，并研究该植物营养元素含量的动态变化特征，探究其在消落带逆境条件下是否已经形成了持久且稳定的适应性特性，以期为适生植物耐受水淹机制研究以及消落带植被修复提供基础理论支撑。

7.2.2 材料和方法

1. 研究材料和地点

研究样地位于重庆市忠县石宝镇共和村内的三峡库区消落带植被修复示范基地(107°32′～108°14′E，30°3′～30°35′N)，样地占地面积为 13.3 hm^2。示范基地位于长江一级支流——汝溪河流域，该区域属亚热带东南季风区山地气候。全年年积温为 5787℃，年均气温为18.2℃，无霜期达341天，日照时数为1327.5，日照率为29%，年降雨量为1200 mm，空气相对湿度达80%。示范基地在建成前为废弃梯田。2012年3月在海拔145～175 m处，根据不同海拔的水淹深度及植物的水淹耐受性构建“乔＋灌＋草”“灌＋草”、草本植物等人工植被模式，并种植耐水淹植物落羽杉、池杉、立柳、中华蚊母树、芦竹、狗牙根、牛鞭草等。其中，将两年生落羽杉、立柳树苗均按照1 m × 1 m的株行距种植于消落带海拔165～175 m处。样地土壤中元素的含量同第2章表2-23。

2. 实验设计

1)营养元素含量变化

2015年5月在示范基地内进行立柳样品采集，根据消落带不同海拔处1年内遭受的水淹的深度与时间将样地划分成3个样带：浅淹组(SS，海拔175 m，相当于对照组)、中度水淹组(MS，海拔170 m)、深度水淹组(DS，海拔165 m)。3个海拔处的水淹深度与水淹时间如下：海拔175 m以上植物遭受浅度水淹，每年水淹时间为5.0±0.95天；海拔170 m植物水淹深度达5 m，每年水淹时间为118.6±6.79天；海拔165 m植物水淹深度达10 m，每年水淹时间为177.6±10.53天。由于树木在林分中所接受的阳光照射有差异，为尽可能减小其影响，在3个样带内各随机选取5株长势均一的立柳样木，分别进行根与叶取样。同时在3个样带内各随机选取10株立柳，进行生长指标测量。立柳的株高、冠幅和基径分别采用测高杆、卷尺和游标卡尺进行测量。另外，分别在3个样带内随机选取10份土壤样品(土壤厚度0～20 cm)，用自封袋封装后带回实验室，自然风干后过200目筛以备土壤元素分析。

使用高枝剪在树冠中上层随机采集东、南、西、北4个方位的枝条，分别将叶片取下后混合均匀以作为待测样品，并用自封袋进行封装，每个样带各采集5袋以备重复测量；用根钻以立柳基部为圆心、以0.5 m为半径等距离钻取根样(直径2～5 mm)，单株混合后装入自封袋，每个海拔梯度采集5袋以备重复测量。将样品放入冰盒冷藏保存并送回实验室，用自来水、去离子水分别进行清洗，待样品干净后将所有样品放入105℃烘箱杀青5 min，然后调至80℃烘干至恒重，最后将样品粉碎后过100目筛，封装待测。

2)元素含量动态特征

于2015年5月开始进行立柳原位样品采集，样带划分及各样带水淹深度和水淹时间同第19页。按照三峡水库的水位调度情况和立柳的生长节律，在2015年5～9月、2016年5～9月两个生长季内，每隔2月对不同海拔立柳的根、茎、叶进行取样。

在3个样带内分别随机选取5株长势均一的立柳样木，使用高枝剪在树冠中上层随机采集东、南、西、北4个方位的枝样，并分别取其枝条(直径5～10 mm)和叶，单株均匀混合后作为枝条、叶样品，同时用自封袋封装，每个海拔梯度各采集5袋以备重复测量；用根钻以立柳基部为圆心、以0.5 m为半径等距离钻取根样(直径2～5 mm)，混合均匀后装入自封袋，每个海拔梯度采集5袋以备重复测量。将所有样品冷藏保存后送回实验室，用自来水、去离子水分别进行清洗待样品干净后将所有样品放入105℃烘箱杀青5 min，然后调至80℃烘干至恒重，最后将样品粉碎后过100目筛，封装待测。

3. 数据测定

1)植物样品元素含量测定

采用德国 Elementar 公司生产的 Vario EL cube CHNOS 元素分析仪进行全氮含量测定，测定前准确称取 0.005 g 上述立柳干样，用锡箔纸封装后按照仪器操作说明上机测定。

准确称取立柳干样 0.05 g，将其小心装入消解罐中，先加入 8 mL 硝酸，再加入 2 mL H_2O_2，然后用德国 Berghof 公司生产的 SpeedWave MWS-4 微波消解仪进行消解；待测液用美国 Thermo 公司生产的 ICAP 6000 电感耦合等离子体发射光谱仪进行测定，所测指标为 P、K、Ca、Mg、Fe、Mn、Zn、Cu 含量。

2)土壤样品元素含量测定

采用元素分析仪对土壤全氮含量进行测定，测定前准确称取 0.005 g 土壤干样，用锡箔纸封装后上机进行测定。土壤 P、K、Ca、Mg、Fe、Mn、Zn、Cu 含量测定采用电感耦合等离子体发射光谱仪进行。准确称取土壤样品 0.05 g，将其小心装入消解罐中，先加入 8 mL 硝酸，再加入 2 mL H_2O_2，然后加入 1 mL 氢氟酸，最后用微波消解仪消解后上机进行测定。

4. 数据分析

本研究所测得的数据均采用 SPSS 软件进行分析处理，用单因素方差分析揭示水位变化对立柳营养元素含量的影响(α=0.05)，用 Duncan 多重比较检验各处理组之间的差异，立柳植株各营养元素与生长指标之间的相关性用 Pearson 相关系数法进行评价，采用 Origin 软件制图。

7.2.3 水淹对立柳生长及营养元素含量的影响

1. 生长的变化

图 7-6 所示为立柳幼树的生长状况。立柳在消落带内生长 3 年后，其株高、基径和冠幅均较种植初期显著增加。与 SS 组相比，随着水淹时间与水淹深度的增加，立柳 MS、DS 组株高均显著降低；MS 组基径、冠幅均与对照组无显著性差异，DS 组则显著低于 SS、MS 组。

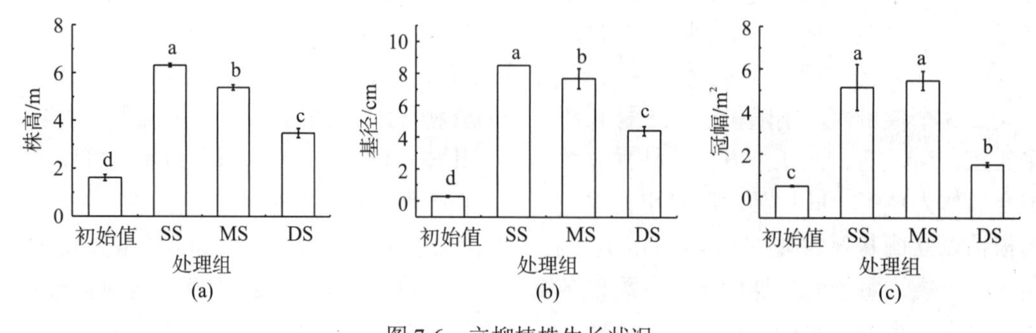

图 7-6 立柳植株生长状况

注：图中数值为平均值±标准误(n=5)；不同小写字母表示各处理组之间有显著性差异(p<0.05)。

2. 营养元素含量的变化

方差分析结果显示，水淹处理显著影响立柳根部大量元素 N、中量元素 Ca 和 Mg 以及微量元素 Zn 和 Cu 含量；水淹处理极显著影响立柳叶中中量元素 Mg 及微量元素 Mn 含量(表 7-11)。

表 7-11　水淹处理对立柳营养元素含量的影响

元素		根		叶	
		F 值	*p* 值	*F* 值	*p* 值
大量元素	N	7.386**	0.008**	0.082ns	0.992ns
	P	3.490ns	0.064 ns	0.191ns	0.828ns
	K	0.230ns	0.789 ns	1.529ns	0.256ns
中量元素	Ca	10.737**	0.002**	2.613ns	0.114ns
	Mg	8.616**	0.005**	7.689**	0.007**
微量元素	Fe	3.114ns	0.081 ns	0.815ns	0.466ns
	Mn	1.036ns	0.384 ns	47.151**	0.000**
	Zn	6.590*	0.012*	0.857ns	0.449ns
	Cu	6.003*	0.016*	0.809ns	0.468ns

注：**表示在 α=0.01 水平下相关性达到极显著；*表示在 α=0.05 水平下相关性达到显著；ns 表示相关性不显著。

1) 大量元素含量变化

不同水淹处理下，立柳叶中大量元素 N、P 及 K 含量均高于根部。整体来看，立柳根、叶中大量元素含量表现为 N 含量>P 含量>K 含量(表 7-12)。

表 7-12　不同水淹处理下立柳大量元素含量

元素含量	部位	处理组		
		SS	MS	DS
$N/(g \cdot kg^{-1})$	根	7.21±0.59a	5.19±0.33b	5.30±0.26b
	叶	23.69±1.17a	22.56±3.09a	22.64±1.89a
$P/(g \cdot kg^{-1})$	根	3.69±0.35a	2.31±0.14b	3.13±0.24ab
	叶	4.44±0.34a	4.17±0.84a	3.98±0.16a
$K/(g \cdot kg^{-1})$	根	5.30±0.45a	5.68±0.41a	5.53±0.32a
	叶	12.73±0.51a	12.23±0.61a	13.63±0.60a

注：表中数值为平均值±标准误(n=5)；不同小写字母表示各处理组之间有显著性差异(p<0.05)。下同。

受水淹影响，立柳 MS、DS 组根中 N 含量较 SS 组分别显著降低了 28.2%、26.6%；SS 组叶中 N 含量虽高于 MS 和 DS 组，但各处理组之间没有显著性差异。与 SS 组相比，立柳水淹处理组根中的 P 含量下降，其中 MS 组显著低于 SS 组。与 N、P 含量变化不同，立柳各处理组根和叶中 K 含量基本维持在同一水平。

2) 中量元素含量变化

受不同水淹处理的影响，立柳 MS 组根中 Ca 含量较 SS 组显著增高，叶中 Ca 含量表现出随水淹深度和水淹时间的增加而减少，但各处理组之间没有显著性差异。与 SS 组相比，立柳水淹处理组根中 Mg 含量均显著降低，DS 组叶中 Mg 含量显著降低。立柳 Ca 和 Mg 在叶中的含量均高于根部，这两种元素在立柳根、叶中的含量大小均为 Ca 含量＞Mg 含量(表 7-13)。

表 7-13　不同水淹处理下立柳中量元素含量

元素含量	部位	处理组		
		SS	MS	DS
$Ca/(g \cdot kg^{-1})$	根	8.47±0.46a	11.13±0.70b	7.88±0.36a
	叶	23.13±3.22a	18.89±1.78a	16.05±1.04a
$Mg/(g \cdot kg^{-1})$	根	1.54±0.10a	1.09±0.03b	1.18±0.10b
	叶	2.01±0.06a	2.10±0.16a	1.54±0.08b

3) 微量元素含量变化

随着水淹深度及水淹时间的增加，立柳根中 Fe 含量也表现为显著增加，而 Fe 元素含量在叶中则基本保持平稳，水淹胁迫主要导致立柳的根对 Fe 的吸收增加。立柳各处理组根中 Mn 含量保持平稳，与 SS 组相比，水淹处理组叶中 Mn 含量出现显著降低。另外，立柳水淹处理组根中 Cu 和 Zn 含量显著降低。4 种微量元素的含量在 SS 组根与叶中的高低顺序均为 Fe 含量＞Zn 含量＞Mn 含量＞Cu 含量(表 7-14)。

表 7-14　不同水淹处理下立柳微量元素含量

元素含量	部位	处理组		
		SS	MS	DS
$Fe/(mg \cdot kg^{-1})$	根	494.30±53.48a	701.32±83.05ab	763.42±96.82b
	叶	204.24±17.65a	221.55±21.13a	191.36±9.30a
$Mn/(mg \cdot kg^{-1})$	根	68.65±5.45a	84.18±7.10a	69.87±11.65a
	叶	129.72±6.57a	62.53±3.32b	77.74±4.97b
$Cu/(mg \cdot kg^{-1})$	根	7.63±0.63a	5.30±0.68b	5.12±0.35b
	叶	6.11±0.34a	5.82±0.73a	6.72±0.38a
$Zn/(mg \cdot kg^{-1})$	根	180.94±15.64a	97.10±6.23b	97.32±9.63b
	叶	122.06±12.46a	93.18±8.62a	114.44±5.78a

4) 植株营养元素与生长指标的相关性分析

相关性分析发现，立柳的株高和植株 N、P、K、Mg 含量有极显著正相关关系，和植株 Ca 含量有显著正相关关系，而和植株 Fe 含量有显著负相关关系；立柳的冠幅和植株 N、P、K、Ca、Mg 含量有极显著正相关关系，而和植株 Fe 含量表现为极显著负相关关系(表 7-15)。

表 7-15　立柳营养元素与生长指标间的相关性分析

营养元素和生长指标	N	P	K	Ca	Mg	Fe	Mn	Zn	Cu	株高	基径
P	0.69**										
K	0.88**	0.44*									
Ca	0.67**	0.24	0.71**								
Mg	0.73**	0.57**	0.62**	0.64**							
Fe	−0.81**	−0.45*	−0.83**	−0.65**	−0.66*						
Mn	0.30	0.13	0.30	0.51**	0.27	−0.23					
Zn	0.18	0.41*	0.09	−0.10	0.17	−0.10	0.01				
Cu	−0.09	0.22	−0.24	−0.50	0.20	0.02	0.14	0.39*			
株高	0.66**	0.49**	0.56**	0.71*	0.79**	−0.52**	0.28	0	−0.07		
基径	0.08	0.10	−0.01	0.18	0.15	0.08	0.06	−0.21	−0.01	0.30	
冠幅	0.74**	0.58**	0.61**	0.68**	0.78**	−0.61**	0.34	−0.03	−0.04	0.89**	0.23

注：**表示在 α=0.01 水平下相关性达到极显著；*表示在 α=0.05 水平下相关性达到显著。

5)植株营养元素与土壤营养元素的相关性分析

相关性分析发现，立柳植株各营养元素的含量和土壤中对应元素的含量之间无明显的相关关系，仅立柳植株 Ca 含量和土壤 Ca 含量有显著正相关关系(表 7-16)。

表 7-16　立柳营养元素与土壤营养元素间的相关性分析

土壤营养元素	立柳营养元素								
	N	P	K	Ca	Mg	Fe	Mn	Zn	Cu
N	−0.25	−0.18	−0.19	−0.12	−0.37*	0.37*	0.38	−0.16	−0.03
P	−0.80**	−0.45	−0.78**	−0.80**	−0.77**	0.73**	−0.44*	−0.12	−0.03
K	0.34	0.15	0.36	0.39*	0.31	−0.52*	1.00	0.01	0.16
Ca	0.36*	0.09	0.46*	0.56**	0.29	−0.46**	0.29	0.05	0.22
Mg	−0.04	0.01	0.08	−0.02	−0.17	−0.20	0.26	0.12	0.14
Fe	−0.01	−0.14	0.09	0.20	0.06	−0.18	0.43*	1.00	0.18
Mn	−0.19	−0.08	−0.23	−0.03	0.02	−0.05	1.00	0.31	0.32
Zn	−0.61**	−0.43*	−0.60**	−0.54**	−0.58**	0.60	−0.10	−0.09	−0.06
Cu	−0.07	−0.01	−0.13	−0.07	−0.14	−0.04	−0.03	0.02	0.12

注：**表示在 α=0.01 水平下相关性达到极显著；*表示在 α=0.05 水平下相关性达到显著。

7.2.4　立柳营养元素含量动态特征

1. 大量营养元素含量变化

由图 7-7 可知，立柳 MS 和 DS 组根部 N 含量低于 SS 组，且从植株生长初期至生长季末期均保持状态一致，随着植株的生长，MS 和 DS 组根部 N 含量一直未恢复到 SS 组水平。立柳枝条、叶中 N 含量变化没有明显的规律性。2015、2016 年两个生长季，立柳根、枝条和叶中 N 含量变化趋势有差异。叶中 N 含量最高，其次为根，枝条中最低。

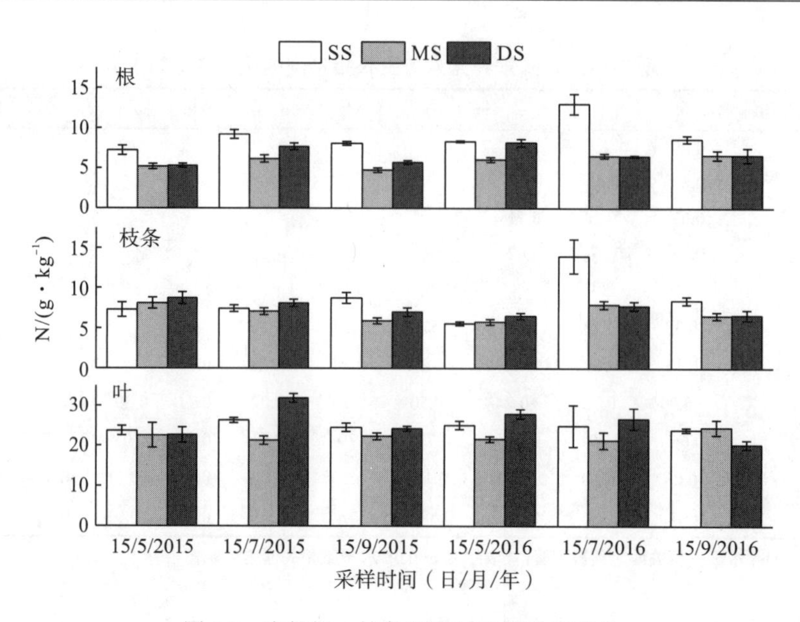

图 7-7 立柳根、枝条和叶 N 含量动态变化

由图 7-8 可知，立柳 MS 和 DS 组根部 P 含量较 SS 组降低(2016 年 5 月除外)，至实验末期其仍未恢复到 SS 组水平(DS 组除外)。立柳 MS 和 DS 组枝条 P 含量则较 SS 组无明显降低，不同处理组之间的 P 含量呈无规律性变化。2015 年 MS 和 DS 组叶 P 含量低于 SS 组(7 月 DS 组除外)，2016 年 MS 和 DS 组叶 P 含量则高于 SS 组。在两个生长季内，立柳根 P 含量变化基本相似，但枝条和叶中 P 含量的变化趋势有差异。叶中 P 含量最高，其次为根，枝条中最低。

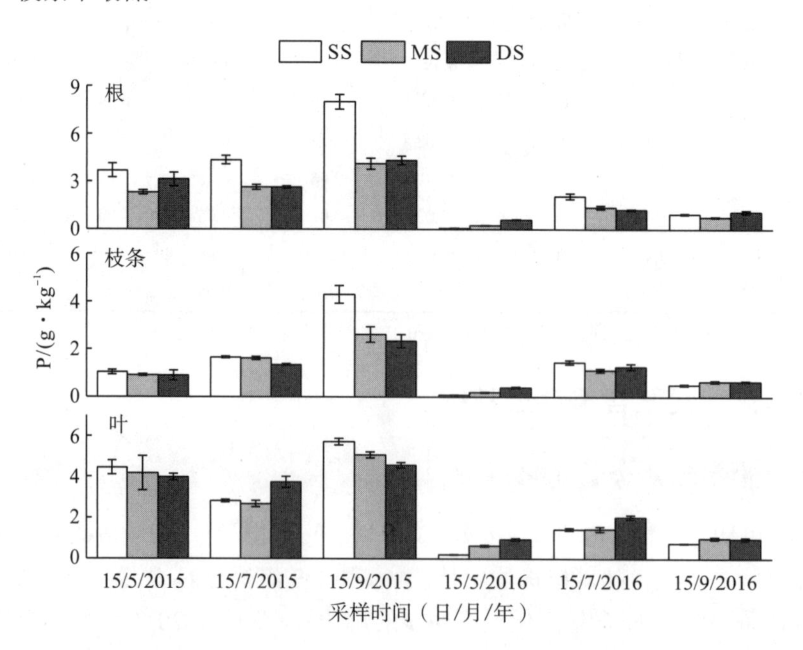

图 7-8 立柳根、枝条和叶 P 含量动态变化

由图 7-9 可知，立柳不同处理组各组织中 K 含量在整个处理期间呈无规律性变化。立柳根、枝条、叶中 K 含量波动于 3.22～18.62 g • kg^{-1}，其中叶中 K 含量最高，其次为根，枝条最低。

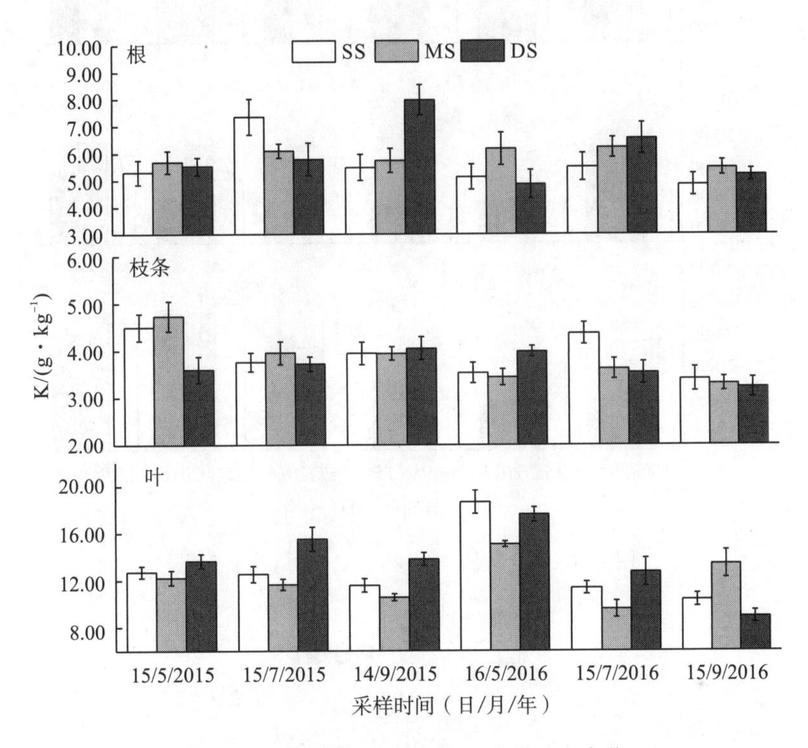

图 7-9　立柳根、枝条和叶 K 含量动态变化

2. 中量营养元素含量变化

由图 7-10 可知，立柳 MS 和 DS 组根部 Ca 含量高于 SS 组(2015 年 5 月和 2016 年 7 月 DS 组含量除外)，MS 组根部 Ca 含量在两个生长季的末期均保持此趋势。立柳各处理组枝条 Ca 含量在整个处理期间则无明显的规律性。与根部 Ca 含量变化状况相反，立柳 MS 和 DS 组叶中 Ca 含量低于 SS 组，且从植株生长初期至生长季末期均保持此状态，随着植株的生长，MS、DS 组叶中 N 含量一直没有恢复到 SS 组水平。两个生长季内，立柳的根、枝条及叶中 Ca 含量变化趋势各不相同，根、枝条及叶中 Ca 含量波动于 5.10～27.71 g • kg^{-1}。其中，叶中 Ca 含量最高，其次为根，枝条最低。

由图 7-11 可知，2015 年立柳 MS 和 DS 组根部 Mg 含量低于 SS 组，随着植株的生长，2016 年生长初期和中期 Mg 含量仍未恢复至对照水平，但生长末期(2016 年 9 月)MS 和 DS 组的 Mg 含量却逐渐恢复到 SS 组水平。在处理期间，立柳枝条和叶中 Mg 含量无明显规律性变化。立柳根、枝条和叶中 Mg 含量波动于 0.43～2.74 g • kg^{-1}。其中，叶中 Mg 含量最高，其次为根，枝条最低。

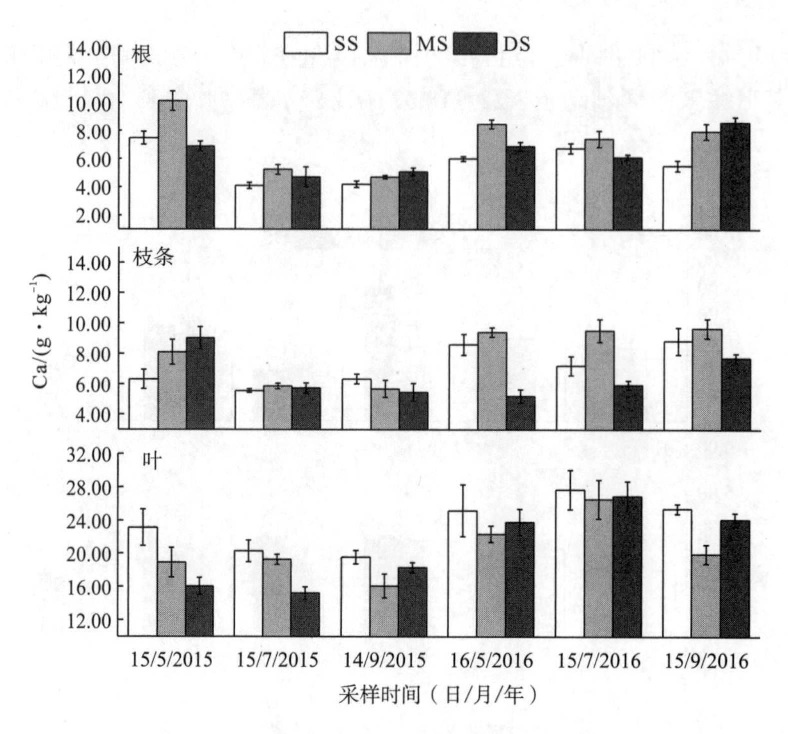

图 7-10　立柳根、枝条和叶 Ca 含量动态变化

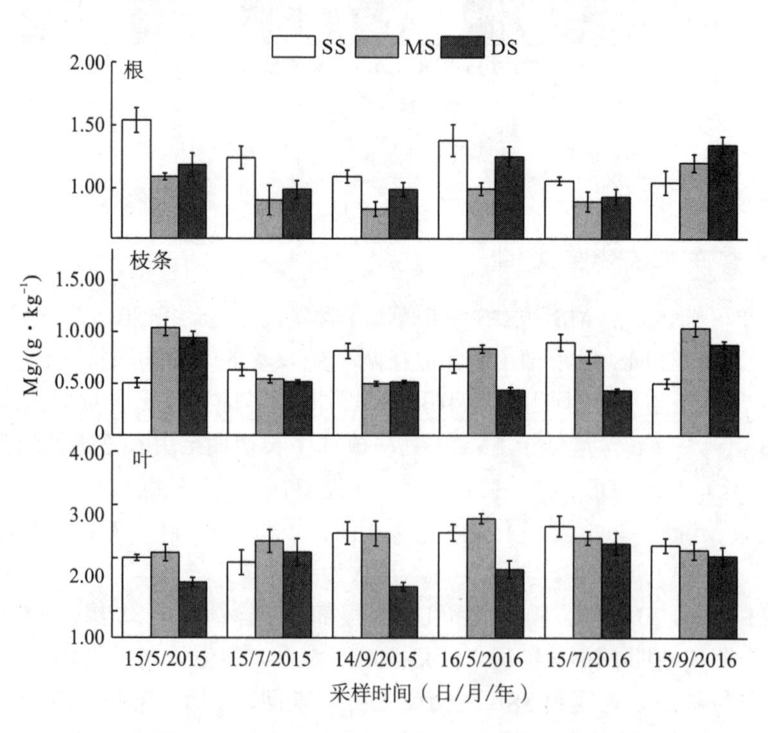

图 7-11　立柳根、枝条、叶 Mg 含量动态变化

3. 微量营养元素含量变化

Fe含量变化如图7-12所示，MS和DS组立柳根中Fe含量高于SS组(2015年7月和2016年5月MS组、2016年7月DS组除外)，且在整个处理时间范围内均表现出一致的变化趋势。立柳枝条、叶中 Fe 含量则表现为无规律性变化。在两个生长季内，立柳 Fe 含量的变化趋势各不相同，根、枝条、叶中Fe含量波动于47.60～878.28 mg・kg^{-1}。其中，根中Fe含量最高，然后为叶，枝条最低。

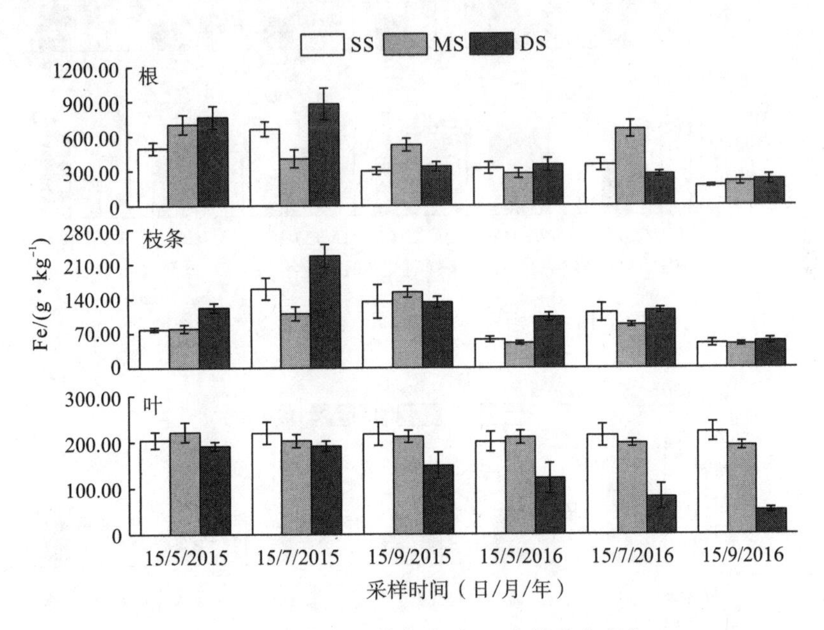

图7-12　立柳根、枝条和叶Fe含量动态变化

立柳Mn含量变化情况如图7-13所示。与Fe含量变化类似，立柳MS和DS组根中Mn含量高于SS组(2015年7月MS组、2016年7月DS组除外)。立柳枝条中Mn含量在不同处理组间没有明显规律性。受消落带水淹影响，MS和DS组叶中Mn含量则低于SS组(2015年7月和2016年9月DS组、2016年7月MS组除外)，且在整个处理期间均表现为一致的变化趋势。立柳MS和DS组的Mn含量在整个处理期间呈无规律性变化，根、枝条和叶中Mn含量波动在8.72～136.52 mg・kg^{-1}。其中，根中Mn含量最高，其次为叶，枝条最低。

立柳Cu含量变化情况如图7-14所示。水淹处理组根部Cu含量低于SS组，且在处理时间范围内均表现出一致的变化趋势，随着立柳植株的生长，MS和DS组的N含量一直未能够恢复到SS组水平。立柳不同处理组枝条中Cu含量变化较小，在处理期间其基本在同一范围内波动。受消落带水淹影响，立柳不同处理组叶中Cu含量有大幅度波动，但在处理期间其变化的规律性不明显。立柳根、枝条和叶中Cu含量在2015、2016年两个生长季的变化趋势有一定差异，根、枝条和叶中Cu含量波动在1.02～8.36 mg・kg^{-1}。其中，枝条中Cu含量最低。

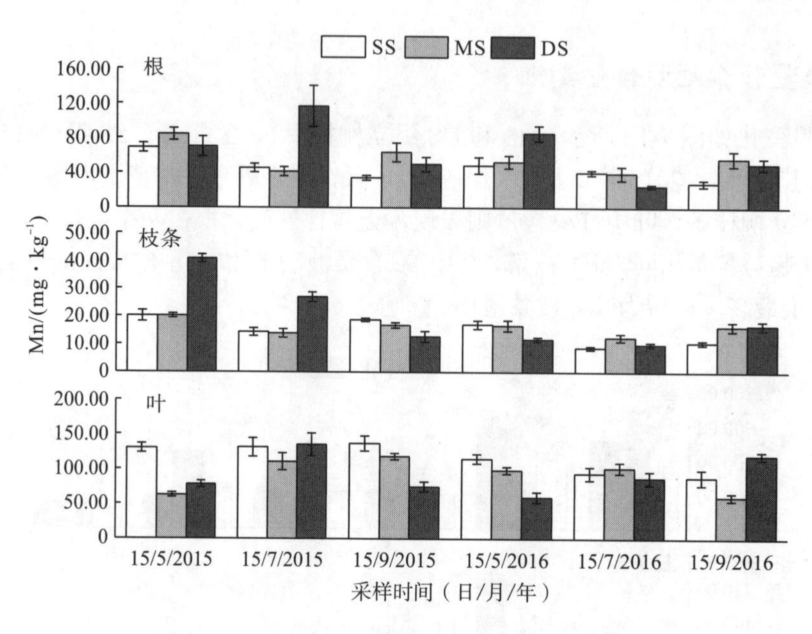

图 7-13 立柳根、枝条和叶 Mn 含量动态变化

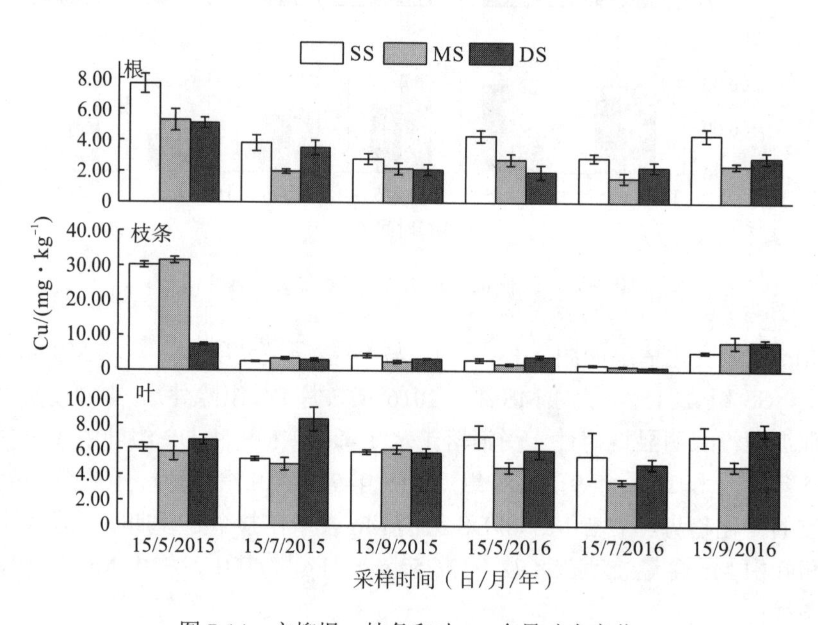

图 7-14 立柳根、枝条和叶 Cu 含量动态变化

图 7-15 所示为立柳 Zn 含量变化情况。受消落带水淹影响，立柳 MS 和 DS 组根部 Zn 含量低于 SS 组(2015 年和 2016 年 7 月、2016 年 5 月 DS 组除外)，其中，MS 组 Zn 含量在整个处理期间均保持同样的变化趋势。立柳枝条 Zn 含量变化在各处理组间的规律性不明显，DS 组叶中 Zn 含量在处理期间较 SS 组有所增加，根、枝条、叶中 Zn 含量波动在 42.92～269.16 mg · kg^{-1}。其中，叶中 Zn 含量最高，其次为根，枝条最低。

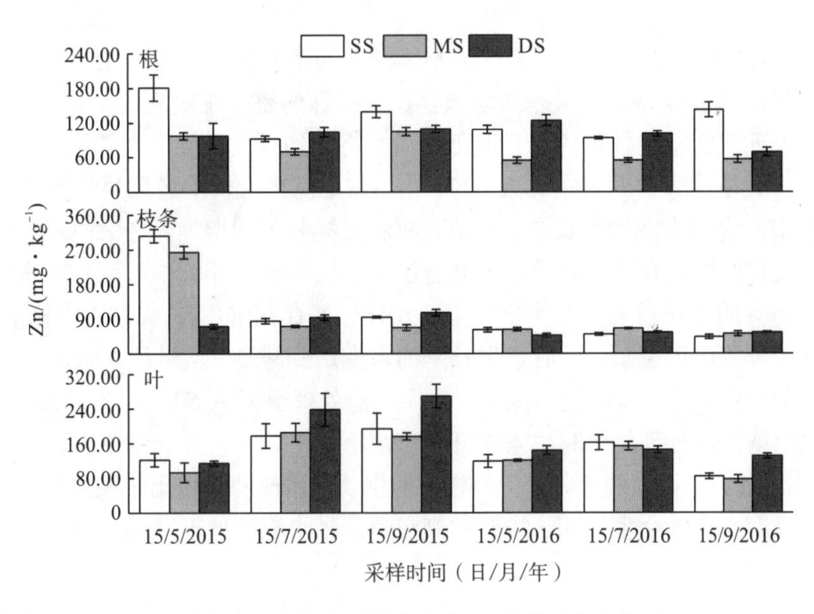

图 7-15　立柳根、枝条和叶 Zn 含量动态变化

7.2.5　讨论

植物的形态构建以及生命活动维持所需的能源均需其从周围的环境中吸取营养物质。植物对营养元素的积累量反映了其在一定生境条件下吸收营养元素的能力，它能揭示植物物种的特性，同时还能反映植物与环境之间的相互关系(金茜等，2013)。环境中的生态因子如光照、温度、水分、O_2、CO_2 等均会影响植物对营养元素的吸收。植物在正常情况下会按照自身生理结构以及物质合成需求选择性地吸收营养元素(陈芳清等，2008)。三峡水库水位年际周期性的变化在 145～175 m，受其影响，消落带不同海拔的植被周期性遭受的水淹胁迫也呈现出梯度性变化。水淹后土壤的氧化还原电位、温度、含氧量及水下光照强度等环境因子将发生较大改变，进而对植物吸收、分配营养元素和植物自身的生存状态产生影响(Pezeshki and DeLaune，2012；李强等，2015)。水淹开始时间与持续时间、水淹深度、出露时间等对植物的适应性有较大影响(樊大勇等，2015)；同时，物种的耐淹能力、耐受机制均与发生水淹胁迫的季节有密切关系(Crawford，2003)。根据三峡水库目前的水位调度方式，消落带内的植物遭受的水淹胁迫主要发生在冬季，且水淹时间长、水淹深度深，植物在经受长时间冬季水淹胁迫之后，体内储存的物质被明显消耗，根系活力降低，这可能会影响植株的恢复生长能力。此外，消落带部分低海拔区域还将受到夏季频繁短时间浅度水淹胁迫的影响。植物在进化过程中并不是被动地接受环境的影响，相反，植物可不断地调整自身的形态、生理和行为等以适应复杂多变的环境，将其影响降至最低。因此，在不同的生长环境中，植物会产生不同的适应机制。

本研究的研究对象立柳是一种具有较强水淹耐受性的木本植物，常常生长在土壤水分含量较高的河岸、洼地等环境中，甚至是水淹环境(Wang et al.，2016)。本研究结果表明，水淹环境影响了立柳的营养吸收，表现为水淹处理组植株的 N、P 等营养元素含量较对照组降低，而 Fe、Mn 等营养元素含量则较对照组升高。鉴于在消落带已经经受 3 个水淹周期，且生长良好，我们推测立柳对消落带不断变动的水文环境已经产生了适应性，不同强度水淹处理组间的营养元素含量差异应该存在于植株的整个生长期。

根据营养元素在植物体内的含量高低，一般将其划分为3类：大量元素、中量元素和微量元素。作为植物体内的大量元素，N、P、K 是植物生长中最重要的元素。通常，它们在植物叶中的含量表现为生长初期较高，随着植物叶龄的增加，这三种元素的含量会逐渐降低，并且它们均具有可移动性。当植物处于土壤贫瘠的环境中，其会转移衰老叶中的营养以满足新叶的生长需求。在本研究中，2015、2016 年的生长周期内立柳的 N、P、K 含量并未受水淹影响而降低，反而在生长季的末期达到最高，这可能与水淹胁迫干扰了其生理过程有关。在整个处理时间范围内，立柳水淹处理组根中 N、P、K 含量和叶中 P、K 含量较对照组降低，处理结束时也未恢复到对照组水平。本研究的结果表明，水淹胁迫抑制了立柳对 N、P、K 元素的吸收，但植株对非生长季水淹胁迫做出了积极的响应，其营养元素含量差异存在于整个生长期，说明立柳在消落带水淹胁迫下形成了相对稳定的营养元素吸收特征。

作为植物细胞的组成部分，Ca 属于不可移动且不能被再度利用的元素。Ca 能维持植物细胞壁、细胞膜及蛋白的稳定性，还可参与信号传导，调节植物细胞对逆境的反应和适应性(Xiong et al.，2002)。植物幼嫩组织中 Ca 含量较低，随着植物的生长，其会逐渐升高(陆景陵，2003)。在本实验中，仅 2016 年立柳叶中 Ca 含量表现为增加趋势，这不同于以往的研究结果。但与大量元素的变化相似，立柳水淹处理组根、叶中 Ca 含量均低于对照组。汪贵斌和曹福亮(2004a)、金茜等(2013)研究发现，水淹胁迫条件下植物会增加对 Ca 的吸收。本研究结果与之有差异，这可能与植物种类、植物所处的生长发育阶段和所面对的环境胁迫不同有关。叶是植物生长、代谢最活跃的器官，是植物营养元素的“汇”，而根是植物获取营养的主要器官，是植物营养元素的“源”，根系吸收的营养主要被运输到叶以用于合成同化产物。在本实验中，立柳根系 Ca 吸收量受水淹影响而减少。研究表明，植物根系在受到水淹胁迫影响或土壤条件下降时均可导致植物的根系出现死亡或功能发生紊乱，同时还会堵塞植物的运输组织与通气组织，导致植物对营养元素的吸收、运输被限制(Pezeshki et al.，1999)。本实验表明，不同处理组在两个生长季内均保持稳定的差异性，植株根、叶的 Ca 含量变化表现出很好的一致性。Mg 作为叶绿素的主要组成成分参与了植物的光合作用，其在叶中含量最高，在幼嫩组织中也有较高含量。在本实验中，水淹胁迫并未对立柳的 Mg 含量产生显著的影响，从两个生长季的变化情况来看，立柳水淹处理组根中的 Mg 含量低于对照组，这可能与水淹胁迫导致的叶绿素降解有关。

微量元素虽然在植物体内的含量极少，但却发挥着极为重要的作用(潘瑞炽等，2004)。植物的生长受限于那些含量最少的营养元素，但植物过量吸收这些微量元素则会对自身造成伤害。研究发现，植物过量吸收 Fe、Mn 会受到毒害影响，叶中 Fe 含量过多会引发叶失绿(Brown et al.，2006)，过多的 Fe、Mn 则会破坏植物酶的结构(张丽娜，2013)。在本研究中，两个生长季内立柳水淹处理组根部 Fe 含量虽呈增加趋势，但其在叶中则没有明显增加，说明处于消落带水淹影响下的立柳在整个生长期仍能够维持叶片稳定的 Fe、Mn 含量，避免其因过量吸收 Fe、Mn 而伤害光合系统，确保植株正常生长，这可能是立柳面对消落带环境时采取的一种自我保护机制。Cu 主要在氧化还原反应及 N 代谢中有重要作用(陆景陵，2003)。水淹胁迫下耐淹植物会增加根系吸收 Cu 的量，降低其被分配到叶中的比例，保证根系具有较强氧化还原能力，从而将低价阳离子氧化、将阴离子还原，提高 N 利用率，以减缓长期水淹引起的低价阳离子毒害。在本研究中，立柳水淹处理组根中 Cu 含量降低，并且在 2015、2016 年两个生长季均呈现出同样的趋势。这可能是引起立柳对 Fe、Mn 吸收增加的原因之一。

综上所述，在 2015、2016 年两个生长季内，立柳水淹处理组部分元素含量差异表现出一定的规律性。立柳水淹处理组根中 N、P、Mg、Cu 含量及叶中 P、Ca 含量等始终低于对照组；而根中 Mn 含量高于对照组。上述变化趋势在整个处理期间始终一致。立柳 MS 和 DS 组间营养元素含量差异不显著，这可能是因为本研究中这两个处理组的水淹胁迫对营养元素的吸收作用相似。这与以往的研究结果有明显的差异，说明水淹胁迫可能干扰了立柳的生理过程。基于以上研究结果可知，在消落带不同水淹胁迫下，立柳均能在营养吸收方面对水淹胁迫做出积极的响应，并能对消落带不断变化的生境产生一定的适应性，且已形成了相对稳定的营养吸收特征。

第8章　水淹对三峡库区消落带适生树种南川柳生理生态的影响

8.1　引　　言

三峡工程运行后，库区因水位周期性波动而形成了大面积消落带(徐刚，2013)。消落带内生长的植物在冬季将受到不同强度水淹胁迫的影响，其出露后还将受到夏季高温引发的短时间轻度干旱胁迫。消落带夏季高温多雨，植物受到的轻度干旱胁迫也将因雨水的到来而得到缓解。由此，消落带植物将受到水淹—干旱—复水恢复周期性胁迫的影响。该影响将很可能打乱植物的生理节律、影响其生理生化过程，从而导致消落带原有植被退化，生物多样性降低，环境安全受到威胁(New and Xie，2008)。因此，根据三峡库区消落带水位节律、生境特点选择适宜的树种将直接关系到消落带生境的生物多样性与群落稳定性(Birgitta et al.，2005)。

南川柳为原长江库岸树种(刘维暐等，2011)，具有生长迅速、适应性与耐水淹性强的特性(严惠珍和丛野，2011)。目前，研究者已开展了大量水分胁迫对不同树种生长生理特性影响的研究(Nakai and Kisanuki，2011；樊大勇等，2015)，然而，有关南川柳应对三峡库区消落带反季节性动态变化水淹和干旱胁迫的生理生态机制研究还未见报道。因此，本节通过模拟三峡库区消落带水位变化引起的水淹与干旱胁迫，探索南川柳对现有三峡库区消落带水位变化的生理生态适应机制，以期为三峡库区消落带的植被恢复与重建提供候选植物。

8.2　材料和方法

1. 研究材料和地点

由于实地造林中多采用两年生苗木，本研究选择两年生南川柳幼树作为研究对象。于10月初挑选160株大小、生长基本一致的幼树，将其栽种于中央直径为28 cm、盆高为24 cm的装有紫色土的塑料花盆中，每盆1株。将所有栽植的幼树放入西南大学三峡库区生态环境教育部重点实验室实验基地大棚(海拔249 m，透明顶棚且四周开敞)下进行相同环境条件管理适应，于次年1月25日开始处理，此时幼树的平均株高为143.2(±16.2) cm。

2. 实验设计

三峡水库每年10月开始蓄水，消落带水位逐渐上升，至11月达到最高水位175 m，之后在最高水位波动，此时植物将面临不同深度的水淹胁迫；次年2月开始放水，消落带水位逐渐下降，植物受到的水淹胁迫的程度有所减轻；至6月达到最低水位145 m，植物出露后将逐步恢复至正常生长状态；此后，在夏季高温天气下植物将受到一定程度的轻度干旱胁迫，由于受到夏季洪水的影响，水位有一定波动变化。本研究依据上述水位波动状况来设置模拟实验中水淹—轻度干旱—复水恢复的水分处理梯度及时间跨度。基于此，设置对照组(CK)、根淹动态变化组(T_1)、植株半淹动态变化组(T_2)和植株全淹动态变化组(T_3)，每组各40盆植株。CK组在整个处理阶段保持常规供水。采用称重法将土壤含水量控制为田间持水量的60%～63%。2011年1月25日至3月10日(45天)，T_1、T_2、T_3组分别接受根淹、半淹、没顶全淹胁迫处理(根淹处理——将花盆放入大塑料盆中，加水至水面高于土壤表面5 cm；半淹处理——将花盆置于长、宽、高均为2.3 m的实验水池内，向池内注水至水面距池底80 cm处；没顶全淹处理——将花盆置于上述水池中，向池内注水至水面距池底2 m处，此时植株没顶约1 m)。2011年3月11日至3月30日(20天)，T_1、T_2、T_3组分别接受常规供水、根淹、半淹处理，处理条件同上。2011年3月31日至6月28日(90天)，T_1、T_2、T_3组均接受常规供水处理，处理条件同上。2011年6月29日至7月19日(21天)，T_1、T_2、T_3组均接受轻度干旱胁迫处理，采用称重法将土壤含水量控制为田间持水量的40%～43%。2011年7月20日至8月9日(21天)，T_1、T_2、T_3组均接受常规供水处理，处理条件同上。从实验开始之日算起，分别在开始后的第45天、第65天、第155天、第176天和第197天测定南川柳幼树的生理指标及生物量。生理和生长指标，每个处理每次分别重复测定3次和5次。

3. 数据测定

1)生物量测定

将幼树小心从试验盆钵中挖出，用自来水冲净根系，然后将根、茎、叶分开取样，之后将它们放入80℃烘箱内烘干至恒重，再用分析天平分别称量。

2)生理指标测定

采用实验树木的根部进行生理指标的测定。SOD活性采用氮蓝四唑(NBT)法进行测定，POD活性采用愈创木酚法进行测定，CAT活性采用过氧化氢氧化法进行测定，MDA含量采用硫代巴比妥酸(TBA)氧化法进行测定，可溶性蛋白含量采用考马斯亮蓝显色法进行测定，游离脯氨酸含量采用磺基水杨酸法进行测定(李合生等，2000；张志良和瞿伟菁，2003)。

4. 统计分析

用SPSS软件进行数据处理与分析，根据测定的数据，采用双因素方差分析揭示水分处理、处理时间以及二者的交互作用对南川柳幼树生理与生长的影响(GLM程序)，并用Tukey's检验法检验每个指标在各处理间不同时间条件下的差异显著性。

8.3 长期水淹对南川柳幼树生长的影响

不同水分处理、处理时间以及二者的交互作用对南川柳幼树茎、叶生物量以及总生物量均产生了显著影响，但根仅受到水分处理、处理时间的显著影响(表 8-1)。4 个处理组的总生物量随处理时间的延长而不断增加(图 8-1)。然而，T_1、T_2及 T_3组的根生物量在整个处理期的总均值分别较 CK 组减小了 2.87%、2.75%及 12.43%，茎生物量较 CK 组分别减小了 6.50%、5.07%及 21.11%，叶生物量较 CK 组分别减小了 19.55%、32.21%及 52.60%，总生物量较 CK 组分别减小了 6.19%、6.50%及 32.40%，但仅 T_3组各部分的生物量与 CK 组有显著性差异(表 8-2)。

表 8-1 不同水分处理与处理时间对南川柳幼树生长影响的双因素方差分析

变量	*F* 值		
	水分处理	处理时间	水分处理×处理时间
根生物量/($g \cdot plant^{-1}$)	13.856^{***}	206.805^{***}	0.825^{ns}
茎生物量/($g \cdot plant^{-1}$)	49.239^{***}	502.513^{***}	4.558^{***}
叶生物量/($g \cdot plant^{-1}$)	456.414^{***}	152.770^{***}	19.395^{***}
总生物量/($g \cdot plant^{-1}$)	88.797^{***}	852.680^{***}	3.637^{***}

注：***表示 $p<0.001$；ns 表示 $p>0.05$。

表 8-2 不同水分处理下南川柳幼树的生长

特征	处理组			
	CK	T_1	T_2	T_3
根生物量/($g \cdot plant^{-1}$)	32.41±1.59a	31.48±1.45a	31.52±1.32a	28.38±1.48b
茎生物量/($g \cdot plant^{-1}$)	42.59±2.98a	39.82±2.75b	40.43±2.63b	33.60±1.93c
叶生物量/($g \cdot plant^{-1}$)	7.11±0.56a	5.72±0.69b	4.82±0.64c	3.37±0.50d
总生物量/($g \cdot plant^{-1}$)	82.11±5.05a	77.03±4.77b	76.77±4.47b	65.35±3.87c

注：CK、T_1、T_2和 T_3组的值为该处理组整个实验期样本的总平均值±标准误。经 Tukey's 检验，不同字母表示不同处理组之间的差异显著($p<0.05$)。

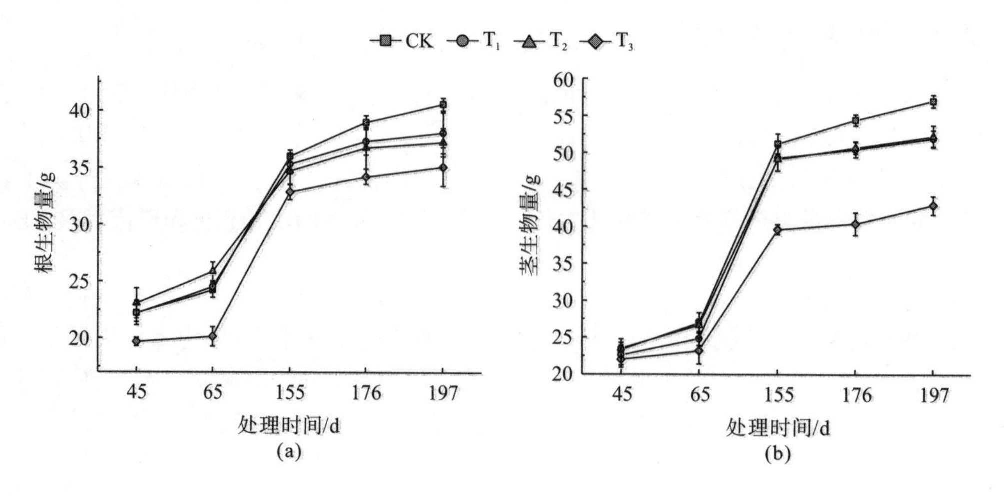

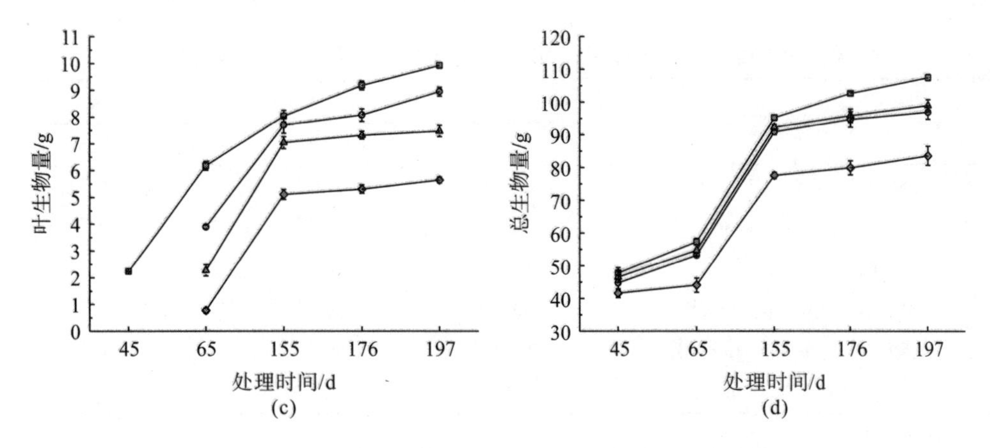

图 8-1　南川柳幼树在不同水分处理下其生物量的变化

8.4　长期水淹对南川柳幼树生理的影响

1. 保护酶活性的变化

南川柳幼树 SOD、POD 及 CAT 活性均受到不同水分处理、处理时间及二者交互作用的极显著影响(表 8-3)。就整个处理期的总均值而言，南川柳幼树 T_1、T_2 及 T_3 组 SOD 活性较 CK 组分别显著增高了 20.33%、25.80%及 33.04%；T_1、T_2 及 T_3 组 POD 活性分别较 CK 组显著增高了 141.23%、100.28%及 73.52%；同样地，T_1、T_2 及 T_3 组 CAT 活性分别较 CK 组显著增高了 82.39%、119.55%及 130.23%(表 8-4)。

实验前期水淹阶段(45 天)，南川柳幼树 T_1 组 SOD 活性与 CK 组之间差异不显著，而 T_2、T_3 组 SOD 活性则较 CK 组显著增高，且 T_3 组高于 T_2 组。水淹胁迫减轻后(65 天)，T_1、T_2 及 T_3 组 SOD 活性均上升至显著高于 CK 组。恢复常规供水后(155 天)，T_1、T_2 及 T_3 组 SOD 活性均降低，但 T_2 和 T_3 组均与 CK 组无显著性差异。轻度干旱阶段(176 天)，T_1、T_2 及 T_3 组 SOD 活性均显著高于 CK 组。再次恢复常规供水后(197 天)，4 个处理组间均无显著性差异[图 8-2(a)]。

实验前期水淹阶段(45 天)，南川柳幼树 T_2、T_3 组 POD 活性均显著低于 CK 组，而 T_1 组 POD 活性则与 CK 组之间差异不显著。水淹胁迫减轻后(65 天)，T_1、T_2 及 T_3 组 POD 活性均较 CK 组显著增高。恢复常规供水后(155 天)，4 个处理组之间均没有显著性差异。轻度干旱阶段(176 天)，T_1、T_2 及 T_3 组 POD 活性均上升至显著高于 CK 组。再次恢复常规供水后(197 天)，4 个处理组之间均无显著性差异[图 8-2(b)]。

实验前期水淹阶段(45 天)，南川柳幼树 T_1、T_2 及 T_3 组 CAT 活性均上升至显著高于 CK 组，活性高低表现为 T_3 组＞T_2 组＞T_1 组＞CK 组。水淹胁迫减轻后(65 天)，T_1、T_2 及 T_3 组 CAT 活性均显著高于 CK 组。恢复常规供水后(155 天)，4 个处理组之间均无显著性差异。轻度干旱阶段(176 天)，T_1、T_2 及 T_3 组 CAT 活性均显著高于 CK 组。再次恢复常规供水后(197 天)，T_1、T_2 及 T_3 组 CAT 活性降低，但仍与 CK 组有显著性差异[图 8-2(c)]。

表 8-3　不同水分处理与处理时间对南川柳幼树生理影响的双因素方差分析

变量	F 值		
	水分处理	处理时间	水分处理×处理时间
SOD 活性(FW)/$(U \cdot g^{-1})$	223.966***	437.789***	65.752***
POD 活性(FW)/$(U \cdot g^{-1})$	136.192***	337.156***	69.872***
CAT 活性(FW)/$(U \cdot g^{-1})$	165.252***	157.281***	32.353***
MDA 含量(FW)/$(\mu mol \cdot g^{-1})$	140.323***	156.967***	26.181**
游离脯氨酸含量(FW)/$(g \cdot g^{-1})$	505.294***	727.885***	731.195***
可溶性蛋白含量(FW)/$(mg \cdot g^{-1})$	6.114**	72.387***	17.730***

注：***表示 $p<0.001$；**表示 $p<0.01$。

表 8-4　不同水分处理下南川柳幼树生理特征

特征	处理组			
	CK	T_1	T_2	T_3
SOD 活性(FW)/$(U \cdot g^{-1})$	668.29±6.05d	804.17±58.42c	840.70±55.16b	889.10±47.02a
POD 活性(FW)/$(U \cdot g^{-1})$	155.88±2.62d	376.03±21.78a	312.19±27.48b	270.49±25.84c
CAT 活性(FW)/$(U \cdot g^{-1})$	18.06±0.81c	32.94±3.02b	39.65±4.17a	41.58±4.82a
MDA 含量(FW)/$(\mu mol \cdot g^{-1})$	11.57±0.03d	12.88±0.31c	13.08±0.36b	13.48±0.40a
游离脯氨酸含量(FW)/$(g \cdot g^{-1})$	15.18±1.67d	32.06±3.13c	34.61±3.78b	43.50±4.36a
可溶性蛋白含量(FW)/$(mg \cdot g^{-1})$	11.28±0.23b	12.13±0.96a	10.55±0.98b	10.75±0.98b

注：CK、T_1、T_2 和 T_3 组的值为该处理组整个实验期样本的总均值±标准误。经 Tukey's 检验，不同字母表示不同处理组之间的差异显著($p<0.05$)。

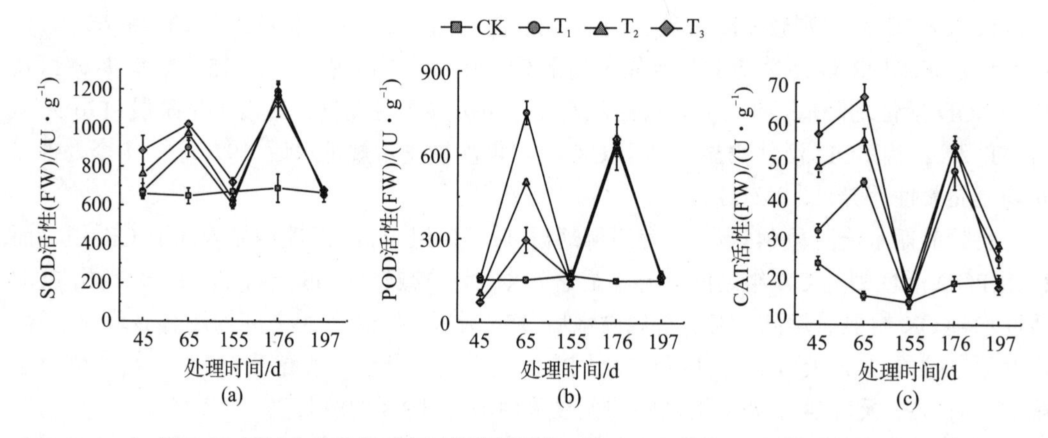

图 8-2　不同水分处理对南川柳幼树根部 SOD、POD 和 CAT 活性的影响

2. 脂质过氧化作用的变化

南川柳幼树 MDA 含量受到不同水分处理、处理时间及二者交互作用的极显著影响(表 8-3)。就整个处理期的总均值而言，南川柳幼树 T_1、T_2 及 T_3 组 MDA 含量分别较 CK 组显著增高了 11.32%、13.05%及 16.51%(表 8-4)。实验前期水淹阶段(45 天)，T_1、T_2 及

T_3组 MDA 含量均显著高于 CK 组。水淹胁迫减轻后(65 天)，T_1、T_2及T_3组 MDA 含量降低，但仍显著高于 CK 组。恢复常规供水后(155 天)，4 个处理组之间均无显著性差异。轻度干旱阶段(176 天)，T_1、T_2及T_3组均显著高于 CK 组。再次恢复常规供水后(197 天)，4 个处理组之间又均无显著性差异(图 8-3)。

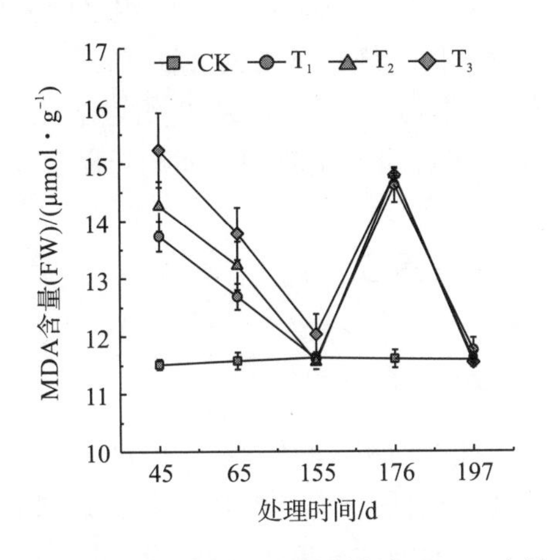

图 8-3　不同水分处理对南川柳幼树根部 MDA 含量的影响

3. 渗透调节物质的变化

南川柳幼树的游离脯氨酸含量受到不同水分处理、处理时间及二者交互作用的显著影响(表 8-3)。就整个处理期的总均值而言，T_1、T_2及T_3组游离脯氨酸含量较 CK 组分别显著增高了 111.20%、128.00%及 186.56%(表 8-4)。实验前期水淹阶段(45 天)，T_1、T_2及T_3组游离脯氨酸含量均显著高于 CK 组。水淹胁迫减轻后(65 天)，T_1、T_2及T_3组游离脯氨酸含量均有所下降，但仍显著高于 CK 组。恢复常规供水后(155 天)与轻度干旱阶段(176 天)，T_1、T_2及T_3组游离脯氨酸含量均显著高于 CK 组。再次恢复常规供水后(197 天)，T_1、T_2组下降至与 CK 组之间没有显著性差异，但T_3组仍显著高于 CK 组(图 8-4)。

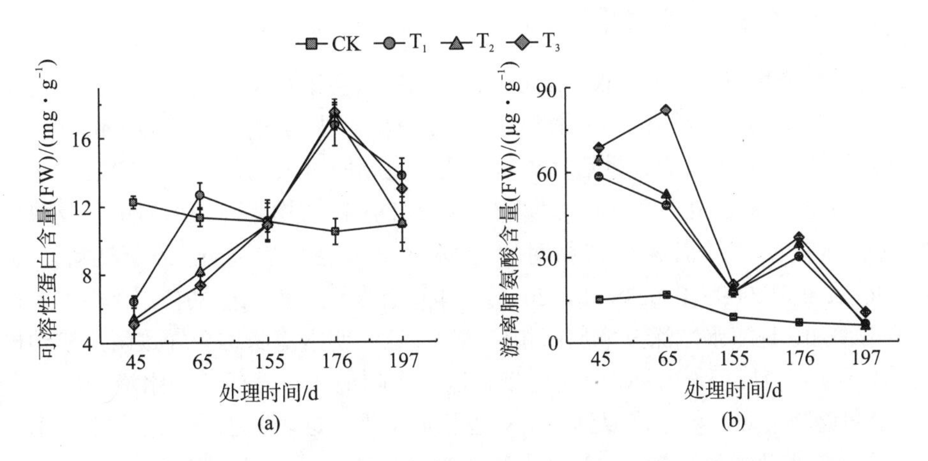

图 8-4　不同水分处理对南川柳幼树根部游离脯氨酸及可溶性蛋白含量的影响

南川柳幼树的可溶性蛋白含量受到不同水分处理、处理时间及二者交互作用的极显著影响(表 8-3)。就整个处理期的总均值而言，T_2、T_3 组可溶性蛋白含量和 CK 组之间没有显著性差异，而 T_1 组可溶性蛋白含量则显著高于 CK 组(表 8-4)。实验前期水淹阶段(45 天)，T_1、T_2 及 T_3 组可溶性蛋白含量均显著低于 CK 组。水淹胁迫减轻后(65 天)，T_1、T_2 及 T_3 组可溶性蛋白含量均有所上升，但 T_1 与 CK 组之间无显著性差异，这与 T_2、T_3 组仍显著低于 CK 组形成强烈对比。恢复常规供水后(155 天)，4 个处理组之间均无显著性差异。然而在轻度干旱阶段(176 天)，T_1、T_2 及 T_3 组可溶性蛋白含量却较 CK 组显著增高。再次恢复常规供水后(197 天)，4 个处理组之间均无显著性差异(图 8-4)。

8.5 讨　论

1. 长期水淹对南川柳幼树生长的影响

植物的生长与其环境适应性密切相关(杨静等，2008；张晔和李昌晓，2011)。本研究发现，南川柳树苗 T_1、T_2 及 T_3 组的根、茎、叶生物量及总生物量均显著降低，且 T_1 组最高，T_2 组次之，T_3 组最低，说明水淹与轻度干旱胁迫均对南川柳的生长产生了显著影响。然而，南川柳各部分的生物量在植株经历水淹胁迫后呈增加趋势，这与植株经历轻度干旱胁迫后其生物量未显著增加形成强烈对比，说明南川柳幼树较喜水湿，干旱对其有一定影响。值得提出的是，南川柳幼树在全淹胁迫下其树叶全部脱落，胁迫减轻后叶的生长稍滞后(图 8-1)，这种滞后与水淹胁迫是否会影响南川柳物候尚待进一步研究。

2. 长期水淹对南川柳幼树生理的影响

在三峡库区周期性水文变动条件下，消落带植被在水库蓄水时会遭受冬季水淹胁迫，在水库排水后将因夏季高温而面临短暂的轻度干旱胁迫。水淹、干旱是限制植物生长的重要非生物因子(Riaz et al.，2010)，了解适生树种对水淹、干旱胁迫的生理响应有助于植被恢复工作的进行(Liu et al.，2011)。

1) H_2O_2 和 O_2^- 含量及膜脂过氧化作用

水淹会引起植物缺氧(Pezeshki，2001)。长期缺氧会干扰植物的电子传递，进而影响植物正常的呼吸作用，并破坏根系内活性氧自由基的产生与清除平衡(Debabrata et al.，2008)。根系内产生并积累的大量活性氧将导致产生膜脂过氧化作用的产物之一——MDA(Liu et al.，2010；Yin et al.，2010)。大量研究将 MDA 在植物体内的积累用于反映植物体内膜脂过氧化程度，从而表征植物对水分胁迫反应能力的强弱(孙景宽等，2009；Yildiz-Aktas et al.，2009；Peng et al.，2013)。本研究发现，南川柳幼树根部 MDA 含量在水淹胁迫下增加，且随水淹深度增加而相应增高。这表明水淹胁迫会导致南川柳幼树发生膜脂过氧化作用，且这种作用在没顶全淹胁迫下影响最大。然而，当水淹深度降低时，MDA 含量却逐渐下降，甚至恢复到与 CK 组相近水平。这表明水淹胁迫虽会对南川柳产生氧化伤害，但当胁迫解除后，这种伤害也将逐渐被消除。本实验还发现，轻度干旱胁迫会引起南川柳幼树 MDA 含量增高；但恢复供水后，MDA 含量恢复至 CK 组水平。这表明轻度干旱胁迫同样会引起南川柳幼树细胞膜发生膜脂过氧化作用，从而引起MDA积累，但恢复生长可以使南川柳幼树恢复正常的活性氧代谢。

2) 抗氧化酶活性

水分胁迫产生的大量活性氧自由基具有毒害作用，植物为抵御这种毒害而形成了以 SOD、POD、CAT 等为主要活性氧代谢物质的酶系统(Jonaliza et al.，2004；赵祥等，2010)。SOD 是植物活性氧清除系统中的第一道防线，它将 O_2^- 歧化为 H_2O_2，因此保持较高 SOD 活性对于植物适应水分胁迫极为重要(Jin et al.，2006；Tang et al.，2010a)。SOD 在保护酶系统中处于核心地位，能反映植物在逆境条件下的应急能力(徐勤松等，2009；张小璇和谢三桃，2009)。POD、CAT 均能够清除细胞内过多积累的 H_2O_2，维持 H_2O_2 的正常水平，从而保护细胞膜结构稳定(Pyngrope et al.，2013)。本研究中，水淹胁迫下南川柳幼树根系 SOD、CAT 活性均增加，且随水淹深度加深而呈增强趋势。已有研究发现，三峡库区消落带耐淹植物狗牙根 SOD、POD 活性随水淹深度(0～5 m)增加而呈上升趋势(谭淑端等，2009)，本研究结果与之相同。研究表明，具有较强耐淹性的植物在水淹胁迫下其体内 SOD 活性会增高(Kawano et al.，2002)。这表明，南川柳幼树具有一定的耐水淹性。但南川柳幼树在遭受 45 天半淹或全淹胁迫后，其 POD 活性均较对照组显著降低，表明 SOD、POD、CAT 对水淹胁迫的敏感程度不相同，南川柳幼树中 POD 较 SOD 与 CAT 对深度水淹胁迫敏感。在逆境条件下，植物体内活性氧产生加剧，从而使生物大分子遭到破坏，酶丧失活性(Subbaiah and Sachs，2003；Tang et al.，2010b)。与水淹胁迫有所不同，南川柳幼树 SOD、POD、CAT 活性在轻度干旱胁迫下均高于对照组，这充分说明南川柳幼树能够对轻度干旱胁迫造成的活性氧自由基积累作出积极响应，以防止细胞受到氧化伤害。

3) 渗透调节

植物可通过渗透调节这一重要生理适应机制来适应逆境(李霞等，2005；Corcuera et al.，2012)。游离脯氨酸能够调节细胞渗透势、保护蛋白质分子的结构与功能、清除活性氧(Molinari et al.，2004；Ashraf and Foolad，2007)。本实验表明，南川柳幼树在轻度干旱胁迫下其根系内游离脯氨酸含量增加，表明南川柳幼树具有一定抗旱能力。然而，也有部分研究认为，脯氨酸的积累不等同于植物抗逆能力提升(余玲等，2006)，因此脯氨酸含量升高并不表示南川柳幼树对轻度干旱胁迫具有积极适应能力。结合南川柳幼树 MDA 含量在干旱胁迫下也同时升高的事实，我们认为南川柳幼树对轻度干旱胁迫的适应能力是有限的。本实验发现，水淹胁迫下南川柳幼树各处理组的可溶性蛋白含量均较对照组显著降低，且随着水淹深度加深，降幅增大，这与谢福春(2009)对海州常山(*Clerodendrum trichotomum*)的研究结果一致，表明水淹胁迫能抑制南川柳幼树对蛋白质的合成并促进蛋白质发生降解，从而导致蛋白质含量降低。但当水淹胁迫强度降低时，南川柳幼树可溶性蛋白含量又有所上升，这与汤玉喜等(2008)对美洲黑杨(*Populus deltoides*)无性系的研究结果相似，说明南川柳幼树具有一定程度的水淹耐受性。本实验还发现，轻度干旱胁迫下 3 个处理组的可溶性蛋白含量均显著高于 CK 组，表明南川柳幼树是通过增加根部可溶性蛋白含量来提高细胞保水力，进而提高自身对轻度干旱胁迫的耐受能力。

本实验表明，冬季水淹、夏季轻度干旱胁迫均能显著影响南川柳幼树的生长与生理作用，但两者的影响程度存在一定的差异。南川柳幼树具有较强的冬季水淹胁迫耐受能力。在由三峡库区消落带水位变化形成的水淹-干旱交替胁迫条件下，南川柳幼树均表现出一定的适应性特征。但就南川柳幼树对干旱胁迫更为敏感的事实而言，应加强对南川柳幼树生长环境的水分管理，特别是干旱条件下的供水保障管理。

第9章　水淹对三峡库区消落带适生树种水松生理生态的影响

9.1　引　言

长江三峡工程导致库区消落带原有植被被严重破坏，致使消落带出现了大量严峻的生态环境问题(徐刚，2013)，因此，加强消落带防护林体系的建设与保护，切实做好防治水土流失工作，对于确保消落带发挥正常的生态功能具有极其重要的意义。库区消落带因水位变化而使土壤呈干旱—水饱和—全淹梯度性变化(肖文发等，2000)。这种周期性的土壤水分梯度性变化，很可能会影响适生植物的生长发育与生理生态学特性，同时也要求消落带未来的造林树种需适应多种水分环境。

水松为杉科水松属落叶或半落叶乔木植物。消落带土壤含水量的梯度性变化必将影响适生造林树种——水松的光合生理生态学特性。目前，国内外对杉科植物的生理生态学研究主要集中在落羽杉(Middleton and McKee，2005；汪贵斌等，2010，2012；刘春风等，2011；王瑗，2011)、池杉(唐罗忠等，2008；吴麟等，2012)、水杉(张晓燕，2009；胡兴宜等，2012)等树种，然而关于水松树种研究却鲜见相关报道。三峡库区消落带水位变化引起的不同土壤水分胁迫对水松光合生理生态学特性的影响尚有待于做进一步研究。

本节对不同土壤水分条件下水松的光合生理生态适应机理进行研究，以期通过模拟消落带土壤水分变化，从生理生化的角度来认识消落带适生造林树种水松的光合特性及生理生态适应机理，为三峡库区消落带植被构建提供理论与技术支持。

9.2　材料和方法

1. 实验材料和地点

本实验的研究对象为当年实生水松幼苗。6 月中旬选取 60 株生长基本一致的幼苗进行带土盆栽(花盆直径为 13 cm，盆内装 12 cm 厚紫色土)，每个花盆种植 1 株幼苗。将所有栽植的幼苗放入西南大学生态实验园地(海拔 249 m)中进行相同环境管理适应，于当年 7 月 25 日正式开始实验处理，处理前将苗木移入透明塑料遮雨棚中。

2. 实验设计

实验共设置 4 个水分处理组：对照组(CK)、轻度干旱组(LD)、水分饱和组(SW)及水淹组(BS)。将水松盆栽苗随机分成 4 组，每组 15 盆，接受上述 4 种实验处理。CK 组进行常规供水处理，采用称重法将土壤含水量控制为田间持水量的 60%～63%，水松幼苗嫩叶在晴天无萎蔫。LD 组进行轻度水分胁迫处理，采用称重法将土壤含水量控制为田间持水量的 47%～50%，幼苗嫩叶在晴天下午 1：00 左右出现萎蔫，下午 5：00 左右恢复正常(胡哲森等，2000)。SW 组保持土壤表面一直处于潮湿的水饱和状态。BS 组进行苗木根部土壤全淹没处理，水面高于土壤表面 1 cm。处理方法为：将花盆置入内径为 68 cm、深 22 cm 的塑料大盆内，然后向盆内注水至水面超过花盆内土壤表面 1 cm 为止(Farifr and Aboglila，2015)。实验开始后，每隔 5 天对水松幼苗的光合气体交换参数连续进行 5 次测定，每次每个处理测定 5 株植株。

3. 观测项目和测定方法

通过预备实验选择合适的参数，之后选取水松植株顶部以下第 3 片叶，将其置于饱和光强下完成光诱导，然后在上午 9：00～11：00 使用 CI-310 便携式光合系统(美国)直接测定该叶片的光合参数。测定时，环境温度为 25℃ (Eclan and Pezeshki，2002)。每次测定时设置 CO_2 浓度为 400 μmol • L^{-1}，光合有效辐射(*PAR*)为 1000 μmol • m^{-2} • s^{-1}。测定的光合参数包括叶片净光合速率(*Pn*)、蒸腾速率(*Tr*)、气孔导度(*Gs*)、胞间 CO_2 浓度(*Ci*)、气温(*Ta*)、叶温(*Tl*)、空气相对湿度(*RH*)、水分利用效率(*WUE*) (*WUE=Pn/Tr*) (Cui et al.，2009)、表观光能利用效率(*LUE*) (*LUE=Pn/PAR*) (高照全等，2010)、表观 CO_2 利用效率(*CUE*) (*CUE=Pn/Ci*) (Silva et al.，2013)。

4. 数据分析

采用 SPSS 软件进行数据分析。将水分处理作为影响因素，用单因素方差分析揭示水分变化对水松光合生理的影响。用 Duncan 检验法进行多重比较，检验每个生理指标在各处理间的差异显著性，显著性水平设为 α=0.05。

9.3 水分胁迫对水松光合生理的影响

1. 水分胁迫对水松气体交换参数的影响

从表 9-1 可以看出，水松幼苗的净光合速率(*Pn*)、蒸腾速率(*Tr*)、气孔导度(*Gs*)和胞间 CO_2 浓度/大气 CO_2 浓度(*Ci/Ca*)均受到不同水分变化的极显著影响。经方差分析后发现，水松幼苗光合气体交换参数对不同水分处理的响应特性各不相同(表 9-2)。

在整个实验期间，水松幼苗 CK、SW 和 BS 组的 *Pn* 值均表现为连续增加的变化趋势，与 LD 组先增加后降低再连续缓慢回升的变化趋势形成强烈对比。同时，LD 组 *Pn* 总均值小于 CK 组，其平均降幅为 22.03%；相反，BS 组的 *Pn* 总均值则大于 CK 组，其平均增幅达 48.99%。与 LD、BS 组的变化有所不同，SW 组的 *Pn* 总均值则较 CK 组增大了 18.61%。4 个处理组的 *Pn* 总均值之间均有极显著性差异。

水松幼苗 *Tr* 与 *Gs* 值的变化规律相似。在整个处理期，LD 组的 *Tr*、*Gs* 总均值均小于 CK 组，而 SW、BS 组的 *Tr* 和 *Gs* 总均值均显著大于 CK 组。在整个实验期间，水松幼苗 LD 组的 *Tr* 总均值较 CK 组减小了 5.33%；与 LD 组的变化相反，SW、BS 组的 *Tr* 总均值分别较 CK 组显著增大了 29.33%、76.00%。与此同时，水松幼苗 LD 组的 *Gs* 总均值较 CK 组显著减小了 10.22%；SW、BS 组的 *Gs* 总均值则较 CK 组分别显著增大了 40.71%、87.57%。

水松幼苗叶片的 *Ci/Ca* 值随土壤含水量的升高而显著减小，这表明土壤水分含量越高，水松幼苗叶片的光合暗反应能力(即 RuBP 羧化酶活性)越强。

表 9-1　不同水分处理对水松幼苗生理特征影响的方差分析结果

特征	*F* 值
Pn	35.561***
Tr	85.580***
Gs	154.819***
WUE	3.506*
LUE	35.542***
CUE	36.155***
Ci/Ca	20.032***

注：***表示 $p<0.001$；*表示 $p<0.05$。

表 9-2　水松幼苗在不同水分条件下其 *Pn*、*Tr*、*Gs* 和 *Ci/Ca* 值的变化

处理组	*Pn*/ (μmol CO_2 · m^{-2} · s^{-1})	*Tr*/ (mmol H_2O · m^{-2} · s^{-1})	*Gs*/ (mmol H_2O · m^{-2} · s^{-1})	*Ci/Ca*
CK	3.16±0.20c	0.30±0.02c	12.10±0.83c	0.995±0.0003b
LD	2.46±0.14d	0.28±0.02c	10.86±0.78d	0.996±0.0002a
SW	3.75±0.16b	0.39±0.03b	17.02±0.97b	0.994±0.0002c
BS	4.71±0.20a	0.53±0.03a	22.69±1.07a	0.994±0.0003d

注：根据每个处理测定的 25 个样本的平均值及标准误制表；经 Duncan 检验多重比较，不同字母表示不同处理组之间的差异显著(p=0.05)。下同。

2. 水分胁迫对水松资源利用效率的影响

从表 9-1 可知，水分处理对水松幼苗水分利用效率(*WUE*)产生了显著影响，对表观光能利用效率(*LUE*)和表观 CO_2 利用效率(*CUE*)产生了极显著影响。

在整个实验处理期，水松幼苗的 *WUE* 总均值在 LD 组为最小，在 CK 组为最大(表 9-3)。LD、BS、SW 组的 *WUE* 值较 CK 组分别减小了 19.89%、16.52%和 4.60%，但仅 SW 与 CK 组的差异未达到显著性水平。

水松幼苗 *LUE* 和 *CUE* 的总均值在各处理组的变化趋势相似，二者均随土壤含水量的增高而显著增大。LD 组的 *LUE* 值较 CK 组减小了 21.87%，而 SW、BS 组的 *LUE* 值则较 CK 组分别增大了 18.65%、49.07%。SW、BS 组的 *CUE* 值较 CK 组分别增大了 24.37%、51.86%，而 LD 组的 *CUE* 值则较 CK 组减小了 20.39%。

表 9-3 水松幼苗在不同水分条件下其 *WUE*、*LUE* 和 *CUE* 值的变化

处理组	*WUE*/(mmol·mol^{-1})	*LUE*/(mmol·mol^{-1})	*CUE*/(mmol·mol^{-1})
CK	11.94±1.27a	3.01±0.20c	7.70±0.52c
LD	9.57±0.81b	2.42±0.14d	6.13±0.35d
SW	11.39±1.23a	3.68±0.16b	9.57±0.38b
BS	9.97±0.87b	4.62±0.19a	11.69±0.46a

3. 相关性分析

相关性分析表明，水松幼苗的 *Pn* 值与 *Tr* 值有显著正相关关系，与 *Gs*、*WUE*、*LUE*、*CUE*、*RH* 值有极显著正相关关系；而与 *Ci/Ca* 值有极显著负相关关系(表 9-4)。

水松幼苗叶片的 *Tr* 值在与 *Gs*、*LUE*、*CUE*、*Ta* 值有显著或极显著正相关关系的同时，与 *WUE*、*PAR*、*Ci* 值有极显著负相关关系；*Gs* 值在与 *Tr*、*LUE*、*CUE*、*Ta* 值有极显著正相关关系的同时，与 *WUE*、*Ci* 值则有极显著负相关关系(表 9-4)。

表 9-4 水松幼苗 *Pn* 值与其他指标的相关性分析

指标	*Pn*	*Tr*	*Gs*	*WUE*	*LUE*	*CUE*	*Ci/Ca*	*Ta*	*Tl*	*PAR*	*Ci*
Tr	0.23*										
Gs	0.34**	0.92**									
WUE	0.54**	−0.62**	−0.44**								
LUE	1.00**	0.24*	0.35**	0.54**							
CUE	0.99**	0.27**	0.40**	0.52**	0.99**						
Ci/Ca	−0.97**	−0.07	−0.19	−0.68**	−0.97**	−0.97**					
Ta	−0.15	0.51**	0.26**	−0.51**	−0.13	−0.12	0.18				
Tl	−0.14	0.20	−0.04	−0.22*	−0.13	−0.12	0.10	0.89**			
PAR	0.11	−0.30**	−0.17	0.27**	0.08	0.08	−0.12	−0.54**	−0.50**		
Ci	0.06	−0.30**	−0.40**	0.16	0.06	−0.08	0.02	−0.15	−0.11	0.15	
RH	0.27**	−0.14	0.16	0.46**	0.27**	0.31**	−0.29**	−0.65**	−0.58**	0.23*	−0.24*

注：**表示在 α=0.01 水平下相关性达到极显著(两尾检验)；*表示在 α=0.05 水平下相关性达到显著(两尾检验)；每个指标的样本数为 100。

9.4 讨　　论

消落带适生乔木树种水松的光合生理参数将受到三峡库区消落带周期性水位波动的极大影响。本研究发现，随着土壤含水量增多，水松幼苗的净光合速率也显著提高。在土壤水淹条件(BS 组)下其净光合速率几乎超过 CK 组的 50%，然而，土壤干旱(LD 组)则会显著降低其净光合速率，这充分说明水松幼苗的生长发育依赖于充足或较高的土壤水分含量，而土壤水分过少或不足将严重影响水松幼苗进行光合产物积累。该结果也同时说明水松幼苗能够耐受一定程度的水淹胁迫，但对干旱胁迫的耐受能力较弱。尽管水松幼苗 LD 组的净光合速率较 CK 组显著降低，但这并不表示其光合能力也受到了显著抑制。水松幼苗 LD 组的净光合速率在 0～20 天的水分处理中虽低于 CK 组，但却未达到显著性差异，直到实验结束时才较 CK 组显著降低。

Ci/*Ca* 值能够表征植物的抗旱性，反映植物对水分变化的响应，它可随土壤含水量的变化而发生相应变化。本研究结果发现，水松幼苗 *Ci*/*Ca* 值随土壤含水量的增高而呈逐渐减小的趋势，这与芮雯奕等 (2012) 对榉树 (*Zelkova schneideriana*)、苏柳 172(*Salix* ×*jiangsuensis* cv.'J172') 和紫叶李'好莱坞' (*Prunus cerasifera* 'Hollywood') 的研究结果一致。出现这一现象的原因很可能是水松在土壤含水量增高的条件下其光合暗反应能力也随之增强，进而导致其净光合速率增加，降低了叶片胞间的 CO_2 含量，最终使 *Ci*/*Ca* 值减小，这充分说明水松对水湿环境具有较强的适应能力。

在本研究中，随着土壤含水量的增高，水松幼苗的气孔导度及蒸腾速率均明显升高，并与净光合速率保持一致的变化趋势。在土壤水分过多的环境(SW、BS 组)中，水松幼苗将通过增大气孔的开度，使蒸腾速率提高，以此散失更多水分。而在轻度干旱环境(LD 组)中，水松幼苗将通过减小气孔的开度，使蒸腾速率降低，以此来保持一定的水分。与 CK 组相比，水松幼苗的气孔导度在轻度干旱胁迫下显著减小，而其蒸腾速率降低得不显著，这说明水松幼苗的蒸腾速率与气孔导度并不同时发生显著改变，蒸腾速率的变化调节可能较气孔导度的变化滞后，这可能与水松的生物学特性有一定关系。

本研究中，水松幼苗的水分利用效率已经受到轻度干旱胁迫的严重影响，这与其水分利用效率未受到饱和水处理的影响形成鲜明对比。水松幼苗在处理期的表观光能利用效率及表观 CO_2 利用效率均随土壤含水量增高而显著增高，这可能与土壤含水量增高引起的气孔导度及蒸腾速率增加密切相关。相关性分析结果表明，水松幼苗的 *Pn* 值与 *Tr*、*Gs*、*WUE*、*LUE*、*CUE*、*RH* 值呈显著正相关关系，而与 *Ci*/*Ca* 值呈显著负相关关系。该结果表明，随着土壤含水量增高，水松幼苗可利用的水资源也随之增多，使得其光合生理节律变快，光合生理响应能力也因此而得到加强。同时水松幼苗通过增大气孔的开度，使蒸腾速率提高，使自身对光能与 CO_2 的利用效率增加。

在三峡库区消落带特殊环境条件下，当土壤环境中水分过多时(如 SW、BS 组)，水松幼苗将增大叶片的气孔导度，提高蒸腾速率，增强生理活性，努力维持或适度降低正常水平的水分利用效率，同时提高表观光能利用效率及表观 CO_2 利用效率，以便合成更多光合产物来满足缺氧条件下提高呼吸速率的需要，进而克服根部缺氧以及水分过多所带来的不利影响，最终提高净光合速率。当土壤环境中水分较少时(如 LD 组)，水松幼苗将下调正常水平的蒸腾速率及气孔导度，适度降低水分利用效率以减少水分利用过程中所必需的物质和能量投入，努力维持生理活性的正常水平，同时，适度下调表观光能利用效率及表观 CO_2 利用效率，通过大量消耗光合产物来克服缺水环境带来的不利影响，最终使净光合速率降低。

土壤水分变化对树木光合生理生态响应特性有明显影响(史胜青等，2004；Simone et al.，2003)。三峡库区消落带大幅度水位变化对适生树种水松的光合生理特征也将产生显著影响。本研究结果表明，水松幼苗光合响应能力对土壤水分变化十分敏感，在土壤水分充足的条件下，其光合响应表现出正向增益效应，植株表现出很强的耐水湿特点；但在土壤水分不足的条件下，水松幼苗的光合响应则表现出负向不利效应。因此，在消落带进行防护林体系构建时，水松适宜被栽植在土壤水分充足或渍水的环境中，特别适宜被栽植于水淹至根部土壤的环境中；在土壤水分不足的条件下，应注意浇水抗旱，使水松保持正常的光合作用。

第10章　水淹对中华蚊母树生理生态的影响

10.1　引　言

三峡库区消落带形成后，不同海拔的植物将受到不同强度的冬季水淹胁迫；而在退水后的夏季，高温导致的频繁暴雨洪水还将使消落带植物遭受水淹-干旱交替胁迫的影响(张晔和李昌晓，2011)。这必然会影响消落带现有植物的生长发育及生理生态学特性，加大消落带植被体系建设和保护的难度。

金缕梅科蚊母属中的中华蚊母树是一种常绿小灌木，作为三峡库区所特有的珍稀植物，其兼具观赏及固土耐淹价值，不仅可用作盆景栽培，还可用于库区植被构建。野外调查发现，中华蚊母树在三峡库区主要分布于海拔200 m以下的洪水线内(彭秀等，2006)。库区建成后，中华蚊母树因其原生境被淹没而处于濒临灭绝状态。目前，关于该树种在水淹条件下的生理生化特性变化已有报道(彭秀等，2006)，但有关其能否应对水淹-干旱交替胁迫尚缺乏研究。因此，本节将模拟三峡库区消落带土壤水分变化情况，探究中华蚊母树对不同水分胁迫的生理生化响应机理，以期为三峡库区的植被恢复和构建提供理论指导。

10.2　材料和方法

1. 实验材料和地点

本试验的研究对象为中华蚊母树三年生扦插苗。于3月中旬将长势基本相似的160株树苗带土栽入直径为18 cm、高为20 cm的花盆中，每盆1株。盆内为事先装好的紫色土与沙的体积比为5∶2的混合土壤，土壤含有机质17.12 g·kg^{-1}，全氮0.66 g·kg^{-1}，全磷0.54 g·kg^{-1}，全钾45.17 g·kg^{-1}，碱解氮68.29 mg·kg^{-1}，速效磷2.93 mg·kg^{-1}，速效钾34 mg·kg^{-1}，pH 7.71。将以上植株放入西南大学三峡库区生态环境教育部重点实验室实验基地大棚(海拔249 m，透明顶棚，四周开敞)下进行相同环境培养驯化，于同年5月18日开始实验，此时植株株高为38.90±1.10 cm。

2. 实验设计

本研究依据三峡库区消落带土壤水分变化设计模拟试验，采用随机区组设计，设置对照组(CK)、持续性根部水淹组(CF)、周期性水淹-干旱组(PF)和全淹组(TF)4个处理组，每组40株植株。CK组进行常规供水处理，将土壤含水量控制为田间持水量的70%～80%(李昌晓等，2005；丁钰等，2008)，通过每天称量盆重控制土壤含水量；CF组进行水淹处理，水淹至土壤表面以上 5 cm 处；PF 组先进行 6 天水淹至表土以上 5 cm 处处理，之后将盆钵中的水排干并让其自然失水，最终使土壤含水量为田间持水量的 50%～55%(李昌晓等，2005；丁钰等，2008)；TF 组进行没顶水淹处理，水淹至植株顶部 1.8 m 处。当 PF 组植株达到轻度干旱状态时，进行生长指标、光合参数的测定，之后再将其进行水淹处理。由于气温会影响土壤含水量达到设定条件的时间，从处理开始之日起，分别在实验的第 12 天、第 35 天、第 59 天、第 80 天、第 97 天对光合参数、生理指标及生长指标进行连续测定，共测定 5 次，每次测定重复 8 次(4 次用于测定生长指标，4 次用于测定光合参数及生理指标)。

3. 观测项目和测定方法

1)形态特征观察

每天对实验植株进行观察并做详细记录，特别是叶片的颜色、数量以及茎基部的变化和植物的存活情况。每次对茎基部进行采样时，用解剖刀将茎基部膨大部分环切并展开，之后再将其切成面积为 1 cm^2 左右的小方块并放在 10 倍显微镜下计数皮孔数量。每次取样测定时，观察并记录各处理组植株根系的颜色、生长情况。

2)光合参数测定

用 LI-COR 6400 便携式光合分析系统对植株叶片的光合参数进行测定。基于预备试验，用红蓝光源叶室于上午 9：00～12：00 对植株上健康成熟的功能叶(顶部以下第 3～4 片叶)在自然条件下进行测定，设置测试条件为光照强度 1000 $mol \cdot m^{-2} \cdot s^{-1}$，叶室温度 25℃，大气 CO_2 浓度为自然状态值(360～400 $\mu mol \cdot mol^{-1}$)。测定的指标包括叶片净光合速率(*Pn*)、气孔导度(*Gs*)、蒸腾速率(*Tr*)、胞间 CO_2 浓度(*Ci*)等，并依据公式 $WUE=Pn/Tr$ 计算叶片的水分利用效率(Yang et al.，2011)。

3)光合色素含量测定

叶绿素的提取采用浸提法(张志良和翟伟菁，2003)，并在岛津 UV-5220 型分光光度计上测定提取液中叶绿素 a、叶绿素 b 和类胡萝卜素的吸光值，同时计算这些光合色素的含量。总叶绿素含量为叶绿素 a 与叶绿素 b 的含量之和。

4)生理指标测定

迅速采下植株的功能叶，将其装入事先准备好的自封袋中，并置于冰盒中带回实验室，将叶片放入-80℃冰箱中保存以供测试。将植株的根部带土取出，用自来水缓慢冲洗干净泥土后将根装入事先准备好的自封袋中，并置于冰盒中带回实验室以测定根系活力。

超氧化物歧化酶(SOD)活性的测定采用氮蓝四唑(NBT)法，以抑制 NBT 光化还原 50%所需的酶量为 1 个酶活力单位(U)(高俊凤，2006)。过氧化物酶(POD)活性的测定采用愈创木酚法，以每分钟吸光值减小 0.01 为 1 个酶活力单位(高俊凤，2006)。过氧化氢酶(CAT)活性的测定采用过氧化氢氧化法，以每分钟吸光值减小 0.1 为 1 个酶活力单位(张以顺等，2009)。抗坏血酸过氧化物酶(APX)活性的测定采用张以顺等(2009)的方法，以室温下每分钟氧化 1 μmol AsA 的酶量作为一个酶活力单位。以上酶的活性均以 U • g^{-1} 来表示。超氧阴离子（O_2^-）的测定采用高俊凤(2006)的方法，以 μg • g^{-1}(FW)表示 O_2^- 的产生速率。丙二醛(MDA)含量的测定采用硫代巴比妥酸氧化法(张志良和翟伟菁，2003)，可溶性糖含量的测定采用张志良和翟伟菁(2003)的方法，可溶性蛋白含量的测定采用考马斯亮蓝 G250 显色法(高俊凤，2006)。游离脯氨酸含量的测定采用磺基水杨酸法及茚三酮比色法(高俊凤，2006)。根系活力的测定采用氯化三苯基四氮唑(2，3，5-triphenyl-2H-tetrazolium chloride，TTC)法(高俊凤，2006)。

5)生长与生物量测定

植株地径用游标卡尺进行测量，株高用卷尺进行测量。将植物的根、茎、叶分开取样，测量鲜重后，将其分别装入信封，并将信封放入 80℃烘箱内烘干至恒重后称量重量。

4. 数据分析

实验获得的数据用 SPSS 软件进行分析，根据实验设计，将水分处理作为独立因素，采用单因素方差分析揭示水分处理对中华蚊母树光合作用、生理及生长的影响(GLM 程序)，采用 Tukey's 检验法反映每个指标在不同处理间的差异显著性，差异显著性水平设为 α=0.05。

10.3 水分胁迫对中华蚊母树形态及生长的影响

1. 形态特征的变化

中华蚊母树 CK、CF 及 PF 组在经历 97 天水分处理后的存活率均为 100%，而 TF 组的存活率则为 97.5%。中华蚊母树 CK 组植株在整个实验期间生长正常，其株型饱满，叶色深绿。CF 组植株在水淹 5～7 天后其基部开始产生少量隐约可见的皮孔。随着处理时间的延长，基部皮孔数量逐渐增多，且由小变大、肉眼可见。至实验 59 天后，皮孔已在基部形成白环，且数量的增加有所减缓(图 10-1)。97 天时，CF 组皮孔数量为 12 天时的 5.86 倍。此外，CF 组植株在水淹 35 天后开始掉叶，叶色也由深绿变为浅绿，且部分植株叶片

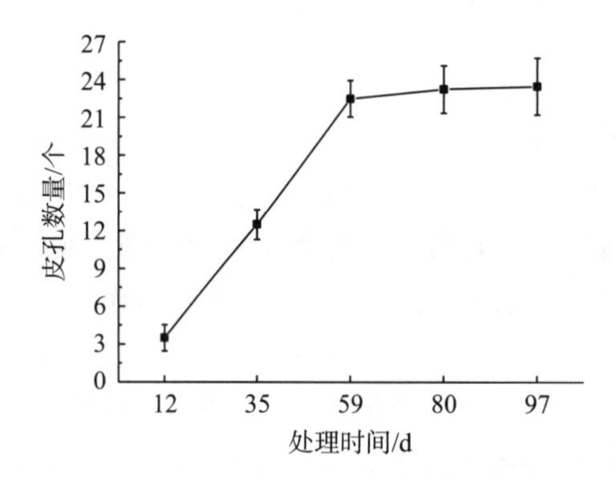

图 10-1 持续性水淹处理对中华蚊母树皮孔数量的影响

尖端明显枯死。PF 组植株在水淹 5～6 天后也开始产生少量隐约可见的皮孔，但放水后皮孔逐渐萎缩、消失。PF 组植株叶色随处理时间的延长略有变浅。TF 组植株在整个实验期间均没有产生皮孔，其叶片在水淹 35 天后开始脱落，叶色也逐渐由深变浅。

在整个实验期间，CK 组植株的根系生长良好，呈棕黄色，侧根繁密，有明显的长度约为 2 mm 的乳白色根尖。CF、TF 组的根系均在水淹 12 天后开始由棕黄色变成黑色，水淹 35 天后根系前端开始死亡，随着处理时间的增加，根系死亡面积增大，并腐烂变臭。PF 组植株根系颜色在水淹阶段由棕黄色变成褐色，但排水后根系生长得以逐渐恢复，颜色也由褐色转变成棕黄色。

2. 生物量的变化

中华蚊母树的根、茎、叶生物量及总生物量均受到不同水分处理的显著影响(表 10-1)。在整个实验期间，中华蚊母树各处理组的根、茎生物量随处理时间的延长均不断增加，而 CF、TF 组的叶生物量及总生物量随处理时间的延长而逐渐降低。中华蚊母树 CF、PF 及 TF 组的根生物量在整个实验期的总均值分别较 CK 组显著减小 25.54%、14.72%和 30.09%，茎生物量在整个实验期的总均值分别较 CK 组显著减小 38.77%、18.24%和 44.21%，叶生物量在整个实验期的总均值分别较 CK 组显著减小 38.77%、18.24%和 44.21%，总生物量在整个实验期的总均值分别较 CK 组显著减小 28.41%、15.32%和 76.75%(图 10-2)。

表 10-1　不同水分处理下中华蚊母树的生长特征

特征	处理组			
	CK	CF	PF	TF
根生物量/(g・plant^{-1})	4.62±0.23a	3.44±0.04c	3.94±0.11b	3.23±0.04c
茎生物量/(g・plant^{-1})	4.23±0.16a	2.59±0.06c	3.46±0.07b	2.36±0.07c
叶生物量/(g・plant^{-1})	4.23±0.21a	2.59±0.16c	3.46±0.08b	2.36±0.21c
总生物量/(g・plant^{-1})	12.99±0.57a	9.30±0.17c	11.00±0.22b	3.02±0.25c
株高/cm	6.31±0.09b	7.63±0.15a	5.69±0.49c	5.56±0.04c
基径/mm	45.69±0.83a	41.76±0.43b	42.61±0.49bc	40.71±0.39c

注：CK、CF、PF 和 TF 组的值为该处理组整个实验期 20 个样本的总均值±标准误。经 Tukey's 检验，不同字母表示不同处理组之间的差异显著($p<0.05$)。

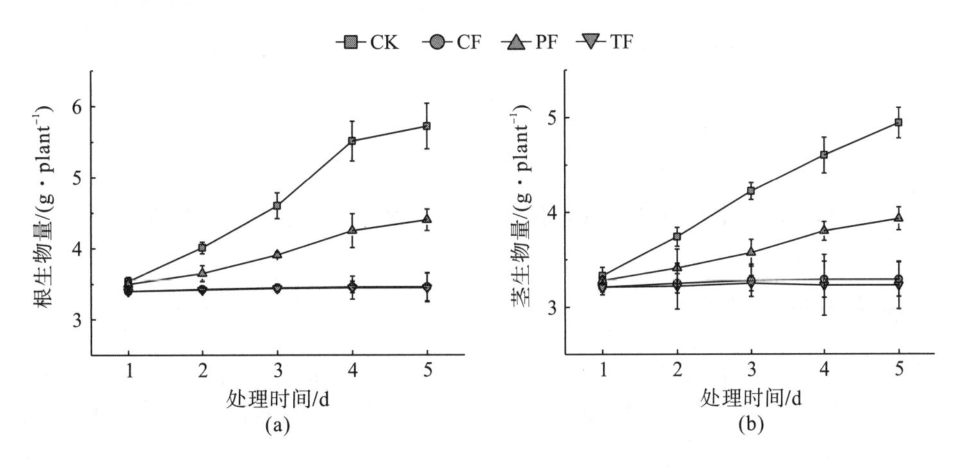

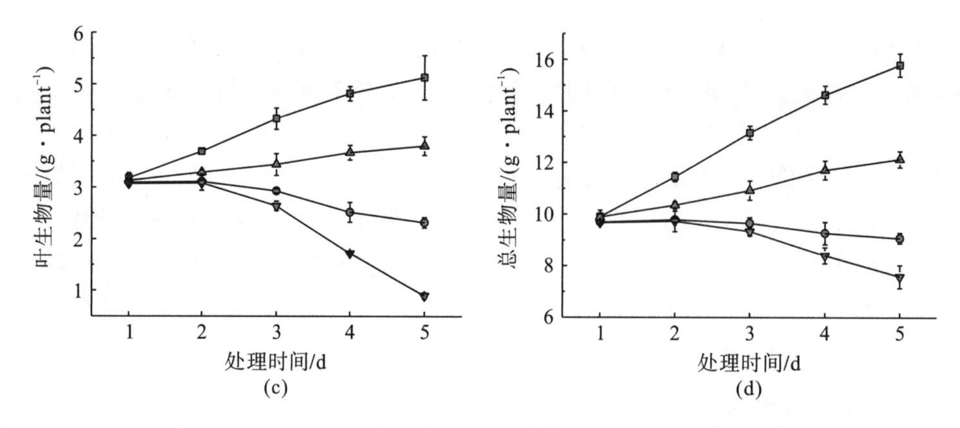

图 10-2　中华蚊母树在不同水分处理下的生物量及其组成变化

3. 株高和地径的变化

不同水分处理对中华蚊母树的株高、地径产生了显著影响。中华蚊母树 CK、CF、PF 及 TF 组的地径、株高在整个实验期间均随处理时间的延长而持续增长。CF、PF 及 TF 组的株高在整个实验期的总均值分别较 CK 组显著减小 9%、7%和 11%。与之不同的是，CF 组的地径在实验期间的总均值却较 CK、PF 及 TF 组分别显著增大 17%、25%和 27%，但 PF、TF 组间则无显著性差异(表 10-1)。CF 组地径在整个实验期间一直显著大于 CK 组，与 PF、TF 组显著小于 CK 组形成鲜明对比(图 10-3)。

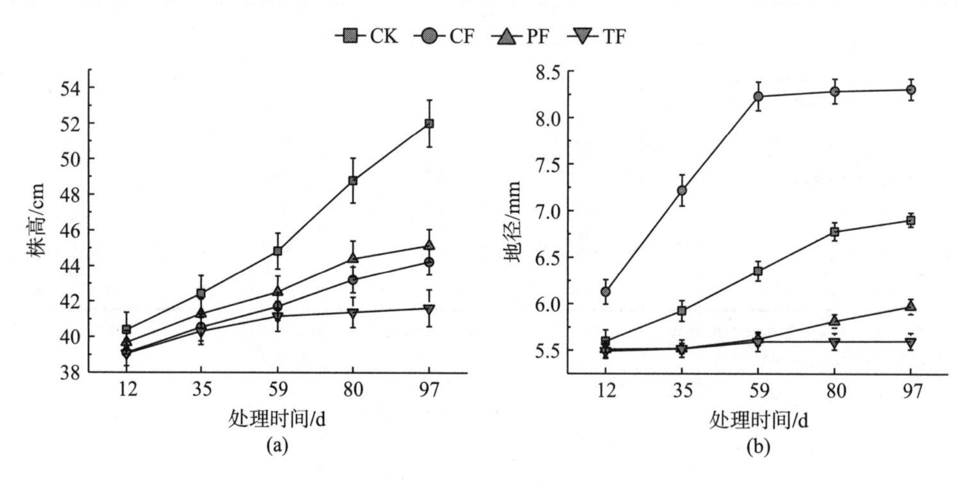

图 10-3　中华蚊母树在不同水分处理下其株高、地径的变化

10.4　水分胁迫对中华蚊母树光合生理的影响

1. 净光合速率的变化

不同水分处理对中华蚊母树的净光合速率(*Pn*)产生了显著影响。中华蚊母树 CF、PF 及 TF 组的净光合速率总均值分别较 CK 组显著减小 49%、41%和 63%(表 10-2)。CF 组

净光合速率在实验第 35 天时显著降低，之后趋于平稳，到第 97 天时再次显著降低，而 PF、TF 组则呈先降低后逐渐平稳的趋势，这与 CK 组在整个实验期一直保持相对稳定的水平形成鲜明对比(图 10-4)。

表 10-2　不同水分处理下中华蚊母树的光合生理特征

特征	处理组			
	CK	CF	PF	TF
Pn/(μmol • m^{-2} • s^{-1})	8.960±0.140a	4.580±0.210b	5.300±0.280b	3.350±0.220c
Gs/(mol • m^{-2} • s^{-1})	0.190±0.010b	0.090±0.003c	0.090±0.010c	0.250±0.010a
Ci/(μmol • mol^{-1})	296.260±2.120c	337.780±4.380a	313.050±2.720b	344.960±4.320a
WUE/(μmol • $mmol^{-1}$)	3.680±0.070b	2.556±0.070c	4.290±0.170a	1.230±0.080d

注：CK、CF、PF 和 TF 组的值为该处理组整个实验期 20 个样本的总均值±标准误。经 Tukey's 检验，不同字母表示不同处理组之间的差异显著($p<0.05$)。

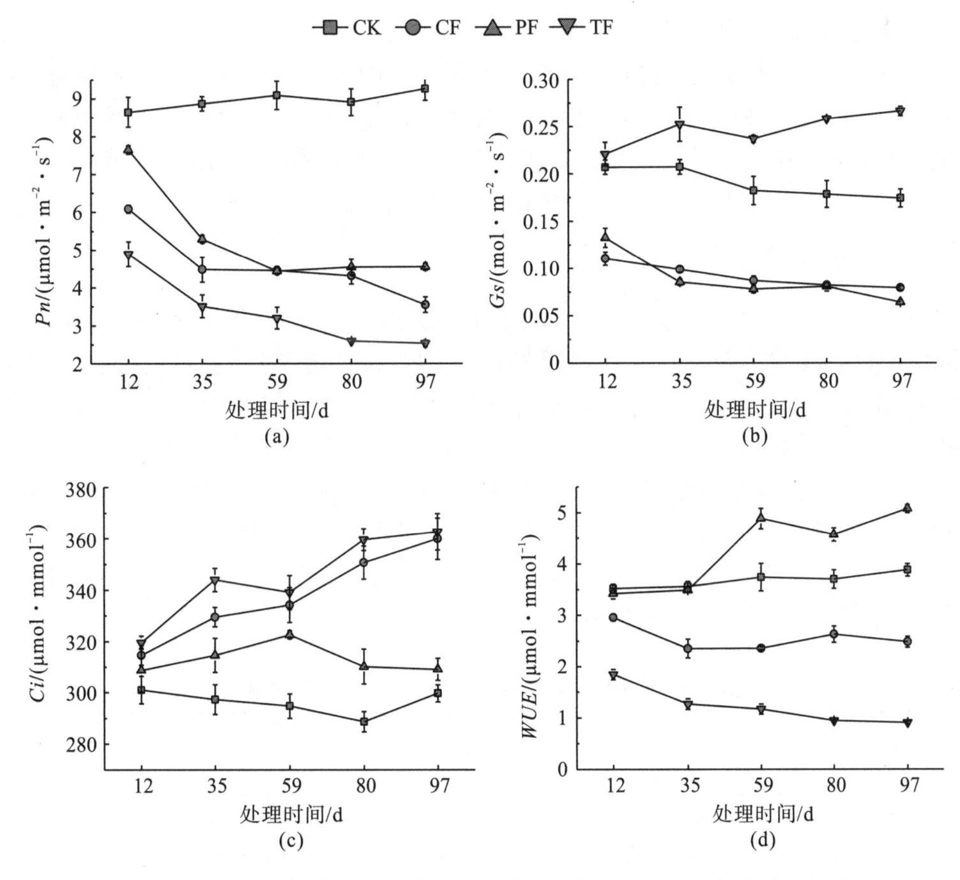

图 10-4　中华蚊母树在不同水分处理下其净光合速率(Pn)、气孔导度(Gs)、胞间 CO_2 浓度(Ci)和水分利用效率(WUE)的变化

2. 气孔导度的变化

中华蚊母树的气孔导度(Gs)受到不同水分处理的显著影响。中华蚊母树 CF、PF 组的

Gs 总均值分别较 CK 组显著减小 52%和 54%，而 TF 组却较 CK 组显著增大 30%(表 10-2)。中华蚊母树的气孔导度在 CK、CF 及 PF 组均表现为先降低后趋于平稳的趋势，而 TF 组则呈波动性变化的趋势。实验 97 天时，CF、PF 组气孔导度分别较 CK 组显著降低 55%和 63%，而 TF 组则较 CK 组显著增加 53%(图 10-4)。

3. 胞间 CO_2 浓度的变化

中华蚊母树的胞间 CO_2 浓度(*Ci*)受到不同水分处理的显著影响。中华蚊母树 CF、TF 组的胞间 CO_2 浓度在整个实验期始终高于 CK 组，其总均值较 CK 组分别显著增大 14%和 16%，而 CK、PF 组之间却无显著性差异(表 10-2)。CF、TF 组胞间 CO_2 浓度在实验期间逐渐上升，而 PF 组在实验期间先升高后降低。与之不同的是，CK 组在整个处理期间的变化幅度很小(图 10-4)。

4. 水分利用效率的变化

中华蚊母树的水分利用效率(*WUE*)受到不同水分处理的显著影响(表 10-1)。中华蚊母树 CF、TF 组水分利用效率在整个实验期始终低于 CK 组，其总均值较 CK 组分别显著减小 31%和 67%，而 PF 组却较 CK 组显著增大了 17%(表 10-2)。CF、TF 组水分利用效率在处理期间呈先降低后保持平稳的变化趋势，而 PF 组在实验期间则逐渐升高。与之不同的是，CK 组水分利用效率在整个处理期间保持平稳状态(图 10-4)。

5. 光合色素含量的变化

不同水分处理对中华蚊母树的总叶绿素(*Chls*)含量、类胡萝卜素(*Car*)含量、叶绿素 a/叶绿素 b(*Chl a*/*Chl b*)及总叶绿素/类胡萝卜素(*Chls*/*Car*)均产生了显著的影响。中华蚊母树 CF、TF 组总叶绿素含量在整个实验期均较 CK 组低，其总均值较 CK 组分别减小了 37%和 49%，而 PF 组却与 CK 组差异不显著。CF、TF 组类胡萝卜素含量在整个实验期均低于 CK 组，其总均值较 CK 组分别减小了 10%和 15%，而 PF 组却与 CK 组差异不显著(表 10-3)。CF、TF 组总叶绿素含量、类胡萝卜素含量随处理时间的延长呈先降低后保持平稳的趋势，而 PF 组整体上呈先升高后降低的变化趋势。在处理期间，叶绿素 a /叶绿素 b 小于 3，而总叶绿素/类胡萝卜素则大于 3(图 10-5)。

表 10-3 不同水分处理下中华蚊母树的光合色素特征

特征	处理组			
	CK	CF	PF	TF
Chls/($mg \cdot g^{-1}$)	2.89±0.08a	1.82±0.08b	2.73±0.07a	1.48±0.07c
Car/($mg \cdot g^{-1}$)	0.39±0.01ab	0.35±0.01bc	0.41±0.01a	0.33±0.01c
Chl a/*Chl b*	2.45±0.01a	2.34±0.02b	2.53±0.04a	2.32±0.02b
Chls/*Car*	7.43±0.19a	5.16±0.15c	6.71±0.13b	4.44±0.12d

注：CK、CF、PF 和 TF 组的值为该处理组整个实验期 20 个样本的总均值±标准误。经 Tukey's 检验，不同字母表示不同处理组之间的差异显著(p<0.05)。

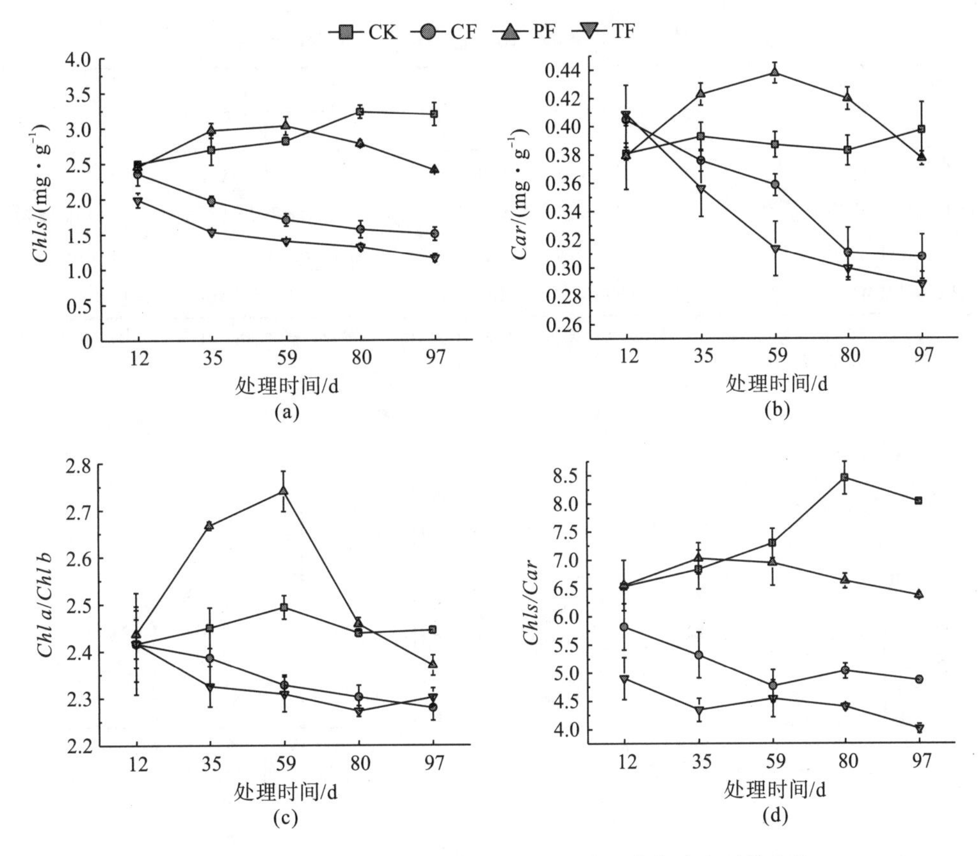

图 10-5 中华蚊母树在不同水分处理下其光合色素含量的变化

10.5 水分胁迫对中华蚊母树生理的影响

1. 保护酶活性的变化

不同水分胁迫对中华蚊母树 SOD 活性产生了显著影响。CF、PF 及 TF 组的 SOD 活性在处理期的总均值较 CK 组分别显著增加了 30%、26%和 15%(表 10-4)。CF、TF 组 SOD 活性表现为先增加后降低的趋势，而 CK、PF 组则保持相对平稳的趋势。实验 12 天时，CF、PF 及 TF 组的 SOD 活性较 CK 组分别显著增加了 4%、12%和 39%。随着处理时间的延长，CF、TF 组 SOD 活性分别在实验 80 天和 35 天达到最高，之后逐渐降低，而 PF 组则持续增加。实验 97 天时，PF 组 SOD 活性较 CK 组显著增加了 31%，而 TF 组较 CK 组显著降低了 29%，CF 与 CK 组间则差异不显著[图 10-6(a)]。

不同水分胁迫对中华蚊母树 POD 活性产生了显著影响。CF、PF 及 TF 组的 POD 活性在处理期的总均值较 CK 组分别显著增加了 89%、78%和 93%(表 10-4)。CF、PF 及 TF 组的 POD 活性均逐渐降低。实验 12 天时，CF、PF 及 TF 组的 POD 活性较 CK 组显著增高。随着处理时间的延长，CF、PF 及 TF 组 POD 活性呈逐渐下降趋势。实验 97 天时，TF 组 POD 活性较 CK 组显著降低了 26%，而 PF 组较 CK 组显著增加了 6%，CF 和 CK 组之间则无显著性差异[图 10-6(b)]。

表 10-4 不同水分处理下中华蚊母树的保护酶活性特征

特征	处理组			
	CK	CF	PF	TF
SOD 活性(FW)/(U·g^{-1})	342.43±7.10b	445.84±15.93a	430.81±8.64a	393.99±32.90a
POD 活性(FW)/(U·g^{-1})	89.11±3.24b	168.57±11.63a	158.79±9.08a	172.19±15.23a
CAT 活性(FW)/(U·g^{-1})	161.08±5.47b	252.36±10.93a	281.78±13.13a	234.61±25.17a
APX 活性(FW)/(U·g^{-1})	99.62±3.89b	131.38±7.70a	151.18±7.98a	130.37±12.18a

注：CK、CF、PF 和 TF 组的值为该处理组整个实验期 20 个样本的总均值±标准误。经 Tukey's 检验，不同字母表示不同处理组之间的差异显著(p<0.05)。

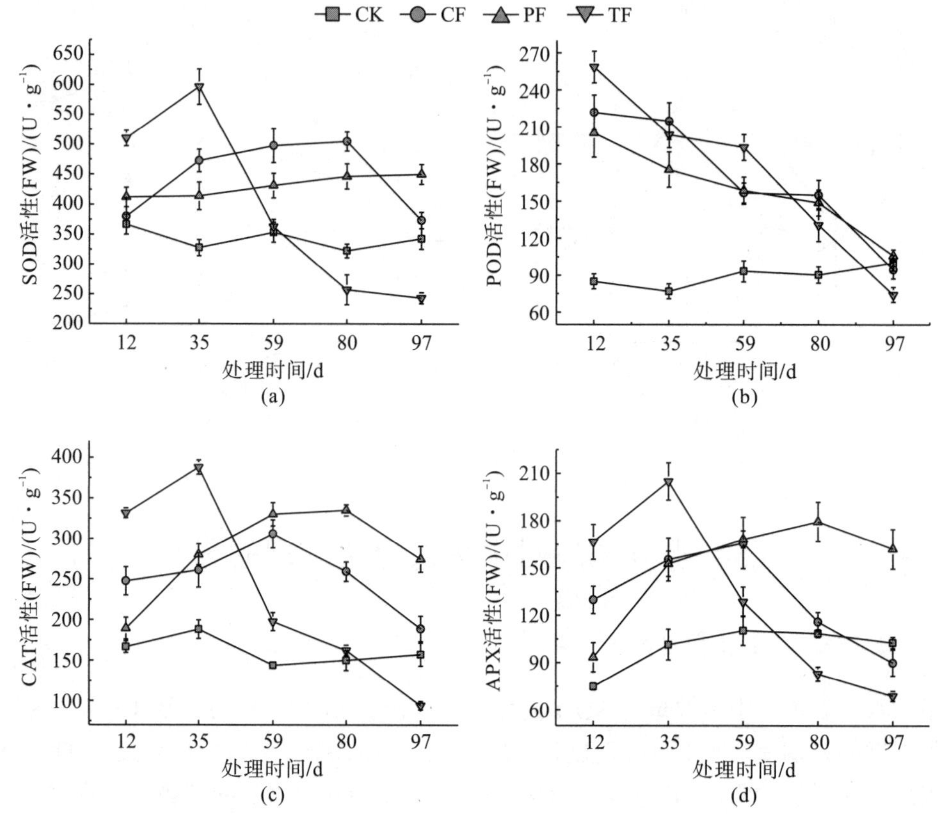

图 10-6 中华蚊母树在不同水分处理下其 SOD、POD、CAT 和 APX 活性的变化

不同水分胁迫对中华蚊母树 CAT 活性产生了显著影响。CF、PF 及 TF 组的 CAT 活性在处理期的总均值较 CK 组分别显著增加了 57%、75%和 46%(表 10-4)。CF、PF 及 TF 组 CAT 活性均先增高后降低。实验 12 天时，CF、PF 和 TF 组的 CAT 活性较 CK 组显著增高。随着处理时间的延长，CF、PF 及 TF 组 CAT 活性呈逐渐降低的趋势。实验 97 天时，PF 组 CAT 活性较 CK 组显著升高了 75%，而 PF 组则较 CK 组显著降低了 40%[图 10-6(c)]。

不同水分胁迫对中华蚊母树 APX 活性产生了显著影响。CF、PF 及 TF 组的 APX 活性在处理期的总均值较 CK 组分别显著增加了 32%、52%和 31%(表 10-4)。CF、PF 及 TF

组 APX 活性均表现为先增高后降低的趋势。实验 12 天时，CF、PF 及 TF 组的 APX 活性均较 CK 组有所增高。随着处理时间的延长，CF、PF 及 TF 组 APX 活性均逐渐上升，并分别在实验 59 天、实验 80 天和实验 35 天时达到最高，之后逐渐降低。实验 97 天时，TF 组 APX 活性较 CK 组显著降低了 33%，而 PF 组较 CK 组显著增高了 58%，CF 和 CK 组之间则差异不显著[图 10-6(d)]。

2. 根系活力的变化

不同水分胁迫对中华蚊母树的根系活力产生了显著影响。PF 组的根系活力在处理期的总均值与 CK 组之间差异不显著，但 CF、TF 组的根系活力则比 CK 组显著降低了 81% 和 84%(表 10-5)。中华蚊母树 CF、TF 组根系活力整体上表现为逐渐降低的变化趋势，这与 CK、PF 组逐渐增高的变化趋势形成鲜明对比。实验 12 天时，中华蚊母树 CF 及 TF 组根系活力分别较 CK 组显著降低了 38%和 53%。随着实验时间的延长，CK、PF 组根系活力逐渐增高，相反，CF、TF 组根系活力则逐渐降低。实验 97 天时，PF 组根系活力较 CK 组增高了 13%，而 CF、TF 组均较 CK 组降低了 95%(图 10-7)。

表 10-5 不同水分处理下中华蚊母树的根系活力、氧化胁迫及渗透调节特征

特征	处理组			
	CK	CF	PF	TF
根系活力(FW)/($mg \cdot g^{-1} \cdot h^{-1}$)	0.32±0.02a	0.06±0.01b	0.34±0.03a	0.05±0.01b
O_2^- 含量(FW)/($\mu g \cdot g^{-1}$)	65.10±2.36d	135.90±5.46b	100.50±4.85c	164.08±6.80a
H_2O_2 含量(FW)/($\mu mol \cdot g^{-1}$)	165.04±8.10c	283.14±14.13a	211.47±12.51b	340.31±16.13a
MDA 含量(FW)/($\mu mol \cdot g^{-1}$)	0.02±0c	0.03±0.01b	0.03±0b	0.04±0.01a
游离脯氨酸含量(FW)/($mg \cdot g^{-1}$)	218.01±11.23b	404.81±19.92a	361.50±25.43a	428.74±14.05a
可溶性糖含量(FW)/($mg \cdot g^{-1}$)	0.20±0.01a	0.26±0.02a	0.25±0.02a	0.23±0.01a
可溶性蛋白含量(FW)/($mg \cdot g^{-1}$)	31.06±0.56b	24.40±0.65c	35.53±0.97a	21.15±0.75d

注：CK、CF、PF 和 TF 组的值为该处理组整个实验期 20 个样本的总均值±标准误。经 Tukey's 检验，不同字母表示不同处理组之间的差异显著($p<0.05$)。

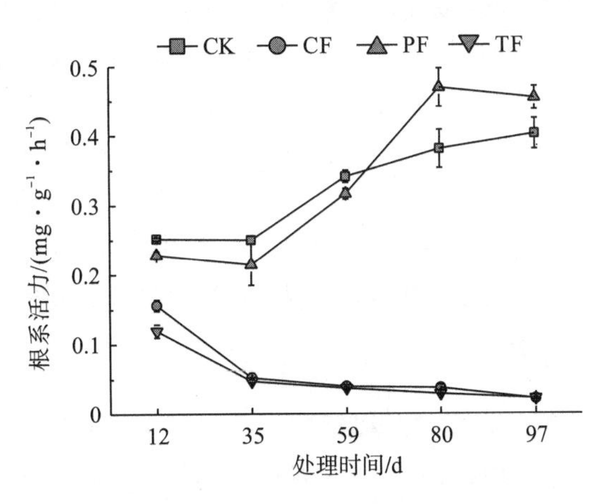

图 10-7 中华蚊母树在不同水分处理下其根系活力的变化

3. H_2O_2和O_2^-的变化

不同水分胁迫对中华蚊母树H_2O_2含量产生了显著影响。CF、PF及TF组的H_2O_2含量在处理期的总均值均较CK组显著增加，分别较CK组增加了72%、28%和106%(表10-4)。实验12天时，CF、PF及TF组的H_2O_2含量较CK组分别显著增加了67%、18%和85%(表10-4)。随着处理时间的延长，CF、PF及TF组H_2O_2含量逐渐上升。实验97天时，CF、PF及TF组H_2O_2含量较CK组分别显著增加了70%、40%和97%[图10-8(a)]。

不同水分胁迫对中华蚊母树O_2^-含量产生了显著影响。CF、PF及TF组的O_2^-含量在处理期的总均值均较CK组显著增大，分别较CK组增大了109%、54%和152%(表10-4)。实验12天时，CF、PF及TF组的O_2^-含量均较CK组增高。随着处理时间的延长，CF、PF及TF组O_2^-含量逐渐增加。实验97天时，各处理组O_2^-含量差异显著[图10-8(b)]。

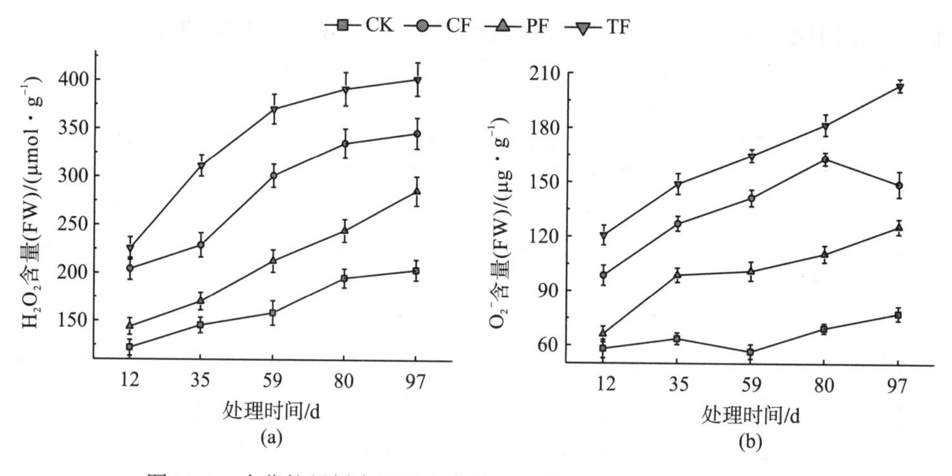

图10-8 中华蚊母树在不同水分处理下其H_2O_2和O_2^-含量的变化

4. 脂质过氧化作用的变化

不同水分胁迫对中华蚊母树MDA含量产生了显著影响。CF、PF及TF组的MDA含量在处理期的总均值较CK组分别显著增加了40%、30%和68%(表10-4)。CF、TF组MDA含量表现为逐渐增加的趋势，而PF组则呈先增加后降低的趋势，这与CK组波动变化的趋势有所不同。实验12天时，CF、PF及TF组的MDA含量较CK组分别显著增加了52%、23%和62%。随着处理时间的延长，CF、TF组MDA含量持续升高，而PF组则在实验35天时达到最高，之后逐渐降低。实验97天时，CF、PF及TF组MDA含量较CK组显著升高，较CK组分别增加了90%、43%和125%(图10-9)。

5. 渗透调节物质的变化

不同水分胁迫对中华蚊母树游离脯氨酸含量产生了显著影响。CF、PF及TF组的游离脯氨酸含量在处理期的总均值较CK组分别显著增加了86%、66%和97%(表10-4)。CF、TF组游离脯氨酸含量呈先增加后降低的趋势，而PF组则逐渐增加；与这3组变化不同，CK 组呈波动性变化。实验 12 天时，CF、PF 及 TF 组的游离脯氨酸含量较 CK 组分别显著增加了 50%、34%和 93%。随着处理时间的延长，CF、TF 组游离脯氨酸含量持续升高，分别在实验 80 天和 59 天时达到最高，之后逐渐降低，而 PF 组则表现为持续上升趋势。实验 97 天时，CF、PF 及 TF 组游离脯氨酸含量较 CK 组分别显著增加了 52%、79%和 26%(图 10-10)。

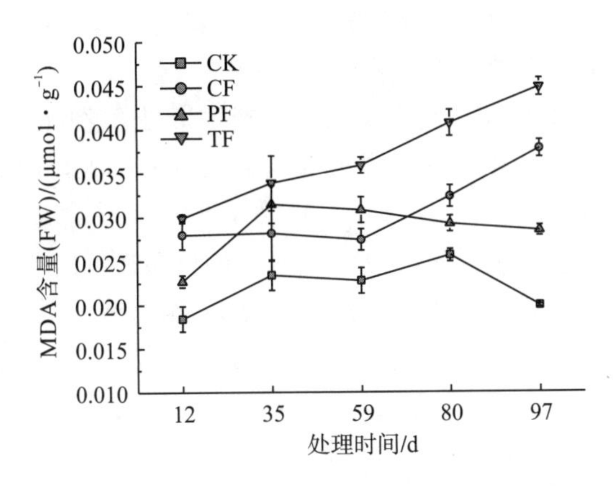

图 10-9　中华蚊母树在不同水分处理下其 MDA 含量的变化

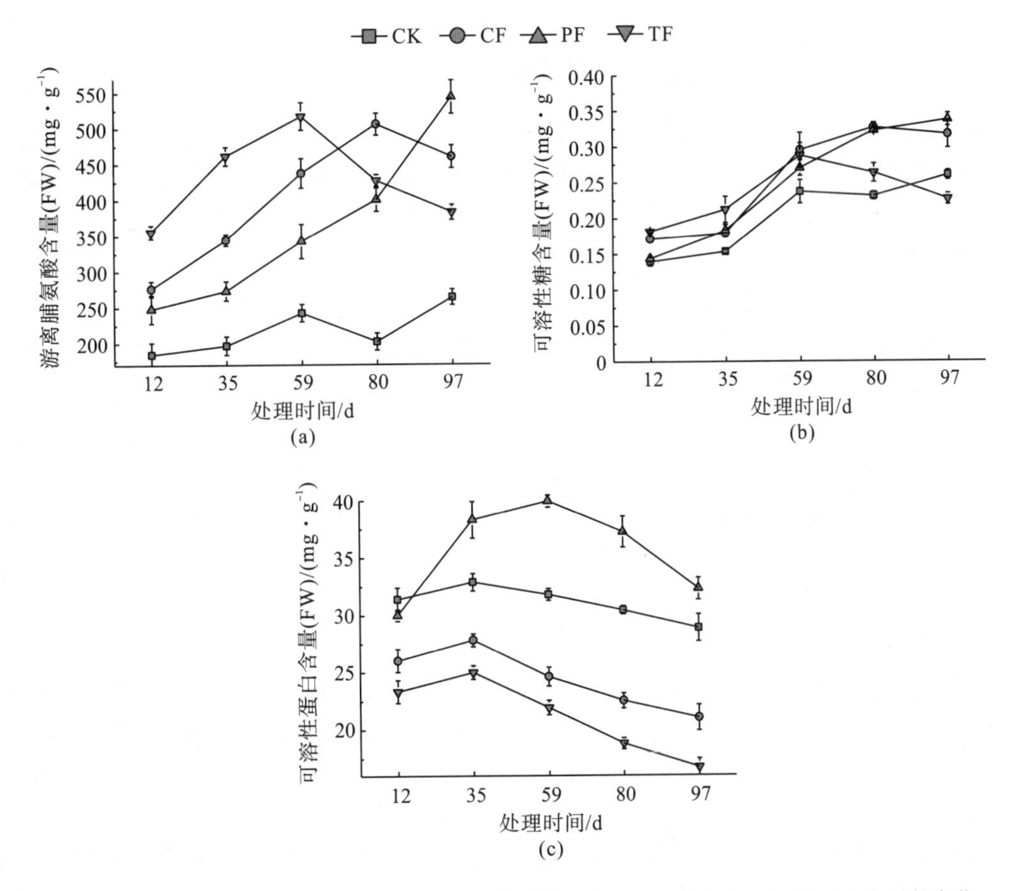

图 10-10　中华蚊母树在不同水分处理下其游离脯氨酸、可溶性糖和可溶性蛋白含量的变化

不同水分胁迫对中华蚊母树可溶性糖含量产生了显著影响。CF、PF 及 TF 组的可溶性糖含量在处理期的总均值较 CK 组分别显著增加了 53%、49%和 39%(表 10-5)。CF、TF 组可溶性糖含量表现为先增加后降低的趋势，而 PF 组则逐渐增加。实验 12 天时，CF 及 TF 组的可溶性糖含量较 CK 组分别显著增加了 23%和 30%。随着处理时间的延长，CF、TF 组可溶性糖含量持续升高，分别在实验 80 天和 59 天时达到最高，之后开始降低，而 PF 组则逐渐升高。实验 97 天时，CF 和 PF 组可溶性糖含量较 CK 组分别显著增加了 58%和 69%，而 TF 与 CK 组之间差异不显著(图 10-10)。

不同水分胁迫对中华蚊母树可溶性蛋白含量产生了显著影响。CF、TF 组的可溶性蛋白含量在处理期的总均值较 CK 组分别显著降低了 22%和 33%，而 PF 组可溶性蛋白含量却较 CK 组显著升高了 13%(表 10-4)。CF、TF 组可溶性蛋白含量呈逐渐降低的趋势，而 PF 组则先增加后降低。实验 12 天时，CF 及 TF 组的可溶性蛋白含量较 CK 组显著减少了 17%($p<0.05$)和 26%。随着处理时间的延长，CF 及 TF 组可溶性蛋白含量呈持续降低趋势，而 PF 组则在实验 59 天时达到最高，之后逐渐降低。实验 97 天时，CF 及 TF 组可溶性蛋白含量较CK组分别显著降低了27%和42%，而PF组则与CK组之间无显著性差异(图10-10)。

10.6 讨 论

1. 水分胁迫对中华蚊母树形态及生长的影响

对水淹环境具有较强耐受性的植物能够通过大量的通气组织、不定根及肥大皮孔的形成来增加对 O_2 的吸收(Parent et al.，2008；Shiono et al.，2008)。研究发现，消落带耐淹植物——秋华柳在根淹条件下产生了大量的不定根，不定根对植株的缺氧状况有一定的缓解作用(陈婷等，2007)。本实验中，中华蚊母树在表土 5 cm 水淹第 5 天开始形成肥大皮孔，这是耐淹树木具有的标志性特征之一(Close and Davidson，2003；赵竑绯等，2013)。形成肥大的皮孔既是中华蚊母树能够适应消落带环境的原因之一，同时也是中华蚊母树气孔导度保持稳定的保障，并间接保持了净光合速率的相对稳定。与根部水淹不同，中华蚊母树在全淹状态下却未能形成肥大皮孔，究其原因，可能是中华蚊母树采取了不同措施以应对不同深度水淹胁迫，而具体原因尚不清楚，需进一步研究揭示。

环境是决定植物生长发育的重要条件，不同环境条件下植物光合产物的积累量差异显著(杨静等，2008)。不同水淹环境条件下，中华蚊母树的总生物量积累均显著降低，且不同处理条件下其生物量积累间具有一定的差异。CF、TF 组处理条件下，中华蚊母树的根、茎生物量和株高均差异不显著，但其叶生物量、总生物量及基径却表现出显著性差异，说明水淹深度对中华蚊母树的影响主要集中在叶片数量和基径粗度上，对中华蚊母树其他指标的影响相对较小。PF 组处理条件下，中华蚊母树各部分的生物量与 CF 和 TF 组相比均较高，但仍显著低于 CK 组。大量研究结果显示，一些耐水淹的树木在水淹胁迫下会将更多的光合产物分配给茎，促进茎的伸长，进而提高树木对水淹环境条件的耐受能力(Eclan and Pezeshki，2002)。本研究结果表明，CF、TF 组处理条件下中华蚊母树的茎生物量均没有出现显著增加，说明提高茎的生物量积累不是中华蚊母树抵抗水淹胁迫的主要方式。

Körner(2003)和 Würth 等(2005)研究认为，限制自身的生长是植物抵抗干旱环境胁迫的方式之一。本研究结果与该结论类似，中华蚊母树在轻度干旱环境胁迫下其净光合速率表现出先降低后逐步趋于稳定的变化趋势，说明逆境条件下中华蚊母树生理调节能力增强，同时也增加了生理耗能，最终致使其生物量积累减少。

2. 水分胁迫对中华蚊母树光合生理的影响

研究显示，水淹耐受能力强的植物在水淹环境条件下，其净光合速率通常表现出初期有所下降，后逐步趋于稳定的变化趋势(Pezeshki et al.，2007)。三峡库区水淹耐受能力较强的岸生植物秋华柳经 90 天的全淹处理(水下 2 m)后，其光合能力仍然保持在较高水平(罗芳丽等，2007)。本研究中，CF、TF 组处理条件下中华蚊母树的净光合速率表现出短时间下降后逐渐趋于稳定的变化趋势，这与衣英华等(2006)对耐水淹植物枫杨和陈芳清等(2008)对耐水淹植物秋华柳的研究结果基本一致，说明中华蚊母树可以通过调节自身光合生理作用来主动适应长时间持续性水淹胁迫和没顶水淹胁迫。现实中，三峡库区消落带内栽植的中华蚊母树不但会遭受不同程度的水淹胁迫，在夏季还会受到水淹-干旱交替胁迫的影响。本研究中，PF 组处理条件下中华蚊母树净光合速率随时间的推移表现出先逐渐降低后趋于稳定的变化趋势，表明中华蚊母树具有一定的水淹-干旱交替胁迫耐受能力。

导致植物净光合速率减小的主要因素包括气孔限制因素与非气孔限制因素两类。气孔限制因素的影响主要是干旱引起植物叶片的气孔发生部分关闭，造成植株净光合速率下降。非气孔限制因素是指由植物叶肉细胞光合能力降低所致(Yordanova et al.，2003)。水淹和干旱逆境条件下，早期光合速率降低与植物气孔导度下降有关，由于气孔导度降低引起叶片吸收的 CO_2 减少，从而导致植株光合速率下降(Malik et al.，2001)。本研究发现，与 CK 组相比，CF、PF 组中华蚊母树的气孔导度均显著降低，但 CF 组胞间 CO_2 浓度较 CK 组显著增高，PF 组胞间 CO_2 浓度亦逐渐增高至显著高于 CK 组，表明非气孔限制因素是中华蚊母树在水淹胁迫下其净光合速率下降的主要原因，而在轻度干旱环境中其净光合速率降低则是由气孔限制因素逐步转化为非气孔限制因素所致。TF 组处理条件下中华蚊母树的气孔导度较 CK 组显著增高，究其原因，可能是中华蚊母树在全淹环境中的胞间水分含量极高，而光合仪是根据外界空气湿度与胞间湿度的差值来计算气孔导度的，故气孔导度出现显著增高。与 CK 组相比，TF 组处理条件下中华蚊母树还表现出胞间 CO_2 浓度也显著高于 CK 组的现象，这与秋华柳(罗芳丽等，2007)的研究结果基本一致，其同样证明了中华蚊母树在全淹环境条件下的净光合速率降低是由非气孔限制因素引起，分析原因为全淹胁迫造成中华蚊母树叶片光合结构被严重破坏。

在一定程度的干旱胁迫下，植物通常会采用提高水分利用效率的方式来维持体内稳定的水分含量(Navarrete-Campos et al.，2013)。本研究结果显示，轻度干旱环境胁迫(PF 组)下，中华蚊母树的水分利用效率相对最高，这印证了宋丽萍等(2007)的研究结果，表明中华蚊母树能够通过增大水分利用效率的方式来减轻水分供应不足带来的压力，应对轻度干旱环境带来的水分缺乏危机，将净光合速率保持在相对稳定的范围内，在一定程度上适应干旱胁迫。与 PF 组不同，CF、TF 组中华蚊母树的水分利用效率较 CK 组显著降低，这与陈芳清等(2008)的研究结果相似，分析原因为中华蚊母树在长期水淹条件下难以获得足够的氧气，从而减弱了其生理代谢活动强度，最终导致其水分利用效率显著降低。

3. 水分胁迫对中华蚊母树光合色素的影响

植物吸收、传递和转化光能主要依赖光合色素，光合色素的含量和比例能够随环境的改变而发生变化，这有利于光能更合理地被分配与耗散(Ronzhina et al.，2004)。叶绿素是光合色素中反映植物光合能力的关键色素(Cutraro and Goldstein，2005)，类胡萝卜素则作为吸收光能的辅助色素负责吸收、传递电子，并同时肩负着清除自由基和保护叶绿素的作用(Tracewell et al.，2001)。本研究中，CF、TF 组处理条件下中华蚊母树的叶绿素、类胡萝卜素含量均表现出显著下降的现象，这与陈芳清等(2008)对秋华柳的研究结果基本一致，究其缘由，应当是水淹加速了中华蚊母树叶片光合色素的降解速率所致(衣英华等，2006)。PF 组处理条件下，叶绿素含量变化较小，说明在轻度干旱胁迫环境条件下，中华蚊母树能够通过保持较高叶绿素含量的方式，维持其光合作用的相对稳定。此外，PF 组处理条件下植株类胡萝卜素含量增加显著，表明在轻度干旱环境下中华蚊母树可以通过提高自身类胡萝卜素含量的方式来吸收过多的光能，从而保护叶绿素免受光氧化的破坏(Caldwell and Bfitz，2006)。

通常情况下，植物叶片叶绿素含量、类胡萝卜素含量均较为稳定，叶绿素/类胡萝卜素、叶绿素 a/叶绿素 b 均约为 3∶1(潘瑞炽等，2004)。陈芳清等(2008)对秋华柳的研究发现，秋华柳叶绿素/类胡萝卜素在水淹条件下均大于 3∶1，本研究结果与之基本一致，表明中华蚊母树在水淹逆境胁迫下其光合能力的增强依赖于叶绿素在光合色素中占比的增加。叶绿素在光合色素中占比的提高同时也为进行光合作用时所需的反应中心色素含量提供了保证(李昌晓和钟章成，2005b)。在整个处理期间，中华蚊母树叶绿素 a/叶绿素 b 小于 3∶1，这保证了有充足的聚光色素参与到光能合成作用中，促进了叶绿素 a 与叶绿素 b 的分配更加合理高效(史胜青等，2004)。此外，在整个处理期间，CF、TF 组叶绿素 a/叶绿素 b 显著小于 CK 组，这与衣英华等(2006)以及 Ashraf 和 Arfan(2005)的研究结果类似。通常叶绿素 a 主要与光系统反应中心色素相结合，而叶绿素 b 大多与捕光蛋白复合物相结合(Larcher，2003)。因此，本书中导致水淹胁迫条件下中华蚊母树光合作用效率降低的重要因素为叶片光反应中心色素的降解较捕光蛋白色素复合物合成的速度快。

4. 水分胁迫对中华蚊母树根系活力的影响

植物在土壤含水量过多或过少的环境中都会受到一定程度的影响，水分胁迫最先作用于直接与土壤接触的根系，会对根系的生理生化过程产生影响，如呼吸途径与根系活力会发生明显改变，进而影响植株整体的代谢状况，最终显著影响植物的生长、形态等方面(Ghanbary et al.，2012)。因此，根系活力的大小能够表征根系生理活性的强弱。本实验中，中华蚊母幼树的根系活力在间歇性水淹-干旱胁迫后上升，这是由于排水后中华蚊母幼树根系缺氧状况得到缓解，根系逐渐恢复正常生长，这也可以从排水后根系颜色改变上得到证明，说明中华蚊母树在轻度干旱胁迫下是通过提高植株根系活力来增强其对干旱环境的适应性。研究表明，植物根系代谢、吸收能力随根系活力的增大而变强(贺军军等，2009)。中华蚊母幼树的根系活力在轻度干旱胁迫下最大，这充分说明中华蚊母幼树对轻度干旱胁迫具有较强的适应性。相反，中华蚊母幼树的根系活力在水淹胁迫下显著降低，表明水淹对中华蚊母幼树产生了较严重的影响，推测原因可能是中华蚊母树的根系在水淹环境中由于缺乏氧气而由有氧呼吸转变为无氧呼吸，并产生了乙醇等有害代谢产物所致。根系活力的下降影响了根系的合成代谢及根系地上部分的同化作用，因此，水淹环境中较高根系活力的维持对于植物的水淹耐受性具有十分重要的作用。

5. 水分胁迫对中华蚊母树生理的影响

水淹对植物的影响主要是缺氧伤害(Pezeshki，2001)。长期缺氧会干扰植物体内的电子传递，影响植物的有氧呼吸，还会使活性氧代谢平衡被破坏(Debabrata et al.，2008; Panda et al.，2008)，产生大量 H_2O_2 和 O_2^-，导致细胞膜的脂质过氧化加剧(Yin et al.，2010)。作为细胞膜脂质过氧化的最终产物，MDA 常被用来表征植物耐受水淹能力的强弱(孙景宽等，2009; 杨鹏和胥晓，2012)。本实验发现，中华蚊母幼树在不同土壤水分胁迫下的 H_2O_2、O_2^- 及 MDA 含量均明显增高，且随水淹深度增加而增高，同时，中华蚊母幼树在轻度干旱胁迫下的 MDA 含量也显著升高，说明水淹及干旱胁迫均对中华蚊母幼树产生了一定程度的伤害。

植物通过 SOD、POD、CAT 和 APX 之间的协调合作来抵御水分胁迫产生的活性氧自由基的毒害作用，维持活性氧的产生与清除平衡。SOD 可以将 O_2^- 歧化为 H_2O_2，而 POD、CAT 及 APX 能清除细胞内过多的 H_2O_2，使细胞内活性氧维持在正常水平。三峡库区消落带耐淹植物秋华柳面临水淹胁迫时其 O_2^- 含量显著增高，同时其 SOD 和 POD 活性也显著增高(类淑桐等，2009)。本实验中，水分胁迫也引起中华蚊母幼树各处理组的 O_2^- 含量发生显著增高，从而诱导 SOD 活性也随之显著提高，由 O_2^- 转化为 H_2O_2 的量必然也会显著增加。但随着 POD、CAT 和 APX 活性的增高，中华蚊母幼树增强了对 H_2O_2 的清除能力，随着胁迫时间的延长，植株对抗氧化酶的调节能力逐渐降低，最终使 O_2^-、H_2O_2 等活性氧在细胞中积累，植物细胞内的生理代谢受到损害。汪贵斌等(2009)对喜树的研究也得出了相似结果，导致这种现象的原因包括：在水分胁迫下，SOD 等保护酶由于受到某些未知原因的影响导致自身合成受阻; 活性氧的产生或种类在长时间的水分胁迫下发生了改变(Ghanbary et al.，2012)，但具体原因尚需进一步研究。

渗透调节是一种重要的生理调节机制，有利于植物适应各种逆境。逆境中植物可通过体内代谢活动的调节来增加细胞内的溶质浓度，从而使渗透势维持稳定。可溶性糖及游离脯氨酸作为植物体内两种重要的渗透调节物质，对于植物正常生理过程的维持具有重要作用。本实验中，水分胁迫下中华蚊母幼树各处理组的游离脯氨酸含量均增加，说明中华蚊母幼树对水淹与干旱胁迫均具有一定的适应性。植物在逆境中还会主动积累一定的可溶性糖，以降低细胞渗透势和冰点(詹嘉红和蓝宗辉，2011)。中华蚊母幼树各处理组的可溶性糖含量在实验前期增加，这在一定程度上缓解了水分胁迫对植株的伤害，实验后期在水淹胁迫下植株的可溶性糖含量降低，这可能是由于植株缺氧状况进一步加剧，为了获得维持基本生命活动所需的能量，植株增强了无氧代谢，使糖类物质被大量消耗。同时，本实验还发现，中华蚊母幼树的可溶性蛋白含量在水淹胁迫下逐渐下降，这与詹嘉红和蓝宗辉

(2011)的研究结果相似，说明蛋白质的合成会被水淹胁迫所抑制，同时，水淹胁迫也能诱导蛋白质发生降解。相反，中华蚊母幼树的可溶性蛋白含量在干旱胁迫下增加，而可溶性蛋白含量与细胞的保水力密切相关，说明中华蚊母幼树在干旱条件下能够通过增高可溶性蛋白的含量来增强细胞的保水能力，增强其耐受干旱胁迫的能力。

综合以上结果，不同土壤水分胁迫均能够显著影响中华蚊母幼树的形态、生长、光合及生理特性。在持续性根部浅度水淹条件下，中华蚊母幼树总叶绿素含量、气孔导度及水分利用效率均出现下降，致使其净光合速率也相应降低，最终降低了其生物量积累，但中华蚊母幼树在该种水分条件下形成了大量肥大的皮孔，缓解了缺氧造成的伤害，维持了净光合速率的稳定。在全淹胁迫下，中华蚊母幼树的净光合速率下降，但其气孔导度则能够维持相对稳定，这对其在水淹胁迫下的存活起到了一定的作用。在间歇性水淹胁迫与干旱胁迫条件下，中华蚊母幼树极有可能是通过减缓自身生长来应对干旱胁迫，且中华蚊母幼树在 3 种水分胁迫下均具有较高的抗氧化酶活性及渗透调节能力，能够通过生理调节适应水分胁迫环境。正因为中华蚊母幼树具有以上生理生化特性，所以其能够耐受三峡库区消落带长时间的水淹胁迫，对水位大幅度周期性变化产生的多种水分胁迫环境均具有一定的适应性。尽管中华蚊母幼树具有一定的水淹耐受能力，但长时间的深度水淹仍对其产生了较大伤害，特别是根系。因此，在库区消落带进行植被构建时，应结合中华蚊母幼树对水淹胁迫的耐受限度，将其栽植于消落带高海拔地段，使其能正常生长。消落带退水后植物还将受到强光、高氧等因素的影响，可能会产生更多的活性氧自由基，使植物受到伤害(刘云峰等，2010)，高温强光对中华蚊母幼树出水之后的影响有待于我们做进一步的研究。

本书缩略词表

缩写	英文全称	中文全称
Pn	net photosynthetic rate	净光合速率
Tr	transpiration rate	蒸腾速率
Gs	stomatal conductance	气孔导度
Ci	intercellular CO_2 concentration	胞间 CO_2 浓度
Ca	atmosphere CO_2 concentration	大气 CO_2 浓度
PAR	photosynthetically active radiation	光合有效辐射
Ls	stomata limitation	气孔限制值
WUEi	intrinsic water use efficiency	内在水分利用效率
WUE	water use efficiency	水分利用效率
LUE	light use efficiency	光能利用效率
CUE	CO_2 use efficiency	CO_2 利用效率
Chls	total chlorophyll	总叶绿素
Chl a	chlorophyll a	叶绿素 a
Chl b	chlorophyll b	叶绿素 b
Car	carotenoid	类胡萝卜素
Fo	minimal fluorescence	初始荧光
Fm	maximum fluorescence	最大荧光
Fs	steady-state fluorescence	稳态荧光
PSⅡ	Photo system Ⅱ	光系统Ⅱ
Fv	variable fluorescence	可变荧光
Fv/Fm	maximal photochemical efficiency of PSⅡ	PSⅡ最大光化学效率
ETR	electronic transfer rate	电子传递率
*Φ*PSⅡ	PSⅡ actual photochemical efficiency	PSⅡ实际光化学效率
qP	photochemical quenching coefficient	光化学淬灭系数
NPQ	non-photochemical quenching coefficient	非光化学淬灭系数
O_2^-	superoxide anion	超氧阴离子
MDA	malondialdehyde	丙二醛
SOD	superoxide dismutase	超氧化物歧化酶
POD	peroxidase	过氧化物酶
CAT	catalase	过氧化氢酶
APX	aseorbate peroxidase	抗坏血酸过氧化物酶
H_2O_2	hydrogen peroxide	过氧化氢

参 考 文 献

阿依巧丽，2016. 不定根及非连续通气组织对植物水淹耐受的影响. 重庆：西南大学.

白林利，李昌晓，2014. 水淹对水杉苗木耐旱性的影响. 林业科学，50(11)：166-174.

白祯，黄建国，2011. 三峡库区护岸林主要树种的耐湿性和营养特性. 贵州农业科学，39(6)：166-169.

柏方敏，田大伦，方晰，等，2010. 洞庭湖西岸区防护林土壤和植物营养元素含量特征. 生态学报，30(21)：5832-5842.

鲍玉海，贺秀斌，2011. 三峡水库消落带土壤侵蚀问题初步探讨. 水土保持研究，18(6)：190-195.

鲍玉海，贺秀斌，钟荣华，等，2014. 三峡水库消落带植被重建途径及其固土护岸效应. 水土保持研究，21(6)：171-174，180.

蔡志全，曹坤芳，2004. 遮荫下 2 种热带树苗叶片光合特性和抗氧化酶系统对自然降温的响应. 林业科学，40(1)：47-51.

常杰，葛滢，2001. 生态学. 杭州：浙江大学出版社.

陈芳清，郭成圆，王传华，等，2008. 水淹对秋华柳幼苗生理生态特征的影响. 应用生态学报，19(6)：1229-1233.

陈建，张光灿，张淑勇，等，2008. 辽东楤木光合和蒸腾作用对光照和土壤水分的响应过程. 应用生态学报，19(6)：1185-1190.

陈静，秦景，贺康宁，等，2009. 水分胁迫对银水牛果生长及光合气体交换参数的影响. 西北植物学报，29(8)：1649-1655.

陈其榕，2009. 湿地松不同苗木类型与整地方式造林初期效果对比试验. 亚热带水土保持，21(3)：29-31.

陈强，郭修武，胡艳丽，等，2008. 淹水对甜樱桃根系呼吸和糖酵解末端产物的影响. 园艺学报，35(2)：169-174.

陈婷，2009. 水淹对野古草和秋华柳幼苗茎通气组织形成的影响. 安徽农业科学，37(15)：7265-7266.

陈婷，曾波，叶小齐，等，2007. 水淹对野古草和秋华柳不定根形成的影响. 安徽农业科学，35(19)：5703-5704，5712.

陈卫英，陈真勇，罗辅燕，等，2012. 光响应曲线的指数改进模型与常用模型比较. 植物生态学报，36(12)：1277-1285.

陈晓丽，2015. 过表达 IbOr 和 IbMYB 基因甘薯增强抗逆性的生理机制. 咸阳：西北农林科技大学.

陈暄，周家乐，唐晓清，等，2009. 水分胁迫条件下不同栽培居群菘蓝中 4 种有机酸的变化. 中国中药杂志，34(24)：3195-3198.

陈贻竹，李晓萍，夏丽，等. 叶绿素荧光技术在植物环境胁迫研究中的应用. 热带亚热带植物学报，1995，3(4)：79-86.

陈志成，王荣荣，王志伟，等，2012. 不同土壤水分条件下栾树光合作用的光响应. 中国水土保持科学，10(3)：105-110.

程瑞梅，王晓荣，肖文发，等，2010. 消落带研究进展. 林业科学，46(4)：112-118.

崔晓涛. 2009. 新西伯利亚银白杨耐干旱和耐盐碱能力研究. 哈尔滨：东北林业大学.

丁次平，胡绪森，文雪峰，等，2012. 江汉平原水杉人工林生长规律研究. 合肥：安徽农业科学，40(18)：9734-9735，9968.

丁钰，李得禄，尉秋实，等，2008. 不同土壤水分胁迫下沙漠葳的水分生理生态特征. 西北林学院学报，23(3)：5-11.

杜荣骞，2003. 生物统计学(2 版). 北京：高等教育出版社.

董必慧，2010. 落羽杉奇特的变态根——呼吸根. 生物学通报，45(5)：15-16.

董陈文华，陈宗瑜，纪鹏，等，2009. 自然条件下滤减 UV-B 辐射对烤烟光合色素含量的影响. 武汉植物学研究，27(6)：637-642.

樊大勇，熊高明，张爱英，等，2015. 三峡库区水位调度对消落带生态修复中物种筛选实践的影响. 植物生态学报，39(4)：416-432.

高俊凤，2006. 植物生理学实验指导. 北京：高等教育出版社：74-77，214-215.

高照全，李天红，冯社章，等，2010. 苹果叶片的净光合速率和光能利用效率的动态模拟. 植物生理学报，46(5)：487-492.

高智席，周光明，黄成，等，2005. 离子抑制-反相高效液相快速测定池杉、落羽杉根系中有机酸. 药物分析杂志，25(9)：1082-1085.

郭瑞，周际，杨帆，等，2016. 拔节孕穗期小麦干旱胁迫下生长代谢变化规律. 植物生态学报，40(12)：1319-1327.

韩刚，赵忠，2010. 不同土壤水分下 4 种沙生灌木的光合光响应特性. 生态学报，30(15)：4019-4026.

韩文娇，白林利，李昌晓，2016. 水淹胁迫对狗牙根光合、生长及营养元素含量的影响. 草业学报，25(5)：49-59.

郝建军，康宗利，于洋，2007. 植物生理学实验技术. 北京：化学工业出版社.

贺军军，林钊沐，华元刚，等，2009. 不同施磷水平对橡胶树根系活力的影响. 中国土壤与肥料，(1)：16-19，30.

贺燕燕，王朝英，袁中勋，等，2018. 三峡库区消落带不同水淹强度下池杉与落羽杉的光合生理特性. 生态学报，38(8)：2722-2731.

洪明，2011. 三峡库区消落带 3 种草本植物对水陆生境变化的响应. 北京：中国林业科学研究院.

胡兴宜，郑兰英，丁次平，等，2012. 水杉、池杉、落羽杉人工林的生长规律. 东北林业大学学报，40(12)：11-13.

胡义，胡庭兴，胡红玲，等，2014. 干旱胁迫对香樟幼树生长及光合特性的影响. 应用与环境生物学报，20(4)：675-682.

胡哲森，许长钦，傅瑞树，2000. 锥栗幼苗对水分胁迫的生理响应及 6-BA 的作用. 福建林学院学报，20(3)：1-4.

黄川，2006. 三峡水库消落带生态重建模式及健康评价体系构建. 重庆：重庆大学：128.

黄翠，景丹龙，王玉兵，等，2010. 水杉愈伤组织诱导及植株再生. 植物学报，45(5)：604-608.

黄天志，王世杰，刘秀明，等，2014. 逐级提取-高效液相色谱法快速测定植物组织中 8 种有机酸. 色谱，32(12)：1356-1361.

黄文斌，马瑞，杨迪，等，2013. 土壤逆境下植物根系分泌的有机酸及其对植物生态适应性的影响. 安徽农业科学，41(34)：13316-13319.

黄玉清，王晓英，陆树华，等，2006. 岩溶石漠化治理优良先锋植物种类光合、蒸腾及水分利用效率的初步研究. 广西植物，26(2)：171-177.

惠竹梅，焦旭亮，张振文，2008. 渭北旱塬‘赤霞珠’葡萄浆果膨大期光合特性研究. 西北农林科技大学学报(自然科学版)，36(4)：111-116，122.

贾中民，魏虹，田晓峰，等，2009. 长期水淹对枫杨幼苗光合生理和叶绿素荧光特性的影响. 西南大学学报，31(5)：124-129.

揭胜麟，樊大勇，谢宗强，等，2012. 三峡水库消落带植物叶片光合与营养性状特征. 生态学报，32(6)：1723-1733.

金茜，王瑞，周向睿，等，2013. 水淹胁迫对紫穗槐生长及营养元素积累的影响. 草业科学，30(6)：904-909.

景丹龙，梁宏伟，王玉兵，等，2011. 不同光照及储藏温度对水杉种子萌发及酶活性的影响. 湖北农业科学，50(19)：3980-3983.

康义，2010. 三峡库区消落带土壤理化性质和植被动态变化研究. 北京：中国林业科学研究院.

柯世省，金则新，2007. 干旱胁迫对夏腊梅叶片脂质过氧化及抗氧化系统的影响. 林业科学，43(10)：29-33.

孔艳菊，孙明高，胡学俭，等，2006. 干旱胁迫对黄栌幼苗几个生理指标的影响. 中南林学院学报，26(4)：42-46.

郎莹，张光灿，张征坤，等，2011. 不同土壤水分下山杏光合作用光响应过程及其模拟. 生态学报，31(16)：4499-4508.

类淑桐，曾波，徐少君，等，2009. 水淹对三峡库区秋华柳抗性生理的影响. 重庆师范大学学报，26(3)：30-33.

李波，袁兴中，杜春兰，等，2015. 池杉在三峡库区消落带生态修复中的适应性. 环境科学研究，28(10)：1578-1585.

李昌晓，魏虹，吕茜，等，2010a. 水分胁迫对枫杨幼苗生长及根系草酸与酒石酸含量的影响. 林业科学，46(11)：81-88.

李昌晓，魏虹，吕茜，等，2010b. 不同水分处理对湿地松幼苗生长与根部次生代谢物含量的影响. 生态学报，30(22)：6154-6162.

李昌晓，钟章成，2005a. 模拟三峡库区消落带土壤水分变化条件下落羽杉与池杉幼苗的光合特性比较. 林业科学，41(6)：28-34.

李昌晓，钟章成，2005b. 三峡库区消落带土壤水分变化条件下池杉幼苗光合生理响应的模拟研究. 水生生物学报，29(6)：712-716.

李昌晓，钟章成，2007a. 模拟三峡库区消落带土壤水分变化条件下水松幼苗的光合生理响应. 北京林业大学学报，29(3)：23-28.

李昌晓，钟章成，2007b. 三峡库区消落带土壤水分变化对落羽杉(*Taxodium distichum*)幼苗根部次生代谢物质含量及根生物量的影响. 生态学报，27(11)：4394-4402.

李昌晓，钟章成，刘芸，2005. 模拟三峡库区消落带土壤水分变化对落羽杉幼苗光合特性的影响. 生态学报，25(8)：1953-1959.

李昌晓，钟章成，陶建平，2008. 不同水分条件下池杉幼苗根系的苹果酸、莽草酸含量及生物量. 林业科学，44(10)：1-7.

李川，周倩，王大铭，等，2011. 模拟三峡库区淹水对植物生长及生理生化方面的影响. 西南大学学报(自然科学版)，33(10)：46-50.

李合生，孙群，赵世杰，等，2000. 植物生理生化实验原理和技术. 北京：高等教育出版社：164-165，167-169，184-185，258-261.

李纪元，2006. 涝渍胁迫对枫杨幼苗保护酶活性及膜脂过氧化物的影响. 安徽农业大学学报，33(4)：450-453.

李灵玉，朱帆，王俊刚，等，2009. 水分胁迫下臭柏光合特性和色素组成的季节变化. 生态学报，29(8)：4346-4351.

李娜妮，何念鹏，于贵瑞，2016. 中国东北典型森林生态系统植物叶片的非结构性碳水化合物研究. 生态学报，36(2)：430-438.

李强，宋力，王书敏，等，2015. 水位变化对三峡库区消落带狗牙根种群营养特征的影响. 生态科学，34(4)：15-20.

李善家，汤红官，张有福，等，2007. 两种圆柏属植物叶片元素季节性变化的比较. 兰州大学学报(自然科学版)，43(6)：25-28.

李霞，阎秀峰，于涛，2005. 水分胁迫对黄檗幼苗保护酶活性及脂质过氧化作用的影响. 应用生态学报，16(12)：2353-2356.

李小峰，李秋华，秦好丽，等，2013. 百花湖消落带常见植物氮磷钾营养元素含量分布特征研究. 环境科学学报，34(4)：1089-1097.

李娅，曾波，叶小齐，等，2008. 水淹对三峡库区岸生植物秋华柳(*Salix variegata* Franch.)存活和恢复生长的影响. 生态学报，28(5)：1923-1930.

梁俭，2016. 三峡库区消落带土壤溶解性有机质淹水释放行为与结构表征. 重庆：西南大学.

梁淑英，胡海波，夏尚光，2008. 枫杨、悬铃木和女贞光合特性的比较. 南京林业大学学报(自然科学版)，32(2)：135-138.

梁文斌，聂东伶，吴思政，等，2014. 短梗大参光合作用光响应曲线及模型拟合. 经济林研究，32(4)：38-44.

廖小锋，刘济明，张东凯，等，2012. 野生小蓬竹的光合光响应曲线及其模型拟合. 中南林业科技大学学报，32(3)：124-128.

凌子然，2016. 不同程度水淹对中山杉及亲本生长与光合生理恢复的影响. 南京：南京大学.

刘春风，汪贵斌，曹福亮，2011. 淹水胁迫对落羽杉等4个树种苗木生长的影响. 林业工程学报，25(1)：48-51.

刘大同，荆彦平，李栋梁，等，2013. 植物侧根发育的研究进展. 植物生理学报，49(11)：1127-1137.

刘高峰，杨洪强，2006. 钙信使系统参与草酸对湖北海棠POD活性的诱导. 植物病理学报，36(2)：158-162.

刘光正，岳军伟，潘江平，2008. 枫杨种源苗期生长性状的初步研究. 江西农业大学学报，30(6)：1085-1089.

刘建福，2007. 红千层叶片光合速率和叶绿素荧光参数日变化. 西南大学学报(自然科学版)，25(5)：95-100.

刘林，刘洪对，贺雍乾，等，2016. 黄菇娘光响应与CO_2响应曲线模型的比较. 北方园艺，(8)：21-23.

刘琪璟，曾慧卿，马泽清，2008. 江西千烟洲湿地松人工林碳蓄积及其与水分的关系. 生态学报，28(11)：5322-5330.

刘维暐，杨帆，王杰，等，2011. 三峡水库干流和库湾消落区植被物种动态分布研究. 植物科学学报，29(3)：296-306.

刘维暐，王杰，王勇，等，2012. 三峡水库消落区不同海拔高度的植物群落多样性差异. 生态学报，32(17)：5454-5466.

刘小琥，彭新湘，2002. 烟草叶片中草酸形成及其向下运输. 热带亚热带植物学报，10(2)：183-185.

刘小琥，彭新湘，陈德万，2001. 烟草植株各部位的草酸含量变化(简报). 植物生理学报，37(2)：126-127.

刘友良，1992. 植物水分逆境生理. 北京：农业出版社.

刘云峰，刘正学，2006. 三峡水库涨落带植被重建模式初探. 重庆三峡学院学报，22(3)：4-7.

刘云峰，秦洪文，石雷，等，2010. 水淹对水芹叶片结构和光系统Ⅱ光抑制的影响. 植物学报，45(4)：426-434.

刘泽彬，2014. 三峡库区消落带两种植物对淹水环境适应性的模拟研究. 北京：中国林业科学研究院.

陆景陵，2003. 植物营养学：第2版. 北京：中国农业大学出版社：1-3.

陆銮眉，林金水，杜晓娜，等，2010. 短叶金边虎尾兰的光合和叶绿素荧光特性研究. 漳州师范学院学报(自然科学版)，23(4)：108-112.

罗芳丽，王玲，曾波，等，2006. 三峡库区岸生植物野谷草光合作用对水淹的响应. 生态学报，26(11)：3602-3609.

罗芳丽，曾波，陈婷，等，2007. 三峡库区岸生植物秋华柳对水淹的光合和生长响应. 植物生态学报，31(5)：910-918.

罗美娟，崔丽娟，张守攻，等，2012. 淹水胁迫对桐花树幼苗水分和矿质元素的影响. 福建林学院学报，32(4)：336-340.

罗祺，张纪林，郝日明，等，2007. 水淹胁迫下10个树种某些生理指标的变化及其耐水淹能力的比较. 植物资源与环境学报，16(1)：69-73.

吕明权，吴胜军，陈春娣，等，2015. 三峡消落带生态系统研究文献计量分析. 生态学报，35(11)：3504-3518.

吕扬，刘廷玺，闫雪，等，2016. 科尔沁沙丘-草甸相间地区黄柳和小叶锦鸡儿光合速率对光照强度和 CO_2 浓度的响应. 生态学杂志，35(12)：3157-3164.

马文超，刘媛，周翠，等，2017. 水位变化对三峡库区消落带落羽杉营养特征的影响. 生态学报，37(4)：1128-1136.

马义虎，2011. 深圳市水库消涨带生态植被恢复. 亚热带水土保持，23(2)：64-67.

马泽清，刘琪璟，王辉民，等，2011. 中亚热带湿地松人工林生长过程. 生态学报，31(6)：1525-1537.

潘瑞炽，王小菁，李娘辉，2004. 植物生理学：第5版. 北京：高等教育出版社：66-68，282-305.

裴顺祥，洪明，郭泉水，等，2014. 三峡库区消落带水淹结束后狗牙根的光合生理生态特性. 生态学杂志，33(12)：3222-3229.

彭秀，李彬，陈勇，2007. 淹水胁迫对中华蚊母超氧化物歧化酶（SOD）活性、可溶性糖含量的影响. 重庆林业科技，(4)：22-23.

彭秀，肖千文，罗韧，等，2006. 淹水胁迫对中华蚊母生理生化特性的影响. 四川林业科技，27(2)：17-20.

秦洪文，刘正学，钟彦，等，2014. 水淹对濒危植物疏花水柏枝生长及恢复生长的影响. 中国农学通报，30(23)：284-288.

邱光胜，胡圣，叶丹，等，2011. 三峡库区支流富营养化及水华现状研究. 长江流域资源与环境，20(3)：311-316.

任庆水，马朋，李昌晓，等，2016. 三峡库区消落带落羽杉(*Taxodium distichum*)与柳树(*Salix matsudana*)人工植被对土壤营养元素含量的影响. 生态学报，36(20)：6431-6444.

芮雯奕，田云录，张纪林，等，2012. 干旱胁迫对6个树种叶片光合特性的影响. 南京林业大学学报(自然科学版)，36(1)：68-72.

沈雅飞，王娜，刘泽彬，等，2016. 三峡库区消落带土壤化学性质变化. 水土保持学报，30(3)：190-195.

史胜青，袁玉欣，杨敏生，等，2004. 水分胁迫对4种苗木叶绿素荧光的光化学淬灭和非光化学淬灭的影响. 林业科学，40(1)：168-173.

宋丽萍，蔡体久，喻晓丽，2007. 水分胁迫对刺五加幼苗光合生理特性的影响. 中国水土保持科学，5(2)：91-95.

孙景宽，张文辉，陆兆华，等，2009. 沙枣和孩儿拳头幼苗气体交换特征与保护酶对干旱胁迫的响应. 生态学报，29(3)：1330-1340.

谭淑端，王勇，张全发，2008. 三峡水库消落带生态环境问题及综合防治. 长江流域资源与环境，17(Z1)：101-105.

谭淑端，朱明勇，党海山，等，2009. 三峡库区狗牙根对深淹胁迫的生理响应. 生态学报，29(7)：3685-3691.

汤玉喜，刘友全，吴敏，等，2008. 淹水胁迫下美洲黑杨无性系生理生化指标的变化. 林业科学，24(8)：156-161.

唐罗忠，黄宝龙，生原喜久雄，等，2008. 高水位条件下池杉根系的生态适应机制和膝根的呼吸特性. 植物生态学报，32(6)：1258-1267.

童方平，方伟，马履一，等，2006a. 湿地松优良半同胞家系蛋白质及糖类对水分胁迫的生理响应. 中国农学通报，22(12)：459-464.

童方平，方伟，马履一，等，2006b. 水分胁迫下湿地松优良半同胞家系光合色素的响应. 中国农学通报，22(11)：97-102.

童方平，方伟，马履一，等，2007. 水分胁迫下湿地松优良半同胞家系的光合特性响应研究. 南京林业大学学报，31(2)：32-36.

童方平，徐艳平，宋庆安，等，2008. 湿地松优良半同胞家系净光合速率影响因子的相关性分析. 中南林业科技大学学报(自然科学版)，28(4)：72-77.

童笑笑，陈春娣，吴胜军，等，2018. 三峡库区澎溪河消落带植物群落分布格局及生境影响. 生态学报，38(2)：571-580.

汪贵斌，蔡金峰，何肖华，2009. 涝渍胁迫对喜树幼苗形态和生理的影响. 植物生态学报，33(1)：134-140.

汪贵斌，曹福亮，2004a. 不同土壤水分含量下落羽杉根、茎、叶营养水平的差异. 林业科学研究，17(2)：213-219.

汪贵斌，曹福亮，2004b. 土壤盐分及水分含量对落羽杉光合特性的影响. 南京林业大学学报(自然科学版)，28(3)：14-18.

汪贵斌，曹福亮，王媛，2012. 涝渍对3个树种生长、组织孔隙度和渗漏氧的影响. 植物生态学报，36(9)：982-991.

汪贵斌，曹福亮，张晓燕，等，2010. 涝渍胁迫对不同树种生长和能量代谢酶活性的影响. 应用生态学报，21(3)：590-596.

汪攀，陈奶莲，邹显花，等，2015. 植物根系解剖结构对逆境胁迫响应的研究进展. 生态学杂志，34(2)：550-556.

汪佑宏，曹仁忠，徐斌，等，2003a. 水淹程度对滩地枫杨主要力学性质的影响. 安徽农业大学学报，30(2)：168-172.

汪佑宏，肖成宝，刘杏娥，等，2003b. 淹水程度对枫杨木材力学性质与气干密度、解剖特征间关系的影响. 西北林学院学报，18(2)：80-83.

汪佑宏，徐斌，刘杏娥，2003c. 淹水程度对滩地枫杨木材化学性质的影响. 中南林学院学报，23(1)：37-39.

汪佑宏，李杰，刘杏娥，等，2004. 淹水程度对长江滩地枫杨导管及微纤丝角的影响. 安徽农业大学学报，31(2)：164-168.

王朝英，李昌晓，王振夏，等，2012. 枫杨与池杉对不同配置及水分的生理生化响应. 重庆师范大学学报(自然科学版)，29(3)：48-56.

王海锋，曾波，乔普，等，2008. 长期水淹条件下香根草(*Vetiveria zizanioides*)、菖蒲(*Acorus calamus*)和空心莲子草(*Alternanthera philoxeroides*)的存活及生长响应. 生态学报，28(6)：142-151.

王欢利，曹福亮，刘新亮，2015. 高温胁迫下不同叶色银杏嫁接苗光响应曲线的拟合. 南京林业大学学报(自然科学版)，(2)：14-20.

王莉，刘艳锋，2010. 三峡库区传统耕作措施水土保持机理研究. 中国水土保持，(10)：13-16.

王仁卿，藤原一绘，尤海梅，2002. 森林植被恢复的理论和实践：用乡土树种重建当地森林——宫胁森林重建法介绍. 植物生态学报，26(z1)：133-139.

王婷，魏虹，周翠，等，2018. 落羽杉根系有机酸与NSC代谢对三峡消落带水位变化的响应研究. 生态学报，38(9)：3004-3013.

王晓荣，程瑞梅，肖文发，等，2010. 三峡库区消落带水淹初期地上植被与土壤种子库的关系. 生态学报，30(21)：5821-5831.

王瑗，2011. 涝渍对三个树种生长及生理生化的影响. 南京：南京林业大学.

问亚琴，张艳芳，潘秋红，2009. 葡萄果实有机酸的研究进展. 海南大学学报，27(3)：302-307.

吴飞燕，2011. 不同环境胁迫对3种植物叶绿素荧光参数的影响. 杭州：浙江农林大学.
吴际友，李志辉，龙应忠，等，2010. 湿地松全同胞家系主要经济性状的遗传变异与选择研究. 中南林业科技大学学报，30(8)：1-4.
吴建国，吕佳佳，艾丽，2009. 气候变化对生物多样性的影响：脆弱性和适应. 生态环境学报，18(2)：693-703.
吴麟，葛晓敏，唐罗忠，等，2012. 池杉(*Taxodium ascendens*)膝根特征的初步研究. 中国林业青年学术论坛.
吴芹，张光灿，裴斌，等，2013. 不同土壤水分下山杏光合作用CO_2响应过程及其模拟. 应用生态学报，31(6)：4499-4508.
吴旭红，张超，马云祥，等，2016. 锰胁迫对紫花苜蓿幼苗碳、氮代谢的影响. 中国草地学报，38(4)：49-54.
伍维模，李志军，罗青红，等，2007. 土壤水分胁迫对胡杨、灰叶胡杨光合作用-光响应特性的影响. 林业科学，43(5)：30-35.
肖强，郑海雷，叶文景，等，2005. 水淹对互花米草生长及生理的影响. 生态学杂志，24(9)：1025-1028.
肖文发，李建文，于长青，等，2000. 长江三峡库区陆生动植物生态. 重庆：西南师范大学出版社：1-20.
肖协文，于秀波，潘明麒，2012. 美国南佛罗里达大沼泽湿地恢复规划、实施及启示. 湿地科学与管理，8(3)：31-35.
谢福春，2009. 海州常山生长特性与抗逆性的研究. 泰安：山东农业大学.
熊彩云，曾伟，肖复明，等，2012. 木荷种源间光合作用参数分析. 生态学报，32(11)：3628-3634.
徐刚，2013. 长江三峡工程蓄水后的环境变化研究. 中国地理学会2013年学术年会西南片区会议.
徐梦，2015. 梯级水利开发背景下的消落带磷素分布与吸附释放特性研究. 北京：中国科学院大学.
徐勤松，施国新，计汪栋，等，2009. Zn对荇菜叶片保护酶活性、渗透调节物质含量和Ca^{2+}定位分布的影响. 水生生物学报，33(4)：613-619.
许晨璐，孙晓梅，张守攻，2012. 日本落叶松与长白落叶松及其杂种光合特性比较. 北京林业大学学报，34(4)：62-66.
薛立，许祝莨，李秋静，等，2014. 水淹胁迫对尖叶杜英和水蒲桃幼苗生理特征的影响. 湖南林业科技，41(1)：1-6.
薛艳红，陈芳清，樊大勇，等，2007. 宜昌黄杨对夏季淹水的生理生态学响应. 生物多样性，15(5)：542-547.
薛占军，2009. 茄子碳同化与光系统Ⅱ的稳态和动态特性的研究. 保定：河北农业大学.
闫瑞，钱春，2014. 无患子幼苗对水分胁迫的生理响应. 西南大学学报(自然科学版)，36(4)：1-5.
严惠珍，丛野，2011. 河道生态护坡技术在宜春市城市防洪工程中的运用. 江西水利科技，37(1)：48-52.
杨好星，2016. 华南地区水库消落带植被恢复技术研究. 广州：广东工业大学.
杨静，何开跃，李晓储，等，2008. 淹水胁迫对两种栎树生长的影响. 林业科技开发，22(4)：34-37.
杨鹏，胥晓，2012. 淹水胁迫对青杨雌雄幼苗生理特性和生长的影响. 植物生态学报，36(1)：81-87.
杨星宇，杨路路，余志伟，等，2011. 水杉木材DNA提取及条形码分子鉴定. 湖北大学学报(自然科学版)，4(33)：397-403.
叶思诚，谭晓风，袁军，等，2013. 油茶根系及分泌物中有机酸的HPLC法测定. 南京林业大学学报(自然科学版)，37(6)：59-63.
叶子飘，2007. 光响应模型在超级杂交稻组合-Ⅱ优明86中的应用. 生态学杂志，26(8)：1323-1326.
叶子飘，高峻，2009. 光响应和CO_2响应新模型在丹参中的应用. 西北农林科技大学学报(自然科学版)，37(1)：129-134.
衣英华，樊大勇，谢宗强，等，2006. 模拟淹水对枫杨和栓皮栎气体交换、叶绿素荧光和水势的影响. 植物生态学报，30(6)：960-968.
尹永强，胡建斌，邓明军，2007. 植物叶片抗氧化系统及其对逆境胁迫的响应研究进展. 中国农学通报，23(1)：105-110.
余玲，王彦荣，Trevor G，等，2006. 紫花苜蓿不同品种对干旱胁迫的生理响应. 草业学报，15(3)：75-85.
袁传武，胡兴宜，谢先祎，等，2011. 枫杨研究进展. 湖北林业科技，(3)：38-42.
詹嘉红，蓝宗辉，2011. 水淹对铺地黍部分生理指标的影响. 广西植物，31(6)：823-826.
张达，林杉，黄永芬，等，2002. 通气状况与氮素形态对水稻和旱稻生长的影响. 哈尔滨师范大学学报(自然科学版)，18(4)：

97-102.

张方亮，高亚梅，王占斌，等，2015. 拟南芥侧根生长发育相关的基因. 黑龙江八一农垦大学学报，27(4)：19-24.

张建春，彭补拙，2003. 河岸带研究及其退化生态系统的恢复与重建. 生态学报，23(1)：56-63.

张军，高年发，杨华，2004. 葡萄生长成熟过程中有机酸变化的研究. 酿酒科技，34(5)：69-71.

张丽娜，2013. Fe~(2+)、Mn~(2+)胁迫对西洋参生长的影响. 北京：中国农业科学院.

张立新，李生秀，2009. 长期水分胁迫下氮、钾对夏玉米叶片光合特性的影响. 植物营养与肥料学报，15(1)：82-90.

张小萍，曾波，陈婷，等，2008. 三峡库区河岸植物野古草(*Arundinella anomala* var. *depauperata* Keng)茎通气组织发生对水淹的响应. 生态学报，28(4)：1864-1871.

张小璇，谢三桃，2009. 大水位变化条件下护坡植物耐淹性研究. 资源与环境科学，(17)：260-265.

张艳婷，张建军，王建修，等，2016. 长期水淹对‘中山杉118’幼苗呼吸代谢的影响. 植物生态学报，40(6)：585-593.

张晓燕，2009. 不同树种在涝渍胁迫下生长及其生理特性的响应. 南京：南京林业大学.

张晔，李昌晓，2011. 水淹与干旱交替胁迫对湿地松幼苗光合与生长的影响. 林业科学，47(12)：158-164.

张以顺，黄霞，陈云凤，2009. 植物生理学实验教程. 北京：高等教育出版社.

张迎辉，王华田，亓立云，等，2005. 水分胁迫对 3 个藤本树种蒸腾耗水性的影响. 江西农业大学学报，27(5)：723-728.

张英鹏，杨运娟，杨力，等，2007. 草酸在植物体内的累积代谢及生理作用研究进展. 山东农业科学，(6)：61-67.

张玉秀，李林峰，柴团耀，等，2010. 锰对植物毒害及植物耐锰机理研究进展. 植物学报，45(4)：506-520.

张志良，翟伟菁，2003. 植物生理学实验指导. 北京：高等教育出版社.

张志强，古志文，王勤花，2007. 世界面临最严重危机的十大河流——污染是长江的头号威胁. 科学新闻，(15)：8-10.

张志永，彭建华，万成炎，等，2010. 三峡库区澎溪河消落区草本植物的分布与分解. 草业学报，19(2)：146-152.

赵竑绯，赵阳，张弛，等，2013. 模拟淹水对杞柳生长和光合特性的影响. 生态学报，33(3)：898-906.

赵可夫，2003. 植物对水涝胁迫的适应. 生物学通报，38(12)：11-14.

赵宽，周葆华，马万征，等，2016. 不同环境胁迫对根系分泌有机酸的影响研究进展. 土壤，48(2)：235-240.

赵祥，侯志兵，董宽虎，等，2010. 水分胁迫及复水对达乌里胡枝子酶促防御系统影响. 草地学报，18(2)：199-204.

钟彦，刘正学，秦洪文，等，2013. 冬季淹水对柳树生长及恢复生长的影响. 南方农业学报，44(2)：275-279.

钟章成，1988. 中国典型的亚热带常绿阔叶林. 西南师范大学学报(自然科学版)，(3)：113-125.

周席华，刘学全，胡兴宜，等，2005. 鄂西北主要造林树种耐旱生理特性分析. 南京林业大学学报，29(1)：67-70.

周谐，杨敏，雷波，等，2012. 基于PSR模型的三峡水库消落带生态环境综合评价. 水生态学杂志，33(5)：13-19.

Ahmed S，Nawata E，Hosokawa M，et al.，2002. Alterations in photosynthesis and some antioxidant enzymatic activities of mungbean subjected to waterlogging. Plant Science，163(1)：117-123.

Ahuja M R，2009. Genetic constitution and diversity in four narrow endemic redwoods from the family Cupressaceae. Euphytica，165(1)：5-19.

Alvarez S，Sanchez-Blanco M J，2013. Changes in growth rate，root morphology and water use efficiency of potted *Callistemon citrinus* plants in response to different levels of water deficit. Scientia Horticulturae，156(8)：54-62.

Alves J D，Zanandrea I，Deuner S，et al.，2013. Antioxidative responses and morpho-anatomical adaptations to waterlogging in *Sesbania virgata*. Trees，27(3)：717-728.

Anderson P H，Pezeshki S R，2000. The effects of intermittent flooding on seedlings of three forest species. Photosynthetica，37(4)：543-552.

Anderson P H，Pezeshki S R，2001. Effects of flood pre-conditioning on responses of three bottomland tree species to soil waterlogging. Journal of Plant Physiology，158 (2)：227-233.

Arend M，Brem A，Kuster T M，et al.，2013. Seasonal photosynthetic responses of European oaks to drought and elevated daytime temperature. Plant Biology，15(1)：169-176.

Ashraf M，Arfan M，2005. Gas exchange characteristics and water relations in two cultivars of *Hibiscus esculentus* under waterlogging. Biologia Plantarum，49：459-462.

Ashraf M，Foolad M R，2007. Roles of glycine betaine and proline in improving plant abiotic stress resistance. Environmental and Experimental Botany，59(2)：206-216.

Avila C，Guardiola J L，Nebauer S G，2012. Response of the photosynthetic apparatus to a flowering-inductive period by water stress in *Citrus*. Trees，26(3)：833-840.

Ayi Q L，Zeng B，Liu J H，et al.，2016. Seed sojourn and fast viability loss constrain seedling production of a prominent riparian protection plant *Salix variegata* Franch. Scientific Reports，6：37312-37312.

Azza N，Denny P，Koppel J V D，et al.，2006. Floating mats：their occurrence and influence on shoreline distribution of emergent vegetation. Freshwater Biology，51(7)：1286-1297.

Bacelar E A，Santos D L，Moutinho-Pereira J M，et al.，2006. Immediate responses and adaptive strategies of three olive cultivars under contrasting water availability regimes：Changes on structure and chemical composition of foliage and oxidative damage. Plant Science，170：596-605.

Bailey-Serres J，Voesenek L A C J，2008. Flooding stress：acclimations and genetic diversity. Annual Review of Plant Biology，59(1)：313-339.

Bajpai V K，Na M，Kang S C，2010. The role of bioactive substances in controlling foodborne pathogens derived from *Metasequoia glyptostroboides* Miki ex Hu. Food and Chemical Toxicology，48(7)：1945-1949.

Bajpai V K，Rahman A，Kang S C，2007. Chemical composition and anti-fungal properties of the essential oil and crude extracts of *Metasequoia glyptostroboides* Miki ex Hu. Industrial Crops and Products，26(1)：28-35.

Baly E C C，1935. The kinetics of photosynthesis. Proceedings of the Royal Society B：Biological Sciences，117(804)：218-239.

Baquedano F J，Castillo F J，2006. Comparative ecophysiological effects of drought on seedlings of the Mediterranean water-saver *Pinus halepensis* and water-spenders *Quercus coccifera* and *Quercus ilex*. Trees，20(6)：689-700.

Berry J A，Downton W J S，1982. Environmental regulation of photosynthesis：Vol. II In：Govind J，editor. Photosynthesis ~~(Vol. II)~~. New York：Academic Press：263-343.

Birgitta M R，Nilsson C，Jansson R，2005. Spatial and temporal patterns of species richness in a riparian landscape. Journal of Biogeography，32：2025-2037.

Blokhina O，Virolainen E，Fagerstedt K V，2003. Antioxidants，oxidative damage and oxygen deprivation stress：a review. Annals of Botany，91(2)：179-194.

Bragina T V，Ponomareva Y V，Drozdova I S，et al.，2004. Photosynthesis and dark respiration in leaves of different ages of partly flooded maize seedlings. Russian Journal of Plant Physiology，51(3)：342-347.

Brown C E，Pezeshki S R，2007. Threshhold for recovery in the marsh halophyte *Spartina alterniflora* grown under the combined effects of salinity and soil drying. Journal of Plant Physiology，164(3)：274-282.

Brown C E，Pezeshki S R，DeLaune R D，2006. The effects of salinity and soil drying on nutrient uptake and growth of Spartina alterniflora in a simulated tidal system. Environmental and Experimental Botany，58(1-3)：140-148.

Caldwell C R. Bfitz S J，2006. Efleet of supplemental uhraviolet radiation on the carotenoid and chlorophyll composition of green house grown leaf lettuce (*Laetuca sativa* L.) cultivars. J Food Compos Anal: 19, 637-644.

Calvo-Polanco M, Senorans J, Zwiazek J J, 2012. Role of adventitious roots in water relations of tamarack (*Larix laricina*) seedlings exposed to flooding. BMC Plant Biology, 12(1): 99.

Canvin D T, Fock H, 1972. Measurement of photorespiration. Analytical Chemistry, 51(9): 1379-1383.

Carpenter L T, Pezeshki S R, Shields Jr F D, 2008. Responses of nonstructural carbohydrates to shoot removal and soil moisture treatments in Salix nigra. Trees, 22(5): 737-748.

Cechin I, Fumis T F, Dokkedal A L, 2007. Growth and physiological responses of sunflower plants exposed to ultraviolet-B radiation. Ciencia Rural, 37(1): 85-90.

Chen H J, Qualls R G, Blank R R, 2005. Effect of soil flooding on photosynthesis, carbohydrate partitioning and nutrient up take in the invasiveexotic Lepidium latifolium. Aquatic Botany, 82(4): 250-268.

Chen H J, Zamorano M F, Ivanoff D, 2013. Effect of deep flooding on nutrients and non-structural carbohydrates of mature Typha domingensis and its post-flooding recovery. Ecological Engineering, 53(3): 267-274.

Chen L, Zhang Z, Li Z, et al., 2011. Biophysical control of whole tree transpiration under an urban environment in Northern China. Journal of Hydrology, 402(3): 388-400.

Close D C, Davidson N J, 2003. Long-term waterlogging: nutrient, gas exchange photochemical and pigment characteristics of *Eucalyptus nitens* saplings. Russian Journal of Plant Physiology, 50: 843-847.

Colmer T D, Voesenek L A C J, 2009. Flooding tolerance: suites of plant traits in variable environments. Functional Plant Biology, 36(8): 665-681.

Corcuera L, Gil-Pelegrin E, Notivol E, 2012. Aridity promotes differences in proline and phytohormone levels in *Pinus pinaster* populations from contrasting environments. Trees, 26(3): 799-808.

Costa M A, Pinheiro H A, Shimizu E S C, et al., 2010. Lipid peroxidation, chloroplastic pigments and antioxidant strategies in *Carapa guianensis* (Aubl.) subjected to water-deficit and short-term rewetting. Trees, 24(2): 275-283.

Crawford R, 2003. Seasonal differences in plant responses to flooding and anoxia. Canadian Journal of Botany, 81(12): 1224-1246.

Cui M Y, Yu S, Liu M, et al., 2010. Isolation and characterization of polymorphic microsatellite markers in *Metasequoia glyptostroboides* (Taxodiaceae). Conservation Genetics Resources, 2(1): 19-21.

Cui N B, Du T S, Kang S Z, et al., 2009. Relationship between stable carbon isotope discrimination and water use efficiency under regulated deficit irrigation of pear-jujube tree. Agricultural Water Management, 96(11): 1615-1622.

Cutraro J, Goldstein N, 2005. Cleaning up contaminants with plants. Biocycle, 46(8): 30-32.

Das K K, Sarkar R K, Ismail A M, 2005. Elongation ability and non-structural carbohydrate levels in relation to submergence tolerance in rice. Plant Science, 168(1): 131-136.

de Oliveira V C, Joly C A, 2010. Flooding tolerance of *Calophyllum brasiliense* Camb. (Clusiaceae): morphological, physiological and growth responses. Trees, 24(1): 185-193.

de Smet I, White P J, Bengough A G, et al., 2012. Analyzing lateral root development: how to move forward. Plant Cell, 24(1): 15-20.

Debabrata P, Sharma S G, Sarkar R K, 2008. Chlorophy II fluorescence parameters, CO_2 photosynthetic rate and regeneration capacity as a result of complete submergence and subsequent re-emergence in rice (*Oryza sativa* L.). Aquatic Botany, 88: 127-133.

Demmig-Adams B, Adams III W W, 1996. Xanthophyll cycle and light stress in nature: uniform response to excess direct sunlight among higher plant species. Planta, 198: 460-470.

Domingues T F，Meir P，Feldpausch T R，et al.，2010. Co-limitation of photosynthetic capacity by nitrogen and phosphorus in West Africa woodlands. Plant Cell and Environment，33(6)：959-980.

Dong L B，He J，Wang Y Y，et al.，2011. Terpenoids and Norlignans from *Metasequoia glyptostroboides*. Journal of Natural Products，74(2)：234-239.

Dos Santos C M，Verissimo V，De Lins Wanderley Filho H C，et al.，2013. Seasonal variations of photosynthesis，gas exchange，quantum efficiency of photosystem II and biochemical responses of *Jatropha curcas* L. grown in semi-humid and semi-arid areas subject to water stress. Industrial Crops and Products，41(1)：203-213.

Doupis G，Bertaki M，Psarras G，et al.，2013. Water relations，physiological behavior and antioxidant defence mechanism of olive plants subjected to different irrigation regimes. Scientia Horticulturae，153(5)：150-156.

Du K B，Xu L，Li M H，et al.，2013. Genetic variation in progenies of 23 relic trees of *Metasequoia glyptostroboides* in their original habitat. Forest Science and Practice，15(1)：1-12.

Duan B，Lu Y，Yin C，et al.，2005. Physiological responses to drought and shade in two contrasting *Picea asperata* populations. Physiologia Plantarum，124(4)：476-484.

Eclan J M，Pezeshki S R，2002. Effects of flooding on susceptibility of *Taxodium distichum* L. seedlings to drought. Photosynthetica，40 (2)：177-182.

Fan S，Grossnickle S C，Russell J H，2008. Morphological and physiological variation in western redcedar (*Thuja plicata*) populations under contrasting soil water conditions. Trees，22(5)：671-683.

Farifr E，Aboglila S，2015. Seedling tolerance of three Eucalyptus species to a short-term flooding event：tolerance and physiological response. British Journal of Applied Science & Technology，6(6)：644-651.

Farquhar G D，Sharkey T D，1982. Stomatal conductance and photosynthesis. Annual Review of Plant Physiology，33(1)：317-345.

Fernandez M D，2006. Changes in photosynthesis and fluorescence in response to flooding in emerged and submerged leaves of *Pouteria orinocoensis*. Photosynthetica，44(1)：32-38.

Fini A，Bellasio C，Pollastri S，et al.，2013. Water relations，growth，and leaf gas exchange as affected by water stress in *Jatropha curcas*. Journal of Arid Environments，89(1)：21-29.

Ford C R，Brooks J R，2002. Detecting forest stress and decline in response to increasing river flow in southwest Florida，USA. Forest Ecology and Management，160(11)：45-64.

Forkelova L，Unsicker S，Forkel M，et al.，2016. Carbon limitation reveals allocation priority to defense compounds in peppermint// EGU General Assembly Conference. EGU General Assembly Conference Abstracts.

Fukao T，Bailey-Serres J，2004. Plant responses to hypoxia——is survival a balancing act? Trends Plant Science，9(9)：449-456.

Furlan A，Llanes A，Luna V，et al.，2012. Physiological and biochemical responses to drought stress and subsequent rehydration in the symbiotic association Peanut-Bradyrhizobium sp. International Scholarly Research Network Agronomy，(366)：1091-1097.

Galle A，Haldimann P，Feller U，2007. Photosynthetic performance and water relations in young pubescent oak (*Quercus pubescens*) trees during drought stress and recovery. New Phytologist，174(4)：799-810.

Gao D，Gao Q，Xu H Y，et al.，2009. Physiological responses to gradual drought stress in the diploid hybrid *Pinus densata* and its two parental species. Trees，23(4)：717-728.

Ghanbary E，Tabari M，García-Sáchez F，2012. Response variations of *Alnus subcordata*(L.)，Populus deltoides (Bartr. ex Marsh.)，and *Taxodium distichum*(L.) seedlings to flooding stress. Taiwan Journal Forest Science，27(3)：251-263.

Gibberd M R，Gary J D，Cocks P S，et al.，2001. Waterlogging tolerance among a diverse range of *Trifolium* accessions is related to root porosity, lateral root formation and 'areotropic rooting' . Annals of Botany, 88(4): 579-589.

Gibbs J, Greenway H, 2003. Mechanisms of anoxia tolerance in plants. I. Growth, survival and anaerobic catabolism. Functional Plant Biology, 30(1): 1-47.

Gill S S, Tuteja N, 2010. Reactive oxygen species and antioxidant machinery in abiotic stress tolerance in crop plants. Plant Physiology and Biochemistry, 48(12): 909-930.

Gimeno V, Syvertsen J P, Simon I, et al., 2012. Physiological and morphological responses to flooding with fresh or saline water in *Jatropha curcas*. Environmental and Experimental Botany, 78(2): 47-55.

Gong C M, Bai J, Deng J M, et al., 2011. Leaf anatomy and photosynthetic carbon metabolic characteristics in Phragmites communis in different soil water availability. Plant Ecology, 212(4): 675-687.

Haldimann P, Galle A, Feller U, 2008. Impact of exceptionally severe summer stress conditions on photosynthetic traits in oak (*Quercus pubescens*) leaves. Tree Physiology, 28(5): 785-795.

Hamayun M, Sohn E Y, Khan S A, et al., 2010. Silicon alleviates the adverse effects of salinity and drought stress on growth and endogenous plant growth hormones of soybean (*Glycine max* L.). Pakistan Journal of Botany, 42(3): 1713-1722.

Henry A, Doucette W, Norton J, et al., 2007. Changes in crested wheatgrass root exudation caused by flood, drought, and nutrient stress. Journal Environmental Quality, 36(3): 904-912.

Hessini K, Ghandour M, Albouchi A, et al., 2008. Biomass production, photosynthesis, and leaf water relations of *Spartina alterniflora* under moderate water stress. Journal of Plant Research, 121(3): 311-318.

Hossain A, Uddin S N, 2011. Mechanisms of waterlogging tolerance in wheat: Morphological and metabolic adaptations under hypoxia or anoxia. Australian Journal of Crop Science, 5(9): 1094-1101.

Islam M A, Macdonald S E, 2004. Ecophysiological adaptations of black spruce (*Picea mariana*) and tamarack (*Larix laricina*) seedlings to flooding. Tree physiology, 18(1): 35-42.

Iwanaga F, Tanaka K, Nakazato I, et al., 2015. Effects of submergence on growth and survival of saplings of three wetland trees differing in adaptive mechanisms for flood tolerance. Forest Systems, 24(1): 1.

Jackson M B, Colmer T D, 2005. Response and adaptation by plants to flooding stress. Annals of Botany, 96(4): 501-505.

Jankju M, Abrishamchi P, Behdad A, et al., 2013. On the coexistence mechanisms of a perennial grass with an allelopathic shrub in a semiarid rangeland. International Journal of Agriculture and Crop Sciences, 5(18): 2001-2008.

Jiang H T, Xu F F, Cai Y, et al., 2006. Weathering characteristics of sloping fields in the Three Gorges Reservoir area, China. Pedosphere, 16 (1): 50-55.

Jiang M X, Deng H B, Cai Q H, 2005. Species richness in a riparian plant community along the banks of the Xiangxi River, the Three Gorges region. International Journal of Sustainable Development & World Ecology, 12: 60-67.

Jin J, Shan N, Ma N, et al., 2006. Regulation of ascorbate peroxidase at the transcript level is involved in tolerance to postharvest water deficit stress in the cut rose (*Rosa hybrida* L.) cv. Samantha. Postharvest Biology and Technology, (4): 236-243.

Johari-Pireivatlou M, Qasimov N, Maralian H, 2010. Effect of soil water stress on yield and proline content of four wheat lines. African Journal of Biotechnology, 9(1): 36-40.

Jonaliza C L, Grenggrai P, Boonrat J, et al., 2004. Quantitative trait loci associated with drought tolerance at reproductive stage in rice. Plant Physiology, 135: 384-399.

Kawano N, Ella E, Ito O, et al., 2002. Metabolic changes in rice seedlings with different submergence tolerance after desubmergence. Environmental and Experimental Botany, (47): 195-203.

Kogawara S, Yamanoshita T, Norisada M, et al., 2006. Photosynthesis and photoassimilate transport during root hypoxia in *Melaleuca cajuputi*, a flood-tolerant species, and in *Eucalyptus camaldulensis*, a moderately flood-tolerant species. Tree Physiology, 26(11): 1413-1423.

Kolasinski M, 2012. How can we propagate the *Metasequoia glyptostroboides* Hu et Cheng? Horticultur, 15(2): 1-7.

Kolb R M, Joly C A, 2009. Flooding tolerance of *Tabebuia cassinoides*: metabolic, morphological and growth responses. Flora, 204(7): 528-535.

Körner C, 2003. Carbon limitation in trees. Journal of Ecology, 91: 4-17.

Kozlowski T T, Pallardy S G, 2002. Physiology of woody plants: 2nd Edn. San Diego: Academic Press: 411.

Lang A C, Hiidtlea W, Bruelheide H, et al., 2010. Tree morphology responds to neighbourhood competition and slope in species-rich forests of subtropical China. Forest Ecology and Management, 260(10): 1708-1715.

Larcher W, 2003. Physiological plant ecology: ecophysiology and stress physiology of functional groups. Berlin: Springer.

Lawlor D W, 2002. Limitation to photosynthesis in water-stressed leaves: stomata vs. metabolism and the role of ATP. Annals of Botany, 89(7): 871-885.

Leiblein M C, Losch R, 2011. Biomass development and CO_2 gas exchange of *Ambrosia artemisiifolia* L. under different soil moisture conditions. Flora-Morphology, Distribution, Functional Ecology of Plants, 206(5): 511-516.

Li B, Du C L, Yuan X Z, et al., 2016. Suitability of *Taxodium distichum* for afforesting the littoral zone of the Three Gorges Reservoir. Plos One, 11(1): e146664.

Li C X, Zhong Z C, Liu Y, 2006. Effect of soil water changes on photosynthetic characteristics of *Taxodium distichum* seedlings in the hydro-fluctuation belt of the Three Gorges Reservoir area. Frontiers of Forestry in China, 1 (2): 163-169.

Li C X, Wei H, Geng Y H, et al., 2010a. Effects of submergence on photosynthesis and growth of *Pterocarya stenoptera* (Chinese wingnut) seedlings in the recently-created Three Gorges Reservoir region of China. Wetlands Ecology Management, 18(4): 485-494.

Li C X, Zhong Z C, Geng Y, et al., 2010b. Comparative studies on physiological and biochemical adaptation of *Taxodium distichum* and *Taxodium ascendens* seedlings to different soil water regimes. Plant and Soil, 329(1-2): 481-494.

Li S, Martin L T, Pezeshki S R, et al., 2005. Responses of black willow (*Salix nigra*) cuttings to simulated herbivory and flooding. Acta Oecologica, 28(2): 173-180.

Li S, Pezeshki S R, Goodwin S, 2004. Effects of soil moisture regimes on photosynthesis and growth in cattail (*Typha latifolia*). Acta Oecologica, 25(1-2): 17-22.

Lima A L S, DaMatta F M, Pinheiro H A, et al., 2002. Photochemical responses and oxidative stress in two clones of *Coffea canephora* under water deficit conditions. Environmental and Experimental Botany, 47(3): 239-247.

Liu C C, Liu Y G, Guo K, et al., 2011. Comparative ecophysiological responses to drought of two shrub and four tree species from karst habitats of southwestern China. Trees, 25(3): 537-549.

Liu C, Zhang Y, Cao D, et al., 2008. Structural and functional analysis of the antiparallel strands in the lumenal loop of the major light-harvesting chlorophyll a/b complex of photosystem II (LHCIIb) by site-directed mutagenesis. Journal of Biological Chemistry, 283(1): 487-495.

Liu Y, Tang B, Zheng Y, et al., 2010. Screening Methods for Waterlogging Tolerance at Maize (*Zea mays* L.) Seedling Stage. Agricultural Sciences in China, 9(3): 362-369.

Liu Z, Cheng R, Xiao W, et al., 2014. Effect of off-season flooding on growth, photosynthesis, carbohydrate partitioning, and nutrient uptake in *Distylium chinense*. Plos One，9(9)：e107636.

Ma C，Wang Z，Kong B，et al.，2013. Exogenous trehalose differentially modulate antioxidant defense system in wheat callus during water deficit and subsequent recovery. Plant Growth Regulation，70(3)：275-285.

Malik A I，Colmer T D，Lambers H，et al.，2001. Changes in physiological and morphological traits of roots and shoots of wheat in response to different depths of waterlogging. Australian Journal of Plant Physiology，28：1121-1131.

Middleton B A，McKee K L，2005. Primary production in an impounded baldcypress swamp（*Taxodium distichum*）at the northern limit of the range. Wetlands Ecology and Management，13：15-24.

Mielke M S，De Almeida A A F，Gomes F P，et al.，2003. Leaf gas exchange，chlorophyll fluorescence and growth responses of *Genipa Americana* seedlings to soil flooding. Environmental and Experimental Botany，50(3)：221-231.

Mielke M S，De Almeida A A F，Gomes F P，et al.，2005. Effects of soil flooding on leaf gas exchange and growth of two neotropical pioneer tree species. New Forests，29(2)：161-168.

Mittler R，Vanderauwera S，Gollery M，et al.，2004. The reactive oxygen gene network of plants. Trends in Plant Science，9(10)：490-498.

Miyawaki A，1987. The status of nature and re-creation of green environment in Janpan. Vegetation ecology and creation of new environment. Kawagana，Janpan：Tokai University Press：357-376.

Miyawaki A，Fujiwara K，Osawa M，1993. Native species by native trees. Bulletin of the Institute of Environmental Science and Technology，Yokohama National University，19：73-107.

Molinari H B C，Marur C J，Bespalhok J C，et al.，2004. Osmotic adjustment in transgenic citrus rootstock Carrizo citrange（*Citrus sinensis* Osb. ×*Poncirus trifoliate* L. Raf.）overproducing proline. Plant Science，167：1375-1381.

Mommer L，Lenssen J P M，Huber H，et al.，2006. Ecophysiological determinants of plant performance under flooding：a comparative study of seven plant families. Journal of Ecology，94(6)：1117-1129.

Mottonen M，Lehto T，Rita H，et al.，2005. Recovery of Norway spruce（*Picea abies*）seedlings from repeated drought as affected by boron nutrition. Trees，19(2)：213-223.

Mou X L，Fu C，Wu H K，et al.，2007. Composition of essential oil from seeds of *Metasequoia glyptostroboides* growing in China. Chemistry of Natural Compounds，43(3)：334-335.

Mulia R，Dupraz C，2006. Unusual fine rout distributions of two deciduous tree species in southern France：What consequences for modeling of tree root dynamics? Plant Soil，281(112)：71-85.

Musila C F，Arnolds J L，Van Heerden P D R，et al.，2009. Mechanisms of photosynthetic and growth inhibition of a southern African geophyte *Tritonia crocata*（L.）Ker. Gawl. by an invasive European annual gras *Lolium multiflorum* Lam. Environmental and Experimental Botany，66(1)：38-45.

Naeem S，Thompson L J，Lawler S P，et al.，1994. Declining biodiversity can alter the performance of ecosystems. Nature，368：734-737.

Nakai A，Kisanuki H，2011. Stress responses of *Salix gracilistyla* and *Salix subfragilis* cuttings to repeated flooding and drought. Journal of Forest Research，16(6)：465-472.

Navarrete-Campos D，Bravo L A，Rubilar R A，et al.，2013. Drought effects on water use efficiency，freezing tolerance and survival of *Eucalyptus globulus* and *Eucalyptus globulus* × *nitens* cuttings. New Forests，44：119-134.

Nemani R R，Keeling C D，Hashimoto H，et al.，2003. Climate-driven increases in global terrestrial net primary production from 1982 to 1999. Science，300(5625)：1560-1563.

New T，Xie Z Q，2008. Impacts of large dams on riparian vegetation：applying global experience to the case of China's Three Gorges Dam. Biodiversity and Conservation，17(13)：3149-3163.

Ngugi M R，Doley D，Hunt M A，et al.，2004. Physiological responses to water stress in *Eucalyptus cloeziana* and *E. argophloia* seedlings. Trees，18(4)：381-389.

Nickuma M T，Crane J H，Schaffer B，2010. Reponses of mamey sapote trees to continuous and cyclical flooding in calcareous soil. Scientia Horticulturae，123(3)：402-411.

Osakabe Y，Osakabe K，Shinozaki K，et al.，2014. Response of plants to water stress. Frontiers in Plant Science，5：86.

Panda D，Sharma S G，Sarkar R K，2008. Chlorophyll fluorescence parameters，CO_2 photosythetic rate and regeneration capacity as a result of complete submergence and subsequent re-emergance in rice（*Oryza sativa* L.）. Aquatic Botany，88：127-133.

Paradiso A，Caretto S，Leone A，et al.，2016. Ros production and scavenging under anoxia and re-oxygenation in arabidopsis cells：a balance between redox signaling and impairment. Frontiers in Plant Science，7：1803-1803.

Parent C，Capelli N，Berger A，et al.，2008. An overview of plant responses to soil waterlogging. Plant Stress，2：20-27.

Parida A K，Dagaonkar V S，Phalak M S，et al.，2007. Alterations in photosynthetic pigments，protein and osmotic components in cotton genotypes subjected to short-term drought stress followed by recovery. Plant Biotechnology Reports，1(1)：37-48.

Pena-Fronteras J T，Villalobos M C，Baltazar A M，et al.，2009. Adaptation to flooding in upland and lowland ecotypes of *Cyperus rotundus*，a troublesome sedge weed of rice：tuber morphology and carbohydrate metabolism. Annals of Botany，103(2)：295-302.

Peng Y，Dong Y，Tu B，et al.，2013. Roots play a vital role in flood-tolerance of poplar demonstrated by reciprocal grafting. Flora-Morphology，Distribution，Functional Ecology of Plants，208(8)：479-487.

Pezeshki S R，2001. Wetland plant responses to soil flooding. Environmental Experimental Botany，46(3)：299-312.

Pezeshki S R，DeLaune R D，2012. Soil oxidation-reduction in wetlands and its impact on plant functioning. Biology，1(2)：196-221.

Pezeshki S R，DeLaune R D，Anderson P H，1999. Effect of flooding on elemental uptake and biomass allocation in seedlings of three bottomland tree species. Journal Plant Nutrition，22(9)：1481-1494.

Pezeshki S R，Li S，Shields F D，et al.，2007. Factors governing survival of black willow（*Salix nigra*）cuttings in a streambank restoration project. Ecological Engineering，29(1)：56-65.

Pimenta J A，Bianchini E，Medri M E，2010. Adaptations to flooding by tropical trees：morphological and anatomical modifications. Oecologia Australis，4(1)：157-176.

Powell A S，2014. Response of baldcypress（*Taxodium distichum*）at different life stages to flooding and salinity. Greenville，North Carolina：East Carolina University.

Pukacki P M，Kaminska-Rożek E，2005. Effect of drought stress on chlorophyll a fluorescence and electrical admittance of shoots in *Norway spruce* seedlings. Trees，19(5)：539-544.

Pyngrope S，Bhoomika K，Dubey R S，2013. Oxidative stress，protein carbonylation，proteolysis and antioxidative defense system as a model for depicting water deficit tolerance in *Indica rice* seedlings. Plant Growth Regulation，69(2)：149-165.

Qi B Y，Yang Y，Yin Y L，et al.，2014. De novo sequencing，assembly，and analysis of the *Taxodium* 'Zhongshansa' roots and shoots transcriptome in response to short-term waterlogging. BMC Plant Biology，14(1)：201-201.

Qin X Y，Li F，Chen X S，et al.，2013. Growth responses and non-structural carbohydrates in three wetland macrophyte species following submergence and de-submergence. Acta Physiologiae Plantarum，35(7)：2069-2074.

Rakhmankulova Z F, Fedyaev V V, Podashevka O A, et al., 2003. Alternative respiration pathways and secondary metabolism in plants with different adaptive strategies under mineral deficiency. Russian Journal of Plant Physiology, 50(2): 206-212.

Riaz A, Younis A, Hameed M, et al., 2010. Morphological and biochemical responses of turf grasses to water deficit conditions. Pakistan Journal of Botany, 42(5): 3441-3448.

Riaz A, Younis A, Taj A R, et al., 2013. Effect of drought stress on growth and flowering of marigold (*Tagetes Erecta* L.). Pakistan Journal of Botany, 45(1): 123-131.

Ronzhina D A, Nekrasova G F, Ppyankov V I, 2004. Comparative characterization of the pigment complexin emergent, floating and submerged leaves of hydrophytes. Russian Journal of Plant Physiology, 51(1): 21-27.

Sairam R K, Kumutha D, Ezhilmathi K, et al., 2008. Physiology and biochemistry of waterlogging tolerance in plants. Biologia Plantarum, 52(3): 401-412.

Sajedi T, Prescott C, Lavkulich L, 2010. Redox potential: An indicator of site productivity in forest management. Egu General Assembly: 14636.

Santini J, Giannettini J, Pailly O, et al., 2013. Comparison of photosynthesis and antioxidant performance of several *Citrus* and *Fortunella* species (Rutaceae) under natural chilling stress. Trees, 27(1): 71-83.

Sarkar R K, Reddy J N, Sharma S G, et al., 2006. Physiological basis of submergence tolerance in rice and implications for crop improvement. Current Science, 91(10): 899-906.

Shein I V, Shibistova O B, Zrazhevskaya G K, et al., 2003. The content of phenolic compounds and the activity of key enzymes of their synthesis in Scots pine hypocotyls infected with *Fusarium*. Russian Journal of Plant Physiology, 50(4): 581-586.

Shiono K, Takahashi H, Colmer T D, et al., 2008. Role of ethylene in acclimations to promote oxygen transport in roots of plants in waterlogged soils. Plant Science, 175: 52-58.

Shvaleva A L, Costa E, Silva F, et al., 2006. Metabolic responses to water deficit in two *Eucalyptus globulus* clones with contrasting drought sensitivity. Tree Physiology, 26(2): 239-248.

Siemens D H, Duvall-Jisha J, Jacobs J, et al., 2012. Water deficiency induces evolutionary tradeoff between stress tolerance and chemical defense allocation that may help explain range limits in plants. Oikos, 121(5): 790-800.

Silva E N, Ribeiro R V, Ferreira-Silva S L, et al., 2010. Comparative effects of salinity and water stress on photosynthesis, water relations and growth of *Jatropha curcas* plants. Journal of Arid Environments, 74(10): 1130-1137.

Silva M D A, Jifon J L, Santos C M D, et al., 2013. Photosynthetic capacity and water use efficiency in sugarcane genotypes subject to water deficit during early growth phase. Brazilian archives of biology and technology, 56(5): 735-748.

Simone O D, Junk W J, Schmidt W, 2003. Central Amazon floodplain forests: root adaptations to prolonged flooding. Russian Journal of Plant Physiology, 50(6): 848-855.

Simova-Stoilova L, Demirevska K, Kingston-Smith A, et al., 2012. Involvement of the leaf antioxidant system in the response to soil flooding in two *Trifolium* genotypes differing in their tolerance to waterlogging. Plant Science, 183(2): 43-49.

Smethurst C F, Shabala S, 2003. Screening methods for waterlogging tolerance in lucerne: comparative analysis of waterlogging effects on chlorophyll fluorescence, photosynthesis, biomass and chlorophyll content. Functional Plant Biology, 30(3): 335-343.

Stitt M, Schulze D, 1994. Does Rubisco control the rate of photosynthesis and plant growth? An exercise in molecular ecophysiology. Plant Cell and Environment, 17(5): 465-487.

Striker G G, 2012. Time is on our side: the importance of considering a recovery period when assessing flooding tolerance in plants. Ecological Research, 27(5): 983-987.

Subbaiah C C，Sachs M M，2003. Molecular and cellular adaptations of maize to flooding stress. Annals of Botany，90：119-127.

Tang B，Xu S，Zou X，et al.，2010a. Changes of Antioxidative Enzymes and Lipid Peroxidation in Leaves and Roots of Waterlogging-Tolerant and Waterlogging-Sensitive Maize Genotypes at Seedling Stage. Agricultural Sciences in China，9(5)：651-661.

Tang W H，Zhang Y D，Chen S，et al.，2010b. Morpho-anatomical and physiological responses of two Dendranthema species to waterlogging. Environmental and Experimental Botany，68：122-130.

Tang C Q，Yang Y，Ohsawa M，et al.，2011. Population structure of relict *Metasequoia glyptostroboides* and its habitat fragmentation and degradation in south-central China. Biological Conservation，144(1)：279-289.

Tatin-Froux F，Capelli N，Parelle J，2014. Cause-effect relationship among morphological adaptations，growth，and gas exchange response of pedunculate oak seedlings to waterlogging. Annals of Forest Science，71(3)：363-369.

Tesfaye M，Temple S J，Allan D L，et al.，2001. Overexpression of malate dehydrogenase in transgenic alfalfa enhances organic acid synthesis and confers tolerance to aluminum. Plant Physiology，127：1836-1844.

Thornley J H M，1976. Mathematical models in plant physiology. London：Academic Press.

Tracewell C A，Vrettos J S，Bautista J A，et al.，2001. Carotenoid photooxidation in photosystem II. Arch Biochem Biophys，385(1)：61-69.

Tyler P D，Crawford R M M，1970. The Role of shikimic acid in waterlogged roots and rhizomes of Iris pseudacorus L. Journal of Experimental Botany，21(68)：677-682.

Tylova E，Peckova E，Blascheova Z，et al.，2017. Casparian bands and suberin lamellae in exodermis of lateral roots：an important trait of roots system response to abiotic stress factors. Annals of Botany，120(1)：71-85.

Vilches-Barro A，Maizel A，2015. Talking through walls：mechanisms of lateral root emergence in Arabidopsis thaliana. Current Opinion in Plant Biology，23：31-38.

Visser E J W，Voesenek L A C J，Vartapetian B B，et al.，2003. Flooding and plant growth. Annals of Botany，91：107-109.

Wang C，Li C，Wei H，et al.，2016. Effects of Long-Term Periodic Submergence on Photosynthesis and Growth of Taxodium distichum and Taxodium ascendens Saplings in the Hydro-Fluctuation Zone of the Three Gorges Reservoir of China. PLoS One，11(9)：e162867.

Wang C Y，Xie Y Z，He Y Y，et al.，2017. Growth and physiological adaptation of *Salix matsudana* Koidz. to periodic submergence in the hydro-fluctuation zone of the Three Gorges Dam Reservoir of China. Forests，8(8)：283-283.

Wang Y Z，Chen X，Whalen J K，et al.，2015. Kinetics of inorganic and organic phosphorus release influenced by low molecular weight organic acids in calcareous，neutral and acidic soils. Journal of Plant Nutrition and Soil Science，178(4)：555-566.

Watling J R，Press M C，Quick W P，2000. Elevated CO_2 induces biochemical and ultrastructural changes in leaves of the C_4 cereal sorghum. Plant Physiology，123(3)：1143-1152.

Williams C J，LePage B A，Vann D R，et al.，2003. Structure，allometry，and biomass of plantation *Metasequoia glyptostroboides* in Japan. Forest Ecology and Management，180(1)：287-301.

Wolkerstorfer S V，Wonisch A，Stankova T，et al.，2011. Seasonal variations of gas exchange，photosynthetic pigments，and antioxidants in Turkey oak（*Quercus cerris* L.）and Hungarian oak（*Quercus frainetto* Ten.）of different age. Trees，25(6)：1043-1052.

Wu J G，Huang J H，Han X G，et al.，2004. The Three Gorges Dam：an ecological perspective. Frontiers in Ecology and the Environment，2(5)：241-248.

Würth M K R，Pelaez-Riedl S，Wright S J，et al.，2005. Nonstructural carbohydrate pools in a tropical forest. Oecologia，143：11-24.

Xiao C W，Sun O J，Zhou G S，et al.，2005. Interactive effects of elevated CO_2 and drought stress on leaf water potential and growth in *Caragana intermedia*. Trees，19(6)：712-721.

Xiong L M，Schumaker K S，Zhu J K，2002. Cell signaling during cold，drought，and salt stress. Plant Cell，14(Suppl)：165-183.

Xu Z，Zhou G，Shimizu H，2010. Plant responses to drought and rewatering. Plant Signaling and Behavior，5(6)：649-654.

Yang F，Wang Y，Chan Z L，2014. Perspectives on screening winter-flood-tolerant woody species in the riparian protection forests of the Three Gorges Reservoir. Plos One，9(9)：e108725.

Yang Y H，Wu J C，Wu P T，2011. Effects of superabsorbent polymer on the physiological characteristics of wheat under drought stress and rehydration. African Journal of Biotechnology，10(66)：14836-14843.

Ye Z P，2007. A new model for relationship between irradiance and the rate of photosynthesis in *Oryza sativa*. Photosynthetica，45(4)：637-640.

Ye Z P，Yu Q，2008. A coupled model of stomatal conductance and photosynthesis for winter wheat. Photosynthetica，46(4)：637-640.

Yildiz-Aktas L，Dagnon S，Gurel A，et al.，2009. Drought tolerance in cotton：involvement of non-enzymatic ROS-scavenging compounds. Journal of Agronomy and Crop Science，195(4)：247-253.

Yin D M，Chen S M，Chen F D，et al.，2010. Morpho-anatomical and physiological responses of two *Dendranthema* species to waterlogging. Environmental and Experimental Botany，68(2)：122-130.

Yordanova R Y，Popova L P，2007. Flooding-induced changes in photosynthesis and oxidative status in maize plants. Acta Physiologiae Plantarum，29(6)：535-541.

Yordanova R Y，Alexieva V S，Popova L P，2003. Influence of root oxygen deficiency on photosynthesis and antioxidant status in barley plant. Russian Journal of Plant Physiology，50(2)：163-167.

Zeng Q，Cheng X R，Qin J J，et al.，2012. Norlignans and phenylpropanoids from *Metasequoia glyptostroboides* Hu et Cheng. Helvetica Chimica Acta，95(4)：606-612.

Zhang Y，Shi X P，Li B H，et al.，2016. Salicylic acid confers enhanced resistance to glomerella leaf spot in apple. Plant Physiology and Biochemistry，106：64-72.

Zhao Y，Thammannagowda S，Staton M，et al.，2013. An EST dataset for Metasequoia glyptostroboides buds：the first EST resource for molecular genomics studies in Metasequo Planta，237(3)：755-770.